수학 좀 한다면

디딤돌 초등수학 응용 3-2

펴낸날 [개정판 1쇄] 2023년 11월 10일 | **펴낸이** 이기열 | **펴낸곳** (주)디딤돌 교육 | **주소** (03972) 서울특별시 마포구 월드컵북로 122 청원선와이즈타워 | **대표전화** 02-3142-9000 | **구입문의** 02-322-8451 | **내용문의** 02-323-9166 | **팩시밀리** 02-338-3231 | **홈페이지** www.didimdol.co.kr | **등록번호** 제10-718호 | 구입한 후에는 철회되지 않으며 잘못 인쇄된 책은 바꾸어 드립니다.

내 실력에 딱!
최상위로 가는 '맞춤 학습 플랜'

STEP 1 On-line	**나에게 맞는 공부법은?** 맞춤 학습 가이드를 만나요.	교재 선택부터 공부법까지! 디딤돌에서 제공하는 시기별 맞춤 학습 가이드를 통해 아이에게 맞는 학습 계획을 세워 주세요. (학습 가이드는 디딤돌 학부모카페 '맘이가'를 통해 상시 공지합니다. cafe.naver.com/didimdolmom)
STEP 2 Book	**맞춤 학습 스케줄표** 계획에 따라 공부해요.	교재에 첨부된 '맞춤 학습 스케줄표'에 맞춰 공부 목표를 달성합니다.
STEP 3 On-line	**이럴 땐 이렇게!** '맞춤 Q&A'로 해결해요.	궁금하거나 모르는 문제가 있다면, '맘이가' 카페를 통해 질문을 남겨 주세요. 디딤돌 수학쌤 및 선배맘님들이 친절히 답변해 드립니다.
STEP 4 Book	**다음에는 뭐 풀지?** 다음 교재를 추천받아요.	학습 결과에 따라 후속 학습에 사용할 교재를 제시해 드립니다. (교재 마지막 페이지 수록)

★ 디딤돌 플래너 만나러 가기

디딤돌 초등수학 응용 3-2

8주 완성 맞춤 학습 스케줄표

최상위로 가는 '맞춤 학습 플랜'

STEP 3 Book

짧은 기간에 집중력 있게 한 학기 과정을 완성할 수 있도록 설계하였습니다.
방학 때 미리 공부하고 싶다면 주 5일 8주 완성 과정을 이용해요.

공부한 날짜를 쓰고 하루 분량 학습을 마친 후, 부모님께 확인 check ☑를 받으세요.

1 곱셈						
1주					2주	
월 일	월 일	월 일	월 일	월 일	월 일	월 일
8~10쪽	11~14쪽	15~18쪽	19~22쪽	23~26쪽	27~29쪽	30~32쪽

2 나눗셈				3		
3주					4주	
월 일	월 일	월 일	월 일	월 일	월 일	월 일
48~51쪽	52~55쪽	56~58쪽	59~61쪽	64~67쪽	68~70쪽	71~73쪽

4 분수						
5주					6주	
월 일	월 일	월 일	월 일	월 일	월 일	월 일
86~88쪽	89~92쪽	93~95쪽	96~99쪽	100~103쪽	104~106쪽	107~109쪽

5 들이와 무게				6 자료		
7주					8주	
월 일	월 일	월 일	월 일	월 일	월 일	월 일
124~127쪽	128~131쪽	132~134쪽	135~137쪽	140~143쪽	144~148쪽	149~150쪽

MEMO

자르는 선

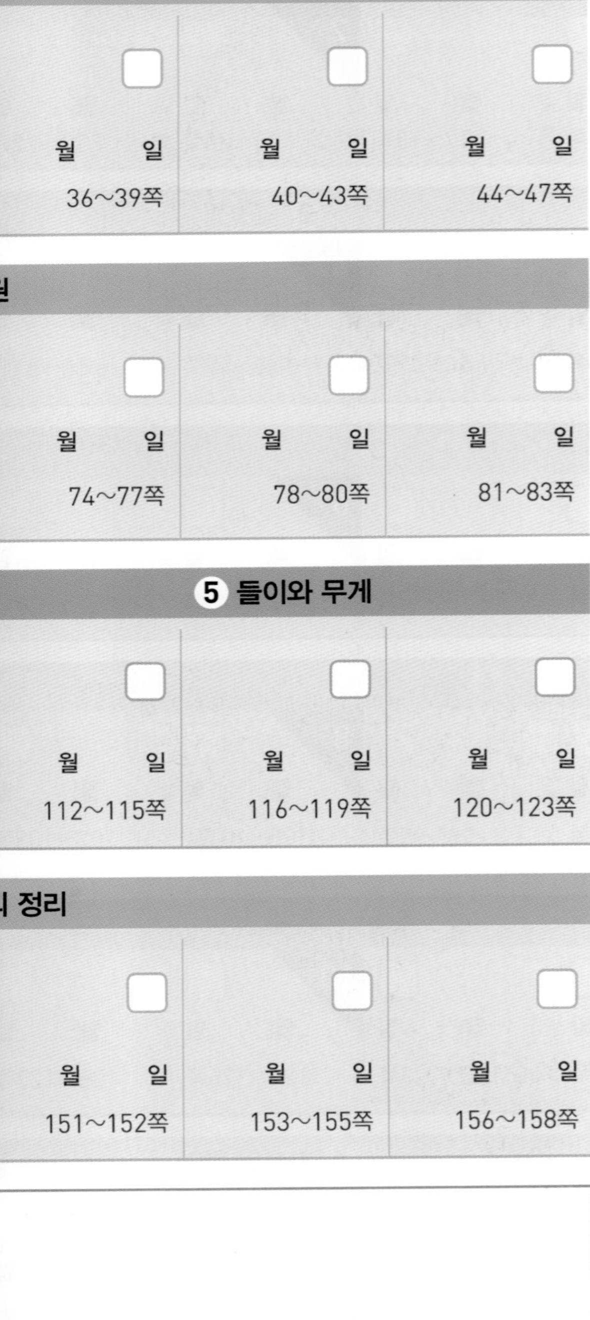

효과적인 수학 공부 비법

X 시켜서 억지로 / O 내가 스스로

억지로 하는 일과 즐겁게 하는 일은 결과가 달라요.
목표를 가지고 스스로 즐기면 능률이 배가 돼요.

X 가끔 한꺼번에 / O 매일매일 꾸준히

급하게 쌓은 실력은 무너지기 쉬워요.
조금씩이라도 매일매일 단단하게 실력을 쌓아가요.

X 정답을 몰래 / O 개념을 꼼꼼히

정답 / 개념

모든 문제는 개념을 바탕으로 출제돼요.
쉽게 풀리지 않을 땐, 개념을 펼쳐 봐요.

X 채점하면 끝 / O 틀린 문제는 다시

왜 틀렸는지 알아야 다시 틀리지 않겠죠?
틀린 문제와 어림짐작으로 맞힌 문제는 꼭 다시 풀어 봐요.

수학 좀 한다면

디딤돌

초등수학 응용

상위권 도약, 실력 완성

3-2

개념 적용으로 실력을 높이는 공부 비법!

1 교과서 개념

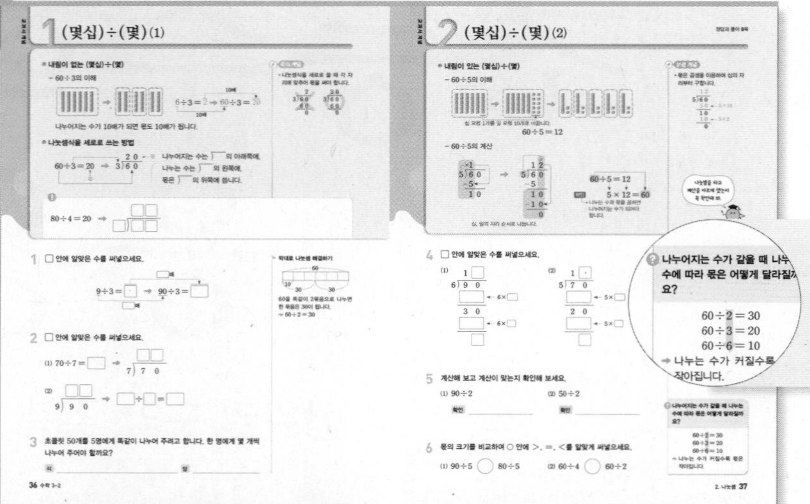

교과서 핵심 내용과 익힘책 기본 문제로 개념을 이해할 수 있도록 구성하였습니다.

교과서 개념 이외의 보충 개념, 연결 개념을 함께 정리하여 심화 학습의 기본기를 갖출 수 있습니다 .

2 기본에서 응용으로

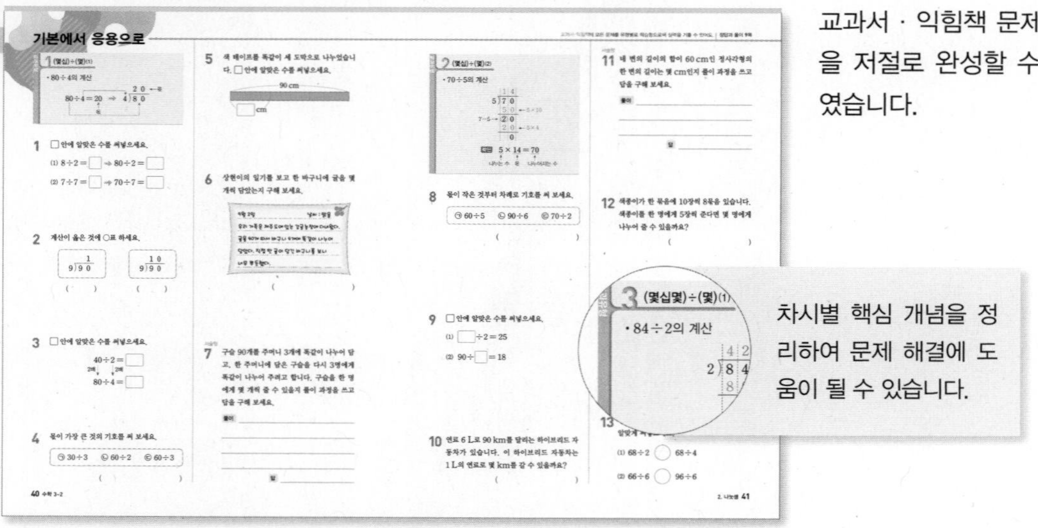

교과서 · 익힘책 문제를 풀면서 개념을 저절로 완성할 수 있도록 구성하였습니다.

차시별 핵심 개념을 정리하여 문제 해결에 도움이 될 수 있습니다.

3 응용에서 최상위로

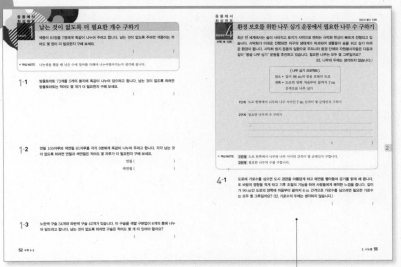

엄선된 심화 유형을 집중 학습함으로써 실력을 높이고 사고력을 향상시킬 수 있도록 구성하였습니다.

환경 보호를 위한 나무 심기 운동에서 필요한 나무 수 구하기

최근 전 세계에서는 숲이 사라지고 토지가 사막으로 변하는 사막화 현상이 빠르게 진행되고 있습니다. 사막화가 이대로 진행되면 지구의 생태계가 파괴되어 생물들이 숨을 쉬고 살기 어려운 환경이 됩니다. 사막화 방지 운동의 일환으로 우리나라 환경 단체와 자원봉사자들은 다음과 같이 '몽골 나무 심기' 운동을 추진하고 있습니다. 필요한 나무는 모두 몇 그루일까요?

창의·융합 문제를 통해 문제 해결력과 더불어 정보 처리능력까지 완성할 수 있습니다.

4 기출 단원 평가

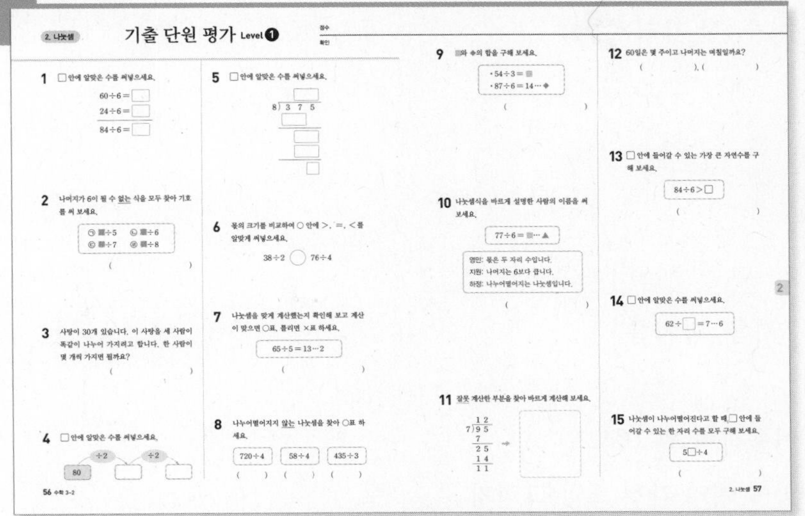

단원 학습을 마무리 할 수 있도록 기본 수준부터 응용 수준까지의 문제들로 구성하였습니다.

시험에 잘 나오는 기출 유형 중심으로 문제들을 선별하였으므로 수시평가 및 학교 시험 대비용으로 활용해 봅니다.

이 책의 **차례**

곱셈

1

큰 수의 곱셈도 결국은 덧셈을 간단히 한 것!

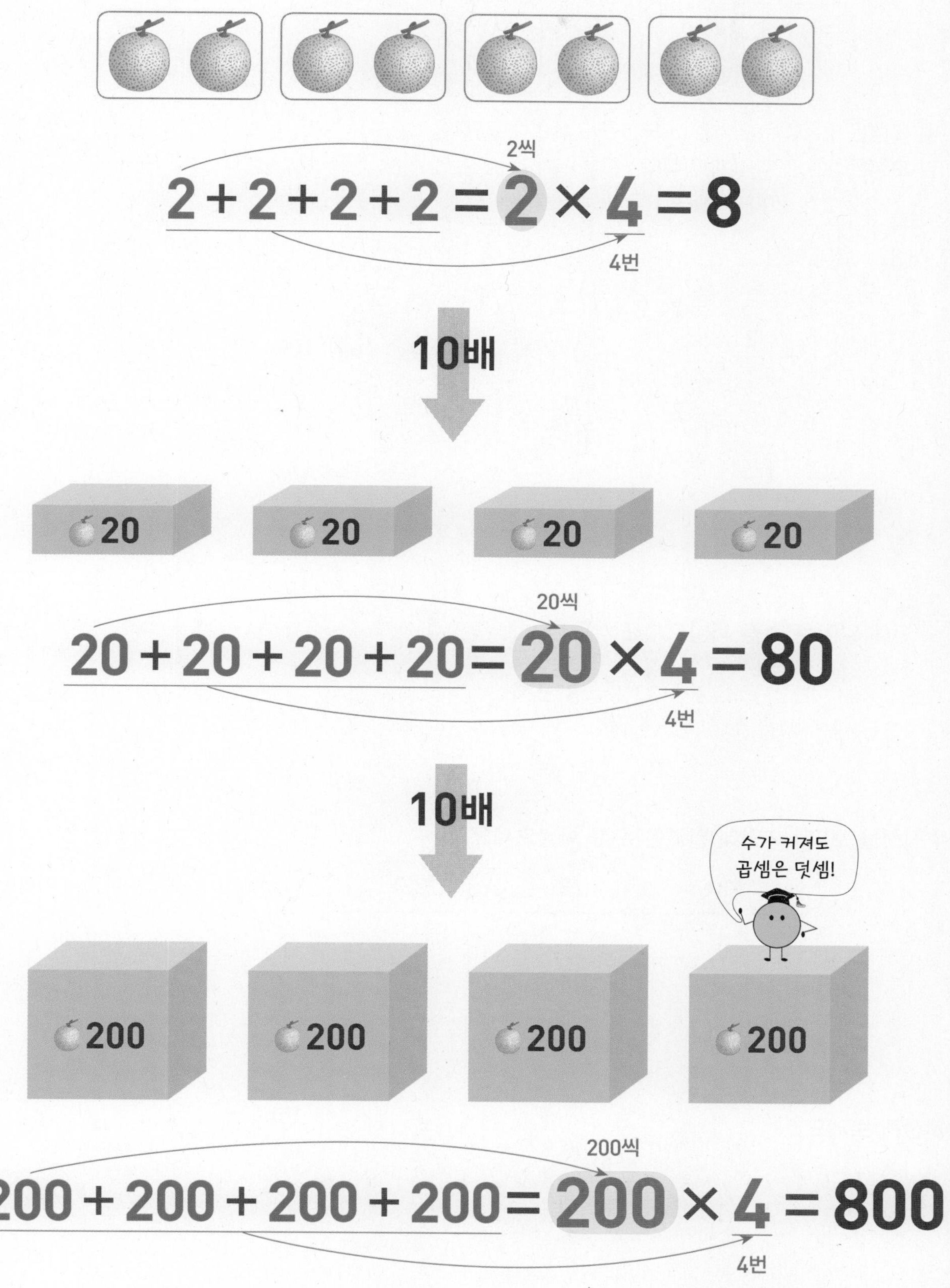

1 (세 자리 수)×(한 자리 수)(1)

● **올림이 없는 (세 자리 수)×(한 자리 수)**

– 132×2의 이해

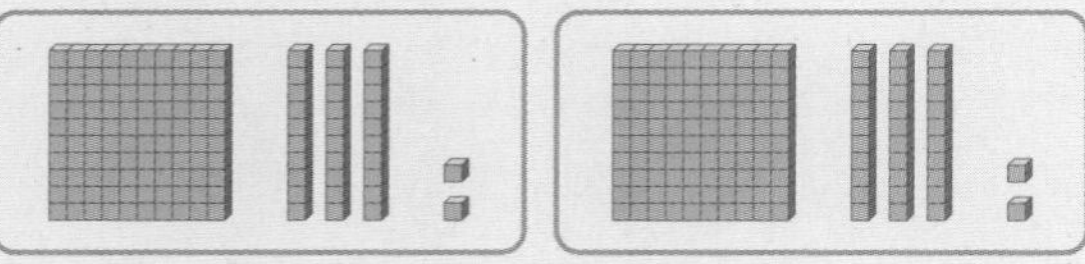

백 모형은 $1\times2=2$(개), 십 모형은 $3\times2=6$(개),
일 모형은 $2\times2=4$(개)입니다.

➡ $132\times2=200+60+4=264$

– 132×2의 계산

$$\begin{array}{r} 1\ 3\ 2 \\ \times\quad\ \ 2 \\ \hline 4 \\ 6\ 0 \\ 2\ 0\ 0 \\ \hline 2\ 6\ 4 \end{array} \begin{array}{l} \\ \\ \\ \cdots 2\times2 \\ \cdots 30\times2 \\ \cdots 100\times2 \\ \\ \end{array} \Rightarrow \begin{array}{r} 1\ 3\ 2 \\ \times\quad\ \ 2 \\ \hline 2\ 6\ 4 \end{array}$$

보충 개념

• 일의 자리부터 계산한 결과와 백의 자리부터 계산한 결과는 같습니다.

$$\begin{array}{r} 2\ 1\ 3 \\ \times\quad\ \ 3 \\ \hline 9 \\ 3\ 0 \\ 6\ 0\ 0 \\ \hline 6\ 3\ 9 \end{array} = \begin{array}{r} 2\ 1\ 3 \\ \times\quad\ \ 3 \\ \hline 6\ 0\ 0 \\ 3\ 0 \\ 9 \\ \hline 6\ 3\ 9 \end{array}$$

1 □ 안에 알맞은 수를 써넣으세요.

$312+312+312=312\times\square=\square$

▶ ■를 ▲번 더한 것은 ■×▲로 나타낼 수 있습니다.

2 수직선을 보고 □ 안에 알맞은 수를 써넣으세요.

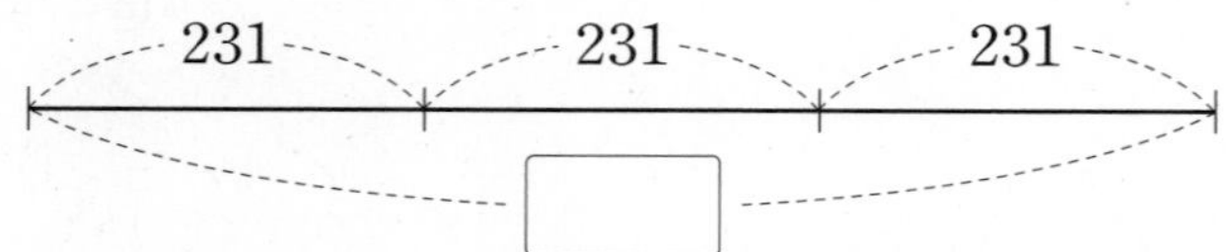

3 계산해 보세요.

(1) $\begin{array}{r} 1\ 2\ 4 \\ \times\quad\ \ 2 \\ \hline \end{array}$　　(2) $\begin{array}{r} 2\ 4\ 3 \\ \times\quad\ \ 2 \\ \hline \end{array}$

(3) 332×3　　(4) 211×4

▶ 세로셈을 할 때에는 자리를 맞추어 답을 씁니다.

	백	십	일
	2	1	3
×			2
	4	2	6

2 (세 자리 수)×(한 자리 수) (2)

정답과 풀이 1쪽

● 일의 자리에서 올림이 있는 (세 자리 수)×(한 자리 수)

– 328×3의 계산

$$\begin{array}{r} 3\ 2\ 8 \\ \times\quad\ \ 3 \\ \hline 2\ 4 \cdots 8\times3 \\ 6\ 0 \cdots 20\times3 \\ 9\ 0\ 0 \cdots 300\times3 \\ \hline 9\ 8\ 4 \end{array} \rightarrow \begin{array}{r} {}^{2}\quad \\ 3\ 2\ 8 \\ \times\quad\ \ 3 \\ \hline 9\ 8\ 4 \end{array}$$

일의 자리를 계산한 결과로 나온 20을 십의 자리로 올립니다.

보충 개념

• 곱해지는 수를 분해하여 곱한 후 더해도 결과는 같습니다.

$300\times3=900$
$20\times3=60$
$8\times3=24$
(+)
$328\times3=984$

!

147＝100＋40＋7이므로 147×2＝100×2＋40×☐＋7×☐입니다.

4 ☐ 안에 알맞은 수를 써넣으세요.

(1) $200\times4=$ ☐
$10\times4=$ ☐
$9\times4=$ ☐
$219\times4=$ ☐

(2) $100\times5=$ ☐
$10\times5=$ ☐
$4\times5=$ ☐
$114\times5=$ ☐

5 ☐ 안에 알맞은 수를 써넣으세요.

(1)
$$\begin{array}{r} 3\ 1\ 8 \\ \times\quad\ \ 2 \\ \hline \square \cdots \square\times2 \\ \square \cdots \square\times2 \\ \square \cdots \square\times2 \\ \hline \square \end{array}$$

(2)
$$\begin{array}{r} 1\ 2\ 7 \\ \times\quad\ \ 3 \\ \hline \square \cdots \square\times3 \\ \square \cdots \square\times3 \\ \square \cdots \square\times3 \\ \hline \square \end{array}$$

6 계산해 보세요.

(1)
$$\begin{array}{r} 2\ 2\ 6 \\ \times\quad\ \ 3 \\ \hline \end{array}$$

(2)
$$\begin{array}{r} 1\ 1\ 9 \\ \times\quad\ \ 4 \\ \hline \end{array}$$

(3) 437×2

(4) 108×5

▶ 일의 자리에서 올림이 있는 세로셈을 할 때에는 올림한 수를 작게 적어 표시합니다.

$$\begin{array}{r} {}^{2}\ \ \\ 1\ 2\ 9 \\ \times\quad\ \ 3 \\ \hline 3\ 8\ 7 \end{array}$$
└ 2×3+2＝8

3 (세 자리 수)×(한 자리 수)(3)

정답과 풀이 1쪽

● 십의 자리에서 올림이 있는 (세 자리 수)×(한 자리 수)

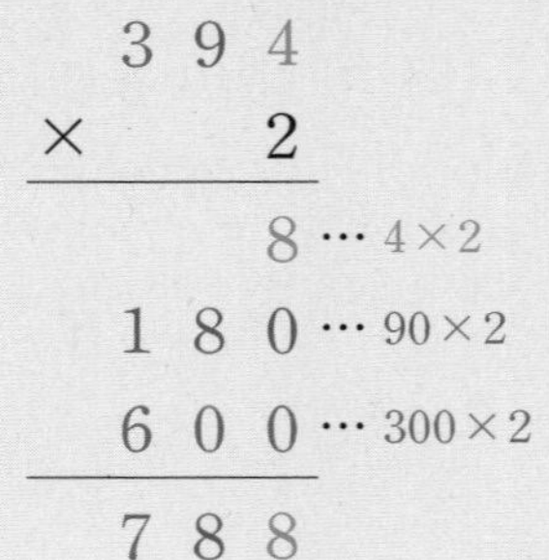

십의 자리를 계산한 결과로 나온 180 중 100을 백의 자리로 올립합니다.

● 백의 자리에서 올림이 있는 (세 자리 수)×(한 자리 수)

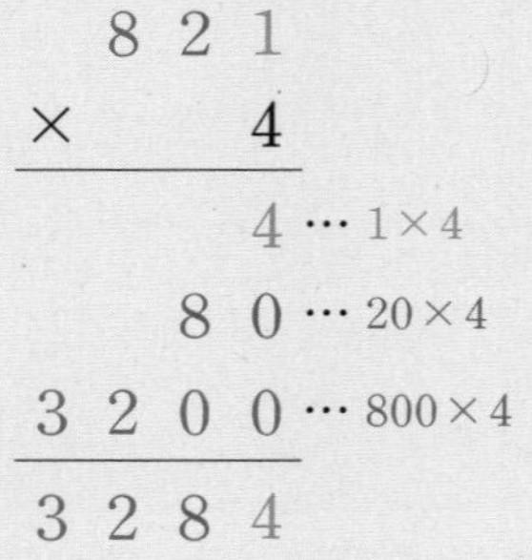

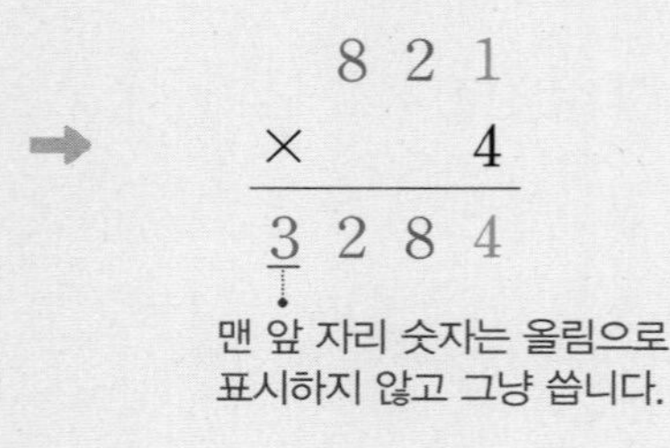

맨 앞 자리 숫자는 올림으로 표시하지 않고 그냥 씁니다.

보충 개념

• 어림하여 394×2의 곱 예상하기

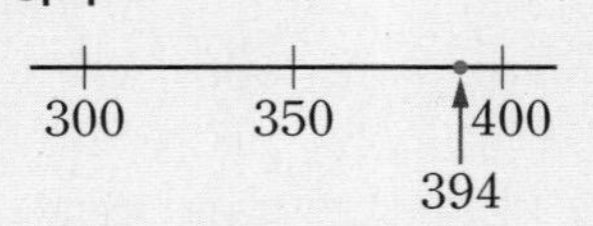

394를 400으로 어림하면 $400 \times 2 = 800$으로 어림할 수 있습니다.

7 □ 안에 알맞은 수를 써넣으세요.

(1) 241×4

4 … □×4

□ … □×4

800 … □×4

□

(2) 622×3

6 … □×3

□ … □×3

1800 … □×3

□

8 덧셈식을 곱셈식으로 나타내어 계산해 보세요.

764+764+764+764+764+764+764

식 .... 답 ....

9 계산해 보세요.

(1) 974×2

(2) 428×6

백의 자리에서 올림한 수는 어디에 쓰나요?

백의 자리에서 올림한 수는 백의 자리의 왼쪽인 천의 자리에 써요.

	천	백	십	일
		8	3	2
×				3
	②	4	9	6

기본에서 응용으로

교과유형 1 (세 자리 수)×(한 자리 수)(1)

• 234×2의 계산

$$\begin{array}{r} 2\ 3\ 4 \\ \times \quad\ \ 2 \\ \hline 4\ 6\ 8 \end{array}$$

$2\times2=4$, $3\times2=6$, $4\times2=8$

1 다음 곱셈식에서 빨간색 숫자 3이 나타내는 수는 얼마일까요?

$$\begin{array}{r} 1\ 2\ 1 \\ \times \quad\ \ 3 \\ \hline 3\ 6\ 3 \end{array}$$

(　　　　　　　　)

2 □ 안에 알맞은 수를 써넣으세요.

$3\times213=$ □ $\times3$

$=$ □

3 계산 결과를 비교하여 ○ 안에 >, =, <를 알맞게 써넣으세요.

(1) 421×2 ○ 434×2

(2) 201×2 ○ 201×4

4 한 변의 길이가 212 cm인 정사각형의 네 변의 길이의 합은 몇 cm일까요?

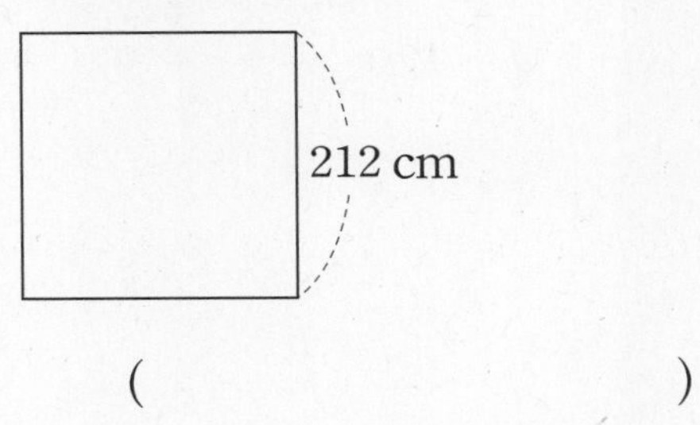

(　　　　　　　　)

5 하루에 장난감을 231개씩 만드는 공장이 있습니다. 이 공장에서 3일 동안 만드는 장난감은 모두 몇 개일까요?

(　　　　　　　　)

교과유형 2 (세 자리 수)×(한 자리 수)(2)

• 218×4의 계산

$$\begin{array}{r} \textcircled{3}\quad \\ 2\ 1\ 8 \\ \times \quad\ \ 4 \\ \hline 8\ 7\ 2 \end{array}$$

③ ← 일의 자리에서 올림한 수이므로 30을 나타냅니다.

$2\times4=8$, $1\times4+3=7$, $8\times4=32$

6 □ 안에 알맞은 수를 써넣으세요.

315×3

$=300\times3+10\times$ □ $+5\times$ □

$=$ □ $+$ □ $+$ □

$=$ □

7 □ 안에 알맞은 수를 써넣으세요.

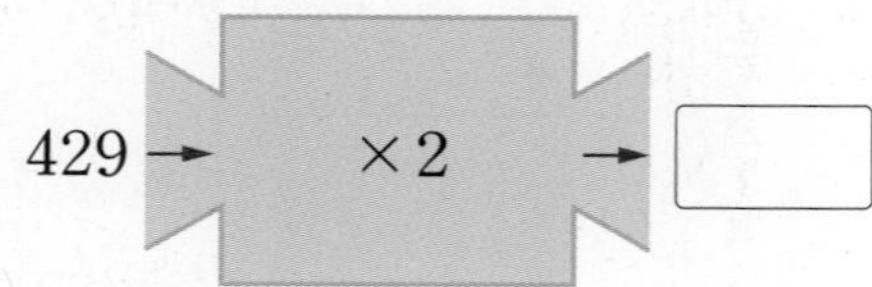

서술형

8 □ 안의 숫자 4가 실제로 나타내는 수는 얼마인지 구하고 이유를 설명해 보세요.

```
   [4]
   1 1 9
×      5
   5 9 5
```

답 ....

설명 ....

9 동화책 한 권은 108쪽입니다. 이 동화책 4권은 모두 몇 쪽일까요?

(　　　　　　)

10 다음 수의 3배인 수를 구해 보세요.

100이 3개, 10이 1개, 1이 17개인 수

(　　　　　　)

11 의자를 한 줄에 125개씩 3줄로 놓으려고 합니다. 의자가 400개 있다면 남는 의자는 몇 개일까요?

(　　　　　　)

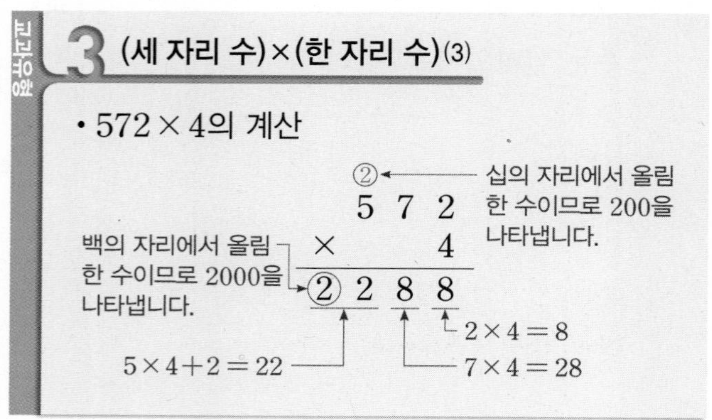

교과서 유형
3 (세 자리 수)×(한 자리 수)(3)
• 572×4의 계산
②
5 7 2
× 4
② 2 8 8
십의 자리에서 올림한 수이므로 200을 나타냅니다.
백의 자리에서 올림한 수이므로 2000을 나타냅니다.
2×4=8
7×4=28
5×4+2=22

12 □ 안에 들어갈 수는 실제로 어떤 수의 곱인지 찾아 기호를 써 보세요.

```
     4 1 3
×        7
       2 1
       7 0
   [      ]
   2 8 9 1
```

㉠ 4×7
㉡ 10×7
㉢ 400×7
㉣ 40×7

(　　　　　　)

13 751을 8번 더한 수는 얼마인지 곱셈식을 쓰고 구해 보세요.

식 ....

답 ....

서술형

14 잘못 계산한 부분을 찾아 이유를 쓰고 바르게 계산해 보세요.

$$\begin{array}{r} 3\,5\,4 \\ \times \quad 2 \\ \hline 6\,0\,8 \end{array} \rightarrow \square$$

이유 ....

15 눈금 한 칸의 길이가 모두 같을 때 □ 안에 알맞은 수를 써넣으세요.

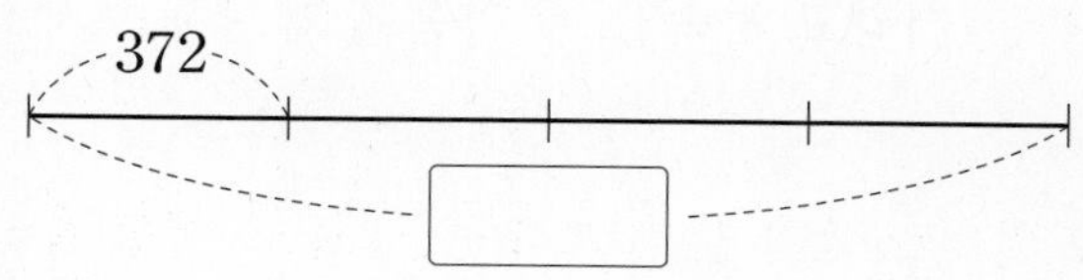

16 계산 결과를 비교하여 ○ 안에 >, =, <를 알맞게 써넣으세요.

(1) 361×5 ○ 432×4

(2) 564×2 ○ 383×3

17 태연이는 훌라후프를 매일 150번씩 했습니다. 태연이는 일주일 동안 훌라후프를 모두 몇 번 했을까요?

( )

18 수 카드를 한 번씩만 사용하여 만든 곱셈식입니다. 곱이 가장 큰 것을 찾아 기호를 써 보세요.

㉠ $\begin{array}{r} 9\,7\,5 \\ \times \quad 2 \\ \hline \end{array}$ ㉡ $\begin{array}{r} 7\,5\,2 \\ \times \quad 9 \\ \hline \end{array}$ ㉢ $\begin{array}{r} 9\,7\,2 \\ \times \quad 5 \\ \hline \end{array}$

( )

19 민호네 학교 3학년 반별 학생 수는 다음과 같습니다. 간식으로 젤리를 한 명에게 5봉지씩 주려고 할 때 젤리는 모두 몇 봉지 필요할까요?

반	1반	2반	3반	4반	5반
학생 수(명)	23	24	27	26	25

( )

20 나라마다 사용하는 돈의 가치는 서로 다릅니다. 어느 날 호주의 1달러가 975원이었다면 호주 돈 5달러는 몇 원일까요?

( )

21 파란색 리본은 135 cm이고, 초록색 리본은 216 cm입니다. 파란색 리본 7개와 초록색 리본 4개를 겹치지 않게 이어 붙이면 리본 전체의 길이는 몇 cm일까요?

( )

실전유형

□ 안에 알맞은 수 찾기

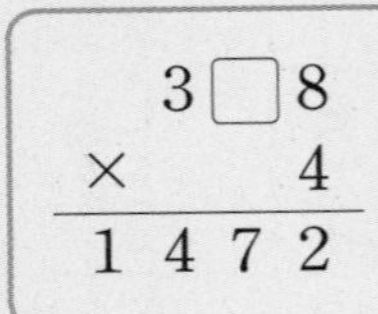

① 일의 자리 계산에서 $8 \times 4 = 32$이므로 십의 자리로 올림한 수는 3입니다.

② 백의 자리 계산에서 $3 \times 4 = 12$이므로 백의 자리로 올림한 수는 $14 - 12 = 2$입니다.

③ 십의 자리 계산에서 $\square \times 4 + 3 = 27$이므로 $\square = 6$입니다.

④ □ 안에 6을 넣어 결과가 맞는지 확인합니다.

22 □ 안에 알맞은 수를 써넣으세요.

$$\begin{array}{r} 2\ 1\ \square \\ \times\quad\ \ 4 \\ \hline 8\ 6\ 8 \end{array}$$

23 □ 안에 알맞은 수를 써넣으세요.

$$\begin{array}{r} 2\ \square\ 7 \\ \times\quad\ \ 6 \\ \hline 1\ 4\ 8\ 2 \end{array}$$

24 곱셈식을 보고 ㉠, ㉡에 알맞은 수를 구해 보세요. (단, ㉠과 ㉡은 한 자리 수입니다.)

$$\begin{array}{r} ㉠\ ㉠\ ㉡ \\ \times\quad\ \ ㉡ \\ \hline 1\ 9\ 8\ 9 \end{array}$$

㉠ (　　　　), ㉡ (　　　　)

실전유형

약속한 기호대로 계산하기

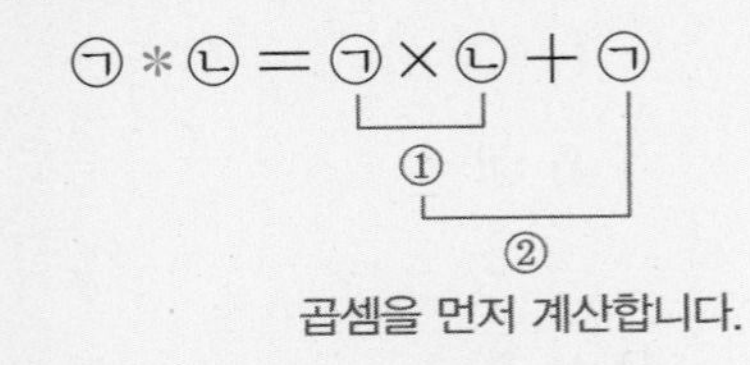

• $247 * 2$의 계산

① 약속에 따라 식 만들기
$247 * 2 = 247 \times 2 + 247$

② 앞에서부터 차례로 계산하기
$247 \times 2 + 247 = 494 + 247$
$= 741$

25 기호 ★에 대하여

㉠★㉡ = ㉠ × ㉡ + ㉡

이라고 약속할 때 다음을 계산해 보세요.

102★7

(　　　　)

26 기호 ◎에 대하여

㉠◎㉡ = ㉠ × ㉡ − ㉠

이라고 약속할 때 다음을 계산해 보세요.

115◎9

(　　　　)

27 보기 에서 규칙을 찾아 다음을 계산해 보세요.

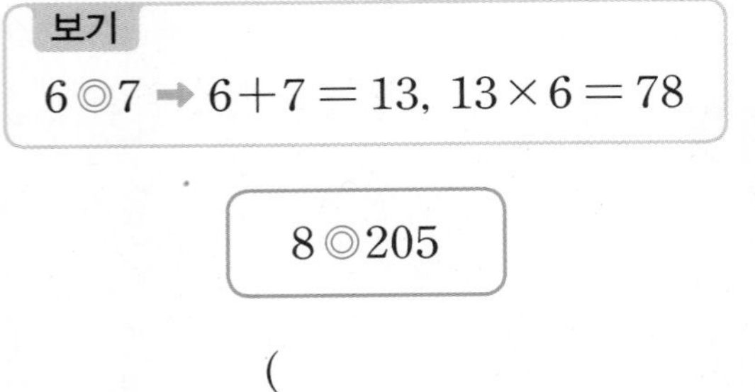

8◎205

(　　　　)

4 (몇십)×(몇십), (몇십몇)×(몇십)

정답과 풀이 2쪽

개념 강의

● (몇십)×(몇십)

– 40×20의 계산

$40\times20 = 40\times2\times10 = 80\times10 = 800$

$40\times20 = 4\times10\times2\times10 = 4\times2\times10\times10 = 8\times100 = 800$

$$\begin{array}{r} 40 \\ \times\ 20 \\ \hline 800 \end{array}$$

● (몇십몇)×(몇십)

– 43×20의 계산

$43\times20 = 43\times2\times10 = 86\times10 = 860$

$$\begin{array}{r} 43 \\ \times\ 20 \\ \hline 860 \end{array}$$

⊕ 보충 개념

• 곱하는 두 수가 각각 10배가 되면 곱은 100배가 됩니다.

$4\times2=8$ (10배, 10배 → 100배) $40\times20=800$

1 □ 안에 알맞은 수를 써넣으세요.

(1) $7\times9=63$ ➡ $70\times90=$ □ (10배, 10배, □배)

(2) $62\times7=434$ ➡ $62\times70=$ □ (10배, □배)

2 □ 안에 알맞은 수를 써넣으세요.

(1) $3\times20=$ □
$30\times20=$ □
$33\times20=$ □

(2) $8\times50=$ □
$80\times50=$ □
$88\times50=$ □

3 계산해 보세요.

(1) 20×70

(2) 30×40

(3) 45×30

(4) 78×60

? **200×40은 어떻게 계산하나요?**

(몇백)×(몇십)은 아직 배우지 않았지만, 20×40의 계산 방법과 같아요.
200×40은 2×4에 0을 3개 더 붙이면 돼요.

$200\times40=8000$

1

5 (몇)×(몇십몇)

● (몇)×(몇십몇)

– 7×25의 계산

곱하는 수 25를 20과 5로 나누어 곱한 후 두 곱을 더합니다.

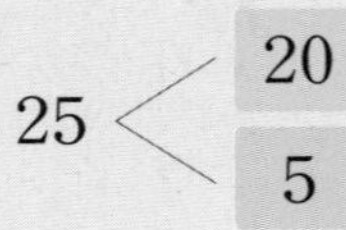

➡ 7 × 20 = 140
7 × 5 = 35
7 × 25 = 175

$$\begin{array}{r} 7 \\ \times\ 2\ 5 \\ \hline 3\ 5 \\ 1\ 4\ 0 \\ \hline 1\ 7\ 5 \end{array}$$

3 5 … 7×5
1 4 0 … 7×20

➡ $$\begin{array}{r} ^{3}\ \ \\ 7 \\ \times\ 2\ 5 \\ \hline 1\ 7\ 5 \end{array}$$

⊕ 보충 개념

• 모눈종이로 6×24 알아보기

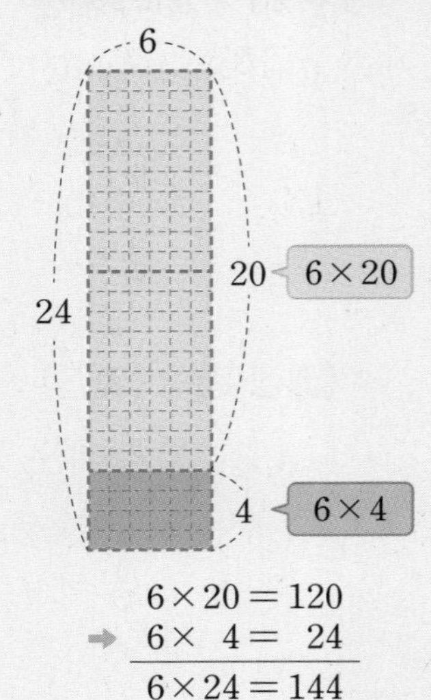

➡ 6×20=120
6× 4= 24
6×24=144

4 □ 안에 알맞은 수를 써넣으세요.

(1) 6× 4=□
6×50=□
6×54=□

(2) 4×70=□
4× 9=□
4×79=□

5 계산해 보세요.

(1) $\begin{array}{r} 4 \\ \times\ 6\ 5 \\ \hline \end{array}$

(2) $\begin{array}{r} 6 \\ \times\ 3\ 4 \\ \hline \end{array}$

(3) 7×72

(4) 9×19

6 계산 결과를 비교하여 ○ 안에 >, =, <를 알맞게 써넣으세요.

$\begin{array}{r} 8 \\ \times\ 3\ 7 \\ \hline \end{array}$ □ ○ $\begin{array}{r} 3\ 7 \\ \times\ \ \ 8 \\ \hline \end{array}$ □

▶ 45×3과 3×45의 계산 결과는 같습니다.

$$\begin{array}{r} 4\ 5 \\ \times\ \ \ 3 \\ \hline 1\ 5 \\ 1\ 2\ 0 \\ \hline 1\ 3\ 5 \end{array} \qquad \begin{array}{r} 3 \\ \times\ 4\ 5 \\ \hline 1\ 5 \\ 1\ 2\ 0 \\ \hline 1\ 3\ 5 \end{array}$$

6 (몇십몇)×(몇십몇) (1)

정답과 풀이 3쪽

● **올림이 한 번 있는 (몇십몇)×(몇십몇)**

– 26×13의 계산

곱하는 수 13을 10과 3으로 나누어 곱한 후 두 곱을 더합니다.

13 → 10, 3

$$\begin{aligned}26 \times 10 &= 260\\ 26 \times 3 &= 78\\ \hline 26 \times 13 &= 338\end{aligned}$$

$$\begin{array}{r} \overset{1}{2}\,6 \\ \times\ 1\,3 \\ \hline 7\,8 \end{array} \Rightarrow \begin{array}{r} 2\,6 \\ \times\ 1\,3 \\ \hline 7\,8 \\ 2\,6\,0 \end{array} \Rightarrow \begin{array}{r} 2\,6 \\ \times\ 1\,3 \\ \hline 7\,8 \\ 2\,6\,0 \\ \hline 3\,3\,8 \end{array}$$

0을 생략하여 나타낼 수 있습니다. 이때 6을 일의 자리에 맞추어 쓰지 않도록 주의합니다.

보충 개념

• **모눈종이로** 13×15 **알아보기**

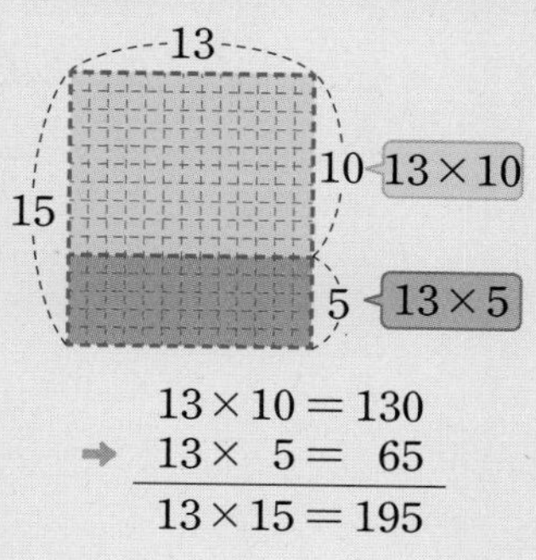

$$\begin{aligned}13\times10&=130\\ 13\times 5&=\ 65\\ \hline 13\times15&=195\end{aligned}$$

7 □ 안에 알맞은 수를 써넣으세요.

(1) 32×10=□
32× 4=□
32×14=□

(2) 40×21=□
6×21=□
46×21=□

8 □ 안에 알맞은 수를 써넣으세요.

$$\begin{array}{r} 4\,6 \\ \times\ 1\,0 \\ \hline \square \end{array} + \begin{array}{r} 4\,6 \\ \times\ \ \ 2 \\ \hline \square \end{array} \Rightarrow \begin{array}{r} 4\,6 \\ \times\ 1\,2 \\ \hline \square \end{array}$$

▸ 곱하는 수 12를 10과 2로 나누어 곱한 후 두 곱을 더한 것입니다.

9 계산해 보세요.

(1) $\begin{array}{r} 2\,3 \\ \times\ 1\,4 \\ \hline \end{array}$

(2) $\begin{array}{r} 3\,4 \\ \times\ 4\,2 \\ \hline \end{array}$

(3) 38×19

(4) 26×31

7 (몇십몇)×(몇십몇) (2)

정답과 풀이 3쪽

● **올림이 여러 번 있는 (몇십몇)×(몇십몇)**

– 52×36의 계산

$$\begin{array}{r} \overset{1}{5}\,2 \\ \times\ 3\,6 \\ \hline 3\,1\,2 \end{array} \Rightarrow \begin{array}{r} 5\,2 \\ \times\ 3\,6 \\ \hline 3\,1\,2 \\ 1\,5\,6\,0 \end{array} \Rightarrow \begin{array}{r} 5\,2 \\ \times\ 3\,6 \\ \hline 3\,1\,2 \\ 1\,5\,6\,0 \\ \hline 1\,8\,7\,2 \end{array}$$

보충 개념

• **어림하여** 52×36**의 곱 예상하기**

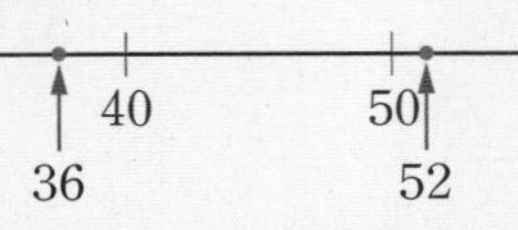

52를 50으로 어림하고, 36을 40으로 어림하면 $50 \times 40 = 2000$으로 어림할 수 있습니다.

10 35×27을 모눈종이를 이용하여 구하려고 합니다. 색칠된 모눈의 수를 각각 곱셈식으로 나타내고 □ 안에 알맞은 수를 써넣으세요.

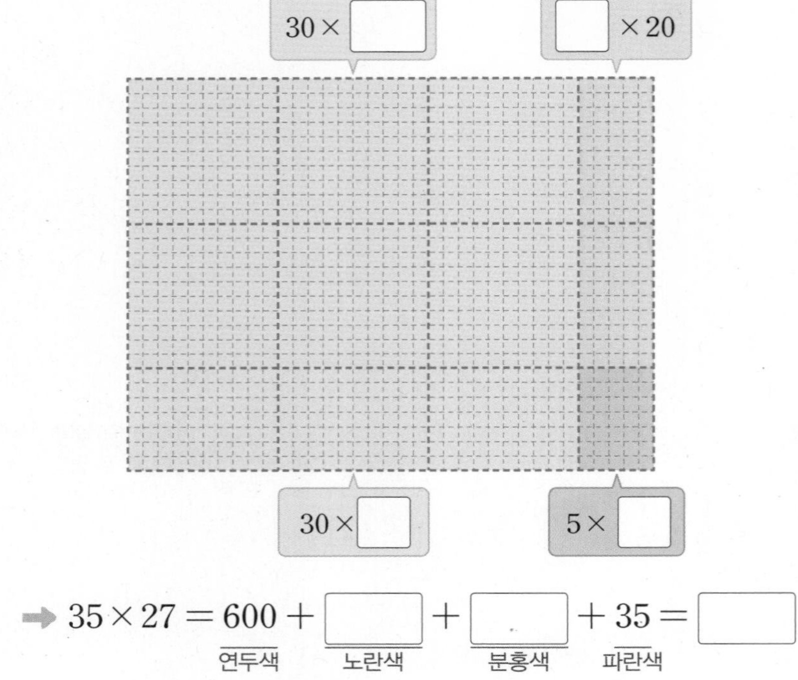

➡ $35 \times 27 = 600 + \square + \square + 35 = \square$
(연두색, 노란색, 분홍색, 파란색)

▶ **격자곱셈법으로** 46×53 **계산하기**

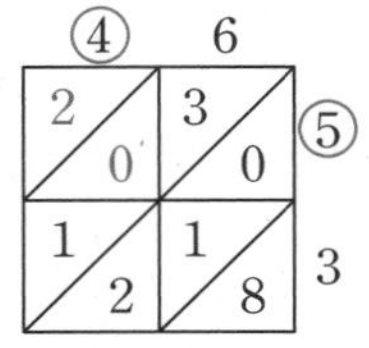

4, 6, 5, 3을 순서대로 쓰고, 각 칸의 가로, 세로에 해당하는 수를 곱한 결과를 격자에 한 자리씩 씁니다.

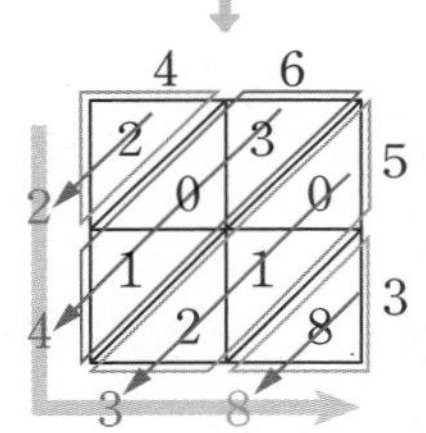

격자 무늬에서 대각선 방향으로 수를 더한 다음 왼쪽부터 차례대로 읽습니다.

➡ $46 \times 53 = 2438$

11 계산해 보세요.

(1) $\begin{array}{r} 4\,6 \\ \times\ 3\,8 \\ \hline \end{array}$

(2) $\begin{array}{r} 6\,3 \\ \times\ 2\,7 \\ \hline \end{array}$

(3) 37×52

(4) 24×77

기본에서 응용으로

교과유형 4 (몇십)×(몇십), (몇십몇)×(몇십)

• 30×40의 계산

$3 \times 4 = 12 \Rightarrow 30 \times 40 = 1200$ (3 → 30: 10배, 4 → 40: 10배, 12 → 1200: 100배)

• 15×30의 계산

$15 \times 3 = 45 \Rightarrow 15 \times 30 = 450$ (3 → 30: 10배, 45 → 450: 10배)

28 곱이 다른 하나는 어느 것일까요? (　　　　)

① 20×60　② 30×40　③ 40×30
④ 50×30　⑤ 60×20

29 ㉠과 ㉡에 알맞은 수의 합은 얼마일까요?

• $80 \times 30 =$ ㉠00
• $40 \times 70 =$ ㉡00

(　　　　)

30 두 곱셈식의 계산 결과는 같습니다. □ 안에 알맞은 수를 구해 보세요.

60×60　　$40 \times \square$

(　　　　)

31 □ 안에 알맞은 수를 써넣으세요.

$25 \times 60 = 50 \times \square$ (25 → 50: 2배)

32 ㉠과 ㉡의 곱을 구해 보세요.

㉠ 10이 8개, 1이 7개인 수
㉡ 10이 5개인 수

(　　　　)

33 1시간은 60분이고, 1분은 60초입니다. 1시간은 몇 초인지 곱셈식을 쓰고 답을 구해 보세요.

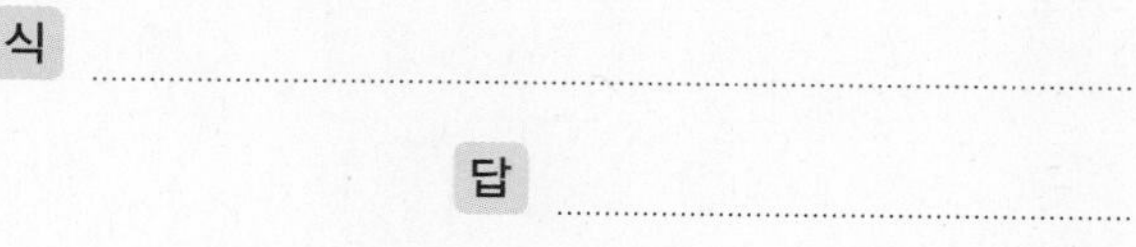

34 딸기와 귤의 비타민 C 함유량입니다. 딸기 30개와 귤 50개 중 어느 것에 비타민 C가 몇 mg 더 많이 들어 있는지 구해 보세요.

mg: 무게의 단위로 밀리그램이라고 읽습니다.

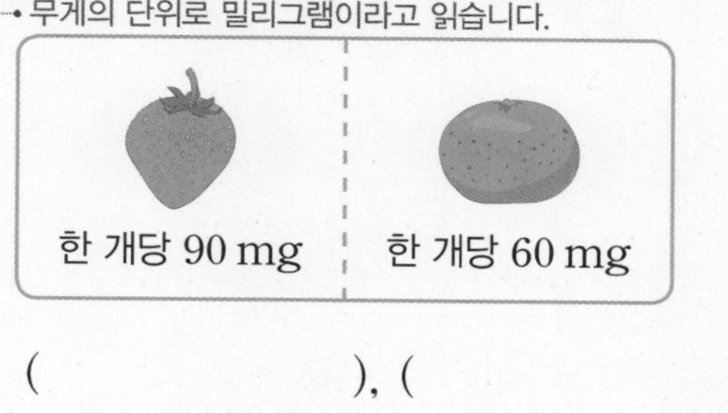

(　　　　), (　　　　)

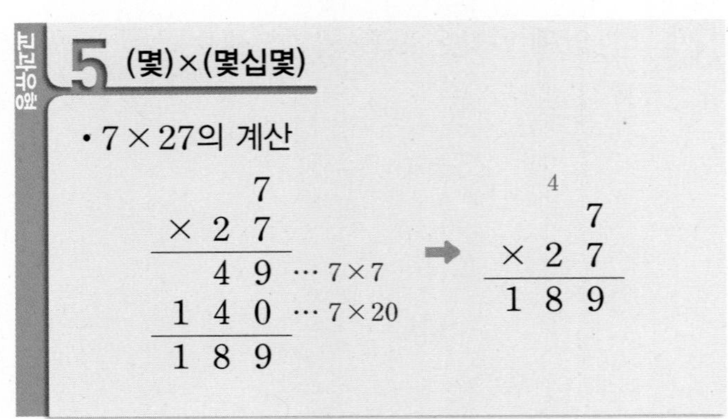

교과유형
5 (몇)×(몇십몇)
• 7×27의 계산
7
× 2 7
4 9 … 7×7
1 4 0 … 7×20
1 8 9
4
7
× 2 7
1 8 9

35 빈칸에 알맞은 수를 써넣으세요.

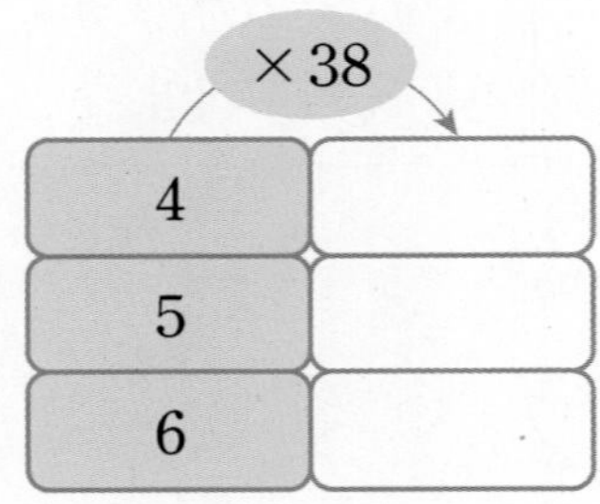

36 □ 안에 알맞은 수를 써넣으세요.

$$\begin{array}{r} 7 \\ \times\ 3\square \\ \hline 2\square 6 \end{array}$$

서술형

37 주희는 수학 문제를 매일 9문제씩 풉니다. 주희가 10월 한 달 동안 푼 수학 문제는 모두 몇 문제인지 풀이 과정을 쓰고 답을 구해 보세요.

풀이 ....

....

....

....

답 ....

38 □ 안에 들어갈 수 있는 자연수 중에서 가장 작은 수는 얼마일까요?

$6 \times 45 < \square \times 37$

( )

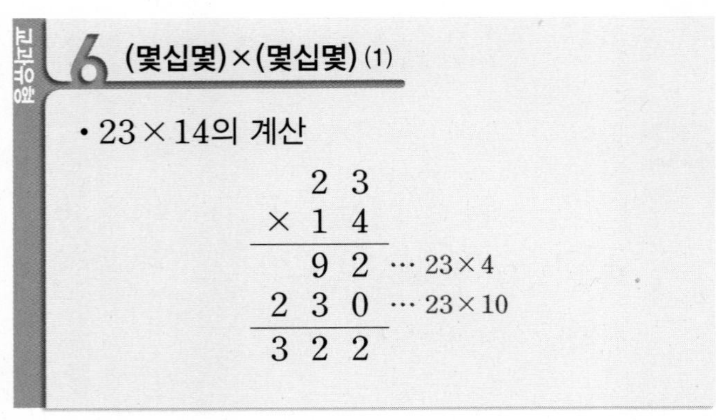

교과유형
6 (몇십몇)×(몇십몇) (1)
• 23×14의 계산
2 3
× 1 4
9 2 … 23×4
2 3 0 … 23×10
3 2 2

39 색칠된 전체 모눈의 수를 곱셈식으로 나타내고 구해 보세요.

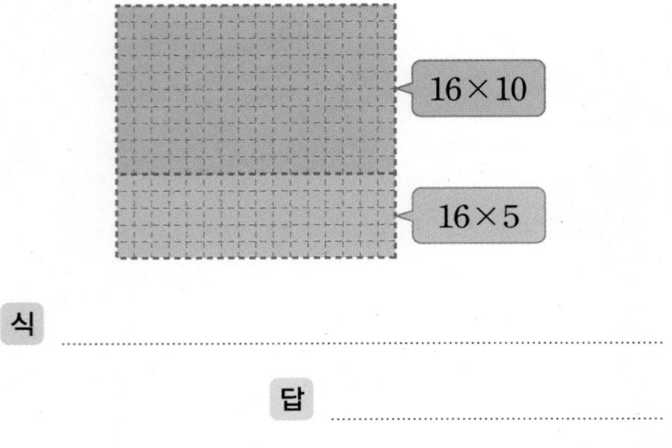

식 ....

답 ....

40 가장 큰 수와 가장 작은 수의 곱을 구해 보세요.

31 15 24

( )

41 □ 안에 알맞은 수를 써넣으세요.

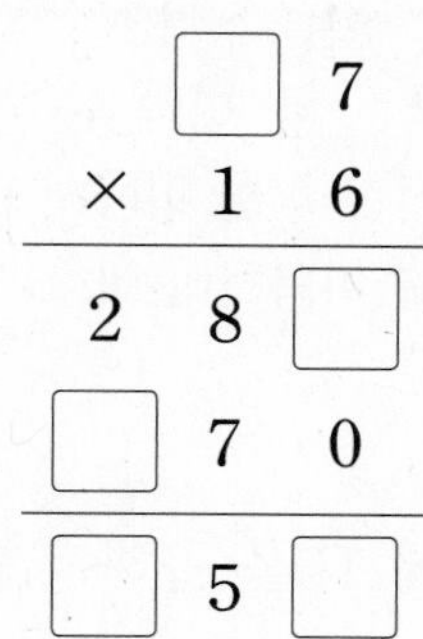

42 호진이는 매일 한자를 14자씩 외웁니다. 호진이가 2주일 동안 외우는 한자는 모두 몇 자일까요?

(　　　　　　　　)

43 다음 식을 아래쪽으로 뒤집었을 때의 식을 계산하면 얼마일까요?

(　　　　　　　　)

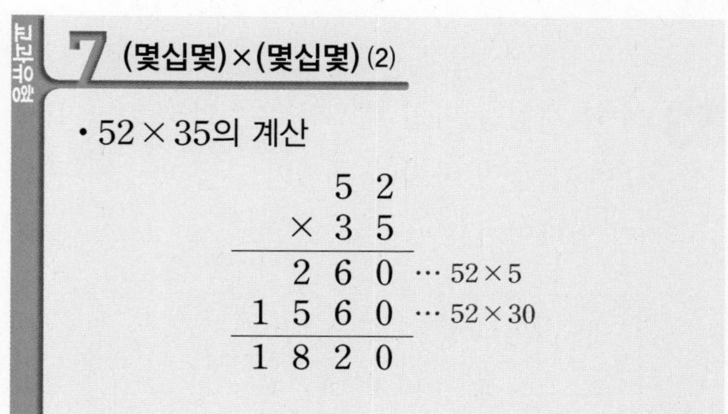

44 □ 안에 알맞은 수를 써넣으세요.

$26 \times 25 = 13 \times \square \times 25$

$= 13 \times \square$

$= \square$

서술형

45 잘못 계산한 부분을 찾아 이유를 쓰고 바르게 계산해 보세요.

$$\begin{array}{r} 27 \\ \times\ 45 \\ \hline 135 \\ 108 \\ \hline 243 \end{array} \rightarrow \square$$

이유 ....

46 어느 장난감 공장에 한 시간에 78개씩 쉬지 않고 장난감을 만드는 기계가 있습니다. 이 기계가 하루 동안 만들 수 있는 장난감은 모두 몇 개일까요?

(　　　　　　　　)

47 세 명의 학생들이 ♥의 규칙에 따라 계산한 것입니다. 규칙을 찾아 28♥41의 값을 구해 보세요.

채은: 9♥4＝35
민준: 10♥6＝59
선아: 3♥21＝62

(　　　　　　　　)

실전유형

수 카드를 이용하여 곱셈식 만들기

4 1 7 6

만들 수 있는 가장 큰 두 자리 수: 76
만들 수 있는 가장 작은 두 자리 수: 14
➡ 두 수의 곱: $76 \times 14 = 1064$

48 수 카드를 한 번씩만 사용하여 만들 수 있는 두 자리 수 중에서 가장 큰 수와 가장 작은 수의 곱을 구해 보세요.

1 9 4 2 5

(　　　　　　　　)

49 수 카드 5, 9를 한 번씩만 사용하여 계산 결과가 가장 큰 곱셈식을 만들려고 합니다. ㉠, ㉡에 알맞은 수를 구해 보세요.

$$\begin{array}{r} ㉠ \\ \times\ ㉡\ 6 \\ \hline \end{array}$$

㉠ (　　　　　　), ㉡ (　　　　　　)

50 수 카드 3, 5, 7을 한 번씩만 사용하여 다음 곱셈식이 바른 계산이 되도록 □ 안에 알맞은 숫자를 써넣으세요.

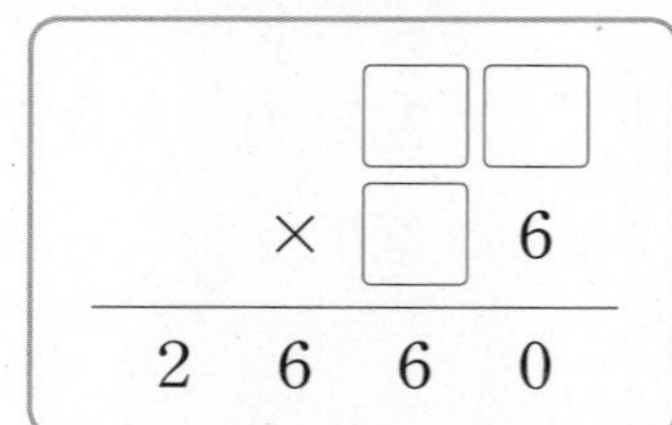

실전유형

어떤 수를 구하여 바르게 계산하기

① 어떤 수를 □라 하여 잘못 계산한 식 세우기
② 잘못 계산한 식을 이용하여 어떤 수 구하기
③ 어떤 수를 이용하여 바르게 계산한 값 구하기

51 어떤 수에 16을 곱해야 할 것을 잘못하여 더했더니 53이 되었습니다. 바르게 계산하면 얼마일까요?

(　　　　　　　　)

52 어떤 수에 28을 곱해야 할 것을 잘못하여 더했더니 61이 되었습니다. 바르게 계산하면 얼마일까요?

(　　　　　　　　)

53 수학 시험을 마친 태우와 은수의 대화입니다. 은수가 틀린 마지막 문제의 답을 바르게 구하면 얼마일까요?

태우: 은수야, 시험 잘 봤어?
은수: 아니 망쳤어. 마지막 계산 문제가 주어진 수에 34를 곱하는 문제인데 잘못 보고 뺐지 뭐야. 그래서 답을 25라고 썼어.
태우: 지금 그거 한 문제 틀렸다고 망쳤다는 거야?

(　　　　　　　　)

정답과 풀이 5쪽

심화유형 1

색 테이프의 길이 구하기

길이가 165 cm인 색 테이프 3장을 그림과 같이 18 cm씩 겹치게 이어 붙였습니다. 이어 붙인 색 테이프의 전체 길이는 몇 cm일까요?

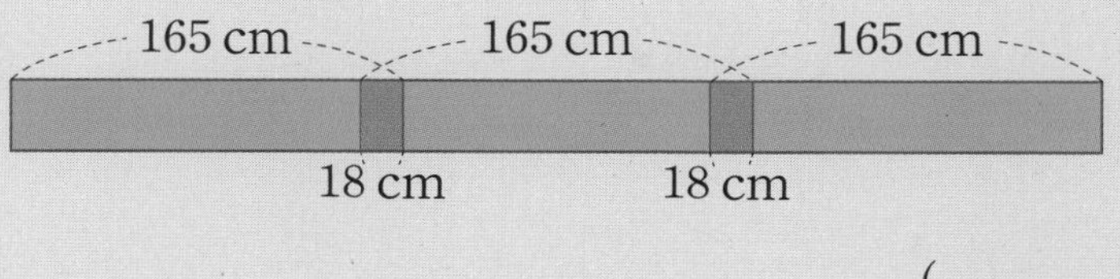

( )

● 핵심 NOTE

• 이어 붙인 색 테이프의 전체 길이 구하기
① 색 테이프 ■장의 길이의 합을 구합니다.
② 이어 붙인 부분의 수를 구합니다. ➡ (■ − 1)군데
③ 색 테이프의 길이의 합에서 이어 붙인 부분의 길이의 합을 뺍니다.

1-1 길이가 37 cm인 색 테이프 50장을 그림과 같이 4 cm씩 겹치게 이어 붙였습니다. 이어 붙인 색 테이프의 전체 길이는 몇 cm일까요?

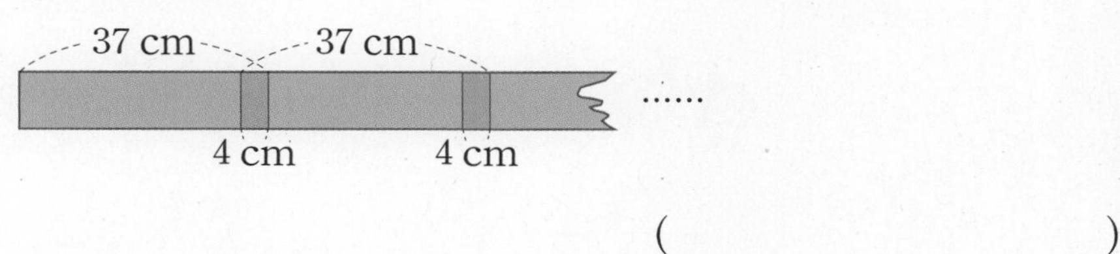

( )

1-2 미술 시간에 영은이는 길이가 28 cm인 색 테이프 27장을 6 cm씩 겹치게 이어 붙였습니다. 이 색 테이프를 똑같은 길이로 나누어 장식 12개를 만들었습니다. 장식 한 개를 만드는 데 사용한 색 테이프는 몇 cm일까요?

( )

심화유형 2

크기를 비교하여 □ 안에 들어갈 수 있는 수 구하기

1부터 9까지의 수 중에서 □ 안에 들어갈 수 있는 수를 모두 구해 보세요.

$42 \times \square 0 < 1500$

(　　　　　　　　)

● 핵심 NOTE 곱셈의 계산 결과를 예상하여 □ 안에 수를 넣어 보고 조건에 맞는 수를 모두 찾아 문제를 해결합니다.

2-1 1부터 9까지의 수 중에서 □ 안에 들어갈 수 있는 수를 모두 구해 보세요.

$63 \times \square 0 < 1300$

(　　　　　　　　)

2-2 □ 안에 들어갈 수 있는 자연수 중에서 가장 작은 수를 구해 보세요.

$48 \times \square > 70 \times 30$

(　　　　　　　　)

심화유형 3

곱이 가장 크거나 가장 작은 곱셈식 만들기

수 카드를 한 번씩만 사용하여 곱이 가장 작은 (세 자리 수) × (한 자리 수)를 만들고, 곱을 구해 보세요.

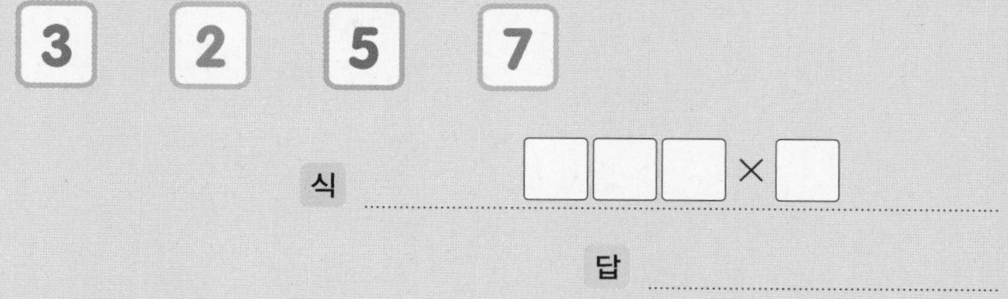

● 핵심 NOTE

곱이 가장 작은 (세 자리 수) × (한 자리 수)를 만들려면 가장 작은 숫자를 한 자리 수로 놓고 나머지 세 숫자로 만든 가장 작은 수를 세 자리 수로 놓아야 합니다.

3-1 수 카드를 한 번씩만 사용하여 곱이 가장 큰 (세 자리 수) × (한 자리 수)를 만들고, 곱을 구해 보세요.

3-2 수 카드를 한 번씩만 사용하여 곱이 가장 큰 (두 자리 수) × (두 자리 수)를 만들고, 곱을 구해 보세요.

정답과 풀이 5쪽

수학 + 가정

열량 구하기

식품을 먹었을 때 몸속에서 발생하는 에너지의 양을 '열량'이라고 합니다. 식품별 열량은 다음과 같습니다. 지호네 가족이 간식으로 귤 17개, 아이스크림 6개, 젤리 50개를 먹었을 때 지호네 가족이 먹은 간식의 열량을 구해 보세요.

간식	열량(킬로칼로리)	간식	열량(킬로칼로리)
귤 1개	38	젤리 1개	30
쿠키 1개	240	우유 1개	125
삶은 계란 1개	80	사과 1개	57
아이스크림 1개	253	방울토마토 1개	12

1단계 간식의 열량을 각각 구하기

2단계 간식의 열량의 합 구하기

( )

● **핵심 NOTE**

1단계 지호네 가족이 먹은 간식의 열량을 각각 구합니다.

2단계 지호네 가족이 먹은 간식의 열량의 합을 구합니다.

4-1 태윤이는 쿠키 3개와 젤리 15개를 먹고 형은 아이스크림 3개와 방울토마토 26개를 먹었습니다. 위 표를 보고 두 사람이 먹은 간식의 열량은 누가 몇 킬로칼로리 더 많은지 구해 보세요.

( ), ( )

기출 단원 평가 Level 1

점수

확인

1 수 모형을 보고 곱셈식으로 나타내어 보세요.

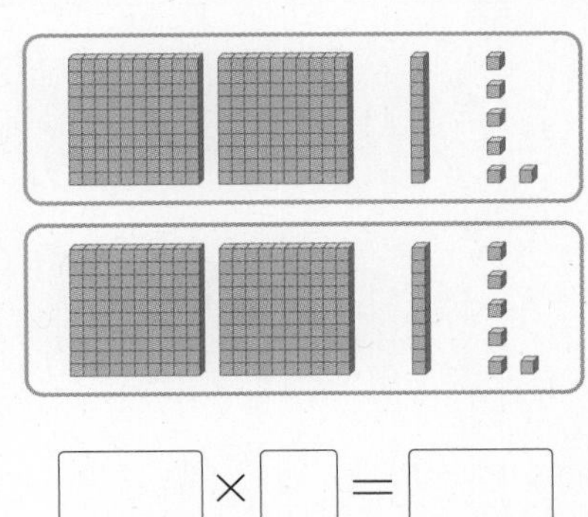

$\square \times \square = \square$

2 □ 안에 알맞은 수를 써넣으세요.

$100 \times 4 = \square$

$60 \times 4 = \square$

$2 \times 4 = \square$

$162 \times 4 = \square$

3 □ 안에 알맞은 수를 써넣으세요.

$80 \times \square 0 = 4000$

4 빈칸에 두 수의 곱을 써넣으세요.

7	34

5 덧셈식을 곱셈식으로 나타내고 답을 구해 보세요.

$483 + 483 + 483 + 483 + 483 + 483$

식

답

6 계산 결과가 같은 것끼리 이어 보세요.

30×80 •

50×70 •

• 70×30

• 40×60

• 70×50

7 □ 안에 알맞은 수를 써넣으세요.

$43 \times 40 = 43 \times \square \times 10$

$= \square \times 10$

$= \square$

1

8 서울에서 순천까지의 거리는 서울에서 원주까지의 거리의 3배입니다. 서울에서 원주까지의 거리가 108 km라면 서울에서 순천까지의 거리는 몇 km일까요?

( )

9 색칠된 전체 모눈의 수를 곱셈식으로 나타내고 답을 구해 보세요.

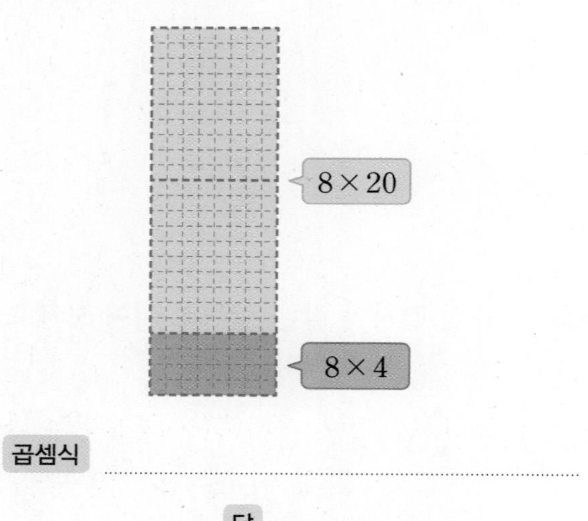

곱셈식 ....

답 ....

10 □ 안에 알맞은 수를 써넣으세요.

$$\begin{array}{r} 3\ 1\ 4 \\ \times\ \ \ \ \square \\ \hline \square\square\ 5\ 6 \end{array}$$

11 일회용 종이컵 1개를 만드는 데는 이산화탄소 11 g이 배출된다고 합니다. 종이컵 50개를 만들면 이산화탄소 몇 g이 배출될까요?

( )

12 가장 큰 수와 가장 작은 수의 곱을 구해 보세요.

13	51	29	82

( )

13 □ 안에 알맞은 수를 써넣으세요.

$24\times25=12\times\square=\square$

14 잘못 계산한 부분을 찾아 바르게 계산해 보세요.

$$\begin{array}{r} 4 \\ \times\ 3\ 6 \\ \hline 2\ 4 \\ 1\ 2 \\ \hline 3\ 6 \end{array}$$ ➡ □

15 꽃 가게에 있는 장미를 25송이씩 묶었더니 14묶음이 되고 12송이가 남았습니다. 꽃 가게에 있는 장미는 모두 몇 송이일까요?

( )

16 수 카드를 한 번씩만 사용하여 곱이 가장 큰 곱셈식을 만들고 계산해 보세요.

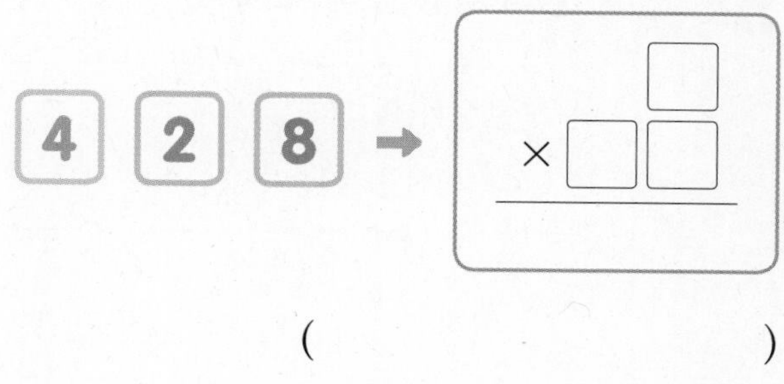

( )

17 ㉠에 알맞은 수를 구해 보세요.

21㉠ × 4 = 872

( )

18 준서는 줄넘기를 하루에 360회씩 4일 동안 하였고, 은서는 하루에 185회씩 7일 동안 하였습니다. 준서와 은서 중 누가 얼마나 더 많이 줄넘기를 했을까요?

( ), ( )

술술 서술형

19 수 카드를 한 번씩만 사용하여 만들 수 있는 가장 큰 세 자리 수와 남은 수의 곱은 얼마인지 풀이 과정을 쓰고 답을 구해 보세요.

4 7 3 5

풀이

답

20 과일 가게에서 한 상자에 12개씩 들어 있는 배 60상자와 한 상자에 30개씩 들어 있는 사과 40상자를 팔았습니다. 판매한 배와 사과는 모두 몇 개인지 풀이 과정을 쓰고 답을 구해 보세요.

풀이

답

기출 단원 평가 Level ❷

점수

확인

1 □ 안에 들어갈 수는 실제로 어떤 수의 곱인지 찾아 기호를 써 보세요.

$$\begin{array}{r} 295 \\ \times \quad 8 \\ \hline 40 \\ \square \\ 1600 \\ \hline 2360 \end{array}$$

㉠ 95×8
㉡ 9×8
㉢ 90×8
㉣ 200×8

(　　　　　　　　)

2 곱이 가장 큰 것은 어느 것일까요? (　　　　)

① 20×90　② 30×80　③ 40×80
④ 50×60　⑤ 90×30

3 □ 안에 알맞은 수를 써넣으세요.

8×109=□×8
=□

4 계산 결과를 비교하여 ○ 안에 >, =, <를 알맞게 써넣으세요.

6×75 ○ 7×65

5 ㉠과 ㉡의 차를 구해 보세요.

㉠ 218의 7배
㉡ 218+218+218+218

(　　　　　　　　)

6 잘못 계산한 사람의 이름을 써 보세요.

시영	정은
$\begin{array}{r} 509 \\ \times \quad 5 \\ \hline 2505 \end{array}$	$\begin{array}{r} 450 \\ \times \quad 8 \\ \hline 3600 \end{array}$

(　　　　　　　　)

7 지하철이 하루에 236번씩 지나가는 역이 있습니다. 일주일 동안 이 역에는 지하철이 모두 몇 번 지나갈까요?

(　　　　　　　　)

8 지우네 학교 3학년 반별 학생 수는 다음과 같습니다. 수업 준비물로 수수깡을 한 명에게 3묶음씩 주려고 할 때 수수깡은 모두 몇 묶음 필요할까요?

반	1	2	3	4	5
학생 수(명)	21	28	24	25	28

(　　　　　　　　)

9 □ 안에 알맞은 수를 써넣으세요.

$144\times\square=24\times48$

10 ㉠과 ㉡의 곱을 구해 보세요.

㉠ 10이 7개, 1이 13개인 수
㉡ 10이 2개, 1이 5개인 수

(　　　　　　　　)

11 □ 안에 알맞은 수를 써넣으세요.

$$\begin{array}{r} 5\square \\ \times\ \square 3 \\ \hline 177 \\ 4\square 30 \\ \hline 4\square 07 \end{array}$$

12 1월 1일부터 1월 3일까지 3일 동안은 모두 몇 분일까요?

(　　　　　　　　)

13 도로의 한쪽에 처음부터 끝까지 나무 8그루가 95 m 간격으로 심어져 있습니다. 나무가 심어져 있는 도로의 길이는 몇 m일까요? (단, 나무의 두께는 생각하지 않습니다.)

(　　　　　　　　)

14 현우가 문구점에서 학용품을 사고 받은 영수증의 일부입니다. 영수증의 찢어진 부분에 적힌 금액은 얼마인지 구해 보세요.

연필	350원짜리	6자루
집게	80원짜리	12개
봉투	190원짜리	8장
합계		

(　　　　　　　　)

15 지연이네 학교에서 도서관을 만들기 위하여 책 2500권을 모았습니다. 이 중 동화책은 35권씩 43상자, 위인전은 28권씩 17상자이고, 나머지는 참고서입니다. 참고서는 몇 권일까요?

(　　　　　　　　)

16 ㉠★㉡을 보기 와 같이 계산할 때 59★27을 계산해 보세요.

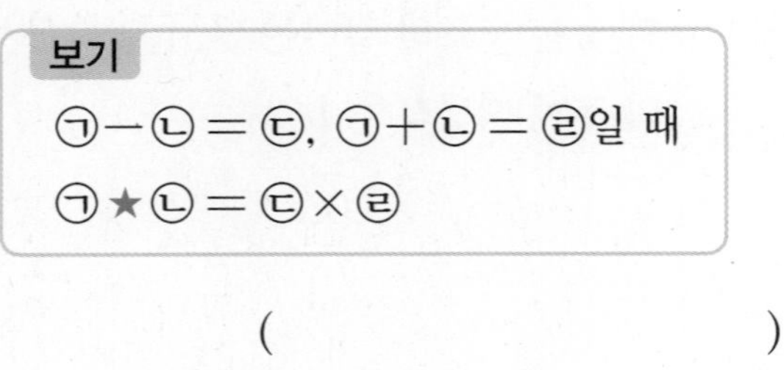

보기

㉠−㉡=㉢, ㉠+㉡=㉣일 때

㉠★㉡=㉢×㉣

(   )

17 1부터 9까지의 수 중에서 □ 안에 들어갈 수 있는 가장 큰 수를 구해 보세요.

$63 \times \square 0 < 3500$

(   )

18 수 카드를 한 번씩만 사용하여 곱이 가장 큰 (두 자리 수)×(두 자리 수)를 만들고, 곱을 구해 보세요.

2 3 7 8

식 ....

답 ....

술술 서술형

19 어떤 수에 26을 곱해야 할 것을 잘못하여 뺐더니 48이 되었습니다. 바르게 계산하면 얼마인지 풀이 과정을 쓰고 답을 구해 보세요.

풀이 ....

답 ....

20 길이가 35 cm인 색 테이프 19장을 그림과 같이 3 cm씩 겹치게 이어 붙였습니다. 이어 붙인 색 테이프의 전체 길이는 몇 cm인지 풀이 과정을 쓰고 답을 구해 보세요.

35 cm   35 cm   ......

3 cm   3 cm

풀이 ....

답 ....

사고력이 반짝

- 다음 그림의 빈칸에 ○와 ×를 넣어 보세요.
  단, 가로, 세로, ↘, ↙ 방향에 같은 모양 4개가 들어가면 안 됩니다.

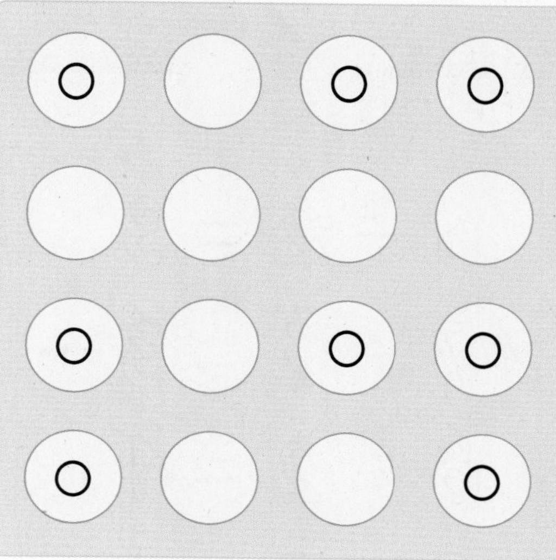

나눗셈

2

$6 \div 2 = 3$

$7 \div 2 = 3 \cdots 1$

$8 \div 2 = 4$

$9 \div 2 = 4 \cdots 1$

$10 \div 2 = 5$

뺄셈을 하고 남은 것이 나머지야!

16개를 5군데로 똑같이 나누면 3개씩 놓이게 되고 1개가 남습니다.

몫 → 3, 나머지 → 1

$$16 \div 5 = 3 \cdots 1$$

16개를 5개씩 덜어 내면 3묶음이 되고 1개가 남습니다.

$$16 - \underline{5 - 5 - 5} - 1 = 0$$

5씩, 3번

$$\rightarrow 16 \div 5 = 3 \cdots 1$$

1 (몇십)÷(몇)(1)

● **내림이 없는 (몇십)÷(몇)**

– 60÷3의 이해

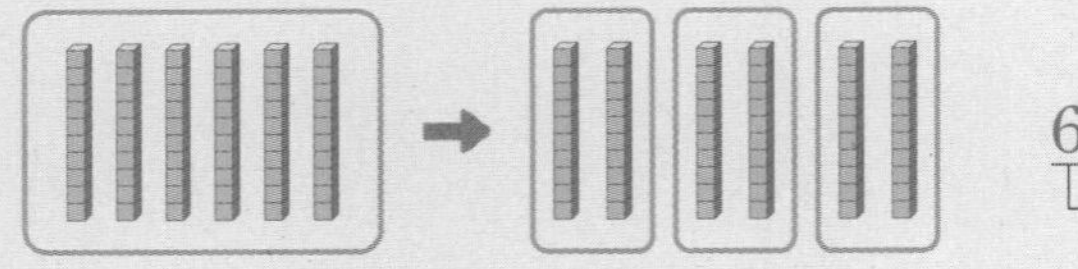

$6 \div 3 = 2$ ➡ $60 \div 3 = 20$ (10배, 10배)

나누어지는 수가 10배가 되면 몫도 10배가 됩니다.

● **나눗셈식을 세로로 쓰는 방법**

$60 \div 3 = 20$ ➡ $3\overline{)60}$, 몫 20

나누어지는 수는 ⟌ 의 아래쪽에,
나누는 수는 ⟌ 의 왼쪽에,
몫은 ⟌ 의 위쪽에 씁니다.

주의 개념

• 나눗셈식을 세로로 쓸 때 각 자리에 맞추어 몫을 써야 합니다.

❗

$80 \div 4 = 20$ ➡ □⟌□□ (몫 □□)

1 □ 안에 알맞은 수를 써넣으세요.

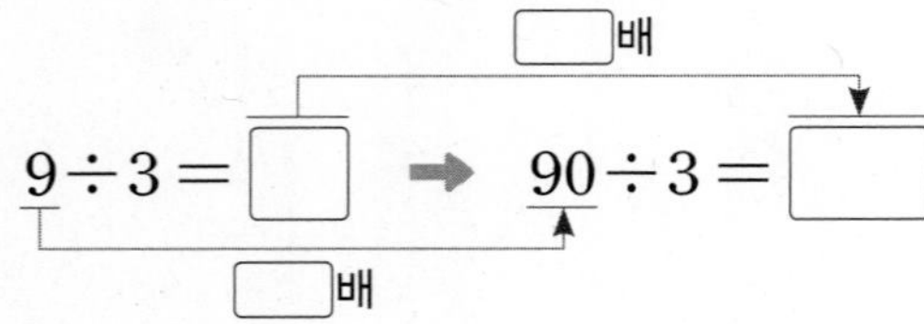

$9 \div 3 = □$ ➡ $90 \div 3 = □$ (□배, □배)

▶ **막대로 나눗셈 해결하기**

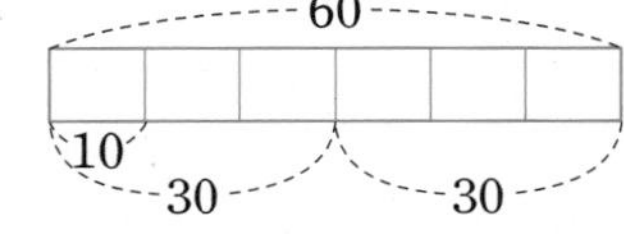

60을 똑같이 2묶음으로 나누면 한 묶음은 30이 됩니다.
➡ $60 \div 2 = 30$

2 □ 안에 알맞은 수를 써넣으세요.

(1) $70 \div 7 = □$ ➡ $7\overline{)7\ 0}$ (몫 □□)

(2) $9\overline{)9\ 0}$ (몫 □□) ➡ □÷□=□

3 초콜릿 50개를 5명에게 똑같이 나누어 주려고 합니다. 한 명에게 몇 개씩 나누어 주어야 할까요?

식 ……………… 답 ………………

2 (몇십)÷(몇) (2)

정답과 풀이 8쪽

● **내림이 있는 (몇십)÷(몇)**

− 60÷5의 이해

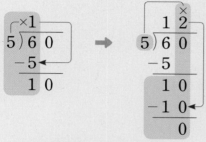

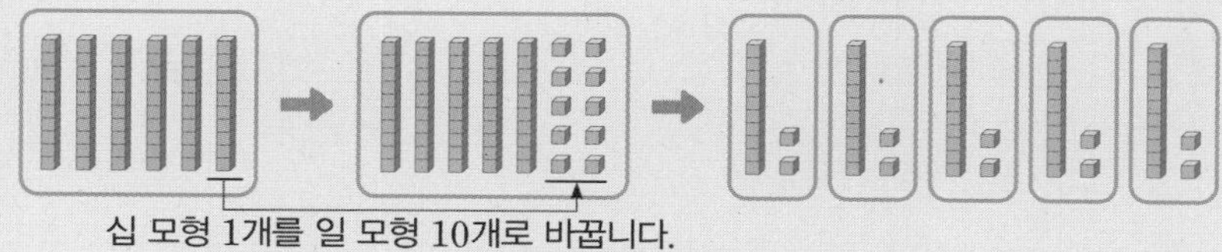

십 모형 1개를 일 모형 10개로 바꿉니다.

$60 \div 5 = 12$

− 60÷5의 계산

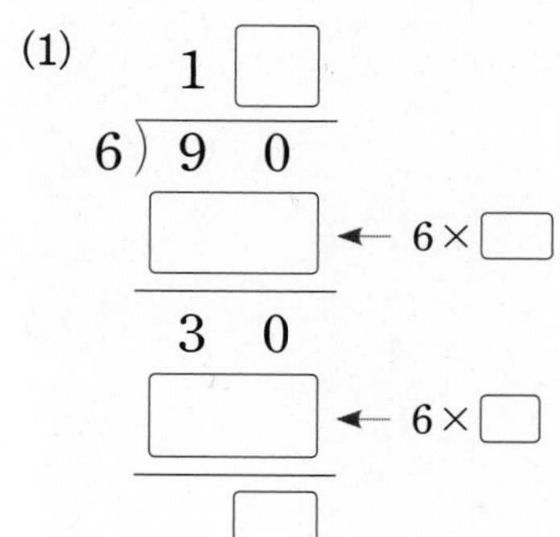

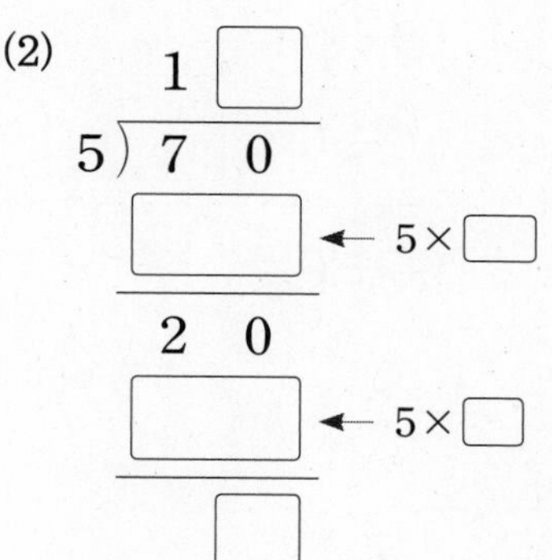

십, 일의 자리 순서로 나눕니다.

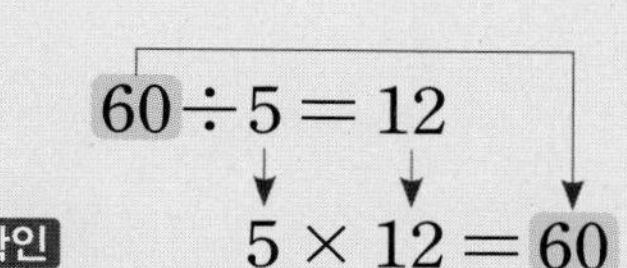

$60 \div 5 = 12$

확인 $5 \times 12 = 60$

• 나누는 수와 몫을 곱하면 나누어지는 수가 되어야 합니다.

보충 개념

• 몫은 곱셈을 이용하여 십의 자리부터 구합니다.

$$\begin{array}{r} 12 \\ 5\overline{)60} \\ 50 \\ \hline 10 \\ 10 \\ \hline 0 \end{array}$$

50 ← 5×10, 10 ← 5×2

나눗셈을 하고 계산을 바르게 했는지 꼭 확인해 봐.

4 □ 안에 알맞은 수를 써넣으세요.

(1)
$$\begin{array}{r} 1\square \\ 6\overline{)90} \\ \square \\ \hline 30 \\ \square \\ \hline \square \end{array}$$
← 6×□, ← 6×□

(2)
$$\begin{array}{r} 1\square \\ 5\overline{)70} \\ \square \\ \hline 20 \\ \square \\ \hline \square \end{array}$$
← 5×□, ← 5×□

5 계산해 보고 계산이 맞는지 확인해 보세요.

(1) $90 \div 2$

확인 ....

(2) $50 \div 2$

확인 ....

6 몫의 크기를 비교하여 ○ 안에 >, =, <를 알맞게 써넣으세요.

(1) $90 \div 5$ ○ $80 \div 5$

(2) $60 \div 4$ ○ $60 \div 2$

? 나누어지는 수가 같을 때 나누는 수에 따라 몫은 어떻게 달라질까요?

$60 \div 2 = 30$
$60 \div 3 = 20$
$60 \div 6 = 10$

➡ 나누는 수가 커질수록 몫은 작아집니다.

3 (몇십몇)÷(몇) (1)

● **내림이 없는 (몇십몇)÷(몇)**

- 64÷2의 이해

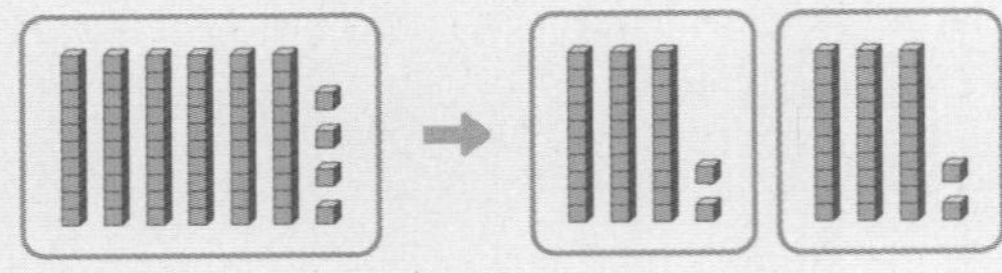

$64 \div 2 = 32$

- 64÷2의 계산

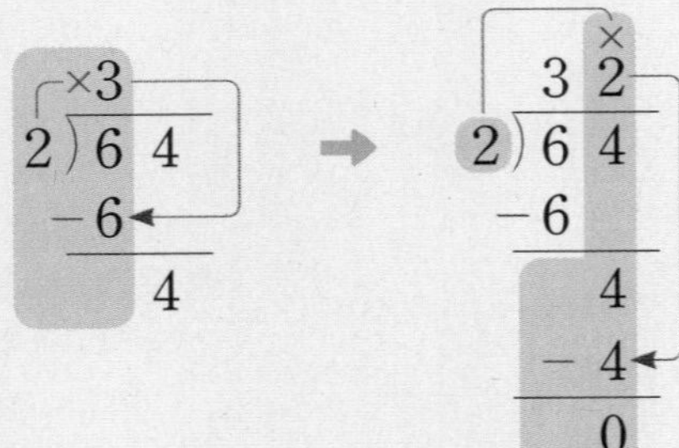

$64 \div 2 = 32$

확인 $2 \times 32 = 64$

보충 개념

• 몫은 곱셈을 이용하여 십의 자리부터 구합니다.

$$\begin{array}{r} 32 \\ 2\overline{)64} \\ 60 \\ \hline 4 \\ 4 \\ \hline 0 \end{array}$$
60 ←2×30, 4 ←2×2

7 □ 안에 알맞은 수를 써넣으세요.

(1) $40 \div 4 = \square$
$8 \div 4 = \square$
$48 \div 4 = \square$

(2) $60 \div 6 = \square$
$6 \div 6 = \square$
$66 \div 6 = \square$

▶ 나누어지는 수를 분해하여 나눈 후 더해도 결과는 같습니다.

8 계산해 보고 계산이 맞는지 확인해 보세요.

(1) $4\overline{)84}$

(2) $3\overline{)96}$

확인 .... 확인 ....

9 학생 33명을 3모둠으로 똑같이 나누려고 합니다. 한 모둠을 몇 명씩으로 하면 될까요?

식 .... 답 ....

4 (몇십몇)÷(몇) (2)

정답과 풀이 9쪽

● **내림이 있는 (몇십몇)÷(몇)**

- 45÷3의 계산

십의 자리부터 계산하고 남은 수는 내림하여 일의 자리 수와 함께 계산합니다.

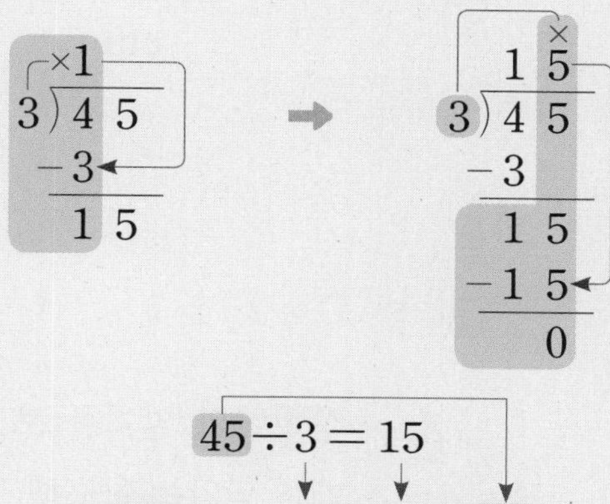

$45 \div 3 = 15$

확인 $3 \times 15 = 45$

⊕ 보충 개념

• **나눗셈과 곱셈의 관계**

나눗셈은 곱셈으로, 곱셈은 나눗셈으로 나타낼 수 있습니다.

$64 \div 2 = 32$

➡ $2 \times 32 = 64$, $32 \times 2 = 64$

$7 \times 12 = 84$

➡ $84 \div 7 = 12$, $84 \div 12 = 7$

10 □ 안에 알맞은 수를 써넣으세요.

(1) 5)9 5 — □ ← 5×□, □, □ ← 5×□, □

(2) 4)5 2 — □ ← 4×□, □, □ ← 4×□, □

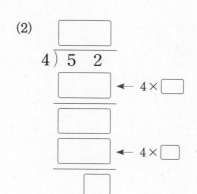

11 □ 안에 알맞은 수를 써넣으세요.

(1) $60 \div 3 =$ □
$12 \div 3 =$ □
$72 \div 3 =$ □

(2) $70 \div 7 =$ □
$14 \div 7 =$ □
$84 \div 7 =$ □

12 계산해 보고 계산이 맞는지 확인해 보세요.

(1) $78 \div 6$

확인 ……

(2) $96 \div 4$

확인 ……

? **세로로 계산할 때 왜 십의 자리부터 계산하나요?**

수 모형으로 생각해 보면 십 모형을 먼저 나눈 후, 나누어지지 않은 십 모형을 일 모형으로 바꾸어 나누기 때문에 십의 자리부터 계산해요.

기본에서 응용으로

개념+문제 풀이

교과유형

1 (몇십)÷(몇)(1)

• 80÷4의 계산

$80 \div 4 = 20$ ➡ $4\overline{)80}$ 몫 20

1 □ 안에 알맞은 수를 써넣으세요.

(1) $8 \div 2 =$ □ ➡ $80 \div 2 =$ □

(2) $7 \div 7 =$ □ ➡ $70 \div 7 =$ □

2 계산이 옳은 것에 ○표 하세요.

$9\overline{)90}$ 몫 1	$9\overline{)90}$ 몫 10
(　　)	(　　)

3 □ 안에 알맞은 수를 써넣으세요.

$40 \div 2 =$ □

(2배, 2배)

$80 \div 4 =$ □

4 몫이 가장 큰 것의 기호를 써 보세요.

㉠ $30 \div 3$　㉡ $60 \div 2$　㉢ $60 \div 3$

(　　　　)

5 색 테이프를 똑같이 세 도막으로 나누었습니다. □ 안에 알맞은 수를 써넣으세요.

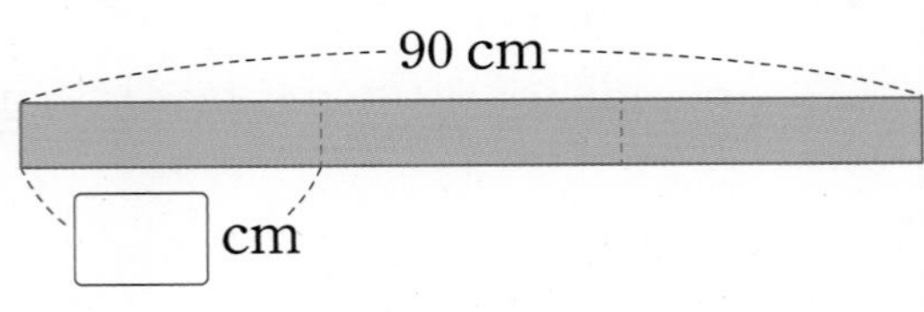

6 상현이의 일기를 보고 한 바구니에 귤을 몇 개씩 담았는지 구해 보세요.

9월 2일　　날씨 : 맑음

우리 가족은 제주도에 있는 감귤 농장에 다녀왔다.
귤을 40개 따서 바구니 4개에 똑같이 나누어
담았다. 직접 딴 귤이 담긴 바구니를 보니
너무 뿌듯했다.

(　　　　)

서술형

7 구슬 90개를 주머니 3개에 똑같이 나누어 담고, 한 주머니에 담은 구슬을 다시 3명에게 똑같이 나누어 주려고 합니다. 구슬을 한 명에게 몇 개씩 줄 수 있을지 풀이 과정을 쓰고 답을 구해 보세요.

풀이

답

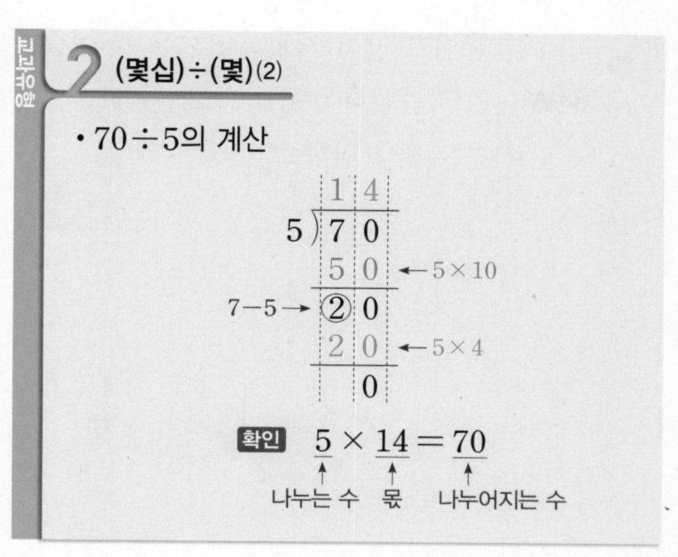

교과유형
2 (몇십)÷(몇)(2)
• 70÷5의 계산
5×10
7−5
5×4
확인 5 × 14 = 70
나누는 수
몫
나누어지는 수

8 몫이 작은 것부터 차례로 기호를 써 보세요.

㉠ 60÷5　㉡ 90÷6　㉢ 70÷2

(　　　　　　)

9 □ 안에 알맞은 수를 써넣으세요.

(1) □÷2＝25

(2) 90÷□＝18

10 연료 6 L로 90 km를 달리는 하이브리드 자동차가 있습니다. 이 하이브리드 자동차는 1 L의 연료로 몇 km를 갈 수 있을까요?

(　　　　　　)

서술형

11 네 변의 길이의 합이 60 cm인 정사각형의 한 변의 길이는 몇 cm인지 풀이 과정을 쓰고 답을 구해 보세요.

풀이 ______________________

답 ______________________

12 색종이가 한 묶음에 10장씩 8묶음 있습니다. 색종이를 한 명에게 5장씩 준다면 몇 명에게 나누어 줄 수 있을까요?

(　　　　　　)

교과유형 **3** (몇십몇)÷(몇)(1)

• 84÷2의 계산

```
    4 2
2 ) 8 4
    8 0   ←2×40
      4
      4   ←2×2
      0
```

확인 2 × 42 ＝ 84

13 몫의 크기를 비교하여 ○ 안에 >, ＝, <를 알맞게 써넣으세요.

(1) 68÷2 ○ 68÷4

(2) 66÷6 ○ 96÷6

14 계산을 바르게 한 사람을 찾아 ○표 하세요.

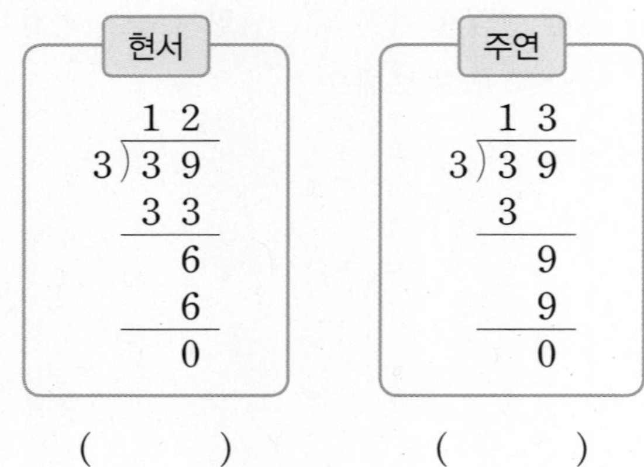

( ) ( )

15 가장 큰 수를 가장 작은 수로 나눈 몫을 구해 보세요.

84	3	93	4	68

( )

서술형

16 귤 44개와 감 40개를 한 봉지에 4개씩 담으려고 합니다. 봉지는 모두 몇 개 필요한지 풀이 과정을 쓰고 답을 구해 보세요.

풀이

답

17 □ 안에 들어갈 수 있는 가장 작은 자연수를 구해 보세요.

$48 \div 4 < \square$

( )

18 민수는 종이로 장미 7개를 만드는 데 1시간 17분이 걸렸습니다. 장미 한 개를 만드는 데 걸린 시간은 몇 분일까요?

( )

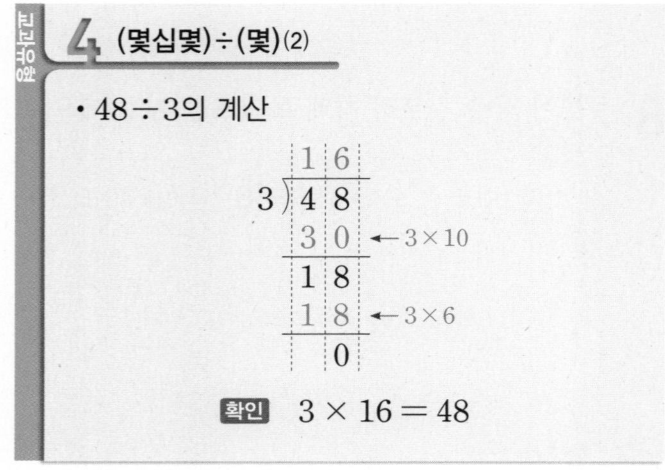

19 몫이 같은 것끼리 이어 보세요.

72÷6 56÷4

91÷7 96÷8 42÷3

20 몫이 다른 하나를 찾아 기호를 써 보세요.

㉠ 78÷6 ㉡ 98÷7 ㉢ 65÷5

( )

21 ㉠과 ㉡에 알맞은 수를 각각 구해 보세요.

- $96 \div 2 =$ ㉠
- ㉠ $\div 3 =$ ㉡

㉠ (　　　　　　), ㉡ (　　　　　　)

22 □ 안에 알맞은 수를 써넣으세요.

(1) $76 \div 4 =$ □ ➡ $4 \times$ □ $= 76$

(2) □ $\div 3 = 18$ ➡ $3 \times$ □ $=$ □

23 사과 85개를 5명이 똑같이 나누어 가지려고 합니다. 한 사람이 몇 개씩 가지면 될까요?

식 ....

답 ....

서술형

24 빨간색 사탕이 19개, 노란색 사탕이 26개, 분홍색 사탕이 42개 있습니다. 이 사탕을 3명이 똑같이 나누어 가진다면 한 명이 몇 개씩 가지게 되는지 풀이 과정을 쓰고 답을 구해 보세요.

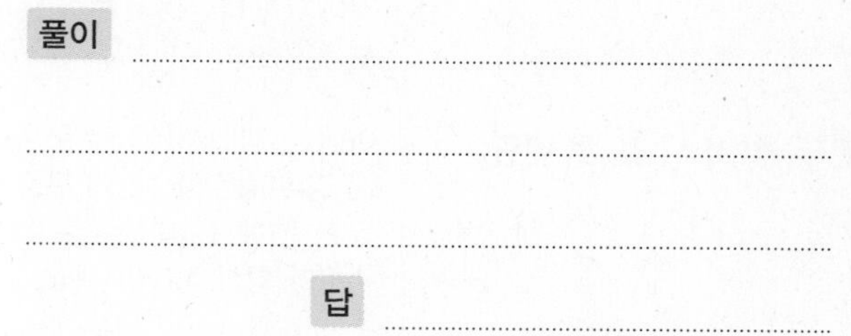

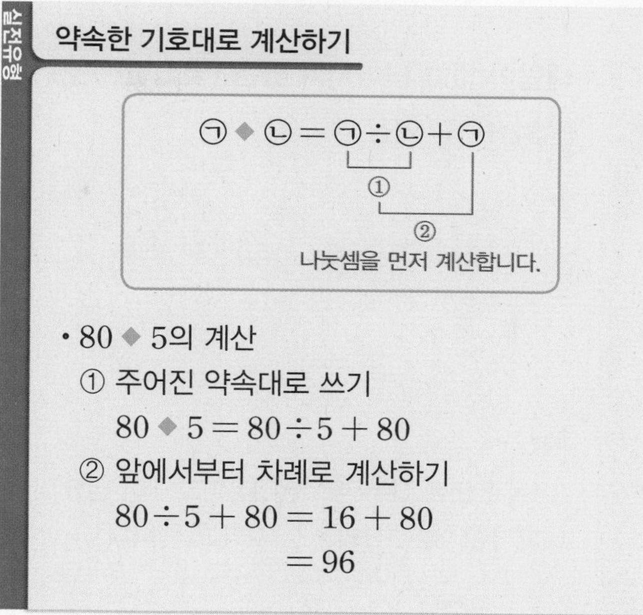

실전유형
약속한 기호대로 계산하기
㉠◆㉡=㉠÷㉡+㉠
①
②
나눗셈을 먼저 계산합니다.

- 80 ◆ 5의 계산

① 주어진 약속대로 쓰기

$80 ◆ 5 = 80 \div 5 + 80$

② 앞에서부터 차례로 계산하기

$80 \div 5 + 80 = 16 + 80$

$= 96$

25 기호 ●에 대하여

㉠●㉡ = ㉠ $\div 4 +$ ㉡

이라고 약속할 때 다음을 계산해 보세요.

96 ● 66

(　　　　　　)

26 기호 ◆에 대하여

㉠◆㉡ = ㉠ $\div$ ㉡ $\div 3$

이라고 약속할 때 다음을 계산해 보세요.

90 ◆ 5

(　　　　　　)

27 ㉠★㉡을 다음과 같이 계산할 때 69★3을 계산해 보세요.

㉠ × ㉡ = ㉢, ㉠ ÷ ㉡ = ㉣일 때
㉠★㉡ = ㉢ − ㉣

(　　　　　　)

2

5 (몇십몇)÷(몇) (3)

개념 강의

● **내림이 없고 나머지가 있는 (몇십몇)÷(몇)**

– 37÷3의 계산

$$3\overline{)37} \;\Rightarrow\; \begin{array}{r} 1\;\; \\ 3\overline{)3\;7} \\ -3\;\; \\ \hline 7 \end{array} \quad \rightarrow \quad \begin{array}{r} 1\;2 \\ 3\overline{)3\;7} \\ -3\;\; \\ \hline 7 \\ -\;6 \\ \hline 1 \end{array}$$

$$\begin{array}{r} 1\;2 \\ 3\overline{)3\;7} \\ 3\;\; \\ \hline 7 \\ 6 \\ \hline 1 \end{array}$$
← 몫, ← 나머지

37을 3으로 나누면 몫은 12이고 1이 남습니다.
이때 1을 37÷3의 나머지라고 합니다.

$37 \div 3 = 12 \cdots 1$

확인 $3 \times 12 = 36,\ 36 + 1 = 37$

• 나누는 수와 몫을 곱한 후 나머지를 더하면 나누어지는 수가 되어야 합니다.

나머지가 없으면 나머지가 0이라고 말할 수 있습니다.
나머지가 0일 때, 나누어떨어진다고 합니다.

보충 개념

• 나눗셈에서 나머지가 있는 경우 나머지는 나누는 수보다 항상 작습니다.
→ (나머지)＜(나누는 수)

$$\begin{array}{r} 5 \\ 3\overline{)1\;5} \\ 1\;5 \\ \hline 0 \end{array} \quad \begin{array}{r} 5 \\ 3\overline{)1\;6} \\ 1\;5 \\ \hline 1 \end{array} \quad \begin{array}{r} 5 \\ 3\overline{)1\;7} \\ 1\;5 \\ \hline 2 \end{array} \quad \begin{array}{r} 5 \\ 3\overline{)1\;8} \\ 1\;5 \\ \hline 3 \end{array}$$

3에 3이 한 번 더 들어갈 수 있습니다.

나누는 수가 3일 때 나머지는 3보다 작습니다.

1 □ 안에 알맞은 수를 써넣으세요.

(1)

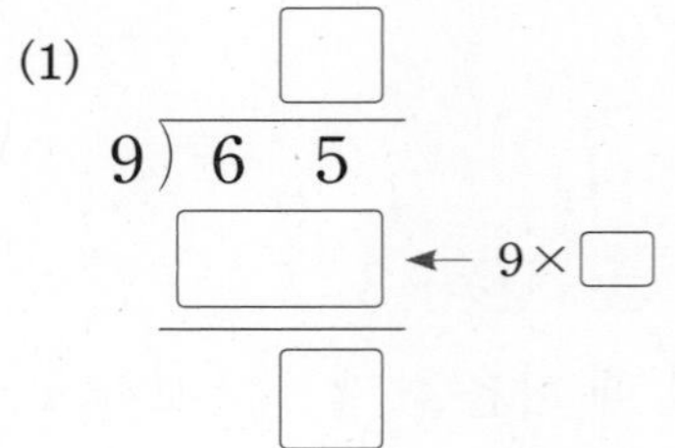

(2)

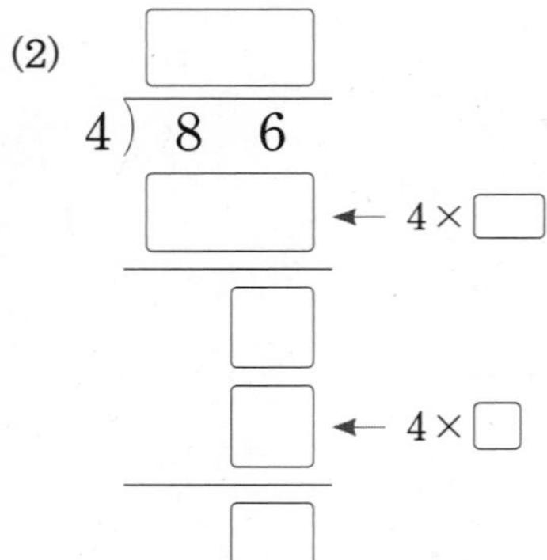

2 계산해 보고 계산이 맞는지 확인해 보세요.

(1) $57 \div 8$ 확인 ……………………

(2) $45 \div 4$ 확인 ……………………

3 어떤 수를 5로 나누었을 때 나머지가 될 수 없는 수를 모두 찾아 ○표 하세요.

2	3	4	5	6

? 나머지가 나누는 수보다 큰 경우도 있나요?

아니요. 나머지가 나누는 수보다 큰 경우에는 나눗셈의 몫을 잘못 구한 거예요. 나머지는 나누는 수보다 항상 작아야 해요.

6 (몇십몇)÷(몇)(4)

정답과 풀이 10쪽

● **내림이 있고 나머지가 있는 (몇십몇)÷(몇)**

– 74÷5의 계산

십의 자리부터 계산하고 남은 수는 내림하여 일의 자리와 함께 계산한 다음, 나머지를 씁니다.

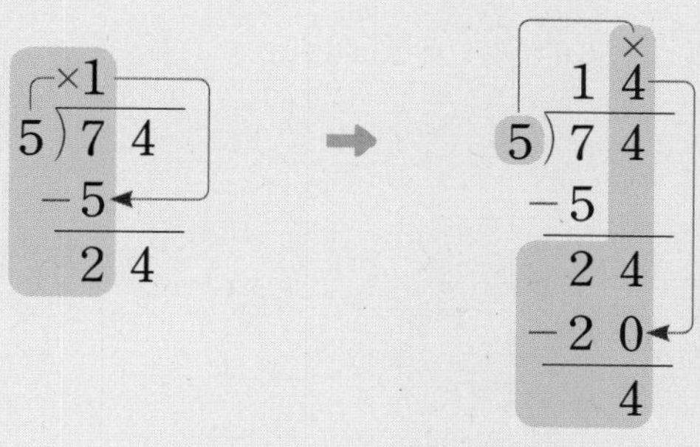

$74 \div 5 = 14 \cdots 4$

확인 $5 \times 14 = 70,\ 70 + 4 = 74$

보충 개념

• 나누어지는 수의 십의 자리 숫자가 나누는 수보다 크면 몫은 두 자리 수이고, 나누는 수보다 작으면 몫은 한 자리 수입니다.

74÷5에서 $7>5$
➡ 몫은 두 자리 수
37÷5에서 $3<5$
➡ 몫은 한 자리 수

4 □ 안에 알맞은 수를 써넣으세요.

▶ 나눗셈에서 내림이 있으면 바로 아래 자리 수와 합해서 나눕니다.

(1) 4)95 (2) 6)75

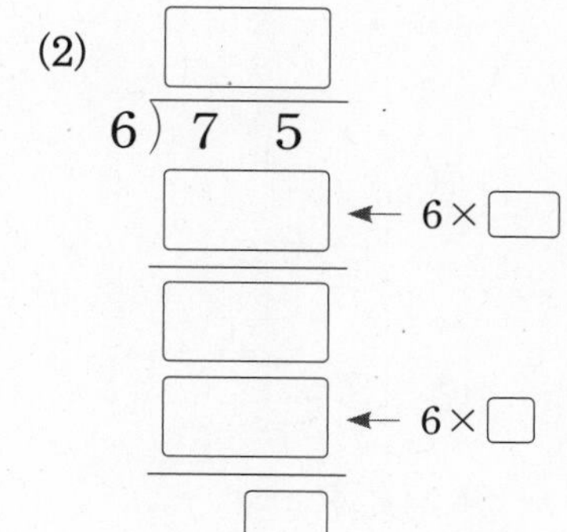

5 계산해 보고 계산이 맞는지 확인해 보세요.

(1) 47÷3 확인 ....

(2) 58÷4 확인 ....

6 감 93개를 한 줄에 8개씩 매달아 말리려고 합니다. 감은 몇 줄을 만들 수 있고, 몇 개가 남을까요?

식 ....

□줄을 만들 수 있고 □개가 남습니다.

7 (세 자리 수)÷(한 자리 수)(1)

● 나머지가 없는 (세 자리 수)÷(한 자리 수)

- 400÷4의 계산

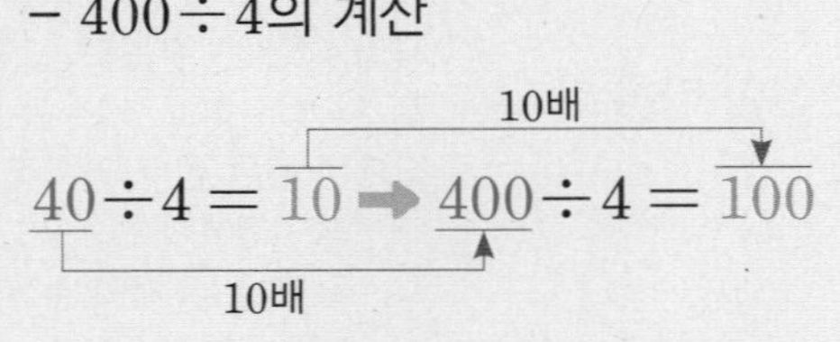

$40 \div 4 = 10 \Rightarrow 400 \div 4 = 100$ (10배)

- 480÷3의 계산

$48 \div 3 = 16 \Rightarrow 480 \div 3 = 160$ (10배)

- 325÷5의 계산

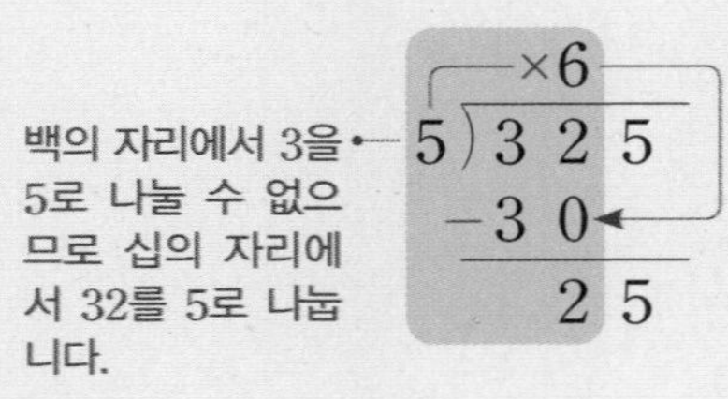

백의 자리에서 3을 5로 나눌 수 없으므로 십의 자리에서 32를 5로 나눕니다.

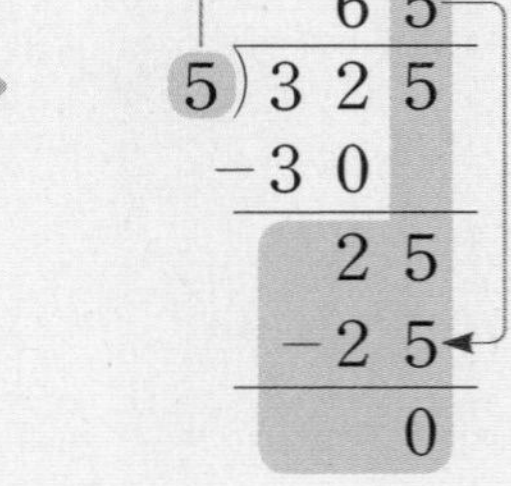

$325 \div 5 = 65$

확인 $5 \times 65 = 325$

보충 개념

• 세 자리 수의 백의 자리 숫자가 나누는 수보다 크면 몫은 세 자리 수이고, 나누는 수보다 작으면 몫은 두 자리 수입니다.

760÷4에서 7>4
➡ 몫은 세 자리 수

351÷9에서 3<9
➡ 몫은 두 자리 수

7 □ 안에 알맞은 수를 써넣으세요.

(1) $4 \div 2 = \square$
$40 \div 2 = \square$
$400 \div 2 = \square$

(2) $8 \div 8 = \square$
$80 \div 8 = \square$
$800 \div 8 = \square$

▶ 나누는 수는 같고 나누어지는 수가 10배, 100배가 되면 몫도 10배, 100배가 됩니다.

8 계산해 보세요.

(1) $900 \div 3$

(2) $760 \div 4$

(3) 6)354

(4) 7)924

9 귤 720개를 한 명에게 5개씩 나누어 주려고 합니다. 모두 몇 명에게 나누어 줄 수 있는지 구해 보세요.

식 .... 답 ....

8 (세 자리 수)÷(한 자리 수)(2)

정답과 풀이 11쪽

● 나머지가 있는 (세 자리 수)÷(한 자리 수)

– 608÷6의 계산

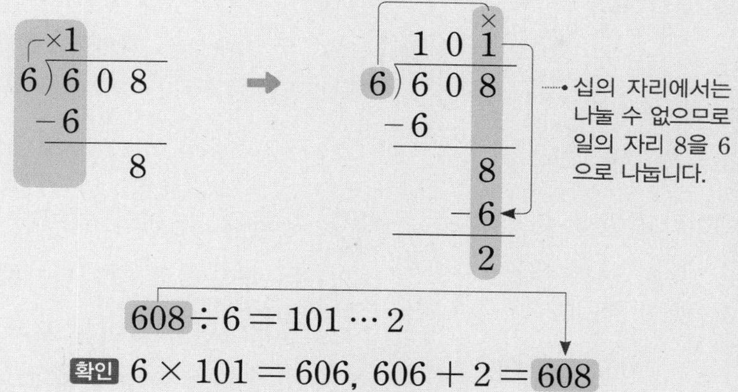

십의 자리에서는 나눌 수 없으므로 일의 자리 8을 6으로 나눕니다.

608÷6=101 ⋯ 2

확인 6 × 101 = 606, 606 + 2 = 608

● 494÷5의 계산

백의 자리에서는 나눌 수 없으므로 십의 자리에서 49를 5로 나눕니다.

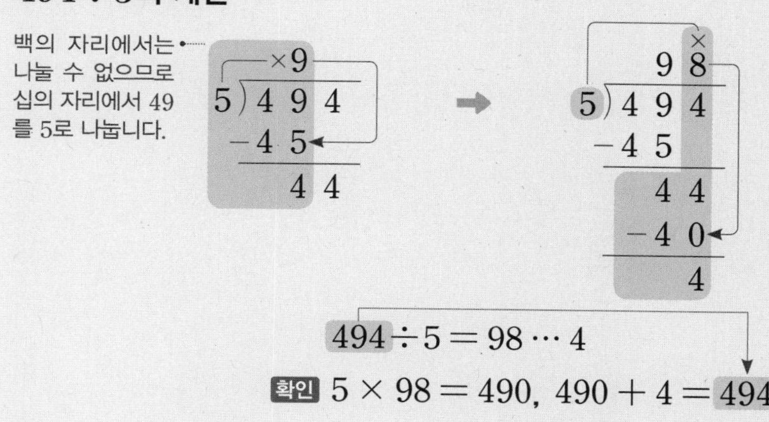

494÷5=98 ⋯ 4

확인 5 × 98 = 490, 490 + 4 = 494

연결 개념

• (두 자리 수)÷(두 자리 수)

몫을 1 크게 합니다.

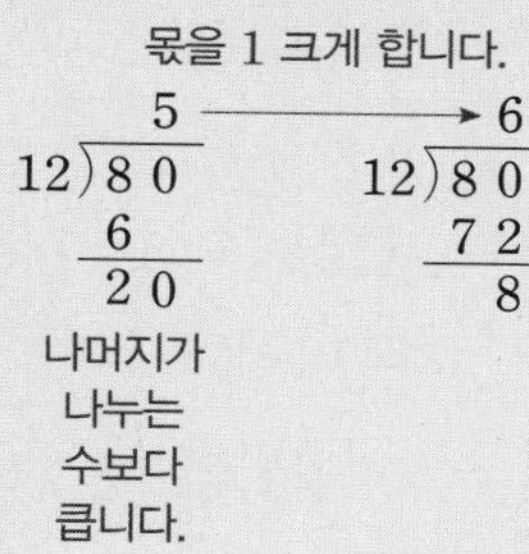

나머지가 나누는 수보다 큽니다.

●÷▲에서 나올 수 있는 나머지 중 가장 큰 자연수는 ▲−1이야.

2

10 □ 안에 알맞은 수를 써넣으세요.

$$\begin{array}{r} 1\square\square \\ 7\overline{)876} \\ \square00 \\ \hline 176 \\ \square\square0 \\ \hline 36 \\ \square\square \\ \hline 1 \end{array}$$

← 7×□
← 7×□
← 7×□

11 계산해 보고 계산이 맞는지 확인해 보세요.

(1) 307÷3 확인 ……………………

(2) 749÷9 확인 ……………………

▶ 십의 자리에서 나누는 수로 나눌 수 없으면 몫의 십의 자리에 0을 씁니다.

기본에서 응용으로

개념+문제 풀이

교과유형 5 (몇십몇)÷(몇)(3)

• 57을 5로 나누면 몫은 11이고 2가 남습니다.
이때 2를 57÷5의 나머지라고 합니다.

$57 \div 5 = 11 \cdots 2$

확인 $5 \times 11 = 55,\ 55 + 2 = 57$

이때 나머지는 나누는 수보다 항상 작습니다.

• 나머지가 없으면 나머지가 0이라고 말할 수 있습니다.
나머지가 0일 때, 나누어떨어진다고 합니다.

28 나눗셈의 몫과 나머지를 구해 보세요.

(1) $75 \div 8 = \square \cdots \square$

(2) $65 \div 3 = \square \cdots \square$

29 나머지가 5가 될 수 <u>없는</u> 식은 어느 것일까요? (　　　)

① ■÷7　② ■÷5　③ ■÷6
④ ■÷8　⑤ ■÷9

30 ■에 알맞은 수를 구해 보세요.

■÷4＝21⋯2

(　　　　　　　)

31 4개씩 포장된 마카롱이 6상자 있습니다. 이 마카롱을 한 명에게 5개씩 나누어 준다면 몇 명에게 주고 몇 개가 남을까요?

➡ □명에게 주고 □개가 남습니다.

서술형

32 동화책 35권과 위인전 48권을 책꽂이에 모두 꽂으려고 합니다. 책꽂이 한 칸에 8권씩 꽂는다면 책꽂이는 모두 몇 칸이 필요한지 풀이 과정을 쓰고 답을 구해 보세요.

풀이 ....

답 ....

교과유형 6 (몇십몇)÷(몇)(4)

• 98÷4의 계산

```
      2 4  ← 몫
   ┌────
 4 ) 9 8
     8 0   ← 4×20
   ─────
     1 8
     1 6   ← 4×4
   ─────
       2   ← 나머지
```

확인 $4 \times 24 = 96,\ 96 + 2 = 98$

33 몫의 크기를 비교하여 ○ 안에 >, =, <를 알맞게 써넣으세요.

(1) $49 \div 3$ ○ $61 \div 5$

(2) $87 \div 7$ ○ $58 \div 4$

34 잘못 계산한 부분을 찾아 바르게 계산해 보세요.

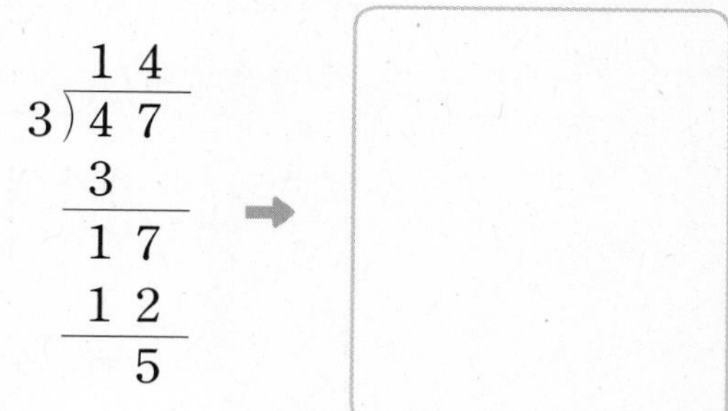

35 7■÷6에서 나머지가 될 수 있는 수 중 가장 큰 자연수를 써 보세요.

(　　　　　　　　)

36 나눗셈이 나누어떨어질 때 1부터 9까지의 수 중 □ 안에 들어갈 수 있는 수를 모두 구해 보세요.

4)6□

(　　　　　　　　)

37 귤을 한 접시에 3개씩 담을 수 있습니다. 귤 56개를 접시에 모두 담으려면 필요한 접시는 적어도 몇 개일까요?

(　　　　　　　　)

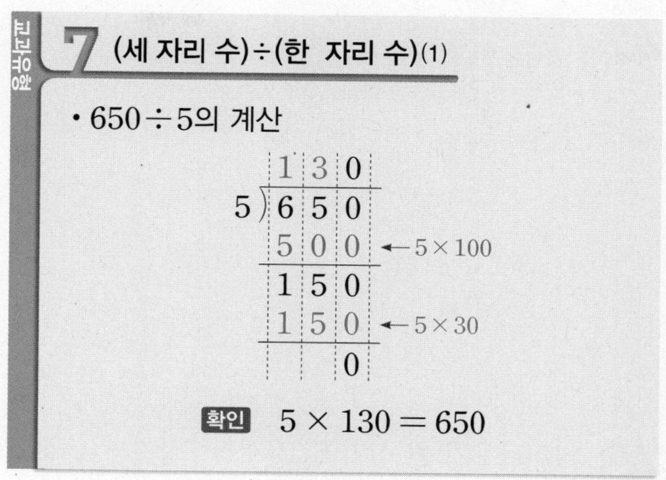

38 □ 안에 알맞은 수를 써넣으세요.

$84 \div 6 = \square$ ➡ $840 \div 6 = \square$

39 □ 안에 알맞은 수를 써넣으세요.

$400 \div 4 = \square$

$52 \div 4 = \square$

$452 \div 4 = \square$

40 □ 안에 알맞은 수를 써넣으세요.

$3 \times \square = 852 \div 4$

41 색종이 240장을 6명에게 똑같이 나누어 주려고 합니다. 한 명에게 색종이를 몇 장씩 주어야 할까요?

식 ....

답 ....

42 다음 나눗셈을 나누어떨어지게 하려고 합니다. □ 안에 들어갈 수 있는 수를 모두 찾아 ○표 하세요.

81□÷4

(1　2　4　6)

서술형

43 쌓기나무가 한 상자에 19개씩 7상자와 낱개 7개가 있습니다. 이 쌓기나무를 한 명에게 5개씩 나누어 주려고 합니다. 몇 명에게 나누어 줄 수 있는지 풀이 과정을 쓰고 답을 구해 보세요.

풀이

답

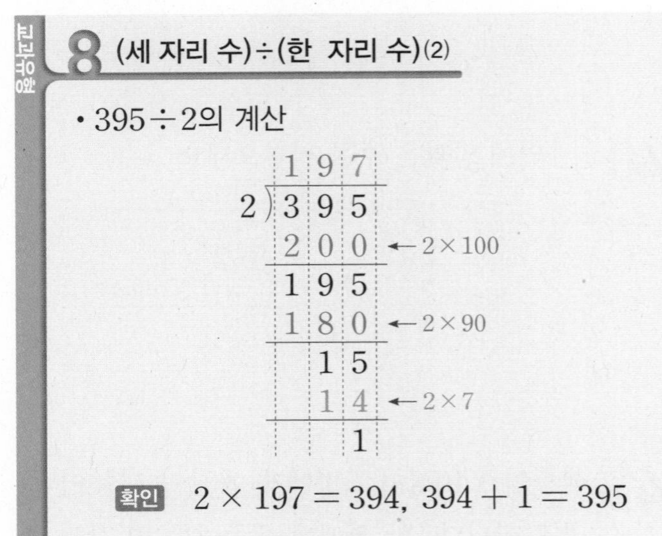
교과유형 **8** (세 자리 수)÷(한 자리 수)(2)

• 395÷2의 계산

$$\begin{array}{r} 197 \\ 2\overline{)395} \\ 200 \\ \hline 195 \\ 180 \\ \hline 15 \\ 14 \\ \hline 1 \end{array}$$

← 2×100, ← 2×90, ← 2×7

확인 $2 \times 197 = 394,\ 394 + 1 = 395$

44 □ 안에 알맞은 수를 써넣으세요.

607÷6＝□…□

45 나머지가 가장 작은 것을 찾아 ○표 하세요.

573÷4	573÷5	578÷6
(　　)	(　　)	(　　)

46 잘못 계산한 부분을 찾아 바르게 계산해 보세요.

$$\begin{array}{r} 210 \\ 4\overline{)805} \\ 800 \\ \hline 5 \\ 4 \\ \hline 1 \end{array}$$

→ □

47 철사 173 cm를 7명이 똑같이 나누어 가지려고 합니다. 한 명이 철사를 몇 cm씩 가질 수 있고 몇 cm가 남는지 구해 보세요.

식

한 명이 □cm씩 가질 수 있고 □cm가 남습니다.

48 수 카드 중에서 3장으로 가장 작은 세 자리 수를 만들었습니다. 그 수를 남은 한 수로 나누었을 때 몫과 나머지를 각각 구해 보세요.

9　5　3　6

몫 (　　　　), 나머지 (　　　　)

실전유형

어떤 수를 구하고 몫과 나머지 구하기

① 어떤 수를 □로 하여 나눗셈식을 세웁니다.
② 계산이 맞는지 확인하는 식을 이용하여 □를 구합니다.
③ □의 값을 이용하여 몫과 나머지를 구합니다.

49 어떤 수를 6으로 나누었더니 몫이 14이고 나머지가 3이었습니다. 어떤 수는 얼마일까요?

(　　　　　　　　)

50 어떤 수를 5로 나누었더니 150으로 나누어떨어졌습니다. 어떤 수를 4로 나누었을 때의 몫과 나머지를 각각 구해 보세요.

몫 (　　　　　　　　)
나머지 (　　　　　　　　)

51 어떤 수를 7로 나누었더니 몫이 18이고 나머지가 있었습니다. 어떤 수 중 가장 큰 자연수를 구해 보세요.

(　　　　　　　　)

실전유형

조건을 만족하는 수 구하기

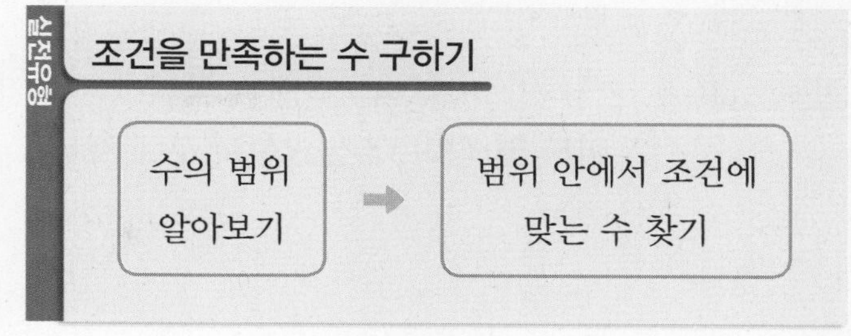

52 조건을 만족하는 수 중에서 가장 큰 수를 구해 보세요.

- 두 자리 수입니다.
- 8로 나누면 나머지가 3입니다.

(　　　　　　　　)

53 조건을 만족하는 수를 모두 구해 보세요.

- 30보다 크고 40보다 작습니다.
- 3으로 나누면 나누어떨어집니다.

(　　　　　　　　)

54 조건을 만족하는 수를 구해 보세요.

- 90보다 크고 100보다 작습니다.
- 7로 나누면 나누어떨어집니다.
- 5로 나누면 나머지가 1입니다.

(　　　　　　　　)

2

심화유형 1

남는 것이 없도록 더 필요한 개수 구하기

문제 풀이

색종이 83장을 7명에게 똑같이 나누어 주려고 합니다. 남는 것이 없도록 주려면 색종이는 적어도 몇 장이 더 필요한지 구해 보세요.

( )

● 핵심 NOTE 나눗셈을 했을 때 남은 수에 얼마를 더해야 나누어떨어지는지 생각해 봅니다.

1-1 방울토마토 73개를 5개의 봉지에 똑같이 나누어 담으려고 합니다. 남는 것이 없도록 하려면 방울토마토는 적어도 몇 개가 더 필요한지 구해 보세요.

( )

1-2 연필 105자루와 색연필 61자루를 각각 9명에게 똑같이 나누어 주려고 합니다. 각각 남는 것이 없도록 하려면 연필과 색연필은 적어도 몇 자루가 더 필요한지 구해 보세요.

연필 ( )

색연필 ( )

1-3 노란색 구슬 34개와 파란색 구슬 42개가 있습니다. 이 구슬을 색깔 구분없이 6개의 통에 나누어 담으려고 합니다. 남는 것이 없도록 하려면 구슬은 적어도 몇 개 더 있어야 할까요?

( )

심화유형 2

□ 안에 알맞은 수 구하기

□ 안에 알맞은 수를 써넣으세요.

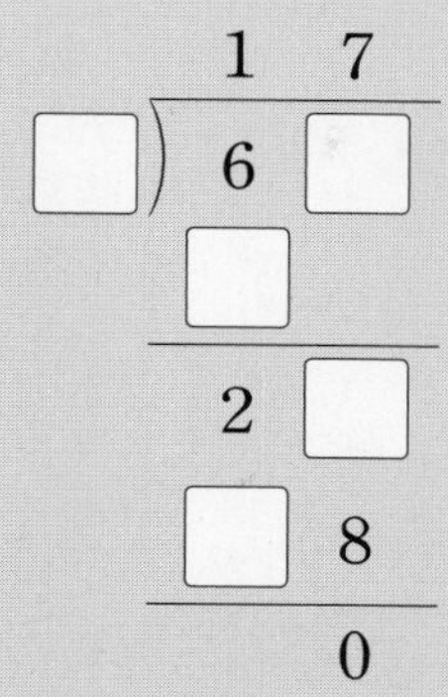

● 핵심 NOTE 세로 형식의 나눗셈식에서 모르는 숫자가 있는 경우에는 모르는 숫자를 ㉠, ㉡, ㉢, ...과 같이 나타내어 각 자리의 나눗셈 과정을 ㉠, ㉡, ㉢, ...을 이용한 식으로 나타내어 구합니다.

2-1 □ 안에 알맞은 수를 써넣으세요.

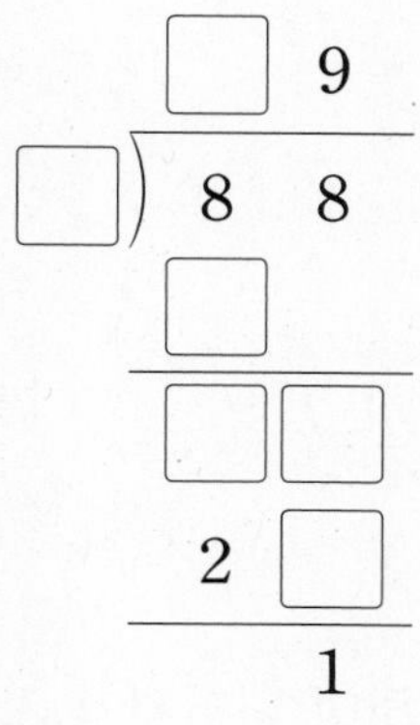

2-2 윤정이는 (두 자리 수)÷(한 자리 수)의 나눗셈 문제를 풀고 있는 도중 잉크를 떨어뜨렸습니다. 잉크가 떨어진 부분에 들어갈 수 있는 숫자를 모두 구해 보세요.

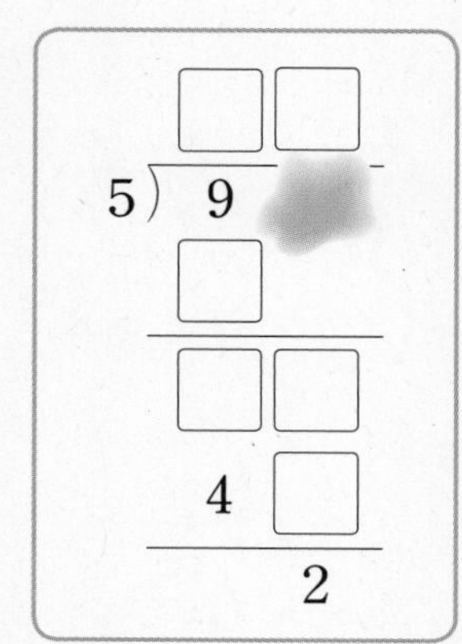

(   )

수 카드를 사용하여 나눗셈식 만들고 계산하기

수 카드 4, 8, 5 를 한 번씩만 사용하여 몫이 가장 큰 (두 자리 수)÷(한 자리 수)를 만들고, 몫과 나머지를 구해 보세요.

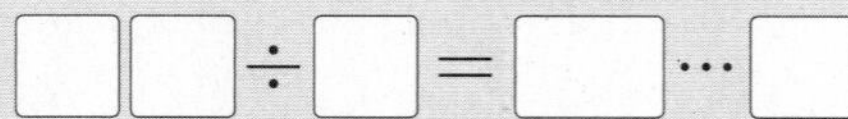

● 핵심 NOTE 몫이 가장 큰 (두 자리 수)÷(한 자리 수)는 (가장 큰 두 자리 수)÷(가장 작은 한 자리 수)로 만들어야 합니다.

3-1 수 카드 2, 7, 9 를 한 번씩만 사용하여 몫이 가장 큰 (두 자리 수)÷(한 자리 수)를 만들고, 몫과 나머지를 구해 보세요.

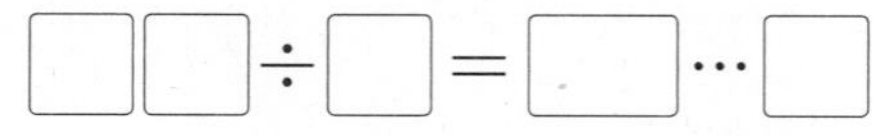

3-2 수 카드를 한 번씩만 사용하여 나머지가 가장 큰 (두 자리 수)÷(한 자리 수)를 만들고, 몫과 나머지를 구해 보세요.

4 5 2

정답과 풀이 13쪽

수학 + 사회

환경 보호를 위한 나무 심기 운동에서 필요한 나무 수 구하기

최근 전 세계에서는 숲이 사라지고 토지가 사막으로 변하는 사막화 현상이 빠르게 진행되고 있습니다. 사막화가 이대로 진행되면 지구의 생태계가 파괴되어 생물들이 숨을 쉬고 살기 어려운 환경이 됩니다. 사막화 방지 운동의 일환으로 우리나라 환경 단체와 자원봉사자들은 다음과 같이 '몽골 나무 심기' 운동을 추진하고 있습니다. 필요한 나무는 모두 몇 그루일까요?

(단, 나무의 두께는 생각하지 않습니다.)

〈나무 심기 프로젝트〉

장소 ▸ 길이 98 m의 몽골 초원의 도로

계획 ▸ 도로의 양쪽 처음부터 끝까지 7 m 간격으로 나무 심기

1단계 도로 한쪽에서 나무와 나무 사이인 7 m 간격이 몇 군데인지 구하기

2단계 필요한 나무의 수 구하기

(　　　　　　　　)

● 핵심 NOTE

1단계 도로 한쪽에서 나무와 나무 사이의 간격이 몇 군데인지 구합니다.

2단계 필요한 나무의 수를 구합니다.

4-1 도로에 가로수를 심으면 도시 경관을 아름답게 하고 매연을 빨아들여 공기를 맑게 해 줍니다. 또 바람의 영향을 적게 하고 기후 조절의 기능을 하여 사람들에게 쾌적한 느낌을 줍니다. 길이가 90 m인 도로의 양쪽에 처음부터 끝까지 6 m 간격으로 가로수를 심으려면 필요한 가로수는 모두 몇 그루일까요? (단, 가로수의 두께는 생각하지 않습니다.)

(　　　　　　　　)

기출 단원 평가 Level ❶

점수

확인

1 □ 안에 알맞은 수를 써넣으세요.

$60 \div 6 = \square$

$24 \div 6 = \square$

$84 \div 6 = \square$

2 나머지가 6이 될 수 없는 식을 모두 찾아 기호를 써 보세요.

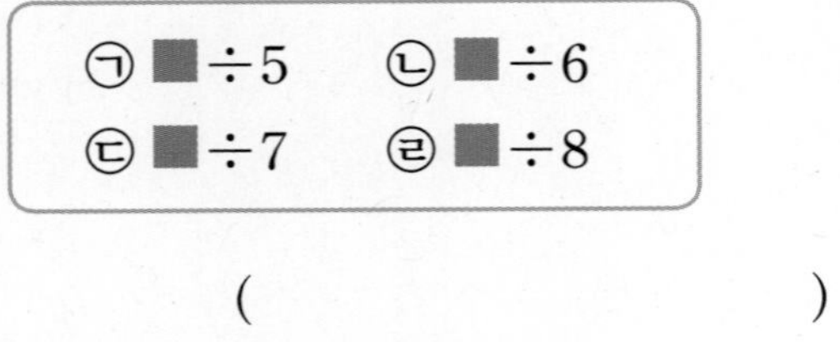

(　　　　　　　　)

3 사탕이 30개 있습니다. 이 사탕을 세 사람이 똑같이 나누어 가지려고 합니다. 한 사람이 몇 개씩 가지면 될까요?

(　　　　　　　　)

4 □ 안에 알맞은 수를 써넣으세요.

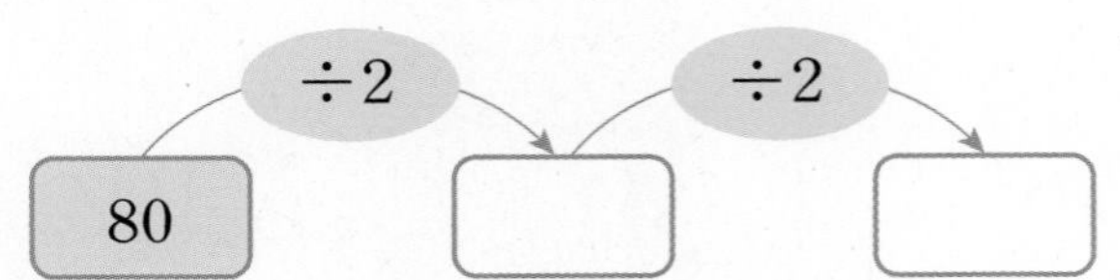

5 □ 안에 알맞은 수를 써넣으세요.

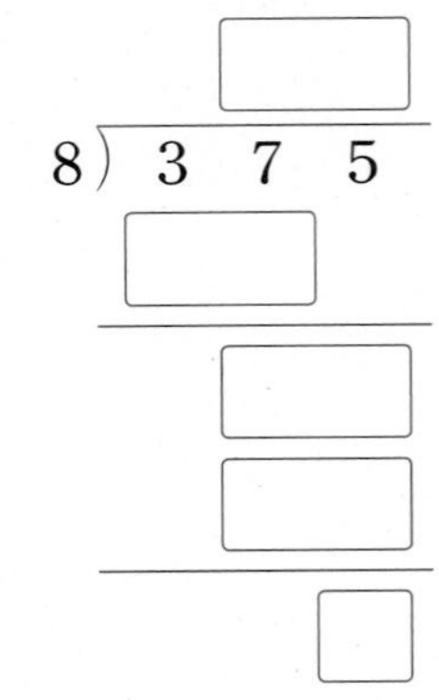

6 몫의 크기를 비교하여 ○ 안에 >, =, <를 알맞게 써넣으세요.

$38 \div 2$ ○ $76 \div 4$

7 나눗셈을 맞게 계산했는지 확인해 보고 계산이 맞으면 ○표, 틀리면 ×표 하세요.

$65 \div 5 = 13 \cdots 2$

(　　　　　　　　)

8 나누어떨어지지 않는 나눗셈을 찾아 ○표 하세요.

$720 \div 4$	$58 \div 4$	$435 \div 3$
(　　)	(　　)	(　　)

9 ■와 ◆의 합을 구해 보세요.

- $54 \div 3 = $ ■
- $87 \div 6 = 14 \cdots$ ◆

(　　　　　　　　　)

10 나눗셈식을 바르게 설명한 사람의 이름을 써 보세요.

$77 \div 6 = $ ■ $\cdots$ ▲

영민: 몫은 두 자리 수입니다.
지원: 나머지는 6보다 큽니다.
하정: 나누어떨어지는 나눗셈입니다.

(　　　　　　　　　)

11 잘못 계산한 부분을 찾아 바르게 계산해 보세요.

$$\begin{array}{r} 12 \\ 7\overline{)95} \\ 7 \\ \hline 25 \\ 14 \\ \hline 11 \end{array}$$

➡

12 60일은 몇 주이고 나머지는 며칠일까요?

(　　　　　　　), (　　　　　　　)

13 □ 안에 들어갈 수 있는 가장 큰 자연수를 구해 보세요.

$84 \div 6 > \square$

(　　　　　　　　　)

14 □ 안에 알맞은 수를 써넣으세요.

$62 \div \square = 7 \cdots 6$

15 나눗셈이 나누어떨어진다고 할 때 □ 안에 들어갈 수 있는 한 자리 수를 모두 구해 보세요.

$5\square \div 4$

(　　　　　　　　　)

16 어떤 수를 5로 나누었더니 몫이 13이고 나머지가 3이었습니다. 어떤 수는 얼마일까요?

(　　　　　　　　)

17 기호 ■에 대하여

㉠■㉡=㉠÷㉡÷5

라고 약속할 때 다음을 계산해 보세요.

360■4

(　　　　　　　　)

18 길이가 84 m인 도로의 양쪽에 처음부터 끝까지 7 m 간격으로 가로등을 세우려고 합니다. 필요한 가로등은 모두 몇 개일까요? (단, 가로등의 두께는 생각하지 않습니다.)

(　　　　　　　　)

술술 서술형

19 장난감 한 개를 만드는 데 철사가 5 m 필요합니다. 철사 83 m로 장난감을 가장 많이 만들었다면 남은 철사는 몇 m인지 풀이 과정을 쓰고 답을 구해 보세요.

풀이

답

20 수 카드 중에서 3장으로 가장 큰 세 자리 수를 만들었습니다. 그 수를 남은 한 수로 나누었을 때 몫과 나머지는 각각 얼마인지 풀이 과정을 쓰고 답을 구해 보세요.

4　7　5　8

풀이

몫 (　　　　　　), 나머지 (　　　　　　)

기출 단원 평가 Level 2

점수

확인

1 □ 안에 알맞은 수를 써넣으세요.

$30 \div 2 = \square$

$60 \div 4 = \square$

$120 \div 8 = \square$

2 600÷3의 몫은 6÷3의 몫의 몇 배일까요?

(　　　　　　　　　)

3 몫이 같은 것끼리 이어 보세요.

24÷2 •	• 80÷4
57÷3 •	• 95÷5
60÷3 •	• 48÷4

4 잘못 계산한 부분을 찾아 바르게 계산해 보세요.

$$\begin{array}{r} 1 \\ 6\overline{)\,6\;2} \\ 6 \\ \hline 2 \end{array} \quad \Rightarrow \quad \boxed{}$$

5 어떤 수를 7로 나누었을 때 나머지가 될 수 없는 수를 모두 고르세요. (　　　　)

① 3　　② 7　　③ 6
④ 1　　⑤ 8

6 나눗셈의 몫과 나머지를 구하고 계산이 맞는지 확인해 보세요.

725÷7

몫 (　　　　　), 나머지 (　　　　　)

확인

7 □ 안에 알맞은 수를 써넣으세요.

$\square \div 7 = 12 \cdots 5$

8 동화책이 10권씩 7묶음이 있습니다. 책꽂이 한 칸에 6권씩 꽂을 때 동화책을 모두 꽂으려면 책꽂이는 모두 몇 칸이 필요할까요?

(　　　　　　　　　)

2

9 몫의 크기를 비교하여 ○ 안에 $>$, $=$, $<$를 알맞게 써넣으세요.

$47 \div 3$ ◯ $71 \div 5$

10 다음 나눗셈에서 나올 수 있는 나머지 중 가장 큰 수가 7입니다. ◆에 알맞은 한 자리 수는 얼마일까요?

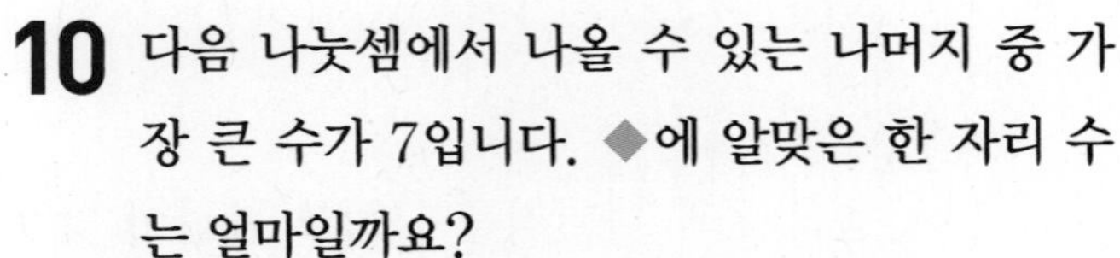

□÷◆

(　　　　　　　　)

11 □ 안에 알맞은 수를 써넣으세요.

$3 \times \square = 795 \div 5$

12 색종이가 한 묶음에 10장씩 13묶음 있습니다. 색종이를 7명에게 똑같이 나누어 주려고 합니다. 한 명에게 몇 장씩 줄 수 있고 몇 장이 남을까요?

(　　　　　　), (　　　　　　)

13 □ 안에 알맞은 수를 써넣으세요.

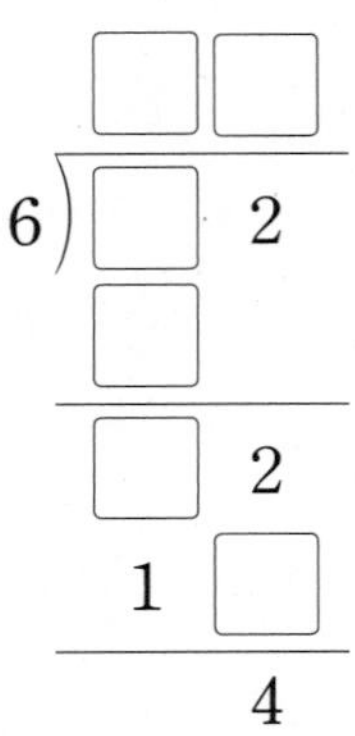

14 96을 1부터 9까지의 수 중 어떤 수로 나누면 나누어떨어지는지 모두 구해 보세요.

(　　　　　　　　)

15 초콜릿 99개를 8명에게 똑같이 나누어 주려고 합니다. 초콜릿이 모자라지 않도록 하려면 몇 개가 더 필요할까요?

(　　　　　　　　)

16 다음 식을 만족하는 ★의 값을 구해 보세요.

- ◆ $\times 2 = 80$
- ◆ $\div 5 =$ ●
- $992 \div$ ● $=$ ★

( )

17 3장의 수 카드를 한 번씩만 사용하여 몫이 가장 큰 (두 자리 수)÷(한 자리 수)를 만들고, 몫과 나머지를 구해 보세요.

4 5 7

□□ ÷ □ = □ … □

18 한 묶음에 들어 있는 물건의 수가 같을 때 묶음의 수와 물건의 수를 나타낸 표입니다. 지우개 2묶음은 클립 2묶음보다 몇 개 더 많을까요?

물건	지우개	클립
묶음 수	3묶음	4묶음
물건 수	57개	64개

( )

술술 서술형

19 어떤 수를 4로 나누어야 할 것을 잘못하여 7로 나누었더니 몫이 54이고 나머지는 3이었습니다. 바르게 계산했을 때의 몫과 나머지는 얼마인지 풀이 과정을 쓰고 답을 구해 보세요.

풀이

답 몫 ( ), 나머지 ( )

20 그림과 같은 직사각형 모양의 종이를 가로가 5 cm, 세로가 4 cm인 직사각형 모양으로 자르려고 합니다. 될 수 있는대로 많이 자르려면 직사각형 모양의 종이는 몇 장까지 자를 수 있는지 풀이 과정을 쓰고 답을 구해 보세요.

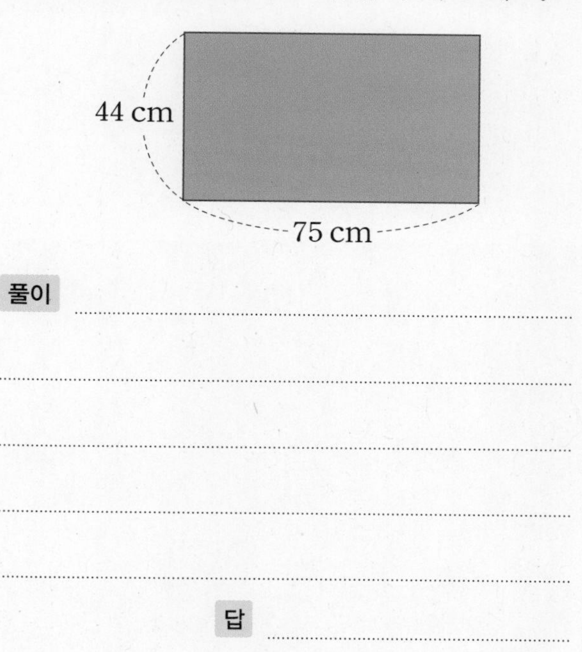

풀이

답

2

원

3

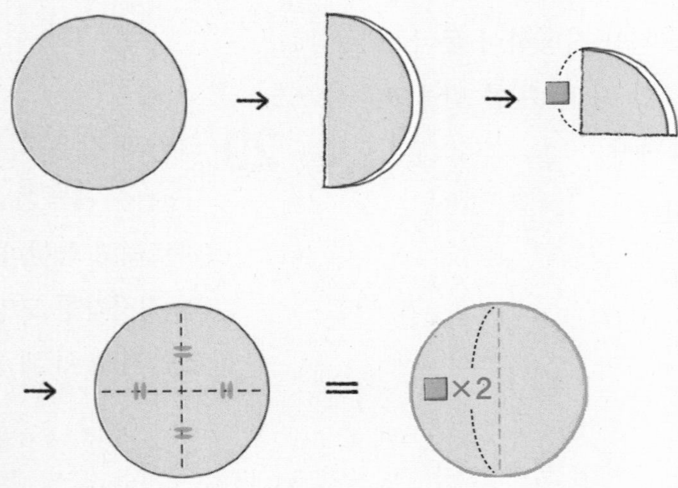

한 점에서 같은 거리의 점들로 이루어진 곡선!

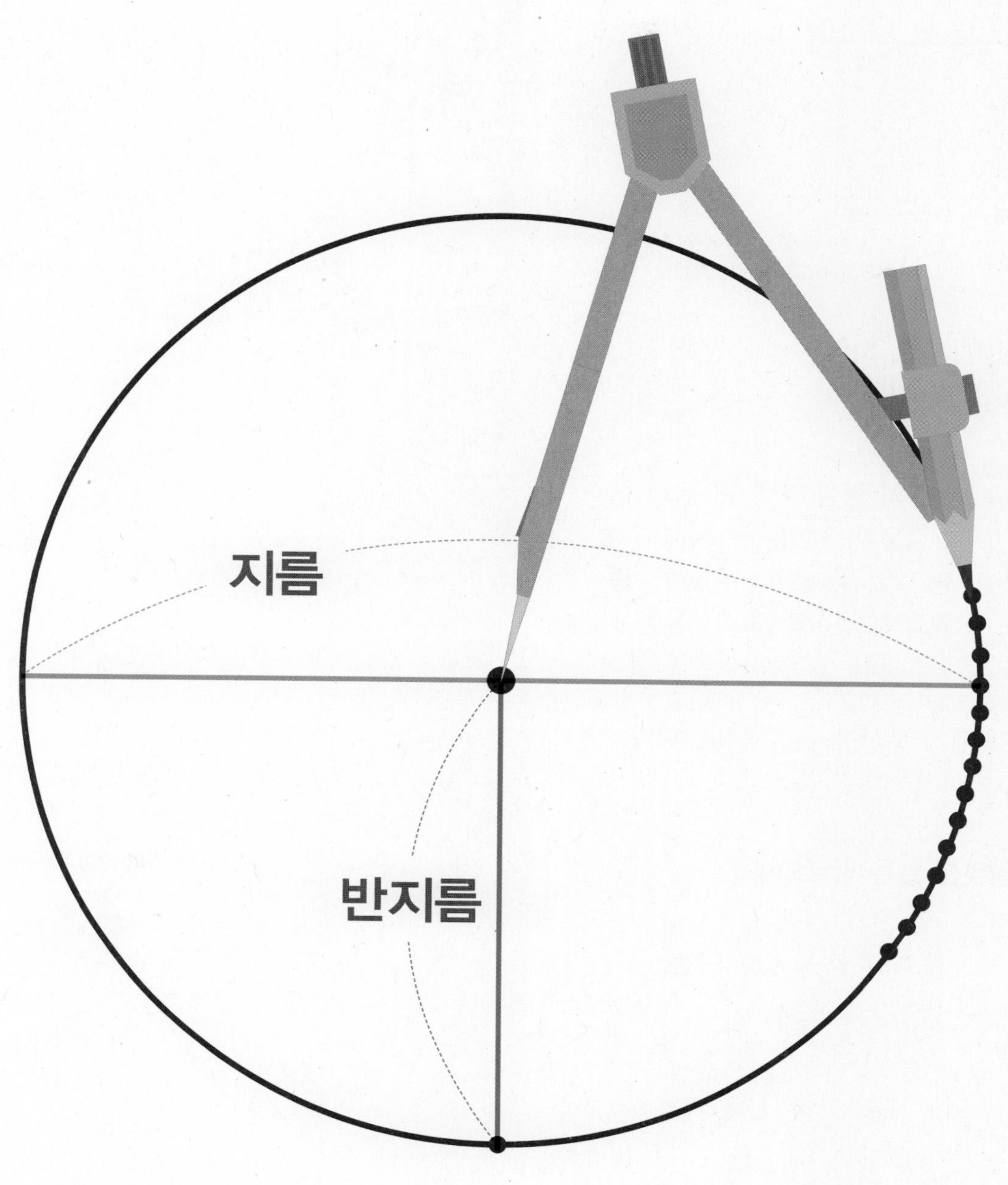

지름과 반지름은 셀 수 없이 많아!

1 원의 중심, 지름, 반지름

● **원을 그리는 여러 가지 방법**

자를 이용하여 점을 찍어 그리기

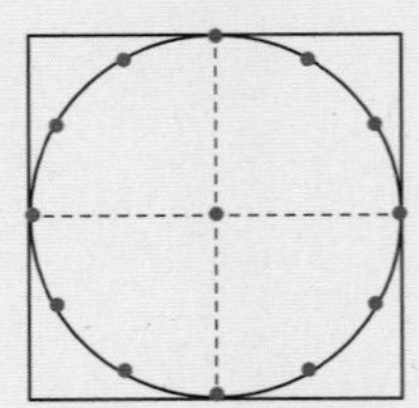

• 점을 많이 찍을수록 원을 정확하게 그릴 수 있습니다.

누름 못과 띠 종이를 이용하여 그리기

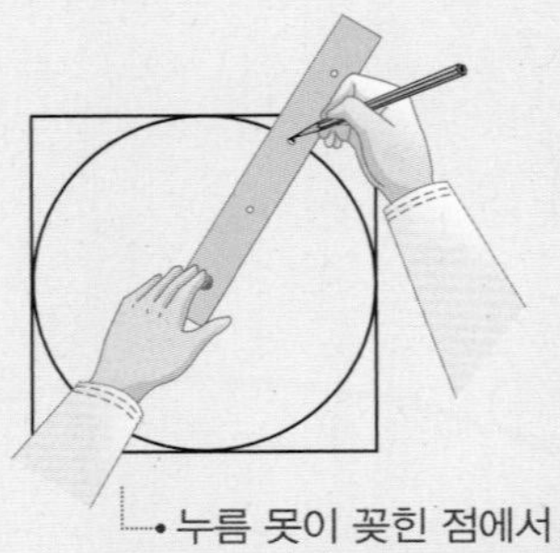
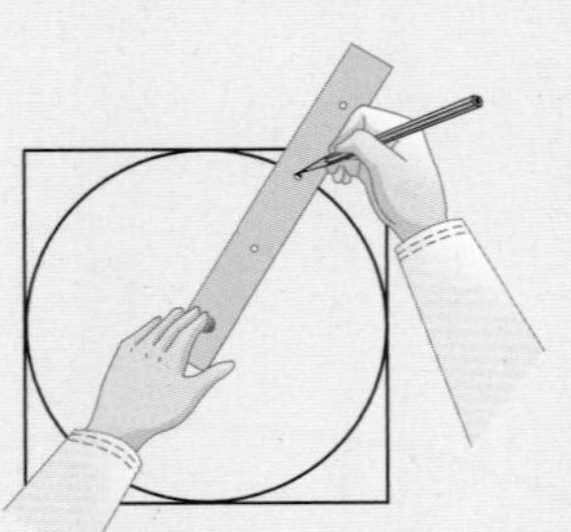

• 누름 못이 꽂힌 점에서 원 위의 한 점까지의 길이는 모두 같습니다.

● **원의 중심, 반지름, 지름**

– 원의 중심: 원을 그릴 때 누름 못이 꽂혔던 점 ㅇ

– 원의 반지름: 원의 중심 ㅇ과 원 위의 한 점을 이은 선분 ➡ 선분 ㅇㄱ, 선분 ㅇㄴ

– 원의 지름: 원 위의 두 점을 이은 선분 중 원의 중심 ㅇ을 지나는 선분 ➡ 선분 ㄱㄴ

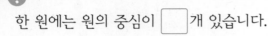

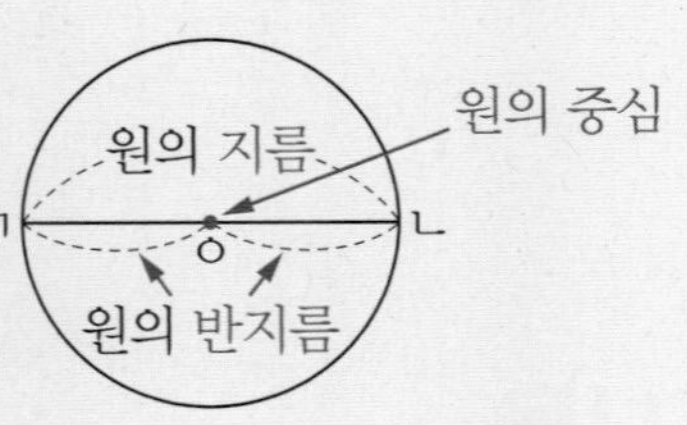

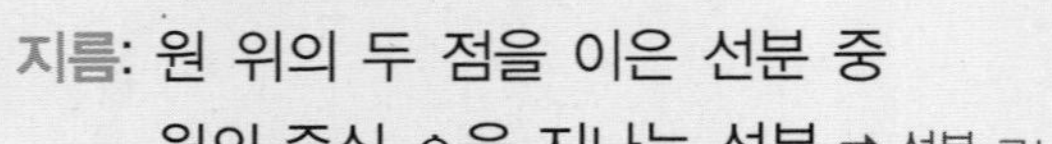

보충 개념

• 한 원에서 반지름은 모두 같습니다.

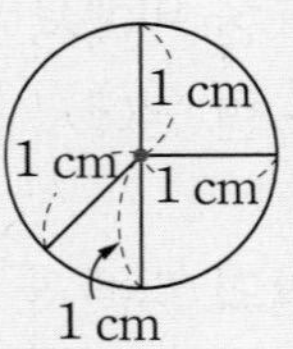

원의 반지름을 여러 개 긋고 길이를 재어 보면 반지름은 모두 1 cm로 같습니다.

! 한 원에는 원의 중심이 □개 있습니다.

1 □ 안에 알맞은 말을 써넣으세요.

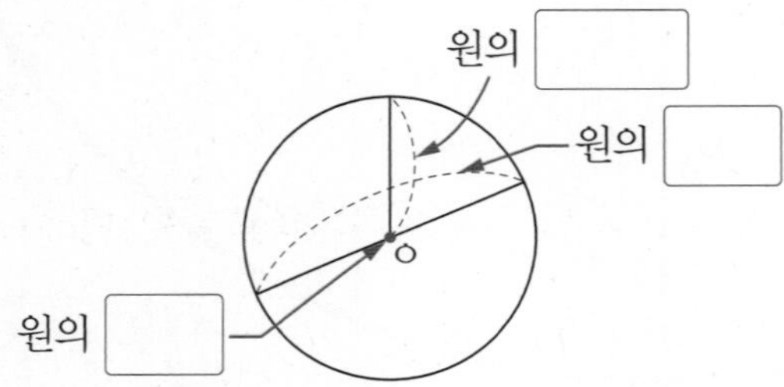

2 원에 반지름을 3개 그어 보고, 길이를 재어 보세요.

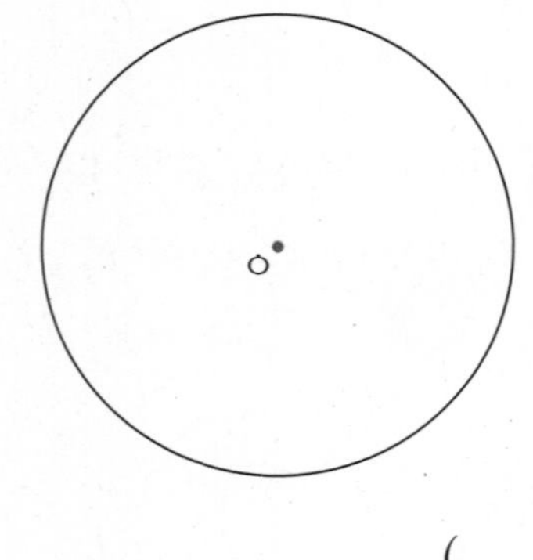

(　　　　　　　　)

원의 중심과 지름 알아보기

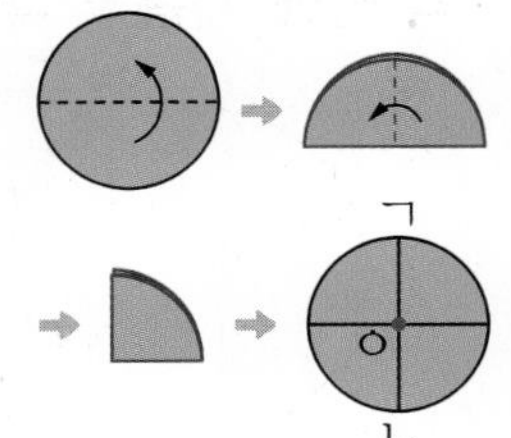

원을 똑같이 둘로 나누어지도록 접고, 다시 원이 똑같이 넷으로 나누어지도록 한 번 더 접습니다. 접은 선을 따라 선분을 그으면 두 선분이 만나는 점이 원의 중심이고, 두 선분은 각각 원의 지름입니다.

2 원의 성질

정답과 풀이 16쪽

● **원의 지름의 성질**

- 원의 지름은 원을 똑같이 둘로 나눕니다.
- 한 원에서 원의 지름은 무수히 많이 그을 수 있습니다.
- 한 원에서 원의 지름은 모두 같습니다.

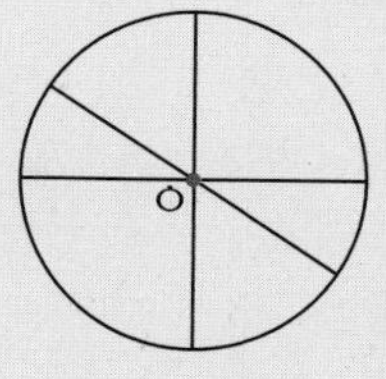

보충 개념

- 원 위의 두 점을 이은 선분 중에서 가장 긴 선분이 원의 지름입니다.

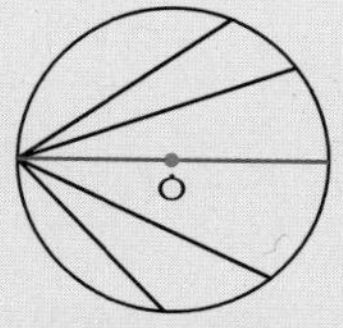

→ 원의 지름인 파란색 선분이 가장 깁니다.

● **원의 지름과 반지름 사이의 관계**

- 한 원에서 지름은 반지름의 2배입니다.
- 한 원에서 반지름은 지름의 반입니다.

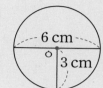

(원의 지름) = (원의 반지름) × ☐, (원의 반지름) = (원의 지름) ÷ ☐

3 오른쪽 그림에서 원의 지름을 나타내는 선분은 어느 것일까요?

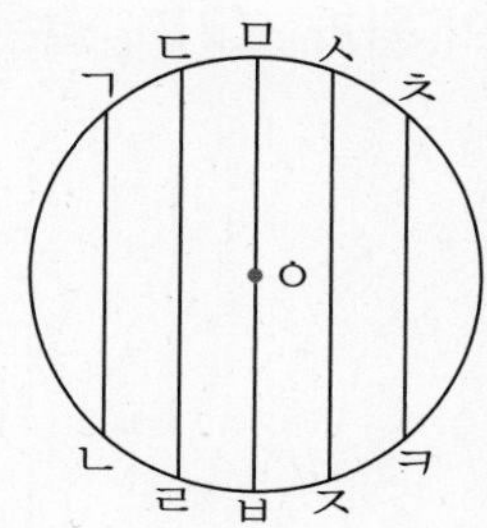

(　　　　　　　　)

4 각 원에 지름을 각각 2개씩 그어 보세요.

(1)

(2)

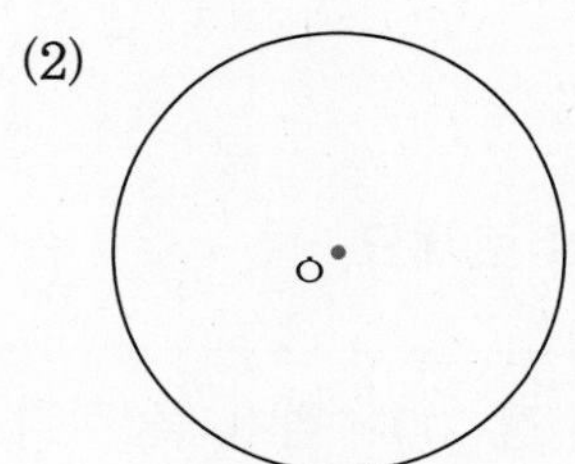

한 원에서 원의 지름은 몇 개나 그을 수 있어요?

원의 지름은 원의 중심을 지나는 선분이므로 무수히 많이 그을 수 있어요.

5 원의 반지름과 지름은 각각 몇 cm일까요?

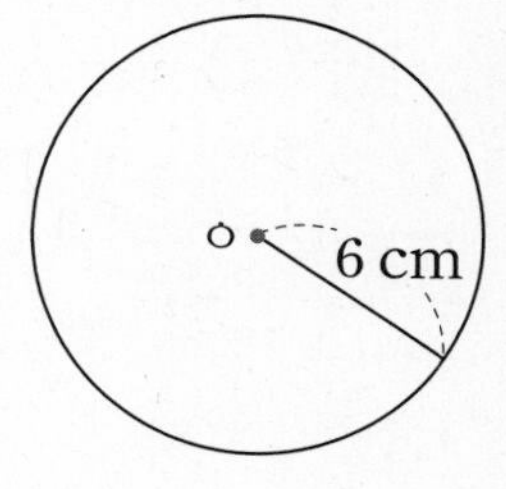

반지름 (　　　　　　), 지름 (　　　　　　)

3 컴퍼스를 이용하여 원 그리기

● **컴퍼스를 이용하여 반지름이 2 cm인 원 그리기**

① 

원의 중심이 되는 점 ㅇ을 정합니다.

② 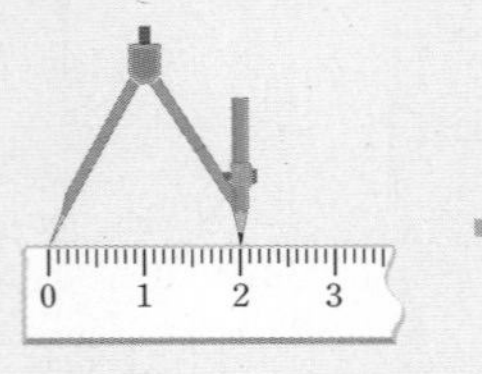

컴퍼스를 원의 반지름만큼 벌립니다.

③ 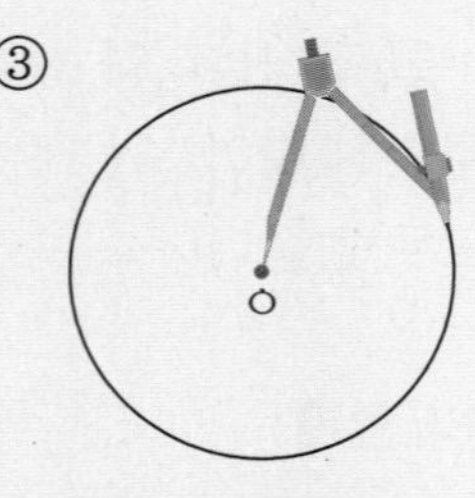

컴퍼스의 침을 점 ㅇ에 꽂고 원을 그립니다.

보충 개념

- 컴퍼스의 침 ➡ 원의 중심
- 컴퍼스를 벌린 정도 ➡ 원의 반지름
- 연필이 지나간 자리 ➡ 원

! 반지름이 3 cm인 원을 그리려면 컴퍼스를 (1 cm , 3 cm , 6 cm)가 되도록 벌립니다.

6 **컴퍼스를 이용하여 보기 의 원과 크기가 같은 원을 그려 보세요.**

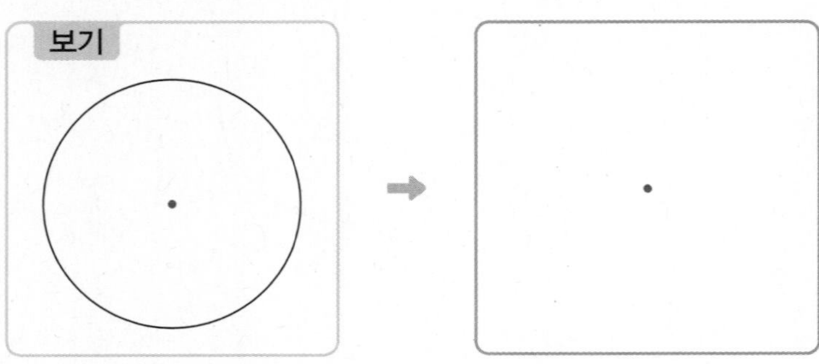

7 **컴퍼스를 이용하여 다음과 같은 원을 그려 보세요.**

(1) 점 ㅇ을 원의 중심으로 하는 반지름이 4 cm인 원

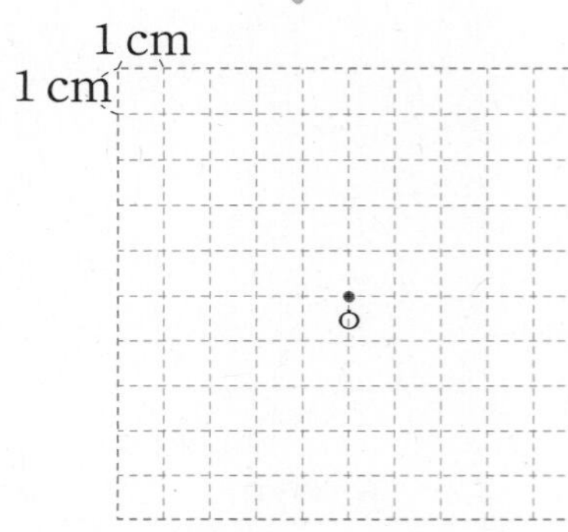

(2) 점 ㄱ과 점 ㄴ을 각각 원의 중심으로 하는 반지름이 2 cm인 서로 맞닿은 두 원

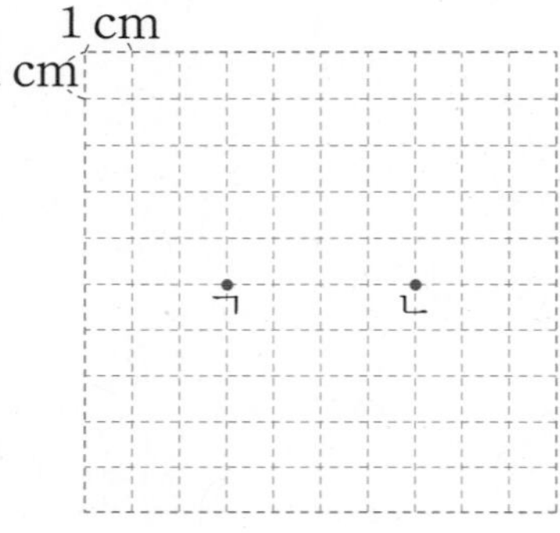

? 컴퍼스를 벌린 정도와 원의 반지름과는 어떤 관계가 있나요?

컴퍼스를 벌린 정도가 원의 반지름이 돼요. 따라서 컴퍼스를 많이 벌릴수록 큰 원을 그릴 수 있어요.

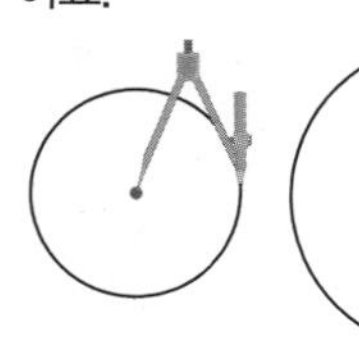
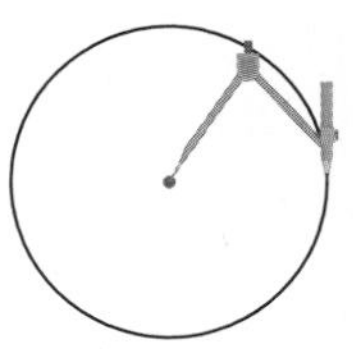

4 원을 이용하여 여러 가지 모양 그리기

정답과 풀이 17쪽

● 규칙에 따라 원 그리기

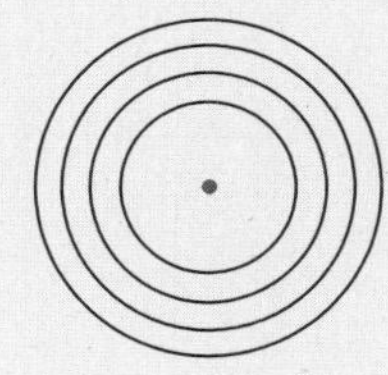

원의 중심은 같고 반지름은 다른 규칙

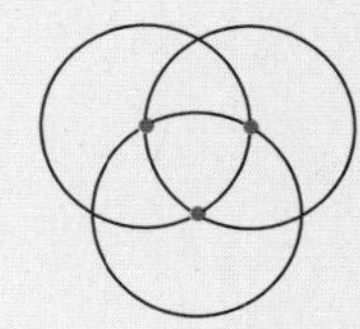

원의 중심은 다르고 반지름은 같은 규칙

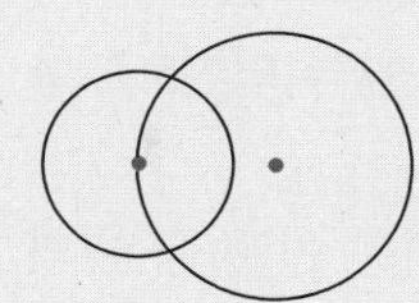

원의 중심과 반지름이 다른 규칙

● 주어진 모양과 똑같이 그리기

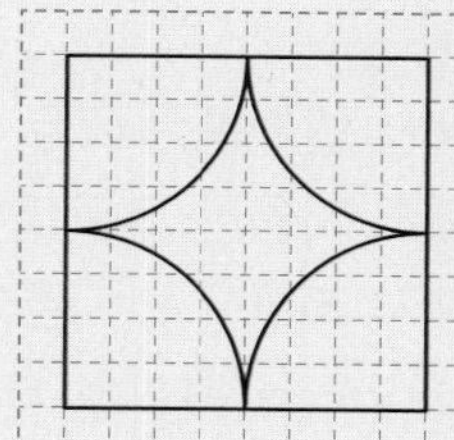

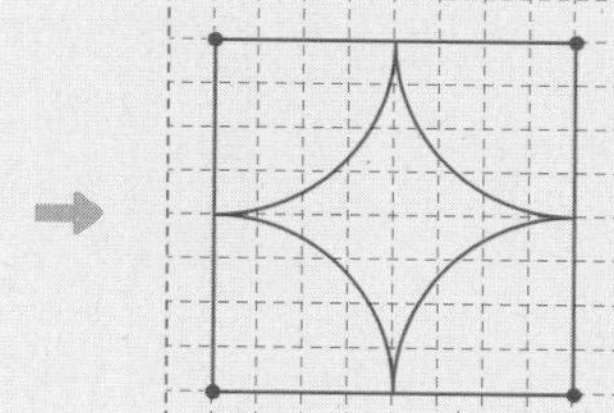

정사각형의 꼭짓점을 원의 중심으로 하는 원의 일부분을 4개 그립니다. 이때 원의 지름은 정사각형의 한 변과 같습니다.

보충 개념

• 여러 가지 모양에서 규칙 찾기
① 원의 반지름이 늘어나는지, 줄어드는지 살펴봅니다.
② 원의 중심이 같은지, 다른지 살펴봅니다.

원의 중심과 반지름을 다르게 하여 여러 가지 모양을 그릴 수 있어!

8 규칙에 따라 원을 1개 더 그려 보세요.

▶ 원의 중심과 반지름이 어떤 규칙이 있는지 살펴봅니다.

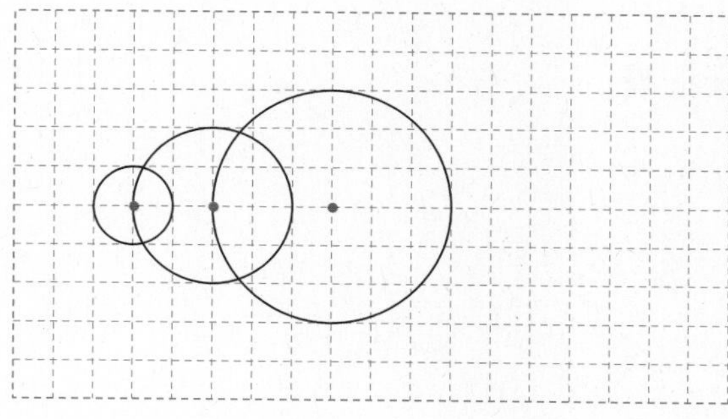

9 다음과 같은 모양을 그리기 위하여 컴퍼스의 침을 꽂아야 할 곳을 모눈종이에 모두 표시해 보세요.

▶ 컴퍼스의 침을 꽂아야 할 곳은 원의 중심입니다.

(1)

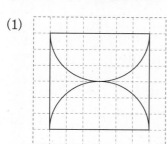

(2)

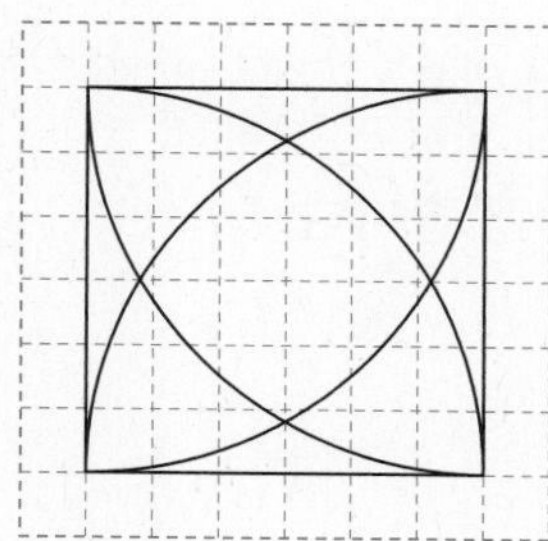

기본에서 응용으로

교과유형

1 원의 중심, 반지름, 지름

- 원의 중심 : 원을 그릴 때 누름 못이 찍혔던 점 ㅇ
- 원의 반지름 : 원의 중심 ㅇ과 원 위의 한 점을 이은 선분
- 원의 지름 : 원 위의 두 점을 이은 선분 중 원의 중심 ㅇ을 지나는 선분

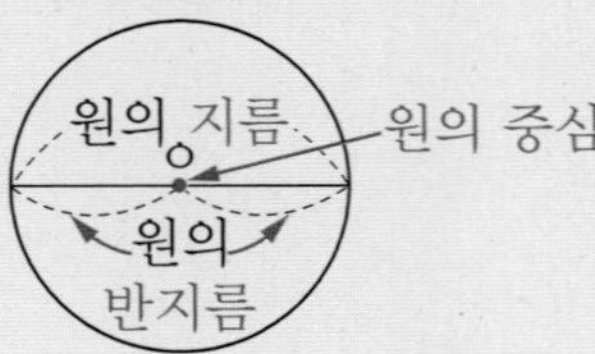

1 원의 중심을 나타내는 점을 찾아 써 보세요.

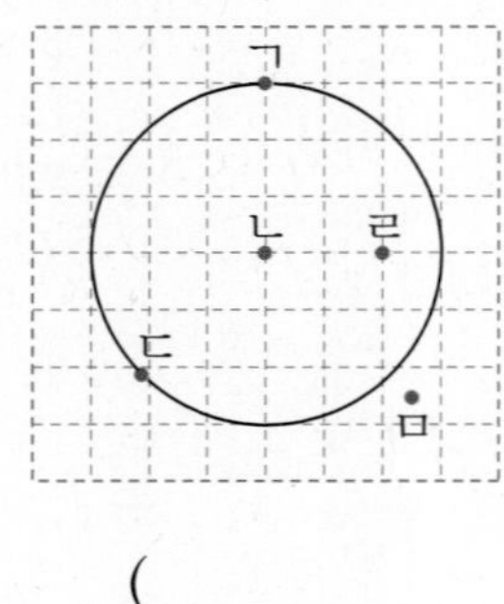

(　　　　　　　　　　)

2 원의 반지름을 나타내는 선분을 모두 찾아 써 보세요.

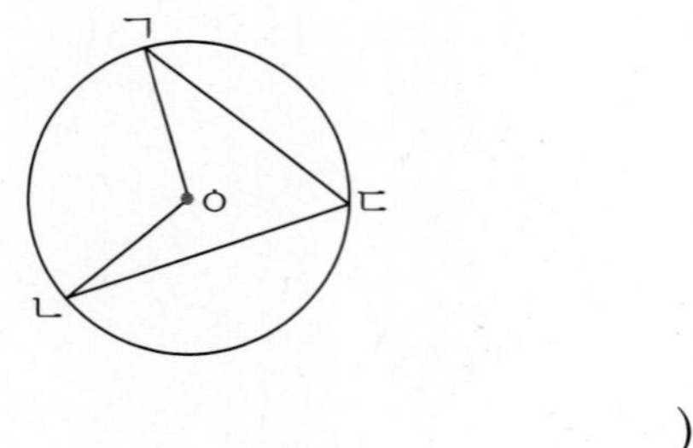

(　　　　　　　　　　)

3 옳은 말에 ○표, 틀린 말에 ×표 하세요.

(1) 한 원에서 원의 중심은 무수히 많습니다.
(　　　)

(2) 한 원에서 반지름은 모두 같습니다.
(　　　)

4 원의 지름은 몇 cm일까요?

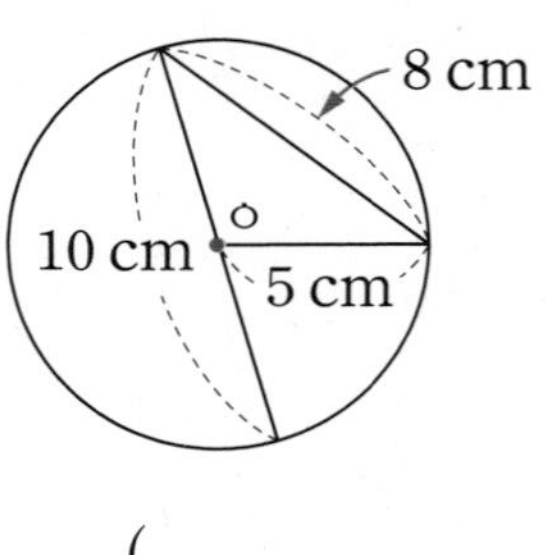

(　　　　　　　　　　)

교과유형

2 원의 성질

- 한 원에서 반지름은 모두 같습니다.
- 한 원에서 지름은 모두 같습니다.
- 한 원에서 지름은 반지름의 2배입니다.

(원의 지름) = (원의 반지름) × 2
(원의 반지름) = (원의 지름) ÷ 2

5 원을 똑같이 둘로 나누는 선분을 찾아 써 보세요.

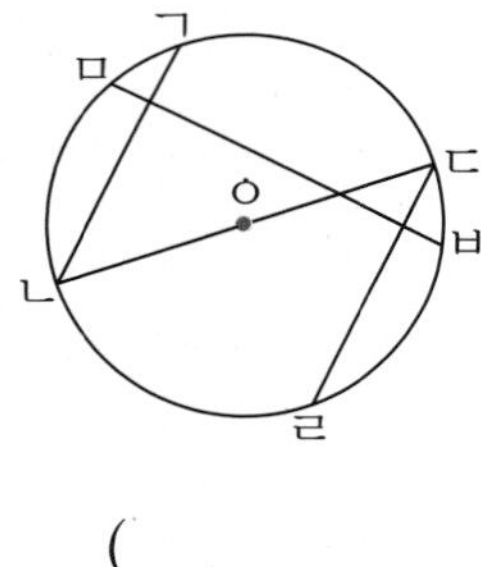

(　　　　　　　　　　)

6 원의 반지름과 지름은 각각 몇 cm일까요?

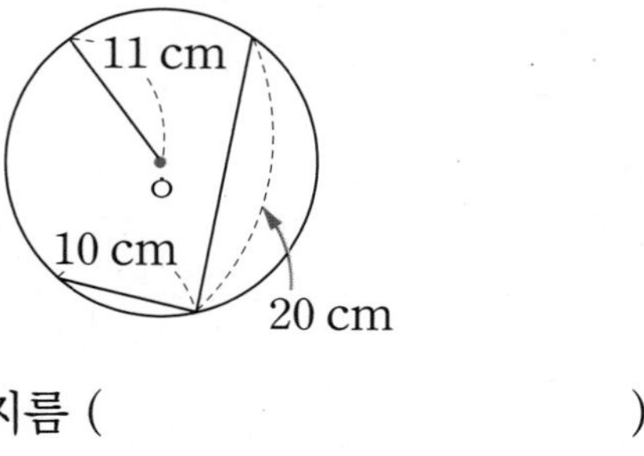

반지름 (　　　　　　　　　　)

지름 (　　　　　　　　　　)

7 한 변의 길이가 7 cm인 정사각형 안에 가장 큰 원을 그린 것입니다. 이 원의 지름은 몇 cm일까요?

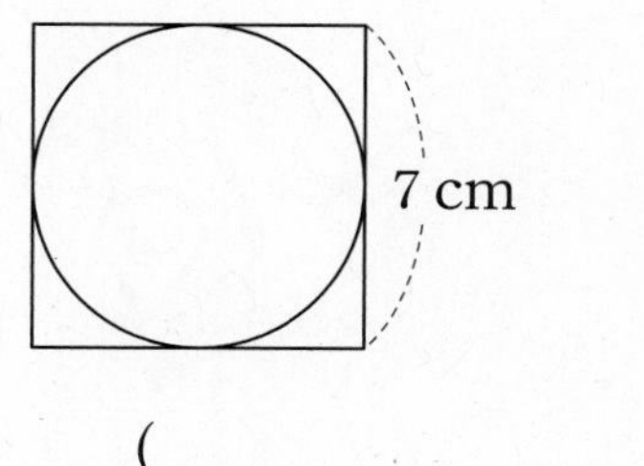

( )

8 점 ㄱ, 점 ㄴ은 원의 중심입니다. 선분 ㄱㄷ의 길이는 몇 cm일까요?

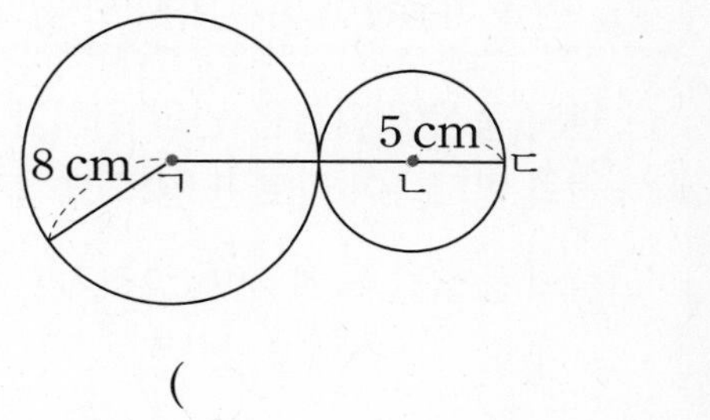

( )

서술형

9 원의 반지름이 주어진 원의 반지름의 3배가 되도록 원을 그렸습니다. 새로 그린 원의 지름은 몇 cm인지 풀이 과정을 쓰고 답을 구해 보세요.

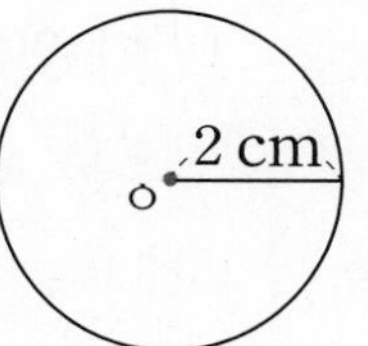

풀이

답

10 점 ㄱ, 점 ㄴ은 원의 중심입니다. 선분 ㄱㄴ의 길이는 몇 cm일까요?

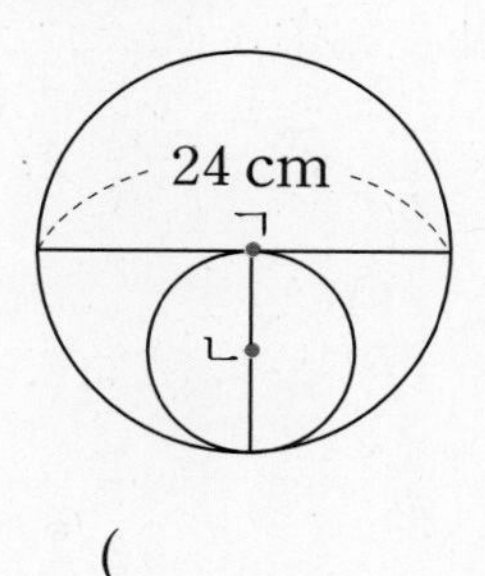

( )

교과유형 **3** 컴퍼스를 이용하여 원 그리기

• 원 그리는 방법

원의 중심 점 ㅇ 정하기 ➡ 컴퍼스를 원의 반지름 만큼 벌리기 ➡ 컴퍼스의 침을 점 ㅇ에 꽂아 원 그리기

11 주어진 선분을 반지름으로 하는 원을 그려 보세요.

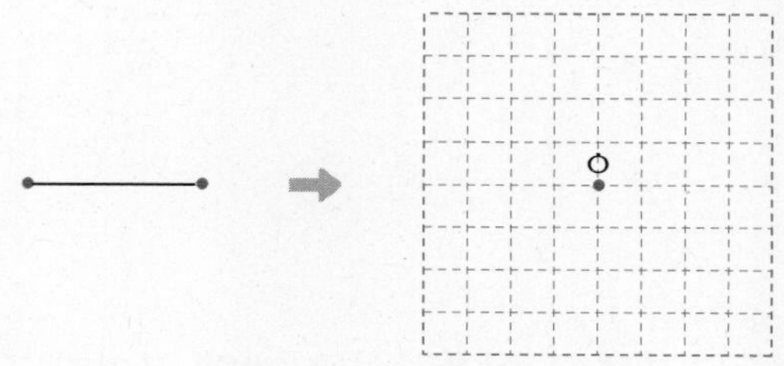

12 그림과 같이 컴퍼스를 벌려 원을 그렸을 때 원의 반지름은 몇 cm일까요?

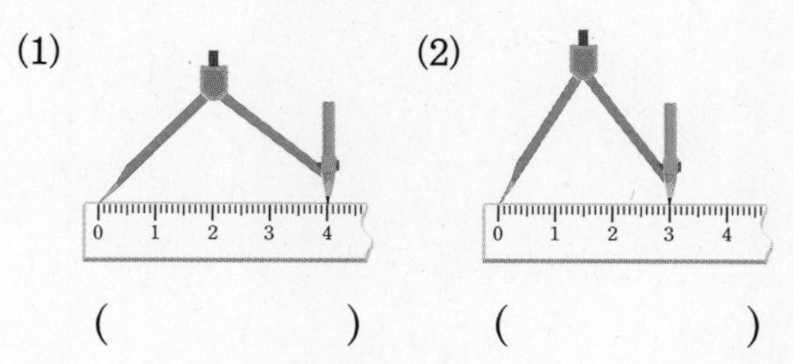

( ) ( )

13 점 ㅇ을 중심으로 하여 반지름이 각각 15 mm, 1 cm, 2 cm인 원을 각각 그려 보세요.

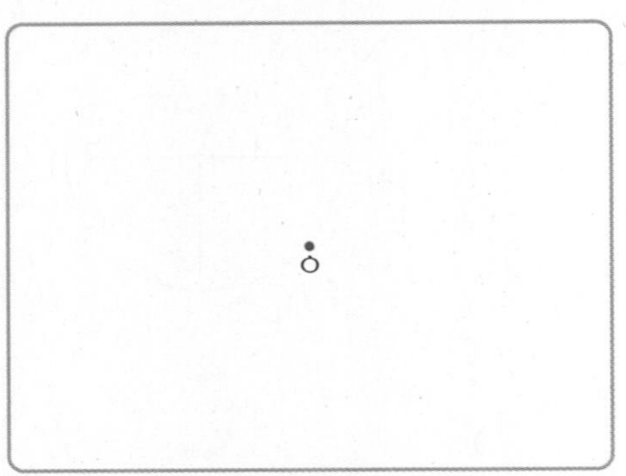

14 크기가 큰 원부터 차례로 기호를 써 보세요.

㉠ 지름이 10 cm인 원
㉡ 반지름이 6 cm인 원
㉢
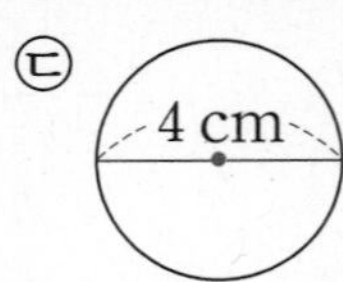

㉣ 컴퍼스를 3 cm만큼 벌려서 그린 원

(　　　　　　　　　　)

서술형
15 컴퍼스를 이용하여 시계와 크기가 같은 원을 그려 보고 그린 방법을 설명해 보세요.

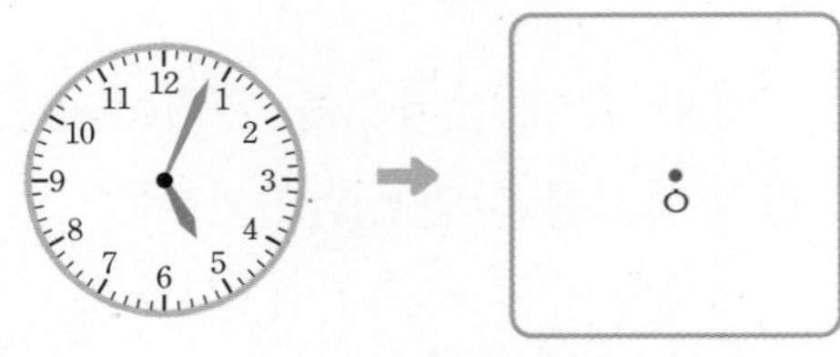

설명 ....

16 지우는 집에서 200 m 안에 있는 놀이터를 가려고 합니다. 가, 나, 다, 라 중 지우가 갈 수 있는 놀이터를 모두 찾아 기호를 써 보세요.

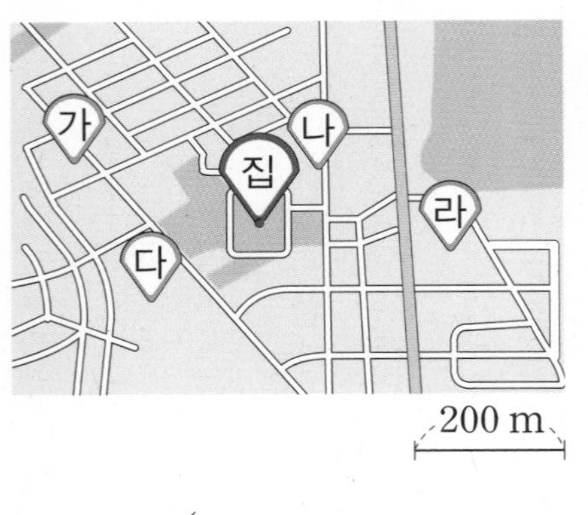

(　　　　　　　　　　)

교과유형 **4** 원을 이용하여 여러 가지 모양 그리기

- 원의 중심이 다르면 원의 위치가 달라지고, 원의 반지름이 다르면 원의 크기가 달라집니다.
- 원의 중심을 옮겨 가며 그리기

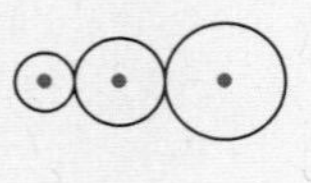 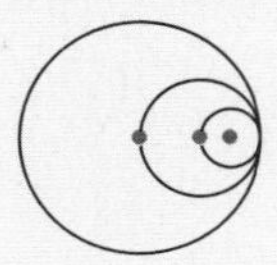 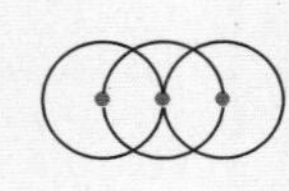

- 원의 중심은 같게 하고, 반지름을 다르게 하여 그리기

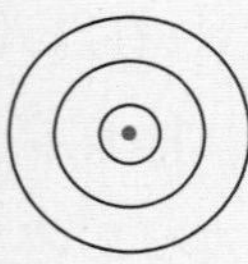 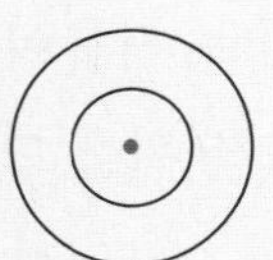

17 다음 모양을 그리기 위하여 컴퍼스의 침을 꽂아야 할 곳을 점으로 바르게 나타낸 것을 찾아 기호를 써 보세요.

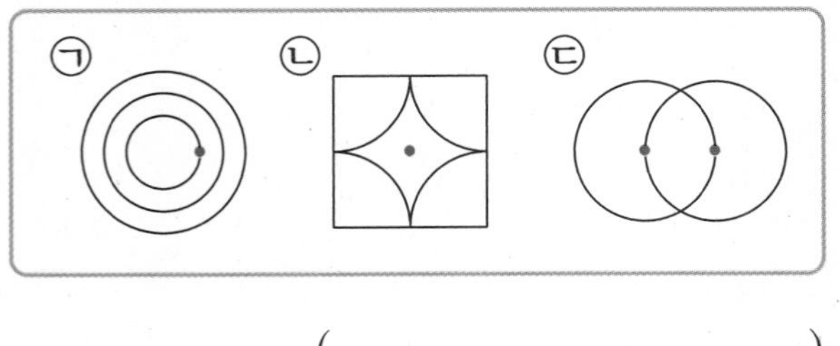

(　　　　　　　　　　)

18 오른쪽 모양을 그릴 때 컴퍼스의 침을 꽂아야 할 곳은 모두 몇 군데일까요?

( )

19 원의 중심은 다르고 반지름이 같은 규칙으로 모양을 그린 것은 어느 것일까요? ( )

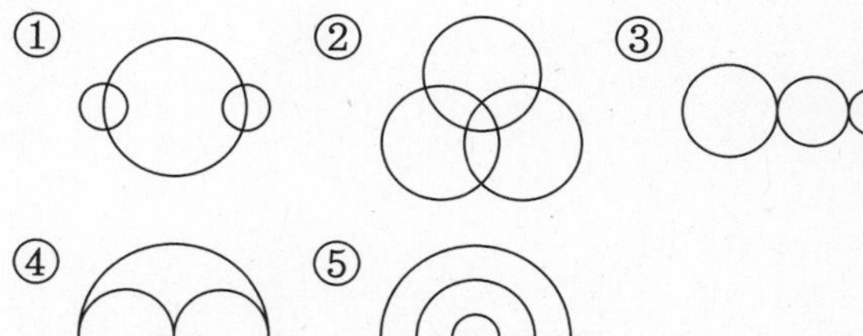

서술형

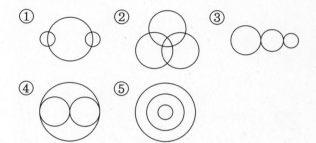

20 오른쪽 모양을 그리기 위하여 컴퍼스의 침을 꽂아야 할 곳을 점으로 모두 표시하고 그리는 방법을 설명해 보세요.

설명

21 컴퍼스를 이용하여 왼쪽과 같은 모양을 오른쪽 모눈종이 위에 그려 보세요.

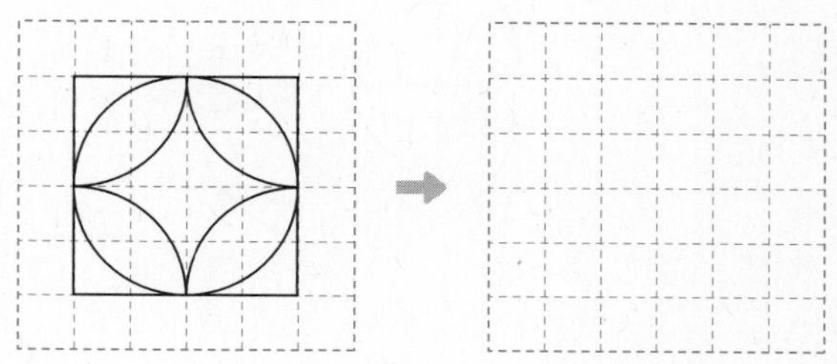

22 컴퍼스를 이용하여 태극 문양을 그려 보세요. (단, 원의 크기는 자유롭게 그립니다.)

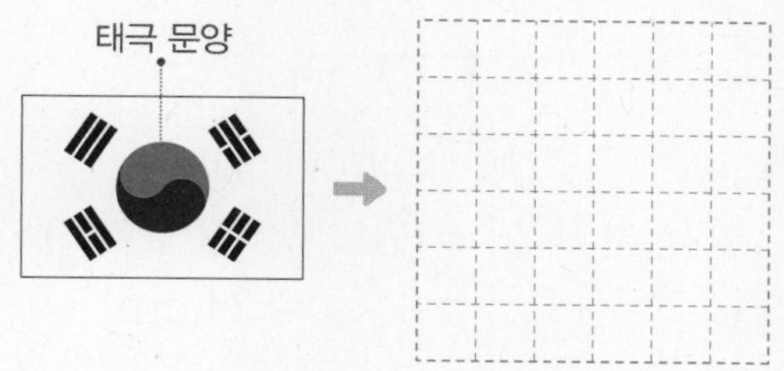

23 수영이가 모눈종이에 그린 그림입니다. 어떤 규칙으로 그렸는지 □ 안에 알맞은 수를 써넣으세요.

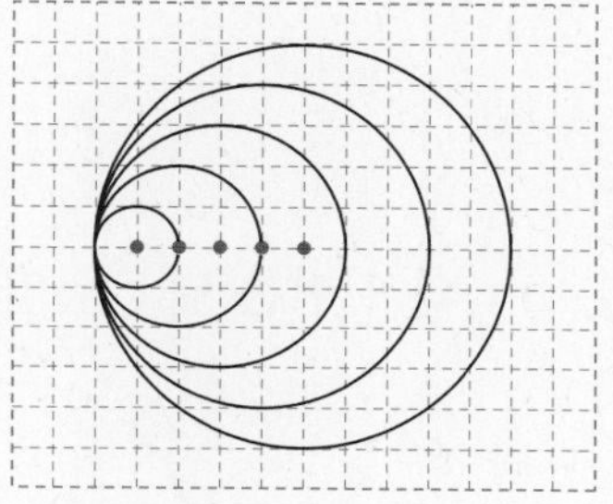

➡ 원의 반지름은 모눈 □칸씩 늘어나며, 원의 중심은 오른쪽으로 모눈 □칸씩 이동합니다.

24 원의 중심을 옮기지 않고 반지름만 1칸씩 늘어나는 규칙으로 그린 모양에 ○표 하세요.

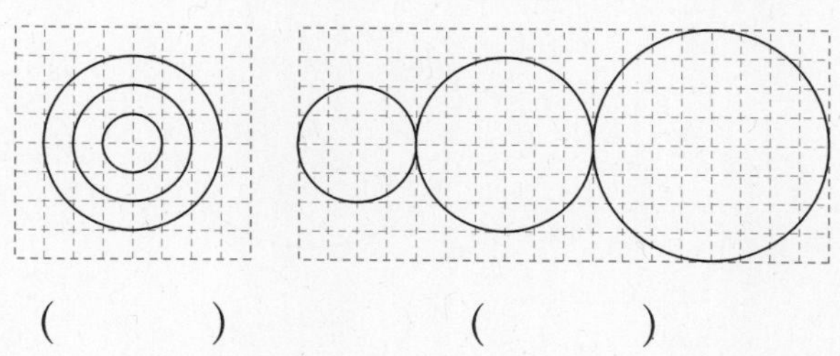

( ) ( )

3

실전유형 **여러 가지 모양에서 선분의 길이 구하기**

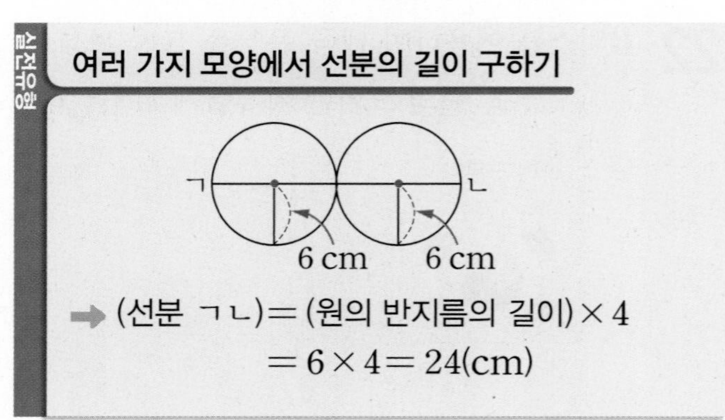

➡ (선분 ㄱㄴ) = (원의 반지름의 길이) × 4
= 6 × 4 = 24(cm)

25 똑같은 크기의 세 원을 맞닿게 그린 모양입니다. 선분 ㄱㄴ의 길이는 몇 cm일까요?

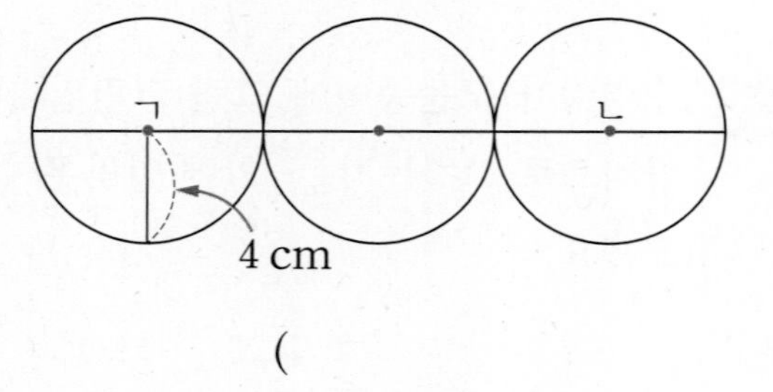

( )

26 선분 ㄱㄴ의 길이는 몇 cm일까요?

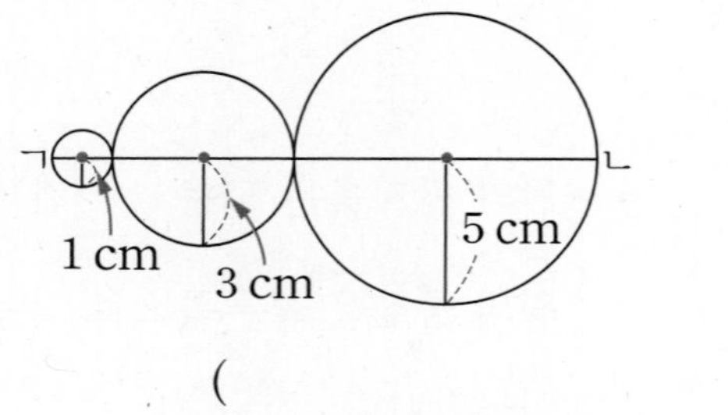

( )

27 크기가 다른 세 개의 원을 이용하여 모양을 그린 것입니다. 각 원이 더 큰 원의 중심을 지나고, 가장 큰 원의 지름이 24 cm일 때 가장 작은 원의 반지름은 몇 cm일까요?

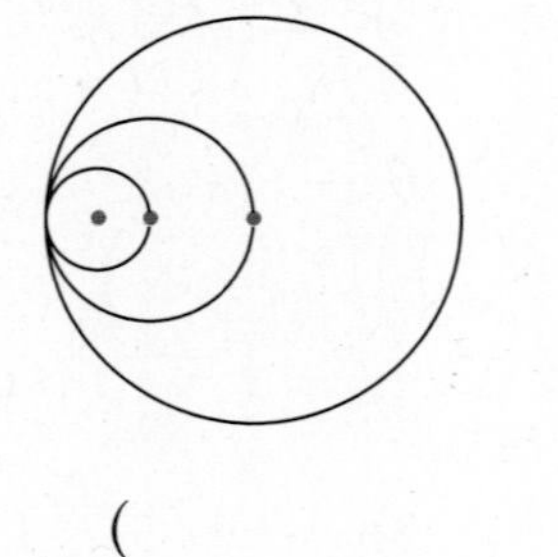

( )

28 큰 원의 지름은 12 cm입니다. 안쪽에 있는 4개의 원의 크기가 모두 같을 때 작은 원의 반지름은 몇 cm일까요?

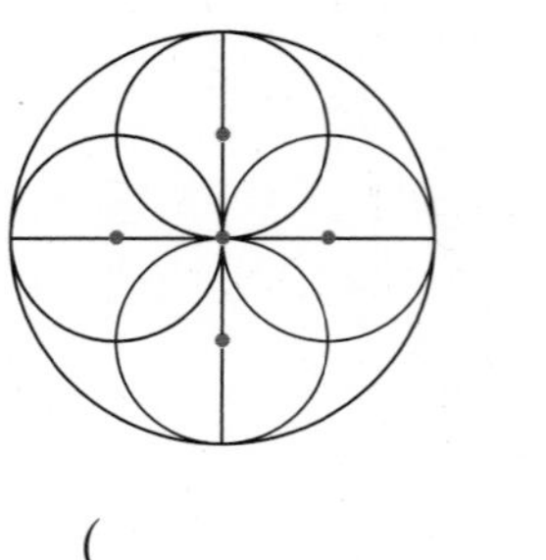

( )

29 올림픽을 상징하는 오륜기는 5가지 색의 똑같은 크기의 원이 서로 얽혀 있는 모양입니다. 다음 오륜기에서 한 원의 지름이 6 cm일 때 선분 ㄱㄴ의 길이는 몇 cm일까요?

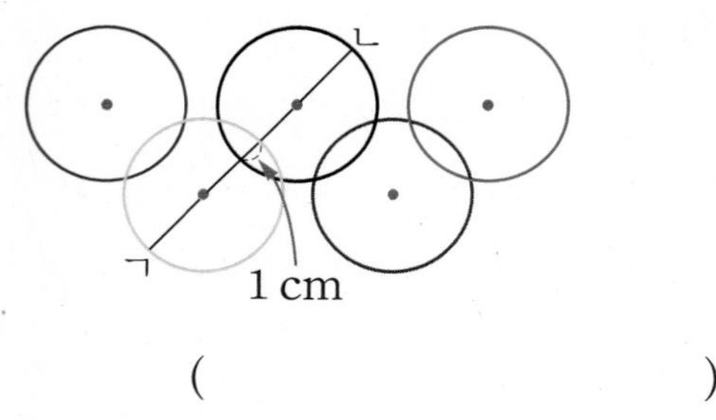

( )

30 가장 큰 원의 반지름은 몇 cm일까요?

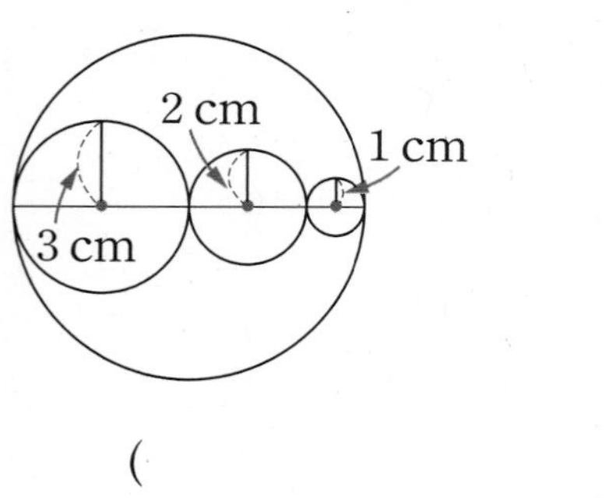

( )

실전유형

도형의 변의 길이의 합 구하기

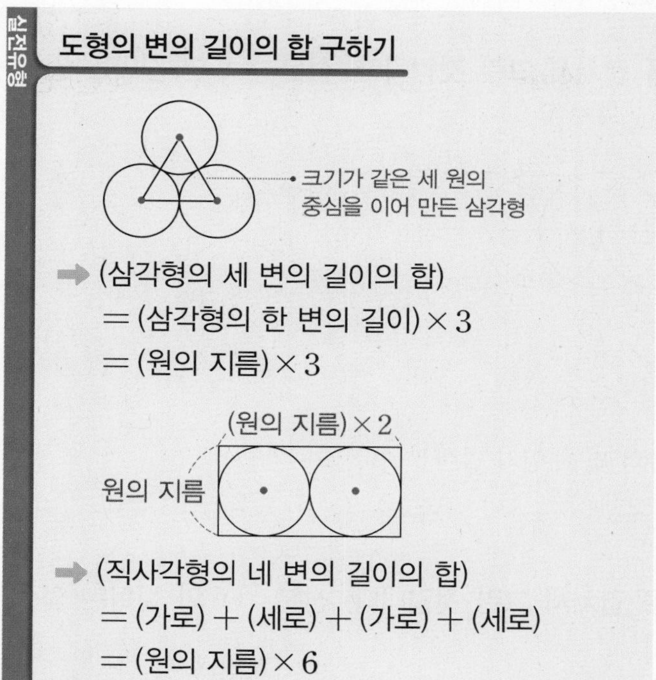

➡ (삼각형의 세 변의 길이의 합)
= (삼각형의 한 변의 길이) × 3
= (원의 지름) × 3

➡ (직사각형의 네 변의 길이의 합)
= (가로) + (세로) + (가로) + (세로)
= (원의 지름) × 6

31 반지름이 5 m인 세 원의 중심을 이어 삼각형을 만들었습니다. 이 삼각형의 세 변의 길이의 합은 몇 m일까요?

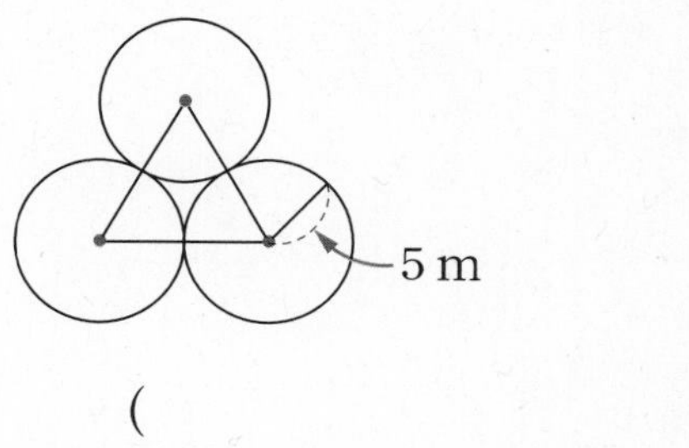

( )

32 크기가 같은 원 6개의 중심을 이어 삼각형을 만들었습니다. 이 삼각형의 세 변의 길이의 합이 18 cm일 때 한 원의 지름은 몇 cm일까요?

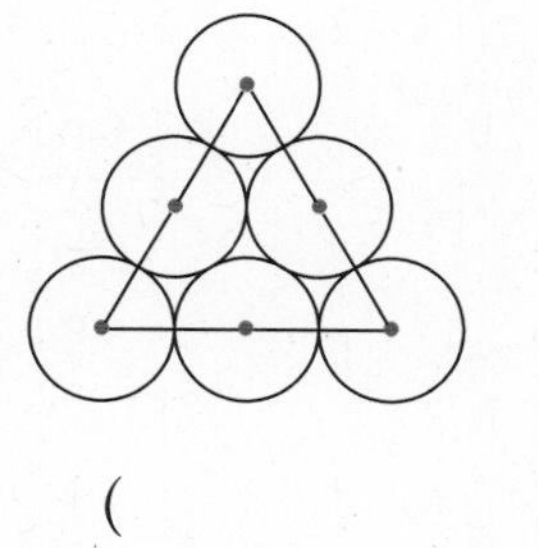

( )

33 직사각형 안에 반지름이 6 cm인 두 원을 맞닿게 그렸습니다. 이 직사각형의 네 변의 길이의 합은 몇 cm일까요?

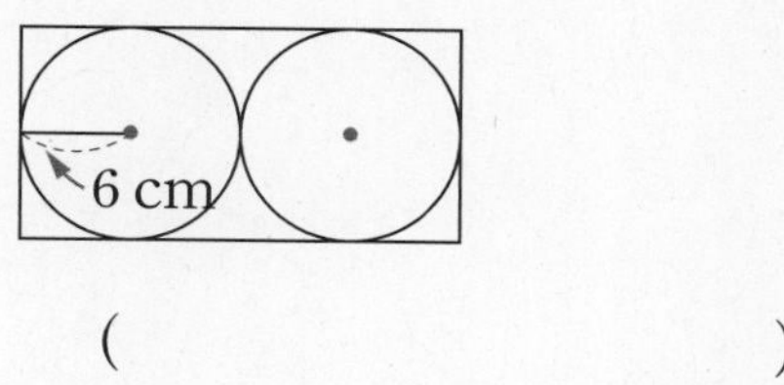

( )

서술형

34 정사각형 안에 크기가 같은 원 4개를 맞닿게 그렸습니다. 이 정사각형의 네 변의 길이의 합은 몇 cm인지 풀이 과정을 쓰고 답을 구해 보세요.

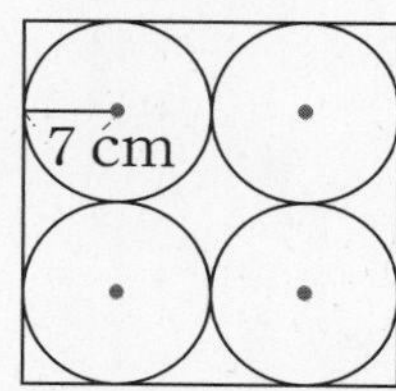

풀이

답

35 상자에 크기가 같은 음료수 캔 6개가 들어 있습니다. 상자를 위에서 본 모습이 그림과 같고 보이는 직사각형의 네 변의 길이의 합이 80 cm일 때 음료수 캔의 원의 지름은 몇 cm일까요?

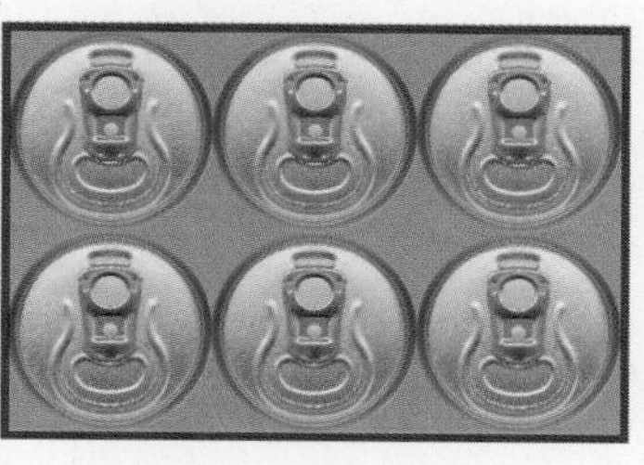

( )

심화유형 1 원을 겹쳐 그린 모양에서 길이 구하기

크기가 같은 원 5개를 서로 중심이 지나도록 겹쳐서 그린 것입니다. 선분 ㄱㄴ의 길이는 몇 cm일까요?

(　　　　　　　　　)

● 핵심 NOTE　• 구하는 선분의 길이가 원의 반지름 또는 지름의 몇 배인지 알아봅니다.

1-1 크기가 같은 원 6개를 서로 중심이 지나도록 겹쳐서 그린 것입니다. 선분 ㄱㄴ의 길이는 몇 cm일까요?

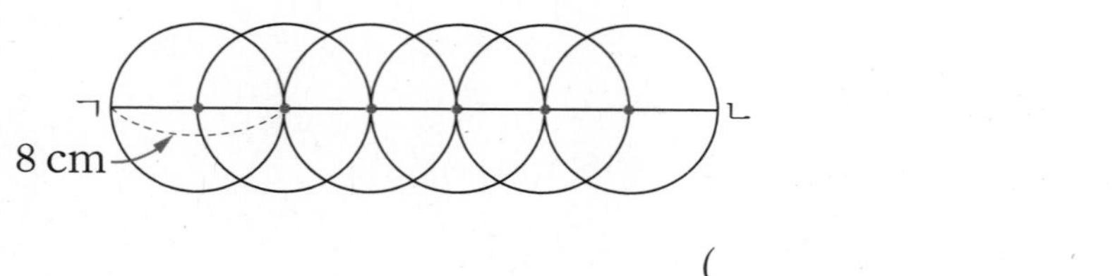

(　　　　　　　　　)

1-2 크기가 같은 원 8개를 서로 중심이 지나도록 겹쳐서 그린 것입니다. 선분 ㄱㄴ의 길이가 54 cm일 때 한 원의 지름은 몇 cm일까요?

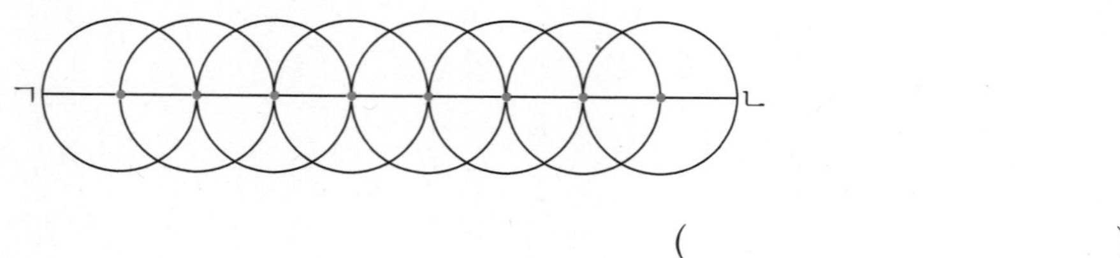

(　　　　　　　　　)

심화유형 2 서로 다른 원을 맞닿게 그린 모양에서 길이 구하기

반지름이 각각 4 cm, 6 cm인 두 가지 종류의 원을 맞닿게 그린 후 원의 중심을 이어 직사각형을 만들었습니다. 이 직사각형의 네 변의 길이의 합은 몇 cm일까요?

( )

● 핵심 NOTE • 직사각형의 가로, 세로가 각각 원의 반지름 또는 지름의 몇 배인지 알아봅니다.

2-1 지름이 각각 10 cm, 14 cm인 두 가지 종류의 원을 맞닿게 그린 후 원의 중심을 이어 직사각형을 만들었습니다. 이 직사각형의 네 변의 길이의 합은 몇 cm일까요?

( )

2-2 직사각형 안에 두 가지 종류의 원을 맞닿게 그린 것입니다. 선분 ㄱㄹ의 길이는 몇 cm일까요?

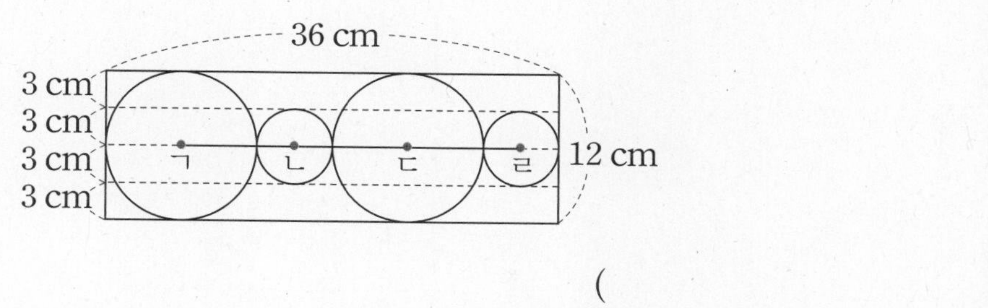

( )

3

원의 일부를 이용하여 그린 모양에서 길이 구하기

한 변의 길이가 28 cm인 정사각형 안에 원을 이용하여 모양을 그린 것입니다. 선분 ㄴㅁ의 길이는 몇 cm일까요?

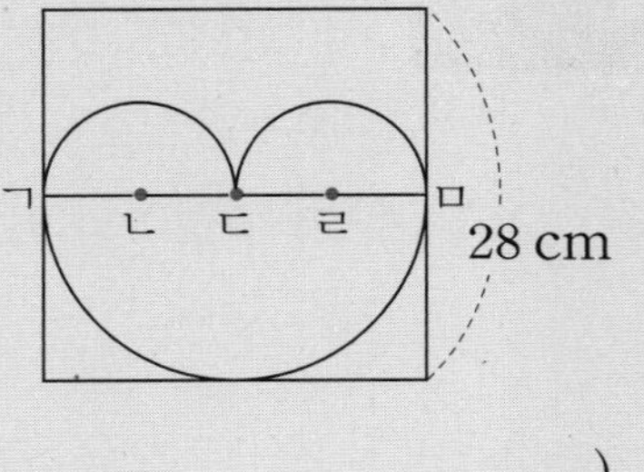

(　　　　　　　　)

● 핵심 NOTE (선분 ㄱㅁ의 길이)=(정사각형의 한 변의 길이)=(작은 원의 반지름)×4임을 이용합니다.

3-1 한 변의 길이가 36 cm인 정사각형 안에 원을 이용하여 모양을 그린 것입니다. 선분 ㄱㄹ의 길이는 몇 cm일까요?

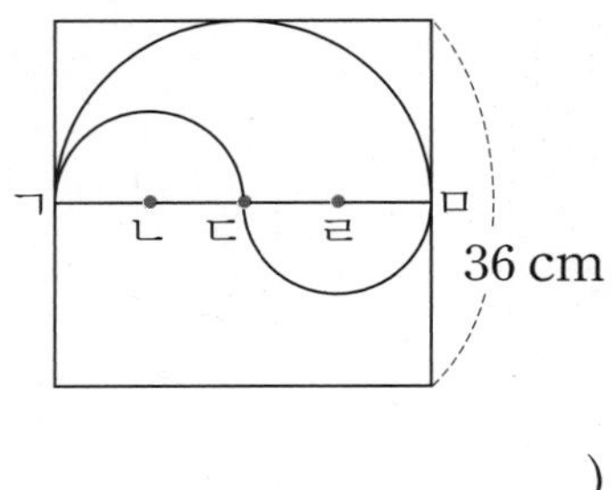

(　　　　　　　　)

3-2 크기가 같은 원의 일부 3개와 큰 원 1개를 이용하여 모양을 그린 것입니다. 선분 ㄱㄷ의 길이는 몇 cm일까요?

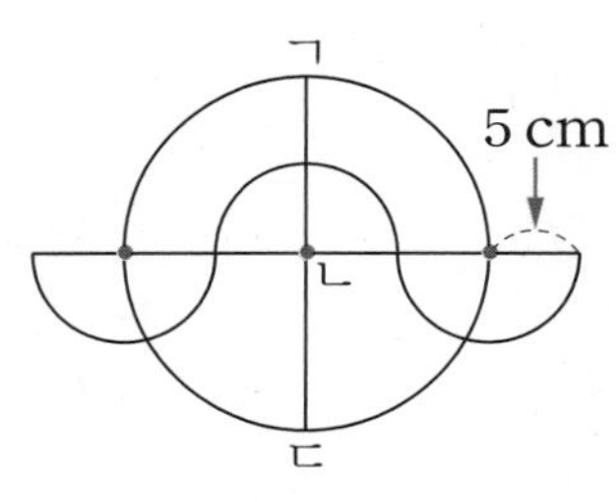

(　　　　　　　　)

정답과 풀이 19쪽

수학 + 미술

원을 이용한 미술 작품 속에서 길이 구하기

원은 안정감과 불안정감을 동시에 가지고 있어 폭발적인 에너지를 가진 도형이다!

이것은 추상 미술의 아버지로 불리는 화가 칸딘스키가 한 말입니다. 선과 형태, 색채만으로 작가의 감정을 표현할 수 있다고 주장한 칸딘스키는 작품 속에서 유독 원을 많이 사용하여 감정을 표현하였는데, 그의 작품 〈원 속의 원〉에서는 원과 원이 만나서 이루는 균형과 안정감을 강조하였습니다. 사각형 ㄱㄴㄷㄹ의 네 변의 길이의 합은 몇 cm일까요?

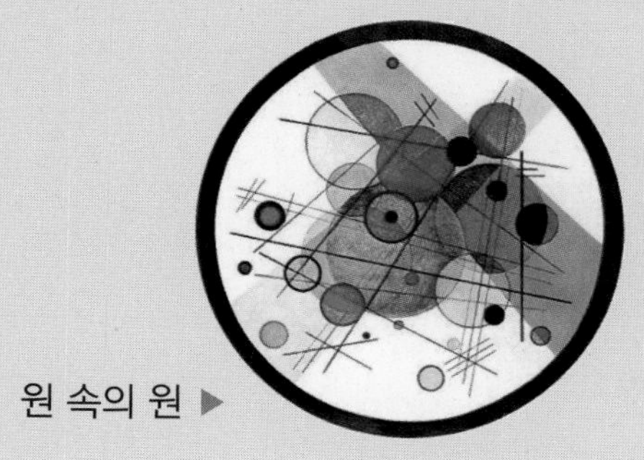
원 속의 원 ▶

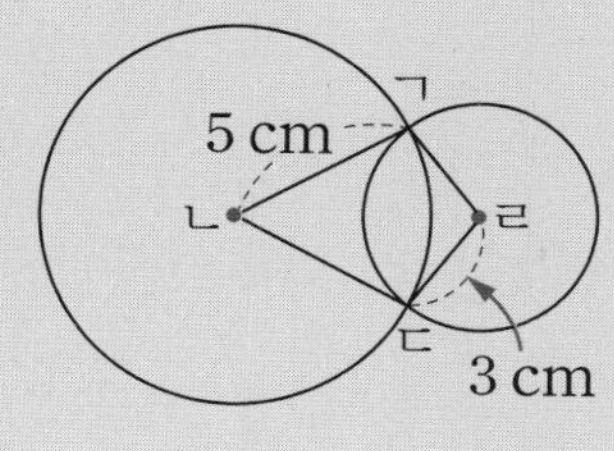

1단계 선분 ㄴㄷ, 선분 ㄹㄱ의 길이는 각각 몇 cm인지 구하기

2단계 사각형 ㄱㄴㄷㄹ의 네 변의 길이의 합은 몇 cm인지 구하기

( )

● **핵심 NOTE**

1단계 한 원에서 반지름의 길이는 모두 같음을 이용하여 사각형의 네 변의 길이를 각각 알아봅니다.

2단계 사각형 ㄱㄴㄷㄹ의 네 변의 길이의 합을 구합니다.

4-1 민정이는 반지름의 길이가 다른 두 원을 이용하여 오른쪽과 같은 그림을 그렸습니다. 민정이의 그림에서 보이는 사각형 ㄱㄴㄷㄹ의 네 변의 길이의 합은 몇 cm일까요?

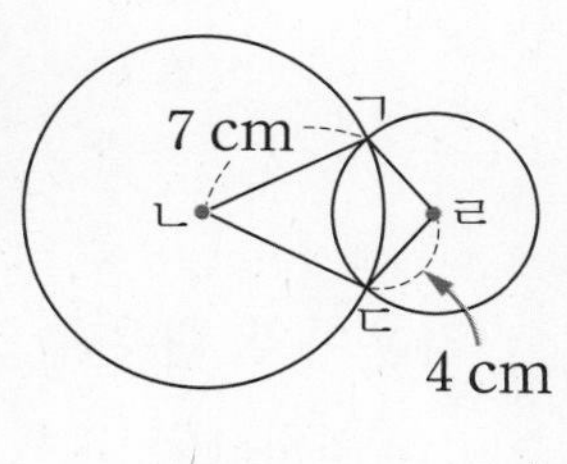

( )

기출 단원 평가 Level 1

점수

확인

1 오른쪽 원에서 원의 중심을 나타내는 점을 찾아 써 보세요.

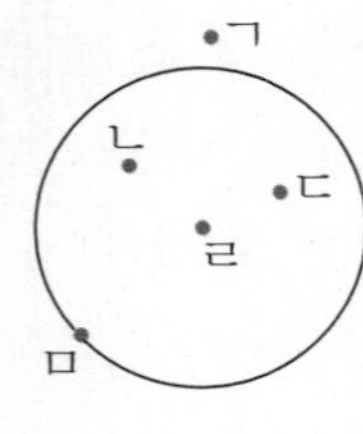

( )

2 컴퍼스를 이용하여 주어진 점을 원의 중심으로 하고, 반지름이 1 cm 5 mm인 원을 그려 보세요.

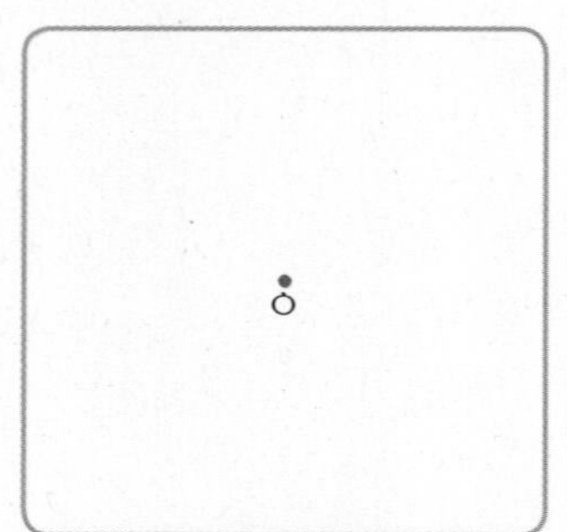

3 오른쪽 그림에서 원의 반지름을 나타내는 선분을 모두 찾아 써 보세요.

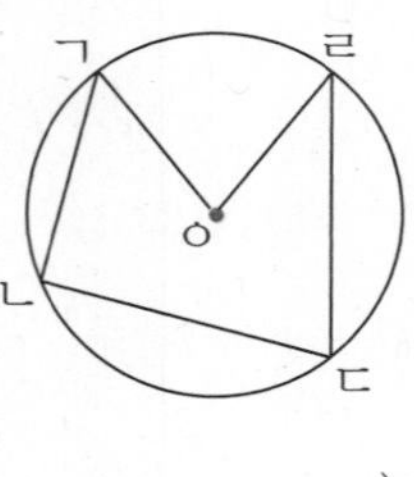

( )

4 지은이와 현우가 그린 원의 지름의 차는 몇 cm일까요?

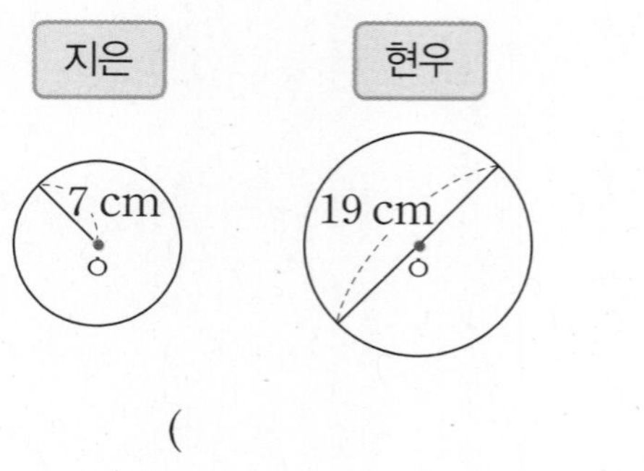

( )

5 다음과 같이 컴퍼스를 벌렸을 때 지름이 2 cm인 원을 그릴 수 있는 것의 기호를 써 보세요.

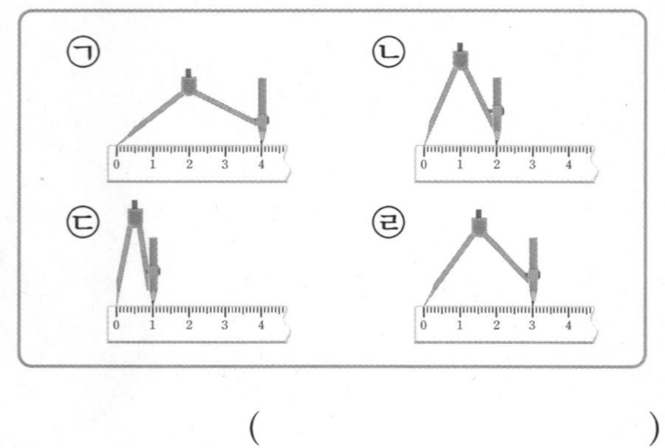

( )

6 선분 ㅇㄴ이 6 cm일 때 선분 ㄷㅂ의 길이는 몇 cm일까요?

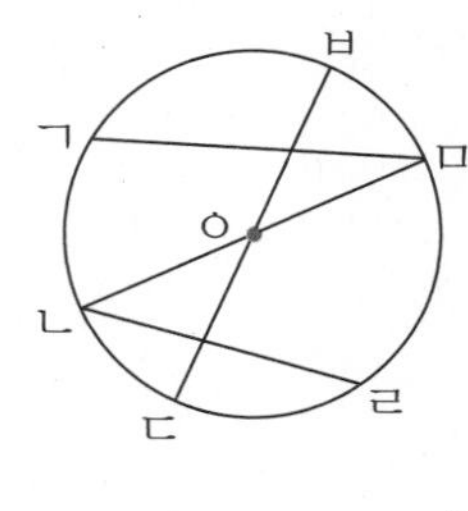

( )

7 오른쪽과 크기가 같은 원을 그리려고 합니다. 컴퍼스를 몇 cm가 되게 벌려서 원을 그려야 할까요?

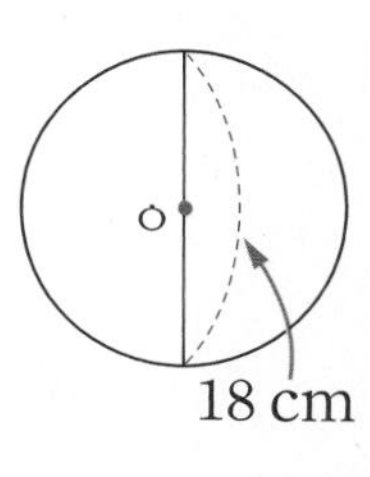

( )

8 다음과 같은 직사각형 안에 그릴 수 있는 가장 큰 원의 지름은 몇 cm일까요?

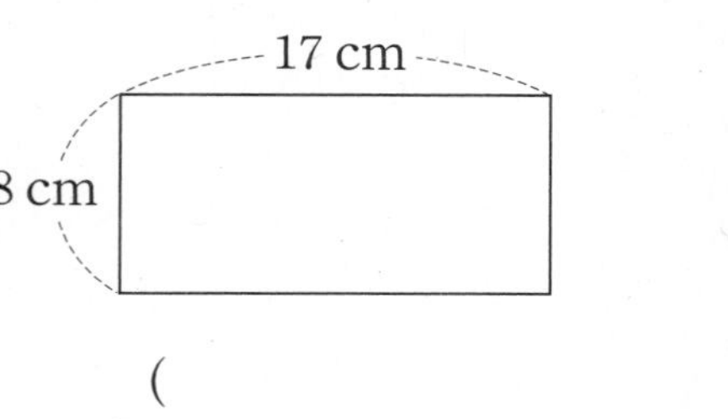

( )

9 오른쪽 그림과 같은 모양을 그릴 때 컴퍼스의 침을 꽂아야 할 곳은 모두 몇 군데일까요?

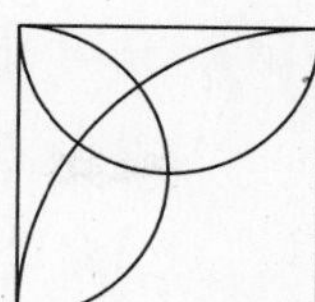

(　　　　　　　　　　　　)

10 규칙에 따라 원을 1개 더 그려 보세요.

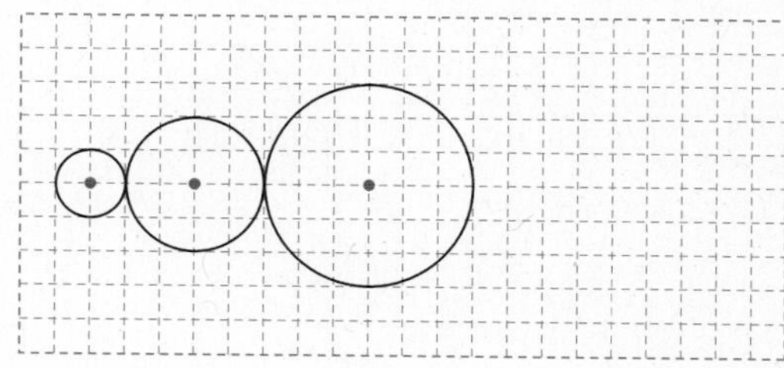

11 오른쪽과 같은 모양을 그리기 위해 원을 그릴 때마다 바꿔야 하는 것은 어느 것일까요?

(　　　)

① 원의 지름　② 원의 반지름
③ 원의 중심　④ 원의 크기
⑤ 원의 굵기

12 큰 원 안에 반지름이 2 cm인 작은 원 3개를 맞닿게 그렸습니다. 큰 원의 반지름은 몇 cm일까요?

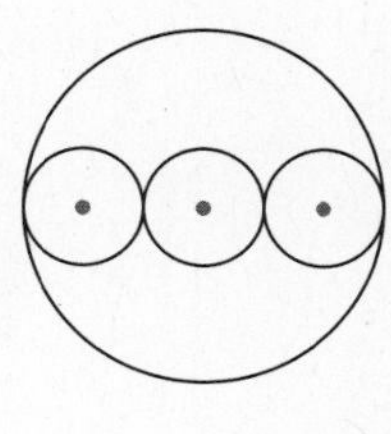

(　　　　　　　　　　　　)

13 점 ㄱ, 점 ㄴ은 원의 중심입니다. 두 원의 지름의 합이 16 cm일 때 선분 ㄱㄴ의 길이는 몇 cm일까요?

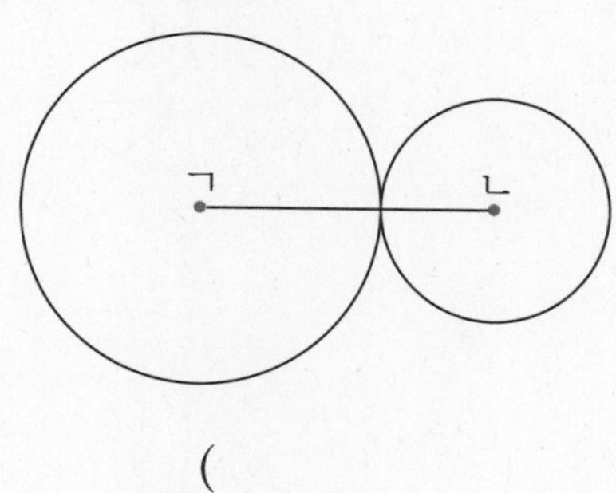

(　　　　　　　　　　　　)

14 지름이 18 cm인 원에 다음과 같이 정사각형을 그렸습니다. 점 ㅇ이 원의 중심일 때 정사각형의 네 변의 길이의 합은 몇 cm일까요?

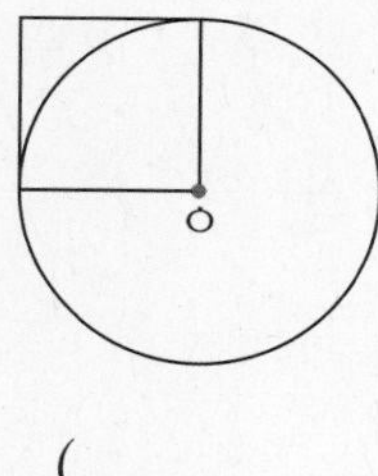

(　　　　　　　　　　　　)

15 점 ㄱ, 점 ㄴ은 원의 중심입니다. 선분 ㄱㄴ의 길이는 몇 cm일까요?

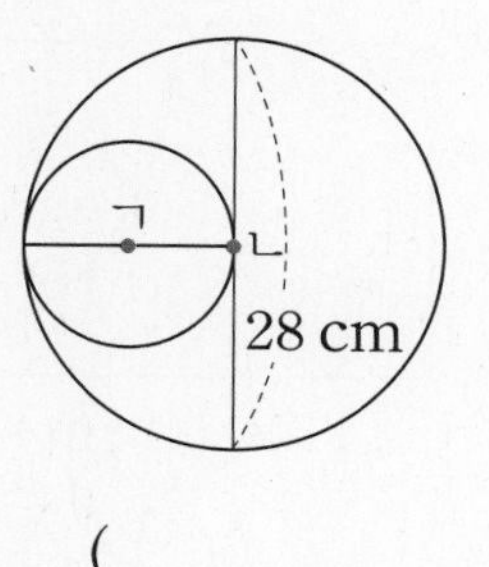

(　　　　　　　　　　　　)

3

16 주어진 모양과 똑같이 그려 보세요.

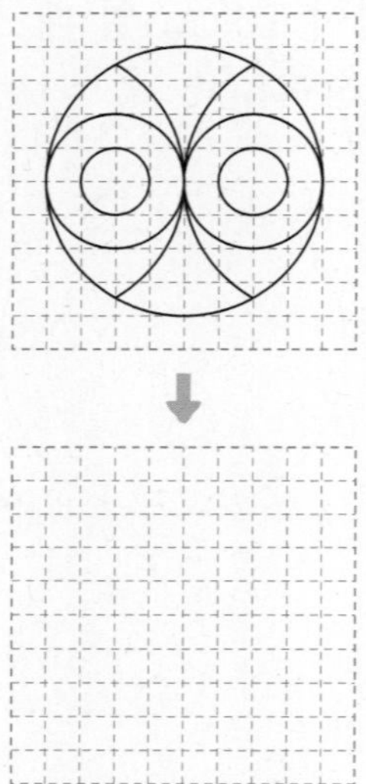

17 점 ㄱ, 점 ㄴ, 점 ㄷ은 원의 중심입니다. 선분 ㄱㄷ의 길이는 몇 cm일까요?

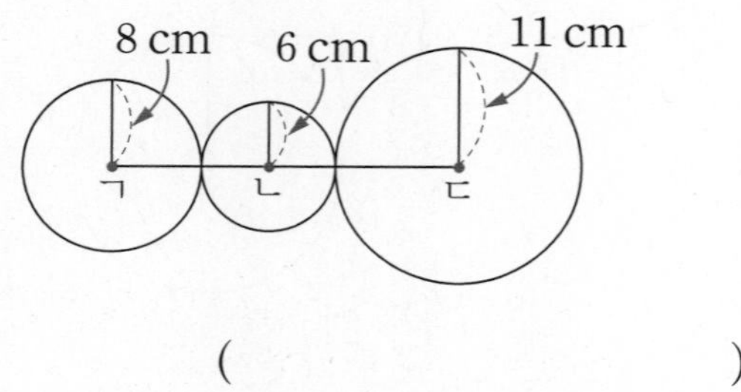

(　　　　　　　　)

18 직사각형 안에 점 ㄱ, 점 ㅁ을 중심으로 하는 원의 일부분을 다음과 같이 그렸을 때 선분 ㄱㄴ의 길이는 몇 cm일까요?

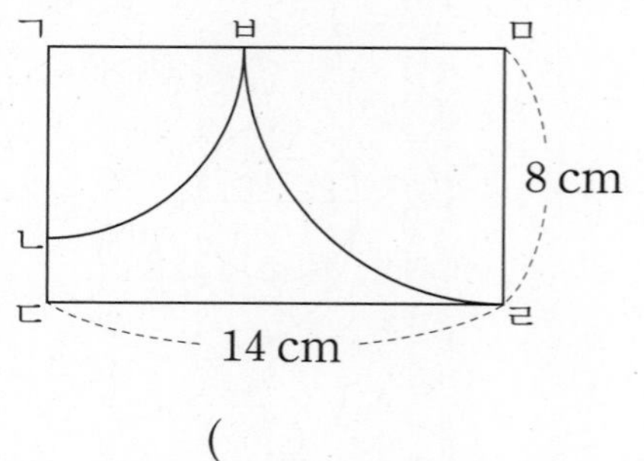

(　　　　　　　　)

술술 서술형

19 규칙에 따라 원을 크게 그리고 있습니다. 규칙을 설명하고 다섯째 원의 반지름은 몇 cm인지 구해 보세요.

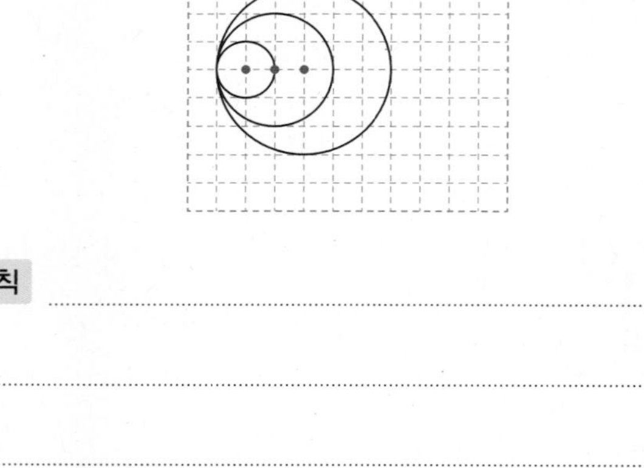

규칙 ....

답 ....

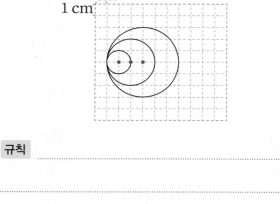

20 반지름이 각각 5 cm, 6 cm인 두 종류의 원을 맞닿게 그린 후, 원의 중심을 이어 정사각형을 만들었습니다. 이 정사각형의 네 변의 길이의 합은 몇 cm인지 풀이 과정을 쓰고 답을 구해 보세요.

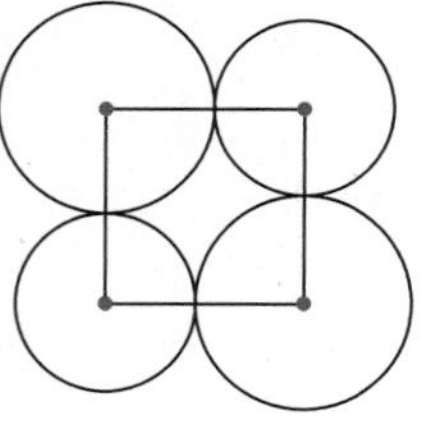

풀이 ....

답 ....

기출 단원 평가 Level ❷

점수

확인

1 오른쪽 원의 반지름은 몇 cm일까요?

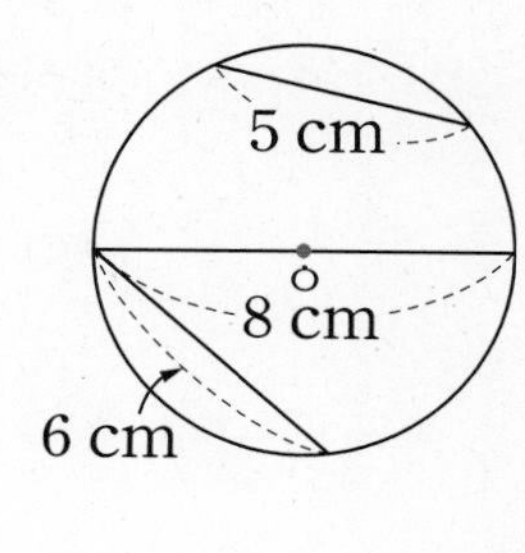

(　　　　　　　)

2 길이가 가장 긴 선분을 찾아 써 보세요.

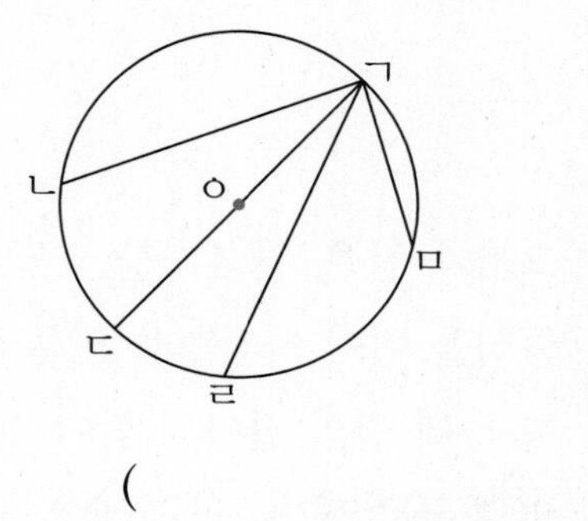

(　　　　　　　)

3 원에 대한 설명 중 <u>틀린</u> 것은 어느 것일까요? (　　　)

① 한 원에서 원의 중심은 1개입니다.
② 원의 지름은 원을 똑같이 둘로 나눕니다.
③ 원의 지름은 반지름의 2배입니다.
④ 한 원에서 그을 수 있는 지름은 무수히 많습니다.
⑤ 원의 중심과 원 위의 한 점을 이은 선분을 원의 지름이라고 합니다.

4 오른쪽 원의 반지름은 몇 cm일까요?

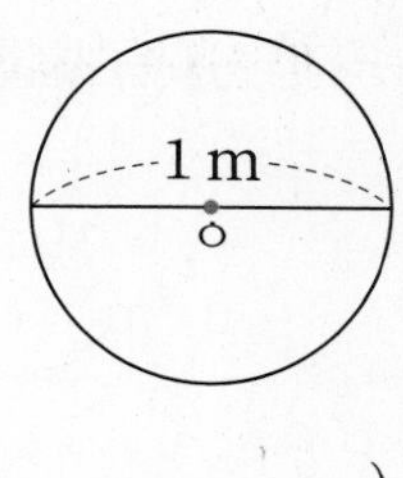

(　　　　　　　)

5 크기가 큰 원부터 차례로 기호를 써 보세요.

> ㉠ 지름이 22 cm인 원
> ㉡ 반지름이 3 cm의 4배인 원
> ㉢ 반지름이 10 cm인 원

(　　　　　　　)

6 오른쪽 원보다 지름을 8 cm 늘여서 그리려면 컴퍼스를 몇 cm만큼 벌려야 할까요?

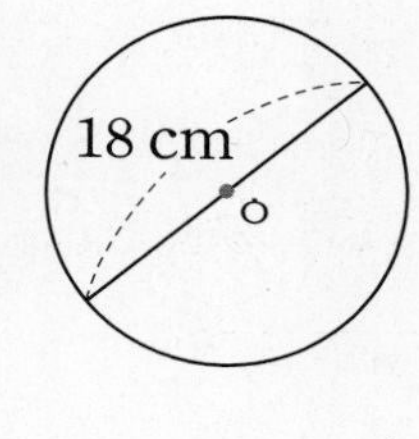

(　　　　　　　)

7 모양을 그릴 때 컴퍼스의 침을 꽂아야 할 곳의 수가 다른 하나를 찾아 기호를 써 보세요.

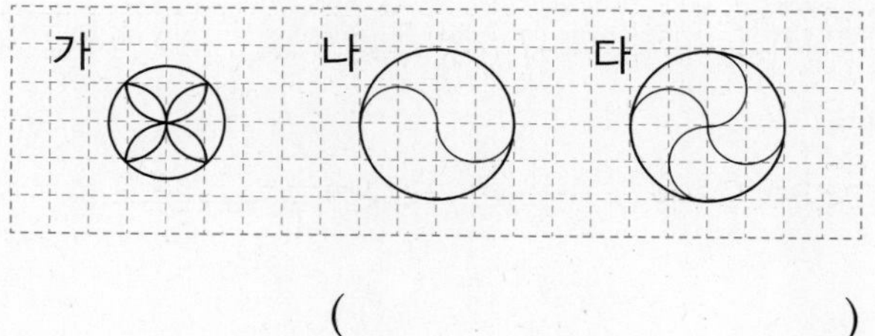

(　　　　　　　)

8 오른쪽 그림에서 정사각형의 네 변의 길이의 합은 몇 cm일까요?

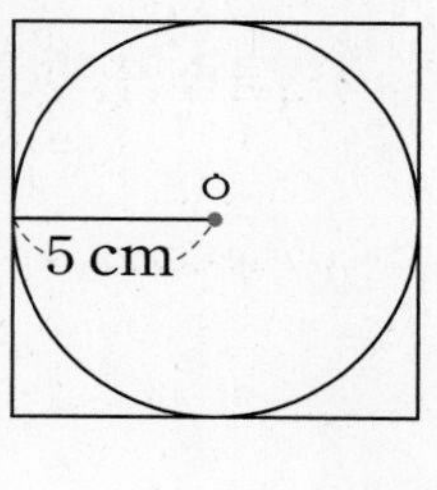

(　　　　　　　)

3

9 원의 반지름은 같고 원의 중심은 다른 규칙으로 모양을 그린 것은 어느 것일까요?

( )

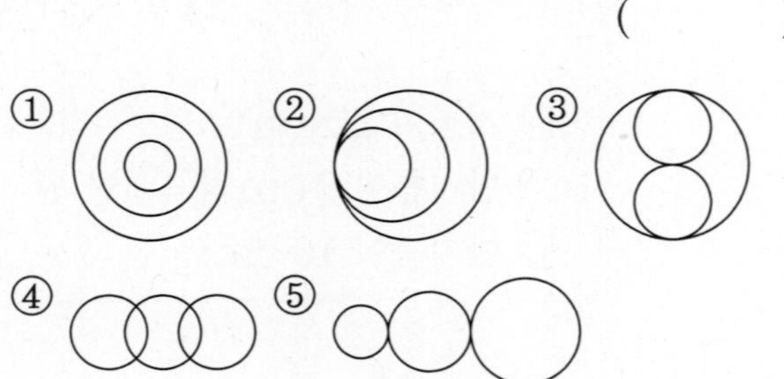

10 작은 원의 지름은 몇 cm일까요?

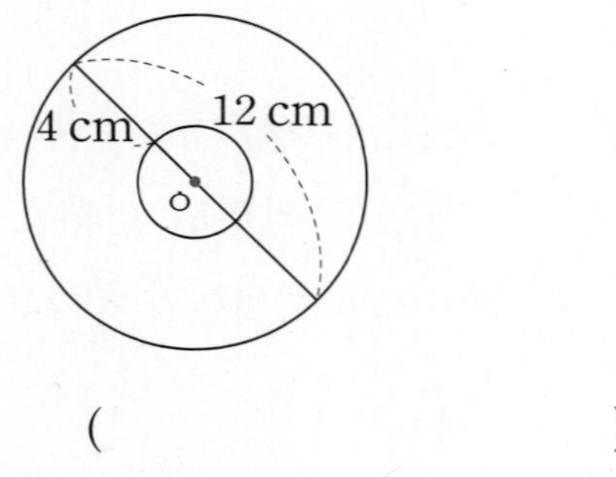

( )

11 점 ㄴ, 점 ㄹ은 원의 중심이고 반지름이 6 cm인 크기가 같은 두 원이 그림과 같이 겹쳐져 있습니다. 사각형 ㄱㄴㄷㄹ의 네 변의 길이의 합은 몇 cm일까요?

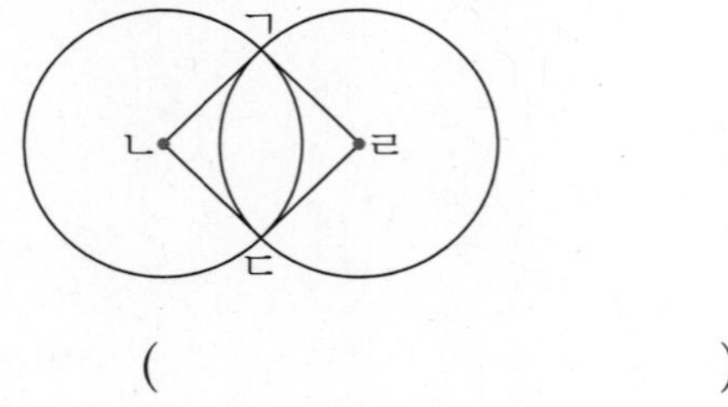

( )

12 큰 원의 지름이 56 cm일 때 가장 작은 원의 반지름은 몇 cm일까요?

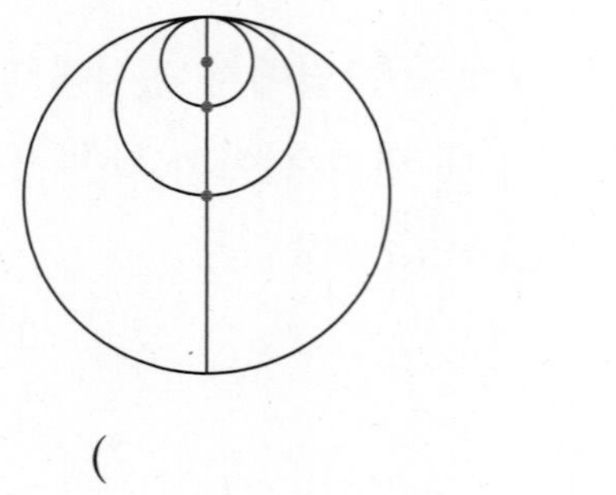

( )

13 점 ㄱ, 점 ㄴ은 원의 중심입니다. 삼각형 ㄱㄴㄷ의 세 변의 길이의 합은 몇 cm일까요?

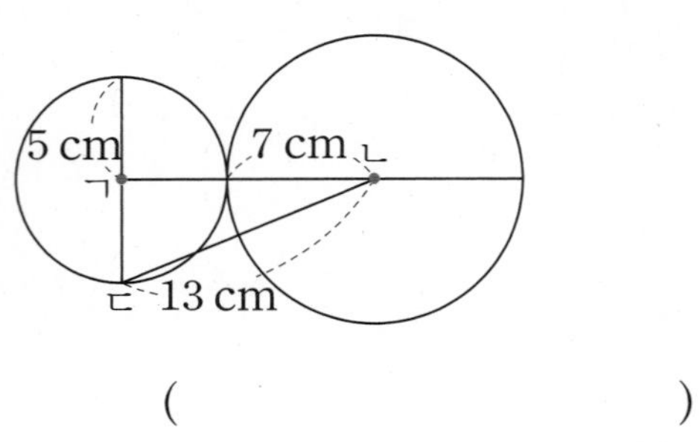

( )

14 크기가 같은 원 4개를 맞닿게 그린 후, 원의 중심을 이어 사각형을 만들었습니다. 이 사각형의 네 변의 길이의 합이 40 cm일 때 한 원의 지름은 몇 cm일까요?

( )

15 그림과 같은 직사각형 안에 그릴 수 있는 가장 큰 원을 겹치지 않게 그려 넣을 때 몇 개까지 그려 넣을 수 있을까요?

24 cm

3 cm ......

( )

16 직사각형 안에 반지름이 6 cm인 원 5개를 서로 중심이 지나도록 겹쳐서 그렸습니다. 직사각형의 가로는 몇 cm일까요?

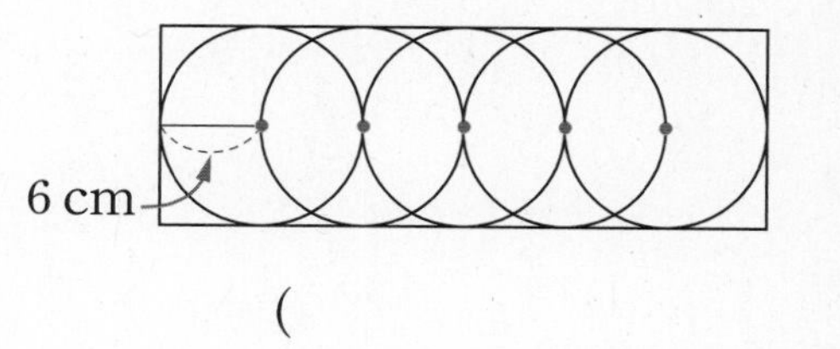

(　　　　　　　　　　)

17 점 ㄱ, 점 ㄴ, 점 ㄷ은 원의 중심입니다. 선분 ㄴㄹ의 길이는 몇 cm일까요?

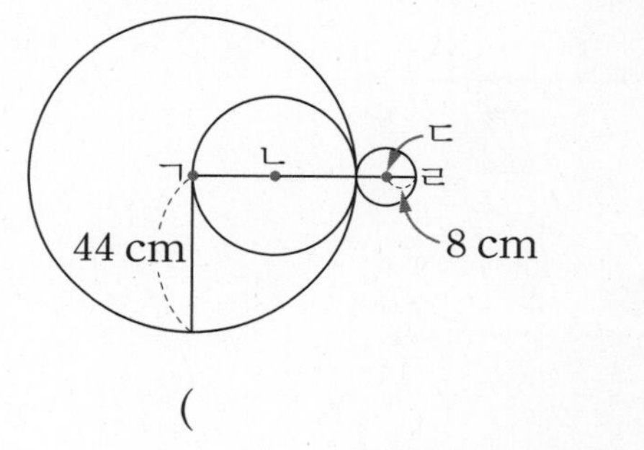

(　　　　　　　　　　)

18 큰 정사각형 안에 크기가 같은 원 4개를 맞닿게 그린 후, 원의 중심을 이어 작은 정사각형을 그렸습니다. 작은 정사각형의 네 변의 길이의 합이 28 cm일 때 큰 정사각형의 네 변의 길이의 합은 몇 cm일까요?

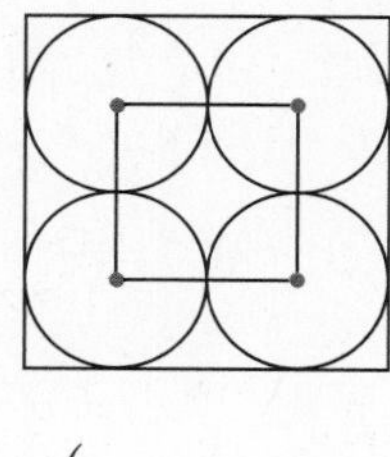

(　　　　　　　　　　)

술술 서술형

19 점 ㄴ은 원의 중심이고, 삼각형 ㄱㄴㄷ의 세 변의 길이의 합이 32 cm일 때 원의 반지름은 몇 cm인지 풀이 과정을 쓰고 답을 구해 보세요.

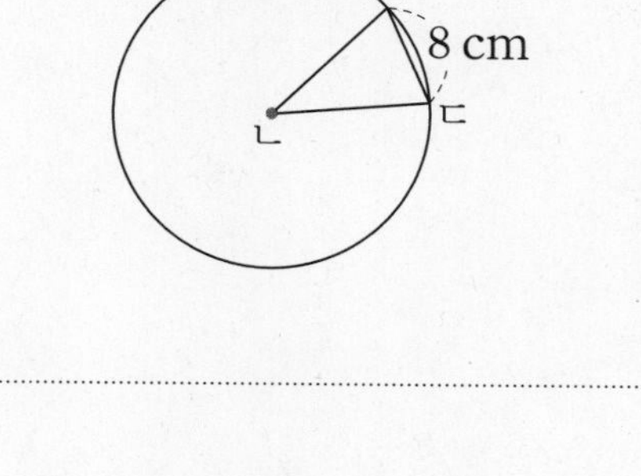

풀이

답

20 한 변의 길이가 8 cm인 정사각형 안에 원을 이용하여 모양을 그렸습니다. 선분 ㄱㄹ은 몇 cm인지 풀이 과정을 쓰고 답을 구해 보세요.

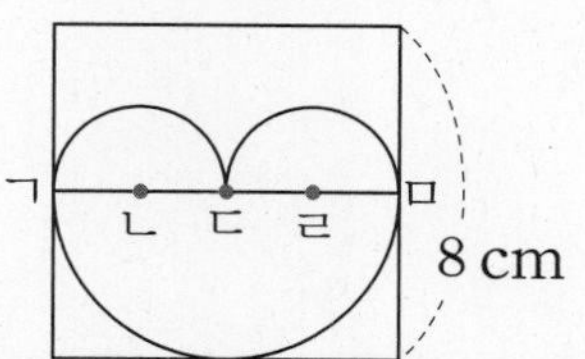

풀이

답

3

분수

4

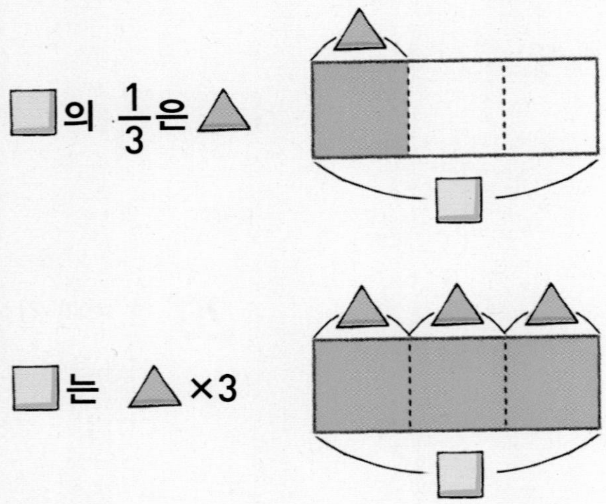

1보다 큰 분수도 있어!

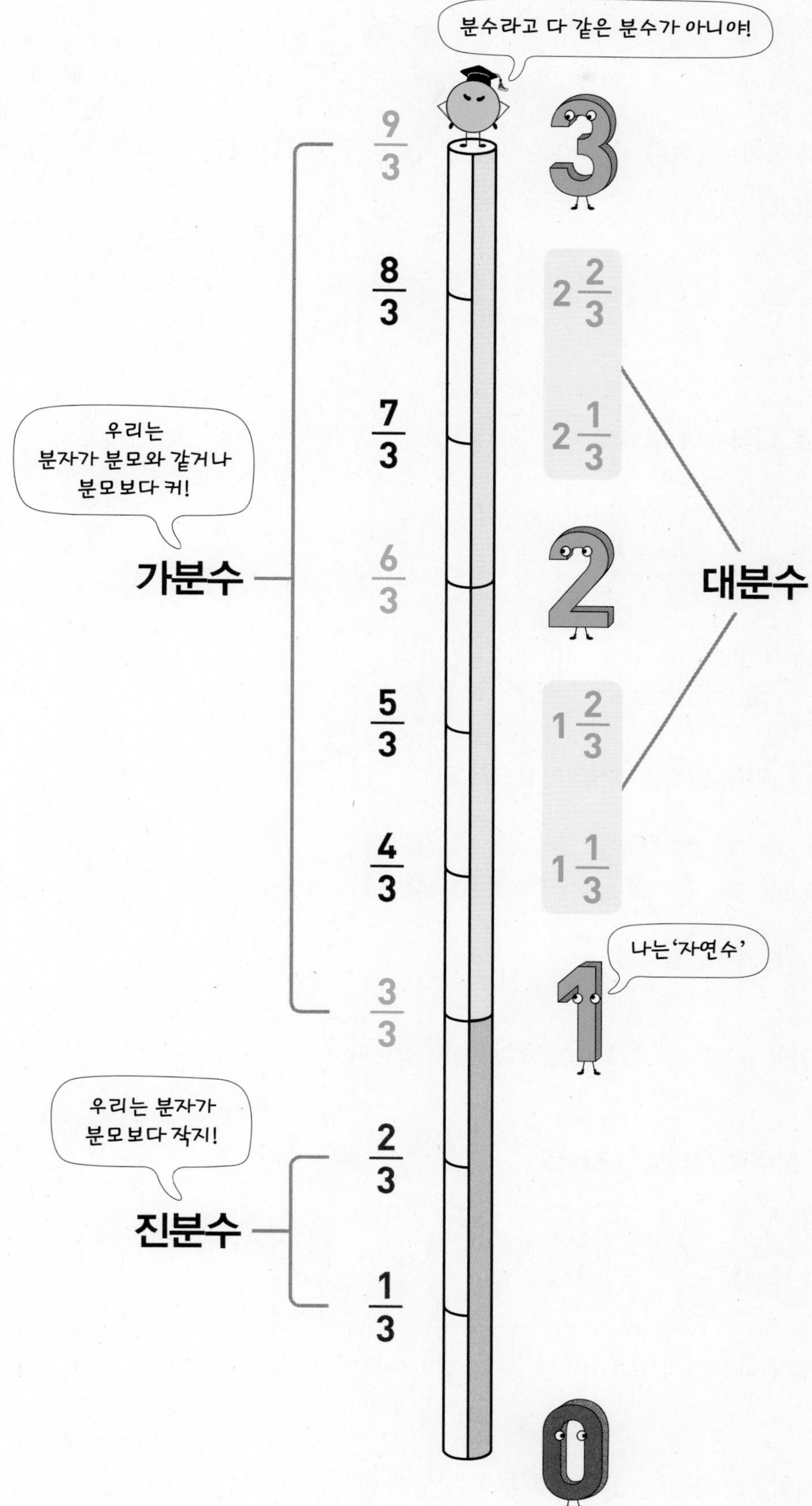

분수라고 다 같은 분수가 아니야!
9/3
8/3
7/3
6/3
5/3
4/3
3/3
2/3
1/3
3
2 2/3
2 1/3
2
1 2/3
1 1/3
1
0
우리는 분자가 분모와 같거나 분모보다 커!
가분수
대분수
나는'자연수'
우리는 분자가 분모보다 작지!
진분수

1 분수로 나타내기

● 색칠한 부분은 전체의 얼마인지 분수로 나타내기

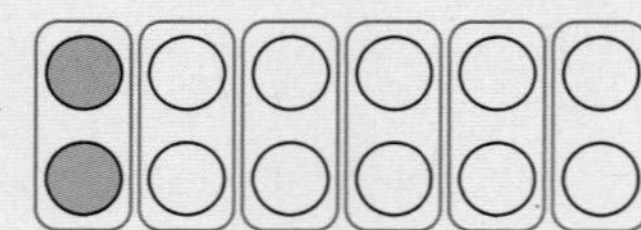

색칠한 부분은 6묶음 중에서 1묶음이므로 전체의 $\frac{1}{6}$ 입니다.

➡ 2는 12의 $\frac{1}{6}$

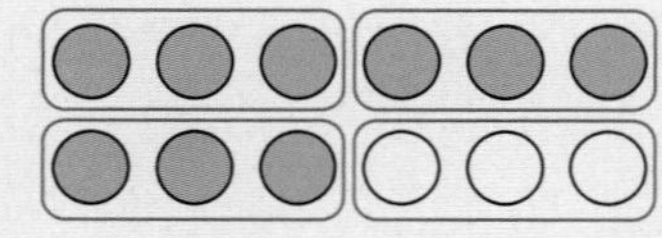

색칠한 부분은 4묶음 중에서 3묶음이므로 전체의 $\frac{3}{4}$ 입니다.

➡ 9는 12의 $\frac{3}{4}$

주의 개념

• 전체(8)와 부분(4)의 수는 같지만 묶음 수에 따라 나타내는 분수가 달라질 수 있습니다.

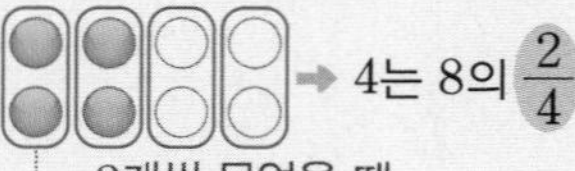

➡ 4는 8의 $\frac{2}{4}$

• 2개씩 묶었을 때

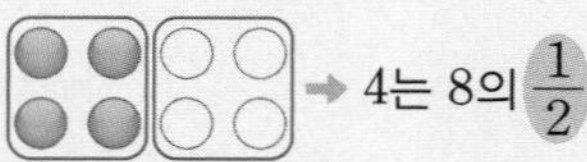

➡ 4는 8의 $\frac{1}{2}$

• 4개씩 묶었을 때

1 색칠한 부분을 분수로 나타내어 보세요.

(1) 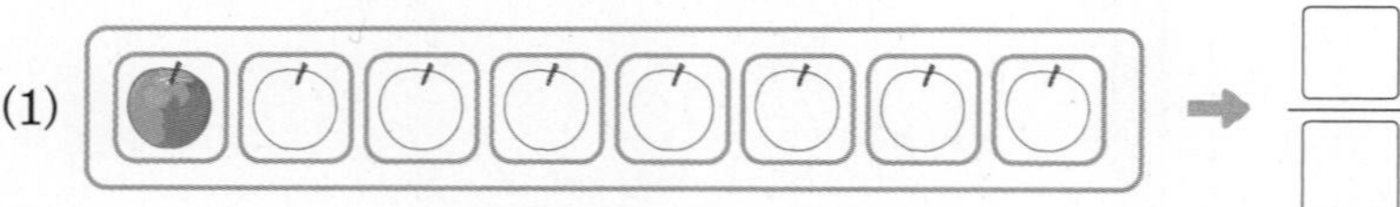 ➡ $\frac{\square}{\square}$

(2) 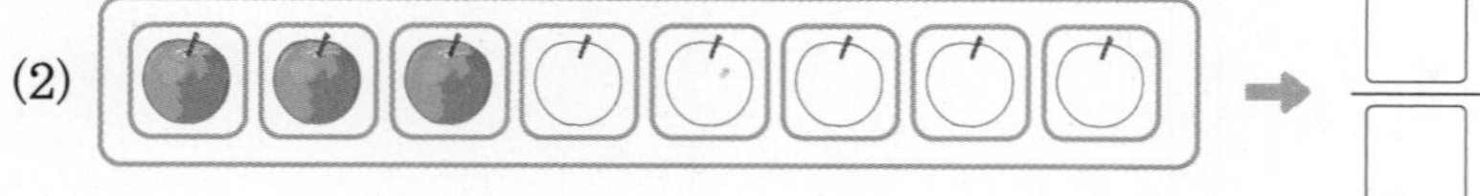 ➡ $\frac{\square}{\square}$

▶ 분수로 나타내는 방법
전체 묶음 수는 분모에, 부분 묶음 수는 분자에 나타냅니다.
➡ $\frac{\text{(부분 묶음 수)}}{\text{(전체 묶음 수)}}$

2 모형을 8개씩 묶고 □ 안에 알맞은 수를 써넣으세요.

24를 8씩 묶으면 □ 묶음이 됩니다.

8은 24의 $\frac{\square}{\square}$ 입니다. 16은 24의 $\frac{\square}{\square}$ 입니다.

3 구슬을 똑같이 묶고 분수로 나타내어 보세요.

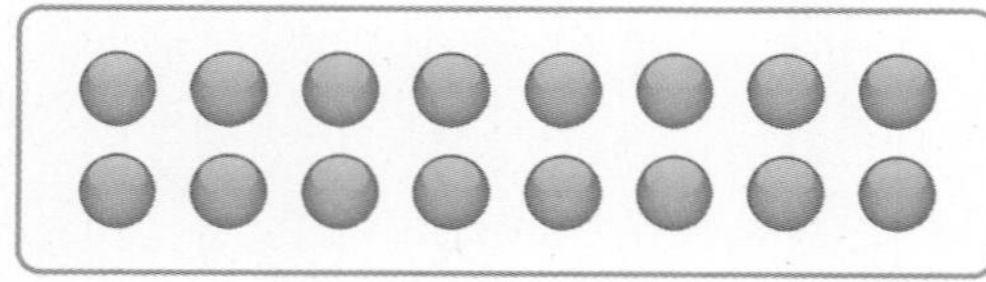

(1) 구슬 16개를 2개씩 묶으면 4는 16의 몇 분의 몇일까요?

( )

(2) 구슬 16개를 4개씩 묶으면 4는 16의 몇 분의 몇일까요?

( )

2 분수만큼은 얼마인지 알아보기 (1)

정답과 풀이 22쪽

● 전체의 분수만큼은 얼마인지 알아보기

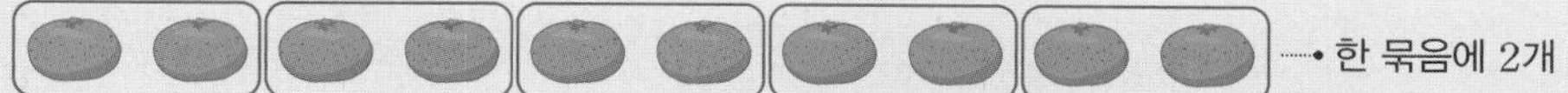

10을 5묶음으로 똑같이 나눈 것 중의 1묶음은 전체의 $\frac{1}{5}$입니다.

➡ 10의 $\frac{1}{5}$은 2

• $10 \div 5 = 2$입니다.

10을 5묶음으로 똑같이 나눈 것 중의 3묶음은 전체의 $\frac{3}{5}$입니다.

➡ 10의 $\frac{3}{5}$은 6

$\frac{3}{5}$은 $\frac{1}{5}$이 3개이므로 $2 \times 3 = 6$입니다.

보충 개념

• ●의 $\frac{▲}{■}$는 ●를 ■묶음으로 똑같이 나눈 것 중의 ▲묶음입니다.

• $\frac{▲}{■}$는 $\frac{1}{■}$이 ▲개입니다.

4 그림을 보고 □ 안에 알맞은 수를 써넣으세요.

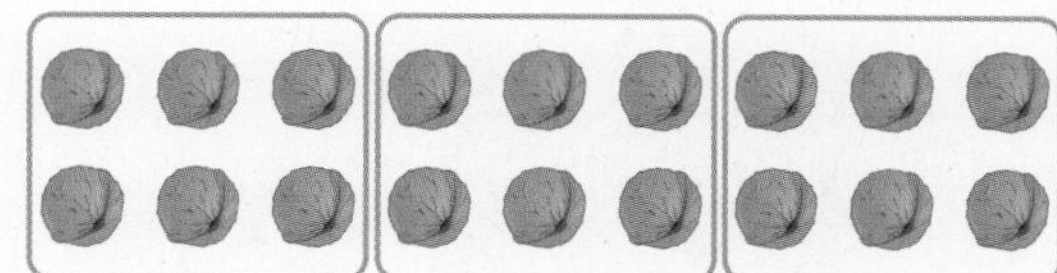

(1) 18의 $\frac{1}{3}$은 □입니다.　(2) 18의 $\frac{2}{3}$는 □입니다.

5 그림을 보고 □ 안에 알맞은 수를 써넣으세요.

(1) 20의 $\frac{1}{2}$은 □입니다.　(2) 20의 $\frac{1}{4}$은 □입니다.

(3) 20의 $\frac{3}{4}$은 □입니다.　(4) 20의 $\frac{4}{5}$는 □입니다.

• ■의 $\frac{1}{●}$은 ■÷●로 구할 수 있습니다.

• ■의 $\frac{★}{●}$은 ■÷●×★로 구할 수 있습니다.

6 □ 안에 알맞은 수를 써넣으세요.

(1) 8의 $\frac{1}{4}$ ➡ □

↓ 3배　↓ 3배

8의 $\frac{3}{4}$ ➡ □

(2) 15의 $\frac{1}{5}$ ➡ □

↓ □배　↓ □배

15의 $\frac{4}{5}$ ➡ □

3 분수만큼은 얼마인지 알아보기 (2)

정답과 풀이 23쪽

● 길이를 분수로 나타내기

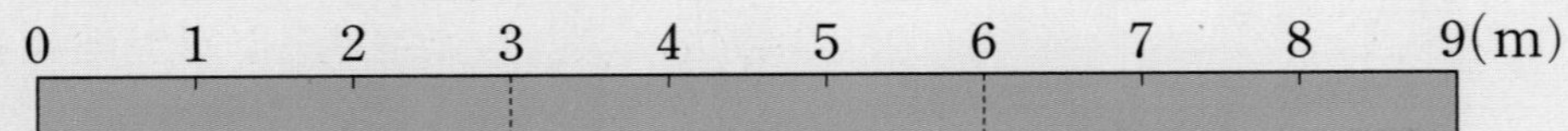

9 m를 3 m씩 나누면

3 m는 9 m의 $\frac{1}{3}$ 입니다.

➡ 9 m의 $\frac{1}{3}$은 3 m

• 9÷3=3(m)입니다.

9 m를 3 m씩 나누면

6 m는 9 m의 $\frac{2}{3}$ 입니다.

➡ 9 m의 $\frac{2}{3}$는 6 m

$\frac{2}{3}$는 $\frac{1}{3}$이 2개이므로 3×2=6(m)입니다.

⊕ 보충 개념

• 색칠한 부분을 알맞은 단위분수로 나타내기

0 1 2 3 4 5 6(cm) → $\frac{1}{6}$

0 1 2 3 4 5 6(cm) → $\frac{1}{3}$

0 1 2 3 4 5 6(cm) → $\frac{1}{2}$

7 종이띠를 보고 □ 안에 알맞은 수를 써넣으세요.

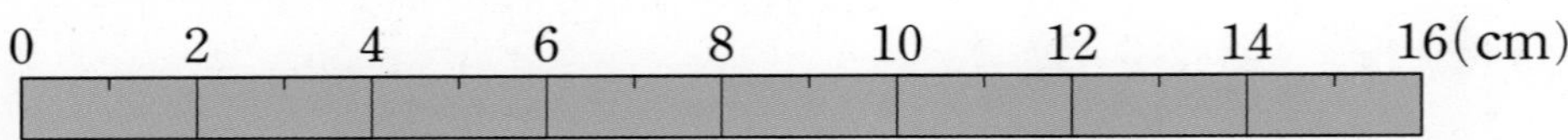

(1) 16 cm의 $\frac{1}{8}$은 □ cm입니다.

(2) 16 cm의 $\frac{5}{8}$는 □ cm입니다.

8 종이띠를 보고 □ 안에 알맞은 수를 써넣으세요.

▶ 종이띠를 분수의 분모만큼 똑같이 나누어 봅니다.

0 5 10 15 20 25 30(cm)

(1) 30 cm의 $\frac{2}{5}$는 □ cm입니다.

(2) 30 cm의 $\frac{2}{6}$는 □ cm입니다.

9 종이띠를 분수만큼 색칠하고, □ 안에 알맞은 수를 써넣으세요.

(1) 0 1 2 3 4 5 6 7 8(cm)

8 cm의 $\frac{1}{4}$은 □ cm입니다.

(2) 0 1 2 3 4 5 6 7 8(cm)

8 cm의 $\frac{3}{4}$은 □ cm입니다.

기본에서 응용으로

교과유형

1 분수로 나타내기

전체를 똑같이 5로 나누면

1은 5의 $\frac{1}{5}$이고, 3은 5의 $\frac{3}{5}$입니다.

1 □ 안에 알맞은 수를 써넣으세요.

(1) 20을 2씩 묶으면 □묶음이 됩니다.

8은 20의 $\frac{\square}{\square}$입니다.

(2) 20을 4씩 묶으면 □묶음이 됩니다.

8은 20의 $\frac{\square}{\square}$입니다.

2 □ 안에 알맞은 수를 써넣으세요.

(1) 30을 6씩 묶으면 18은 30의 $\frac{\square}{\square}$입니다.

(2) 45를 5씩 묶으면 20은 45의 $\frac{\square}{\square}$입니다.

3 □ 안에 알맞은 수를 써넣으세요.

(1) 7은 10의 $\frac{\square}{10}$입니다.

(2) 6은 48의 $\frac{1}{\square}$입니다.

4 채원이는 귤 16개를 한 봉지에 2개씩 담아 6개를 먹었습니다. 채원이가 먹은 귤은 처음 귤의 얼마인지 분수로 나타내어 보세요.

( )

5 수진이는 가지고 있던 색종이 28장을 한 봉지에 4장씩 담아 16장을 친구에게 주었습니다. 수진이가 친구에게 준 색종이는 전체 색종이의 얼마인지 분수로 나타내어 보세요.

( )

서술형

6 분수로 잘못 나타낸 사람의 이름을 쓰고 바르게 고쳐 보세요.

지훈: 9는 13의 $\frac{9}{13}$입니다.

윤아: 9는 18의 $\frac{1}{3}$입니다.

이름 ....

바르게 고치기 ....

7 ㉠과 ㉡에 알맞은 수의 합을 구해 보세요.

- 54를 9씩 묶으면 9는 54의 $\frac{1}{㉠}$입니다.
- 36을 6씩 묶으면 24는 36의 $\frac{㉡}{6}$입니다.

( )

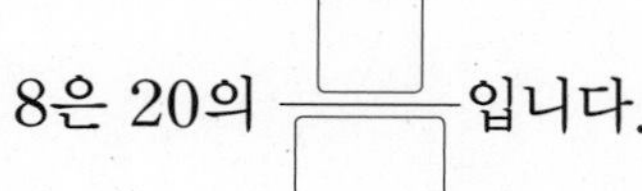

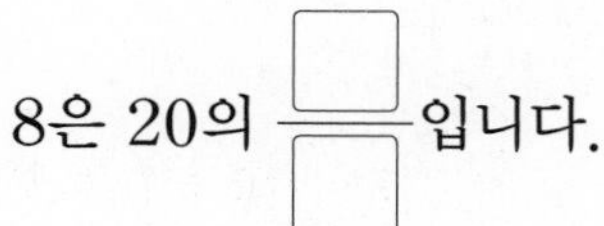

4

교과서 유형 2 분수만큼은 얼마인지 알아보기(1)

• 8의 $\frac{3}{4}$ 알아보기

8의 $\frac{1}{4}$은 2입니다.

$\frac{3}{4}$은 $\frac{1}{4}$이 3개이므로 8의 $\frac{3}{4}$은 2의 3배인 6입니다.

8 나타내는 수가 5인 것을 찾아 기호를 써 보세요.

㉠ 27의 $\frac{1}{3}$ ㉡ 30의 $\frac{1}{6}$ ㉢ 18의 $\frac{1}{3}$

( )

9 □의 $\frac{1}{6}$이 3일 때 □의 $\frac{5}{6}$는 얼마일까요?

( )

10 □ 안에 알맞은 수가 다른 하나를 찾아 기호를 써 보세요.

㉠ 21의 $\frac{2}{3}$는 □입니다.

㉡ 16의 $\frac{7}{8}$은 □입니다.

㉢ 32의 $\frac{3}{4}$은 □입니다.

( )

11 조건에 맞게 색칠해 보세요.

분홍색: 18의 $\frac{2}{9}$ 파란색: 18의 $\frac{5}{9}$

○○○○○○○○○
○○○○○○○○○

서술형

12 사탕 45개 중 희주가 $\frac{1}{5}$을 가졌고, 민아가 $\frac{1}{9}$을 가졌습니다. 희주가 민아보다 몇 개 더 많이 가졌는지 풀이 과정을 쓰고 답을 구해 보세요.

풀이

답

13 저금통에 있는 동전 24개 중 $\frac{3}{8}$이 100원짜리 동전입니다. 100원짜리 동전은 모두 얼마일까요?

( )

14 딸기 36개 중에서 연주는 $\frac{5}{9}$를 먹었고, 희연이는 연주가 먹고 남은 딸기의 $\frac{1}{4}$을 먹었습니다. 희연이가 먹은 딸기는 몇 개일까요?

( )

교과유형

3 분수만큼은 얼마인지 알아보기(2)

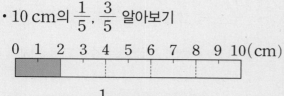

• 10 cm의 $\frac{1}{5}$, $\frac{3}{5}$ 알아보기

0 1 2 3 4 5 6 7 8 9 10(cm)

➡ 10 cm의 $\frac{1}{5}$은 2 cm입니다.

0 1 2 3 4 5 6 7 8 9 10(cm)

➡ 10 cm의 $\frac{3}{5}$은 6 cm입니다.

15 그림을 보고 □ 안에 알맞은 수를 써넣으세요.

0 1(m)

0 10 20 30 40 50 60 70 80 90 100(cm)

(1) $\frac{2}{5}$ m는 □ cm입니다.

(2) $\frac{3}{5}$ m는 □ cm입니다.

16 □ 안에 알맞은 수를 써넣으세요.

(1) 1시간의 $\frac{1}{5}$은 □분입니다.

(2) 1시간의 $\frac{1}{12}$은 □분입니다.

17 달에서의 무게는 지구에서의 무게의 $\frac{1}{6}$이라고 합니다. 영우의 몸무게가 42 kg일 때 영우가 달에서 몸무게를 잰다면 몇 kg이 되겠습니까?

( )

18 조건에 맞게 규칙을 만들어 색칠해 보세요.

초록색: 16의 $\frac{1}{4}$ 보라색: 16의 $\frac{3}{4}$

0 1 2 3 4 5 6 7 8 9 10 11 12 13 14 15 16

(1) 초록색과 보라색은 각각 몇 칸일까요?

초록색 ( )

보라색 ( )

(2) 초록색과 보라색으로 색칠해 보세요.

19 선우는 하루 24시간의 $\frac{3}{8}$은 잠을 잤고, $\frac{1}{4}$은 학교에서 생활했습니다. 물음에 답하세요.

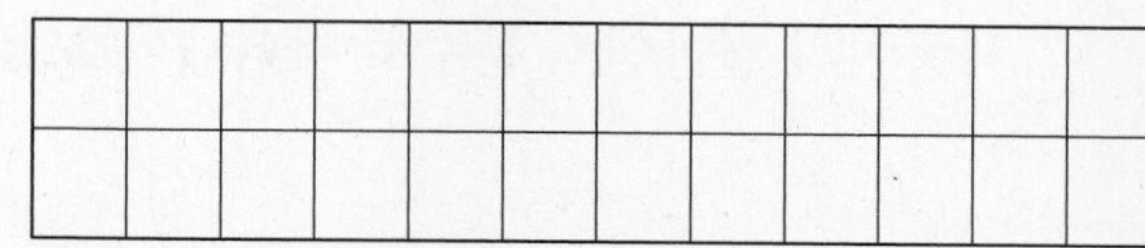

(1) 잠을 잔 시간은 몇 시간인지 파란색으로 색칠하고 구해 보세요.

( )

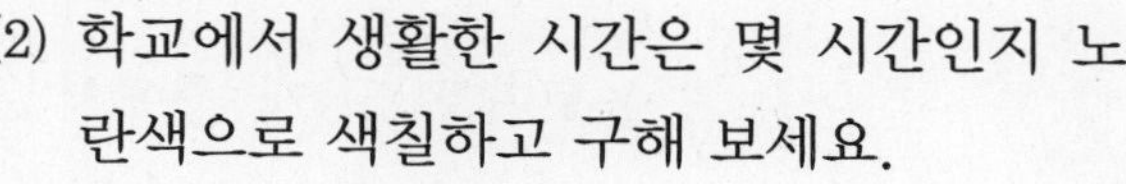

(2) 학교에서 생활한 시간은 몇 시간인지 노란색으로 색칠하고 구해 보세요.

( )

20 18의 $\frac{1}{3}$, $\frac{2}{3}$, $\frac{1}{6}$, $\frac{5}{6}$만큼 되는 곳에 들어갈 글자를 찾아 □ 안에 알맞게 써넣어 문장을 완성해 보세요.

18의 $\frac{1}{3}$ ➡ 작   18의 $\frac{2}{3}$ ➡ 반

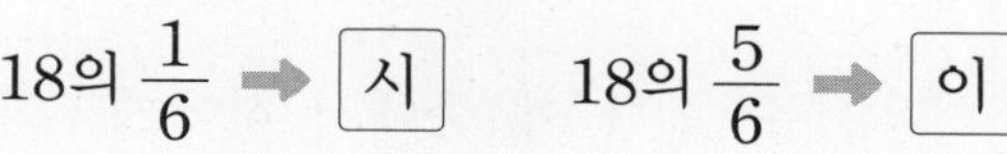

18의 $\frac{1}{6}$ ➡ 시   18의 $\frac{5}{6}$ ➡ 이

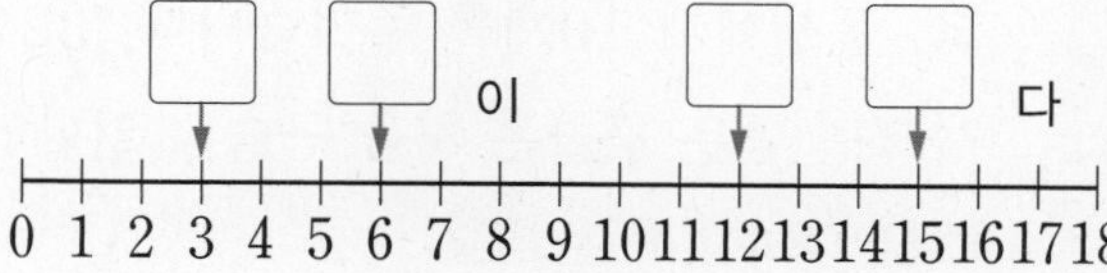

문장 ....

실전유형

남은 부분을 분수로 나타내기

붙임딱지 21장 중에서 9장을 동생에게 주었습니다. 21을 3씩 묶으면 남은 붙임딱지는 처음 붙임딱지의 얼마인지 분수로 나타내어 보세요.

남은 붙임딱지의 수: $21-9=12$(장)
21을 3씩 묶으면 12는 전체 7묶음 중 4묶음입니다.
➡ 12는 21의 $\frac{4}{7}$입니다.

21 영호는 색종이 40장 중에서 15장을 사용했습니다. 40을 5씩 묶으면 남은 색종이는 처음 색종이의 얼마인지 분수로 나타내어 보세요.

( )

22 수현이는 방울토마토 56개 중에서 24개를 먹었습니다. 56을 8씩 묶으면 남은 방울토마토는 처음 방울토마토의 얼마인지 분수로 나타내어 보세요.

( )

23 형우는 구슬 32개 중에서 형에게 6개를 주고, 동생에게 10개를 주었습니다. 32를 4씩 묶으면 남은 구슬은 처음 구슬의 얼마인지 분수로 나타내어 보세요.

( )

실전유형

전체를 나타내는 수 구하기

• □의 $\frac{1}{4}$이 2일 때 □ 안에 알맞은 수 구하기
➡ □는 전체를 나타내는 수이므로 전체를 똑같이 4로 나눈 것 중 1이 2입니다.
➡ □는 2씩 4묶음이므로 $2\times4=8$입니다.

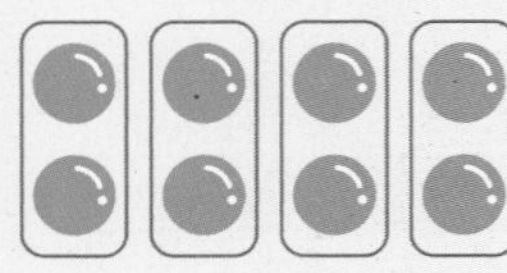

24 □ 안에 알맞은 수를 써넣으세요.

(1) □의 $\frac{1}{8}$은 4입니다.

(2) □의 $\frac{3}{7}$은 18입니다.

25 어떤 수의 $\frac{2}{5}$는 8입니다. 어떤 수는 얼마인지 구해 보세요.

( )

서술형

26 어떤 철사의 $\frac{1}{9}$은 12 cm입니다. 이 철사의 $\frac{1}{6}$은 몇 cm인지 풀이 과정을 쓰고 답을 구해 보세요.

풀이

답

4 여러 가지 분수 알아보기 (1)

정답과 풀이 25쪽

진분수, 가분수, 자연수 알아보기

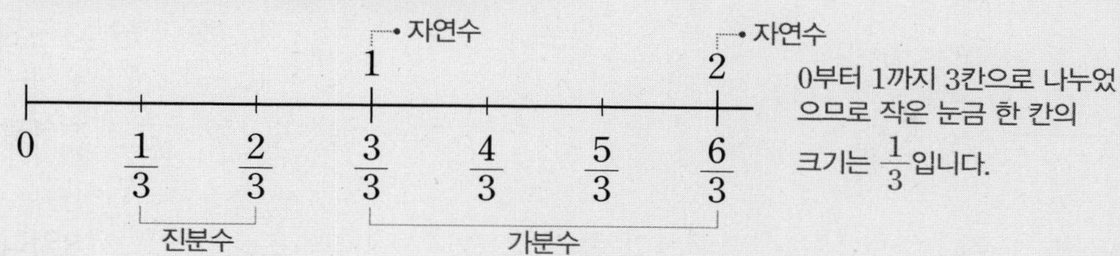

0부터 1까지 3칸으로 나누었으므로 작은 눈금 한 칸의 크기는 $\frac{1}{3}$입니다.

- 진분수: $\frac{1}{3}$, $\frac{2}{3}$와 같이 분자가 분모보다 작은 분수
- 가분수: $\frac{3}{3}$, $\frac{4}{3}$, $\frac{5}{3}$와 같이 분자가 분모와 같거나 분모보다 큰 분수
- 자연수: 1, 2, 3과 같은 수

  자연수 1을 $\frac{3}{3}$, $\frac{4}{4}$, $\frac{5}{5}$와 같이 분자와 분모가 같은 분수로 나타낼 수 있습니다.

연결 개념

• 진분수의 덧셈

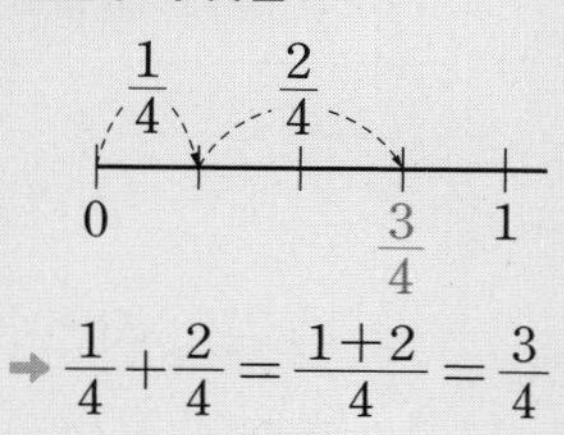

➜ $\frac{1}{4}+\frac{2}{4}=\frac{1+2}{4}=\frac{3}{4}$

• 진분수의 뺄셈

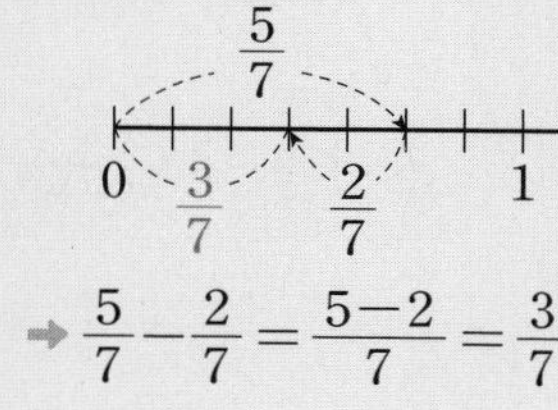

➜ $\frac{5}{7}-\frac{2}{7}=\frac{5-2}{7}=\frac{3}{7}$

1 다음 분수를 수직선 위에 표시하고 물음에 답하세요.

$\frac{1}{5}$ $\frac{4}{5}$ $\frac{5}{5}$ $\frac{6}{5}$ $\frac{8}{5}$

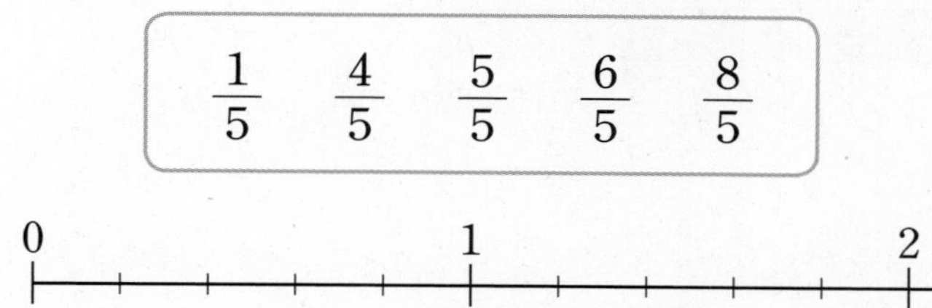

(1) 수직선에서 분자가 분모보다 작은 분수에 ○표 하고, 이 분수의 이름을 써 보세요.

( )

(2) 수직선에서 분자가 분모와 같거나 큰 분수에 △표 하고, 이 분수의 이름을 써 보세요.

( )

(3) 수직선에서 분자와 분모가 같은 분수를 찾아 자연수로 나타내어 보세요.

( )

2 진분수는 '진', 가분수는 '가'를 써넣으세요.

$\frac{4}{7}$	$\frac{1}{11}$	$\frac{9}{9}$	$\frac{13}{6}$	$\frac{4}{5}$
( )	( )	( )	( )	( )

▶ 분수 $\frac{▲}{■}$에서 ▲ < ■이면 진분수이고, ▲ = ■이거나 ▲ > ■이면 가분수입니다.

5 여러 가지 분수 알아보기 (2)

● **대분수 알아보기**

쓰기 $1\frac{1}{3}$

읽기 1과 3분의 1

$1\frac{1}{3}$과 같이 자연수와 진분수로 이루어진 분수를 **대분수**라고 합니다.

● **대분수를 가분수로 나타내기**

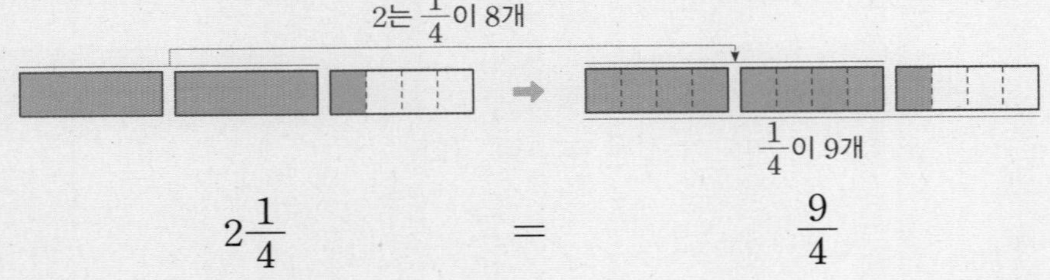

$2\frac{1}{4} = \frac{9}{4}$

● **가분수를 대분수로 나타내기**

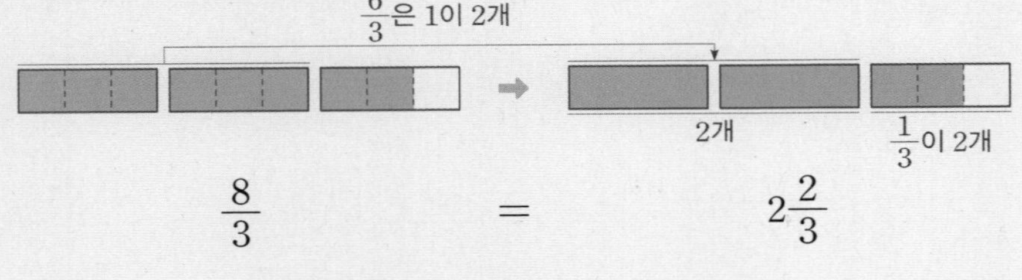

$\frac{8}{3} = 2\frac{2}{3}$

보충 개념

• **대분수를 가분수로 나타내는 방법**
자연수를 가분수로 나타낼 때에는 자연수를 진분수의 분모와 같은 가분수로 나타냅니다.
➡ $2\frac{1}{4} = 2+\frac{1}{4} = \frac{8}{4}+\frac{1}{4} = \frac{9}{4}$

• **가분수를 대분수로 나타내는 방법**
가분수에서 자연수로 표현되는 부분을 자연수로 나타내고 나머지를 진분수로 하여 나타냅니다.
➡ $\frac{8}{3} = \frac{6}{3}+\frac{2}{3} = 2+\frac{2}{3} = 2\frac{2}{3}$

3 보기 를 보고 주어진 그림을 대분수로 나타내어 보세요.

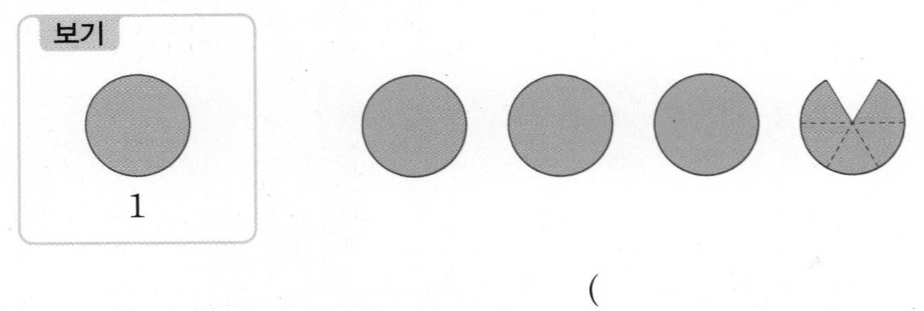

(　　　　　　　　　　)

4 대분수는 가분수로, 가분수는 대분수로 나타내어 보세요.

(1) $1\frac{2}{5}$　　　　(2) $\frac{17}{3}$

가분수를 대분수로 어떻게 쉽게 나타낼 수 있나요?

가분수를 (자연수)+(진분수)로 나타내야 해요.
분모가 4인 분수로 예를 들면 $\frac{4}{4}$, $\frac{8}{4}$, $\frac{12}{4}$ 등으로 나타내어 자연수를 만들어요.

6 분모가 같은 분수의 크기 비교

정답과 풀이 25쪽

● 분모가 같은 가분수끼리의 크기 비교

분자의 크기가 큰 가분수가 더 큽니다.

$\frac{7}{6}$, $\frac{9}{6}$ → (분자의 크기 비교) $7<9$ → $\frac{7}{6}<\frac{9}{6}$

● 분모가 같은 대분수끼리의 크기 비교

먼저 자연수의 크기를 비교하고 자연수의 크기가 같으면 분자의 크기를 비교합니다.

$2\frac{1}{5}$, $1\frac{4}{5}$ → (자연수의 크기 비교) $2>1$ → $2\frac{1}{5}>1\frac{4}{5}$

$3\frac{2}{7}$, $3\frac{5}{7}$ → (분자의 크기 비교) $2<5$ → $3\frac{2}{7}<3\frac{5}{7}$

● 분모가 같은 가분수와 대분수의 크기 비교

가분수 또는 대분수로 나타내어 크기를 비교합니다.

$\frac{8}{3}$, $2\frac{1}{3}$ → (대분수를 가분수로) $\frac{8}{3}>\frac{7}{3}$ → $\frac{8}{3}>2\frac{1}{3}$

$\frac{8}{3}$, $2\frac{1}{3}$ → (가분수를 대분수로) $2\frac{2}{3}>2\frac{1}{3}$ → $\frac{8}{3}>2\frac{1}{3}$

보충 개념

• **수직선에서 분수의 크기 비교**

수직선에서 오른쪽에 있는 수가 왼쪽에 있는 수보다 더 큽니다.

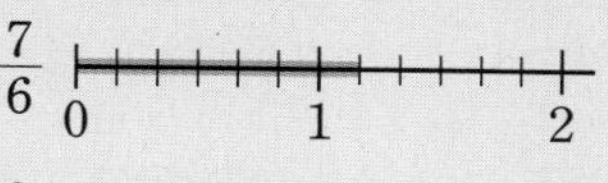

→ $\frac{7}{6}<\frac{9}{6}$

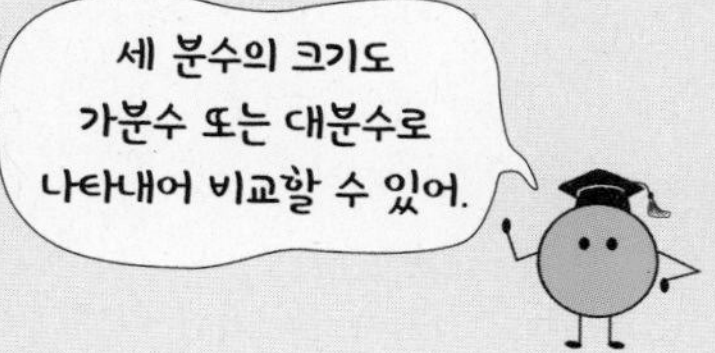

세 분수의 크기도 가분수 또는 대분수로 나타내어 비교할 수 있어.

5 그림을 보고 분수의 크기를 비교하여 ○ 안에 >, =, <를 알맞게 써넣으세요.

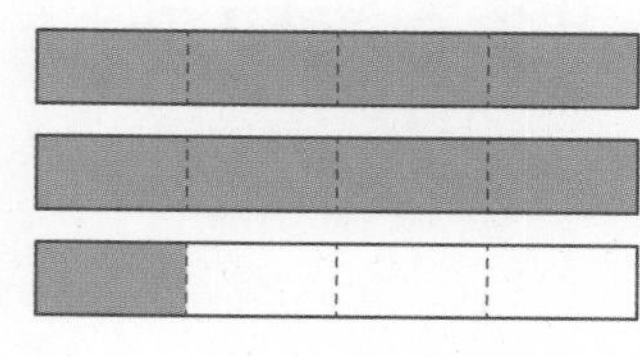

$2\frac{1}{4}$ ○ $2\frac{3}{4}$

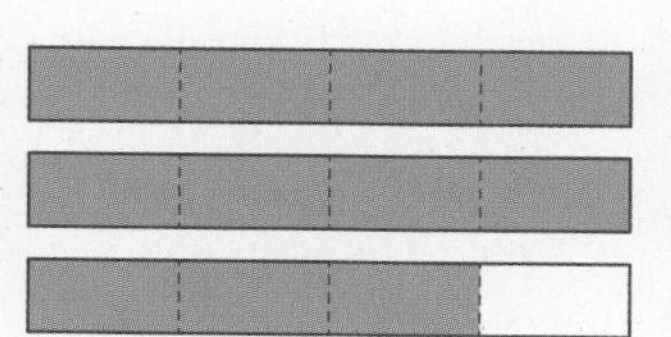

▸ 자연수 부분이 같으므로 분자의 크기를 비교합니다.

6 두 분수의 크기를 비교하여 ○ 안에 >, =, <를 알맞게 써넣으세요.

(1) $\frac{10}{7}$ ○ $\frac{8}{7}$

(2) $\frac{16}{3}$ ○ $4\frac{1}{3}$

(3) $1\frac{5}{8}$ ○ $\frac{13}{8}$

(4) $\frac{15}{9}$ ○ $2\frac{1}{9}$

기본에서 응용으로

교과유형

4 여러 가지 분수 알아보기 (1)

- 진분수: 분자가 분모보다 작은 분수
  (예 $\frac{1}{5}$, $\frac{2}{5}$, $\frac{3}{5}$, ...)
- 가분수: 분자가 분모와 같거나 분모보다 큰 분수
  (예 $\frac{5}{5}$, $\frac{6}{5}$, $\frac{7}{5}$, ...)
- 자연수: 1, 2, 3과 같은 수

27 그림을 보고 □ 안에 알맞은 수를 써넣으세요.

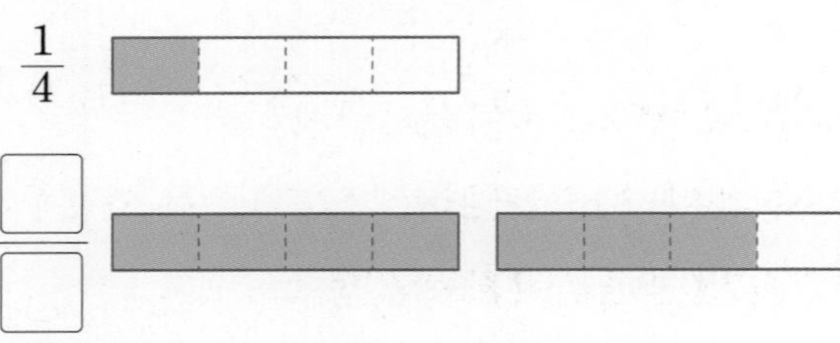

28 자연수를 분수로 나타내려고 합니다. □ 안에 알맞은 수를 써넣으세요.

(1) $1=\frac{\square}{2}$, $1=\frac{\square}{3}$, $1=\frac{\square}{5}$

(2) $1=\frac{\square}{4}$, $2=\frac{\square}{4}$, $3=\frac{\square}{4}$

29 수직선 위에 표시된 빨간색 화살표가 나타내는 분수는 얼마인지 가분수로 써 보세요.

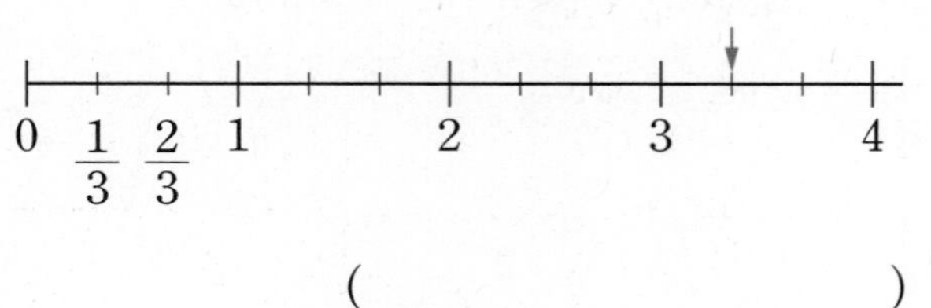

(　　　　　　　　)

30 가분수를 모두 찾아 ○표 하세요.

$\frac{4}{9}$　$\frac{10}{13}$　$\frac{9}{4}$　$\frac{11}{8}$　$\frac{2}{3}$　$\frac{8}{3}$

31 다음 수가 진분수인지 가분수인지 써 보세요.

$\frac{1}{9}$이 10개인 수

(　　　　　　　　)

32 분모가 4인 진분수를 모두 써 보세요.

(　　　　　　　　)

33 분모가 11인 진분수 중 분자가 가장 큰 수를 써 보세요.

(　　　　　　　　)

34 다음 분수가 가분수일 때 □ 안에 들어갈 수 있는 1보다 큰 수를 모두 써 보세요.

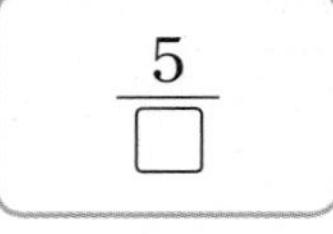

(　　　　　　　　)

35 다음 분수를 수직선 위에 나타내려고 합니다. 물음에 답하세요.

$\frac{4}{6}$ $\frac{9}{6}$ $\frac{2}{3}$ $\frac{5}{3}$

(1) 수직선 위에 분수를 각각 찾아 표시해 보세요.

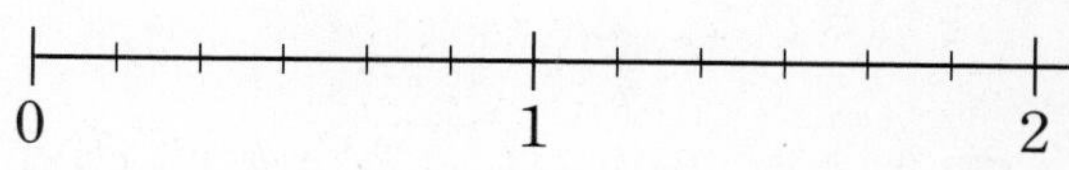

(2) (1)에서 같은 위치에 표시된 분수는 무엇과 무엇일까요?

( )

36 조건에 맞는 분수를 찾아 ○표 하세요.

(1) 분모와 분자의 합이 19이고 가분수입니다.

($\frac{6}{13}$ $\frac{11}{8}$ $\frac{19}{4}$)

(2) 분모와 분자의 합이 11이고 진분수입니다.

($\frac{7}{4}$ $\frac{4}{9}$ $\frac{5}{6}$)

서술형

37 분모가 6인 가분수 중 분자가 가장 작은 분수는 얼마인지 풀이 과정을 쓰고 답을 구해 보세요.

풀이

답

교과유형 **5** 여러 가지 분수 알아보기 (2)

- 대분수: 자연수와 진분수로 이루어진 분수
  (예 $1\frac{1}{4}$, $2\frac{2}{5}$, $3\frac{5}{6}$, ……)
- 대분수를 가분수로 나타내기

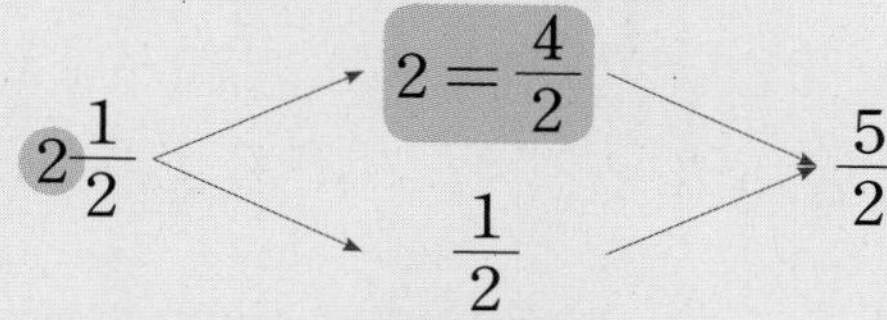

- 가분수를 대분수로 나타내기

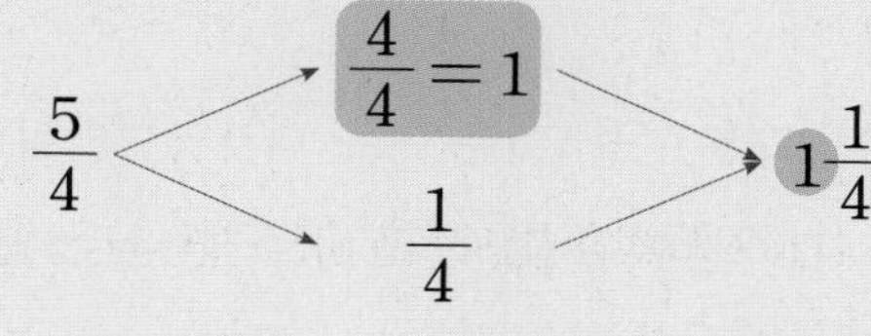

38 진분수, 가분수, 대분수로 분류해 보세요.

$\frac{4}{3}$ $\frac{7}{7}$ $2\frac{3}{5}$ $\frac{9}{10}$ $\frac{4}{9}$

진분수 ( )

가분수 ( )

대분수 ( )

39 다음 분수가 대분수일 때 1부터 9까지의 수 중 □ 안에 들어갈 수 있는 수를 모두 써 보세요.

$3\frac{\square}{4}$

( )

40 가분수는 대분수로, 대분수는 가분수로 나타내어 보세요.

(1) $\frac{15}{7}$ (2) $2\frac{10}{13}$

4

41 조건을 만족하는 분수를 3개만 써 보세요.

- 대분수입니다.
- 자연수 1과 분자가 6인 진분수로 이루어진 분수입니다.

( )

서술형

42 민지가 가분수를 대분수로 나타낸 것입니다. 잘못 나타낸 이유를 쓰고 바르게 나타내어 보세요.

$$\frac{13}{4}=2\frac{5}{4}$$

이유

답

43 $1\frac{4}{9}$는 $\frac{1}{9}$이 몇 개인 수일까요?

( )

44 ㉠과 ㉡에 알맞은 수의 차를 구해 보세요.

- $7\frac{2}{7}=\frac{㉠}{7}$
- $\frac{34}{8}=4\frac{㉡}{8}$

( )

교과유형 **6** 분모가 같은 분수의 크기 비교

① 자연수 부분이 클수록 큰 분수입니다.
② 자연수 부분의 크기가 같으면 진분수의 크기를 비교합니다.
③ 가분수와 대분수의 크기는 대분수 또는 가분수로 통일하여 크기를 비교합니다.

45 분수를 수직선에 나타내고 ○ 안에 >, =, <를 알맞게 써넣으세요.

$$\frac{11}{7} \bigcirc 1\frac{2}{7}$$

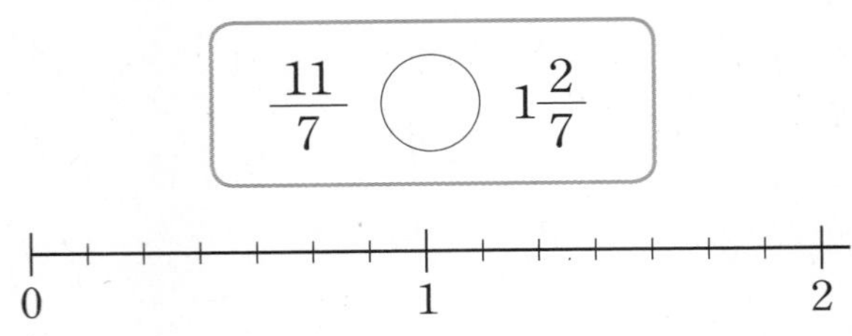

46 두 분수의 크기를 비교하여 ○ 안에 >, =, <를 알맞게 써넣으세요.

$$2\frac{4}{5} \bigcirc \frac{11}{5}$$

47 작은 분수부터 차례로 써 보세요.

$1\frac{10}{11}$, $\frac{18}{11}$, $\frac{25}{11}$

( )

48 $\frac{11}{9}$보다 크고 $\frac{21}{9}$보다 작은 대분수가 <u>아닌</u> 것을 모두 고르세요. (　　　　)

① $1\frac{5}{9}$　② $1\frac{7}{9}$　③ $1\frac{1}{9}$

④ $2\frac{4}{9}$　⑤ $2\frac{1}{9}$

49 식에서 ★에 들어갈 수 있는 자연수를 모두 써 보세요.

$$\frac{40}{7} > 5\frac{★}{7}$$

(　　　　　　　　)

서술형

50 □ 안에 들어갈 수 있는 자연수를 모두 구하려고 합니다. 풀이 과정을 쓰고 답을 구해 보세요.

$$2\frac{1}{6} < \frac{□}{6} < 2\frac{5}{6}$$

풀이 ....

답 ....

실전유형

수 카드로 분수 만들기

수 카드 [3], [4], [5]를 사용하여 분수 만들기

- 분모가 3인 가분수: $\frac{4}{3}$, $\frac{5}{3}$
- 분모가 5인 진분수: $\frac{3}{5}$, $\frac{4}{5}$
- 분모가 4인 대분수: $5\frac{3}{4}$

51 수 카드 [2], [5], [7], [9] 중에서 2장을 골라 만들 수 있는 진분수는 모두 몇 개일까요?

(　　　　　　　　)

[52~53] 3장의 수 카드를 한 번씩 모두 사용하여 분수를 만들려고 합니다. 물음에 답하세요.

[3]　[7]　[8]

52 만들 수 있는 대분수를 모두 써 보세요.

(　　　　　　　　)

53 만들 수 있는 가분수는 모두 몇 개일까요?

(　　　　　　　　)

심화유형 1 자연수의 분수만큼을 이용하여 수 구하기

어느 과일 가게에 있는 사과의 수는 배의 수의 $\frac{2}{5}$이고, 복숭아의 수는 사과의 수의 $\frac{2}{3}$입니다. 배가 45개라면 배, 사과, 복숭아는 모두 몇 개일까요?

( )

● 핵심 NOTE 배의 개수를 이용하여 사과의 개수를 구한 후, 사과의 개수를 이용하여 복숭아의 개수를 구합니다.

1-1 아버지의 나이는 40세이고, 어머니의 나이는 아버지의 나이의 $\frac{7}{8}$입니다. 또 소영이의 나이는 어머니의 나이의 $\frac{2}{7}$일 때 소영이의 나이는 몇 살일까요?

( )

1-2 기사를 읽고 보통 유아가 어린이보다 하루에 몇 시간을 더 자는 것으로 조사되었는지 구해 보세요.

> **영유아 아이들… 하루에 자는 시간, 몇 시간이 적당할까?**
>
> 최근 한 아동복지 학회에서는 아기(0세~만 1세), 유아(만 1세~6세), 어린이(만 6세~12세)로 나눈 연령대별 하루 수면 시간을 조사한 자료를 발표하였다. 조사 결과, 보통 아기는 하루의 $\frac{3}{4}$을 자고, 유아는 아기가 자는 시간의 $\frac{5}{9}$만큼 자고, 어린이는 유아가 자는 시간의 $\frac{4}{5}$만큼 자는 것으로 조사되었다.

( )

심화유형 2

수 카드로 만든 분수를 다양한 형태로 나타내기

수 카드를 한 번씩 모두 사용하여 만들 수 있는 분수 중 가장 작은 가분수를 만들고, 대분수로 나타내어 보세요.

● 핵심 NOTE 가장 작은 분수를 만들려면 분모는 가능한 크게, 분자는 가능한 작게 해야 합니다.

2-1 수 카드를 한 번씩 모두 사용하여 만들 수 있는 분수 중 가장 큰 대분수를 만들고, 가분수로 나타내어 보세요.

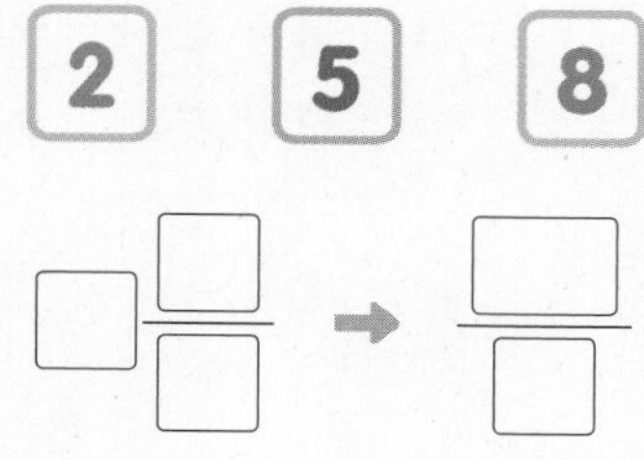

2-2 수 카드를 한 번씩 모두 사용하여 만들 수 있는 분수 중 가장 작은 대분수를 만들고, 가분수로 나타내어 보세요.

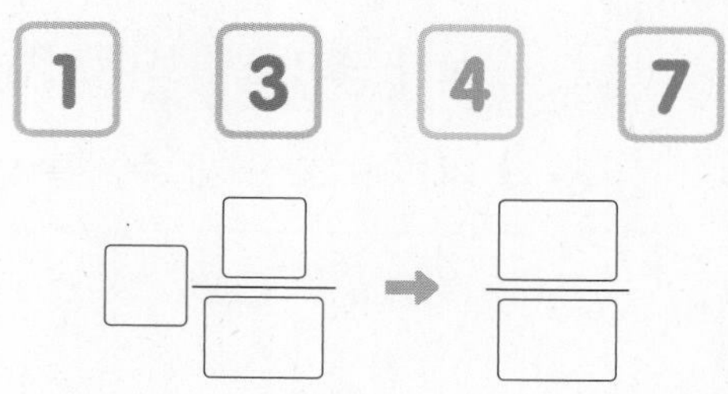

조건에 맞는 분수 구하기

조건을 모두 만족하는 분수를 구해 보세요.

- 진분수입니다.
- 분모와 분자의 합은 7입니다.
- 분모와 분자의 차는 3입니다.

(   )

● 핵심 NOTE 분수의 종류를 통해 분수의 형태를 먼저 알아본 후, 조건에 맞는 분자와 분모를 찾습니다.

3-1 조건을 모두 만족하는 분수를 구해 보세요.

- 가분수입니다.
- 분모와 분자의 합은 20입니다.
- 분모와 분자의 차는 6입니다.

(   )

3-2 조건을 모두 만족하는 분수를 구해 보세요.

- 분모가 5인 대분수입니다.
- $\frac{8}{5}$보다 크고 $2\frac{2}{5}$보다 작습니다.
- 각 자리에 쓰인 세 숫자를 더하면 8입니다.

(   )

정답과 풀이 27쪽

융합유형 4

수학 + 과학

탄성에 의해 공이 움직인 거리 구하기

탄성이란 물체가 외부의 힘을 받아 변하였다가 다시 원래의 모양으로 되돌아 가려는 성질을 말합니다. 공을 떨어뜨리면 바닥에 부딪히면서 다시 튀어 오르는 것도 공의 탄성 때문입니다. 정민이는 탱탱볼의 탄성력을 시험해 보기 위해 탱탱볼을 35 m 높이에서 떨어뜨렸더니 떨어뜨린 높이의 $\frac{4}{7}$만큼 튀어 올랐습니다. 첫 번째로 튀어 오를 때까지 공이 움직인 거리는 몇 m일까요?

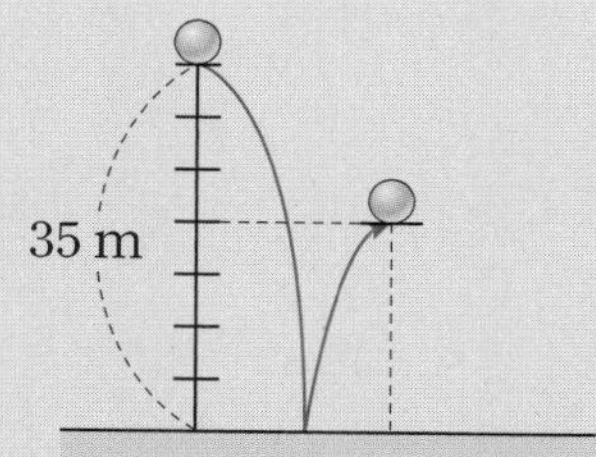

1단계 첫 번째로 튀어 오른 공의 높이는 처음 떨어뜨린 높이의 몇 분의 몇인지 구하기

2단계 첫 번째로 튀어 오른 공의 높이 구하기

3단계 첫 번째로 튀어 오를 때까지 공이 움직인 거리 구하기

(　　　　　　　　　　)

● **핵심 NOTE**

1, 2단계 첫 번째로 튀어 오른 공의 높이를 구합니다.

3단계 첫 번째로 튀어 오를 때까지 공이 움직인 거리를 구합니다.

4-1 떨어뜨린 높이의 $\frac{3}{8}$만큼 튀어 오르는 농구공이 있습니다. 이 공을 64 m 높이에서 떨어뜨렸을 때 두 번째로 튀어 오를 때까지 공이 움직인 거리는 몇 m일까요?

(　　　　　　　　　　)

기출 단원 평가 Level ❶

점수

확인

1 색칠한 부분을 분수로 나타내어 보세요.

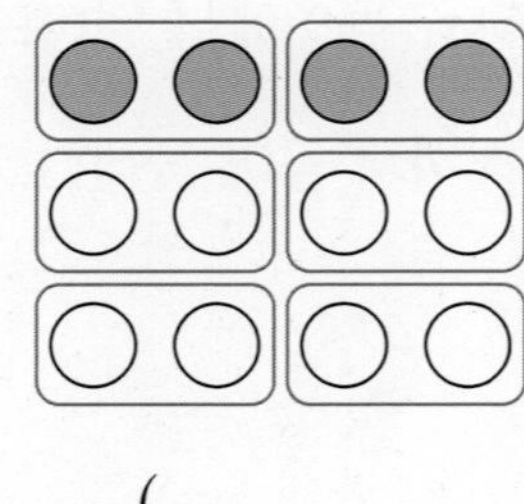

(　　　　　　　　)

2 그림을 보고 □ 안에 알맞은 수를 써넣으세요.

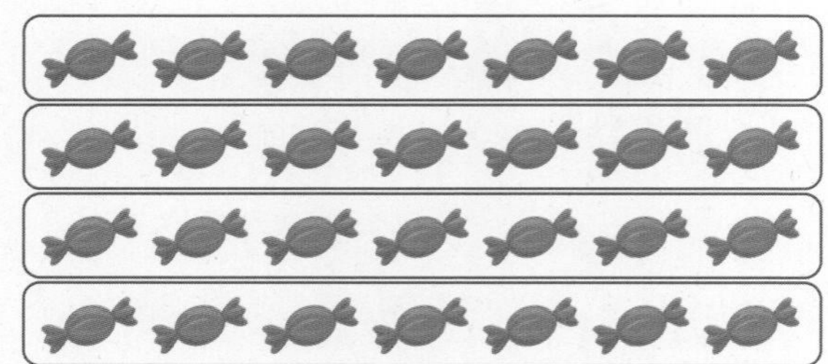

28을 7씩 묶으면 21은 28의 $\frac{\square}{4}$입니다.

3 종이띠를 보고 □ 안에 알맞은 수를 써넣으세요.

0 1 2 3 4 5 6 7 8 9 10 11 12(cm)

(1) 12 cm의 $\frac{1}{3}$은 □ cm입니다.

(2) 12 cm의 $\frac{5}{6}$는 □ cm입니다.

4 진분수를 모두 찾아 써 보세요.

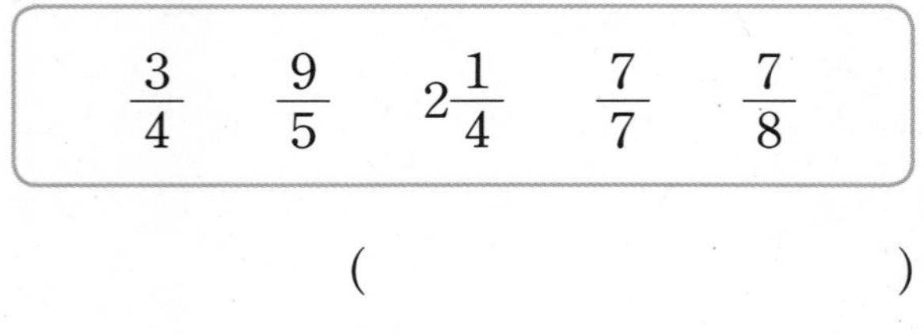

$\frac{3}{4}$　$\frac{9}{5}$　$2\frac{1}{4}$　$\frac{7}{7}$　$\frac{7}{8}$

(　　　　　　　　)

5 ㉠이 나타내는 가분수를 구해 보세요.

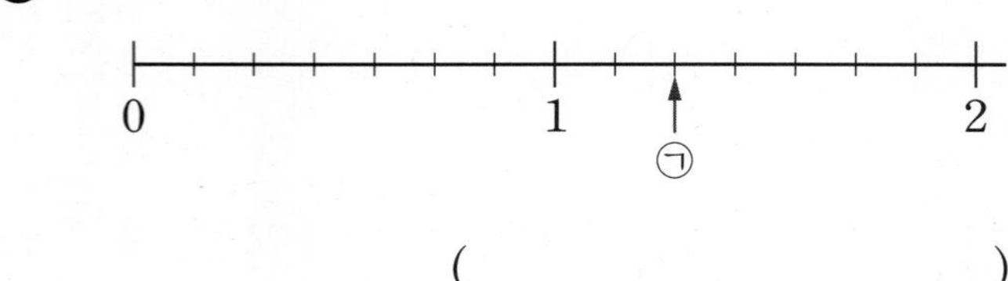

(　　　　　　　　)

6 그림을 보고 대분수로 나타내어 보세요.

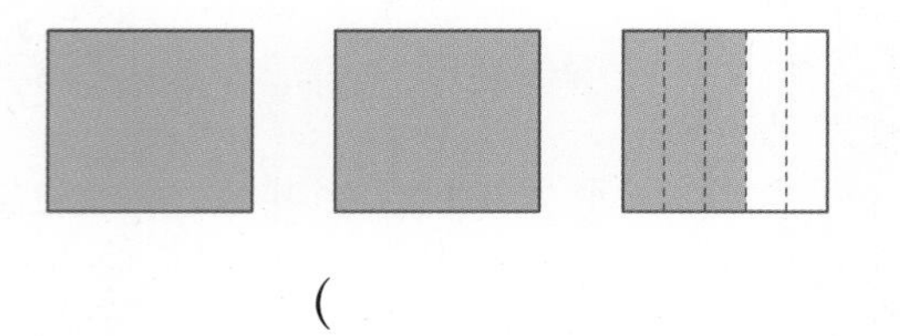

(　　　　　　　　)

7 분모가 13인 가장 큰 진분수를 구해 보세요.

(　　　　　　　　)

8 가분수는 대분수로, 대분수는 가분수로 나타내어 보세요.

(1) $\frac{47}{9}$ ➡ (　　　　　　　　)

(2) $5\frac{3}{11}$ ➡ (　　　　　　　　)

9 어떤 수의 $\frac{1}{4}$은 8입니다. 어떤 수의 $\frac{3}{4}$은 얼마일까요?

(　　　　　　　　)

10 다음이 나타내는 수를 대분수로 나타내어 보세요.

$\frac{1}{8}$이 27개인 수

(　　　　　　　　)

11 □ 안에 알맞은 수를 써넣으세요.

(1) □의 $\frac{1}{6}$은 9입니다.

(2) □의 $\frac{4}{5}$는 28입니다.

12 두 분수의 크기를 비교하여 ○ 안에 $>$, $=$, $<$를 알맞게 써넣으세요.

(1) $\frac{11}{9}$ ○ $1\frac{5}{9}$

(2) $3\frac{2}{5}$ ○ $\frac{16}{5}$

13 분모가 7이고 분모와 분자의 합이 19인 가분수를 대분수로 나타내어 보세요.

(　　　　　　　　)

14 가장 큰 분수와 가장 작은 분수를 찾아 써 보세요.

$1\frac{7}{9}$	$\frac{13}{9}$	$\frac{20}{9}$

가장 큰 분수 (　　　　　　　　)

가장 작은 분수 (　　　　　　　　)

15 4장의 수 카드 중에서 2장을 골라 가분수를 만들려고 합니다. 만들 수 있는 가분수를 모두 써 보세요.

3　5　7　9

(　　　　　　　　)

4

16 수연이네 학교 3학년 1반과 2반의 학생 수입니다. 두 반의 전체 학생 중 $\frac{3}{7}$이 여학생입니다. 두 반의 여학생은 모두 몇 명일까요?

1반	2반
22명	27명

(　　　　　　　　　)

17 □ 안에 들어갈 수 있는 자연수를 모두 써 보세요.

$$1\frac{\square}{8} < \frac{11}{8}$$

(　　　　　　　　　)

18 정은이는 색종이 30장 중에서 12장을 사용했습니다. 30을 3씩 묶으면 남은 색종이는 처음 색종이의 얼마인지 분수로 나타내어 보세요.

(　　　　　　　　　)

술술 서술형

19 분수 $3\frac{7}{6}$이 대분수가 아닌 이유를 써 보세요.

이유

20 영우는 미술 시간에 철사는 72 m 중의 $\frac{4}{9}$를 사용하고, 색 테이프는 36 m 중의 $\frac{5}{6}$를 사용했습니다. 철사와 색 테이프 중 더 많이 사용한 것은 무엇인지 풀이 과정을 쓰고 답을 구해 보세요.

풀이

답

기출 단원 평가 Level 2

점수

확인

1 그림을 보고 □ 안에 알맞은 수를 써넣으세요.

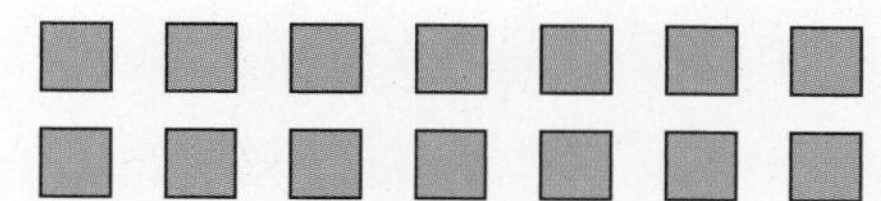

14장의 $\frac{3}{7}$은 □장입니다.

2 □ 안에 알맞은 수를 써넣으세요.

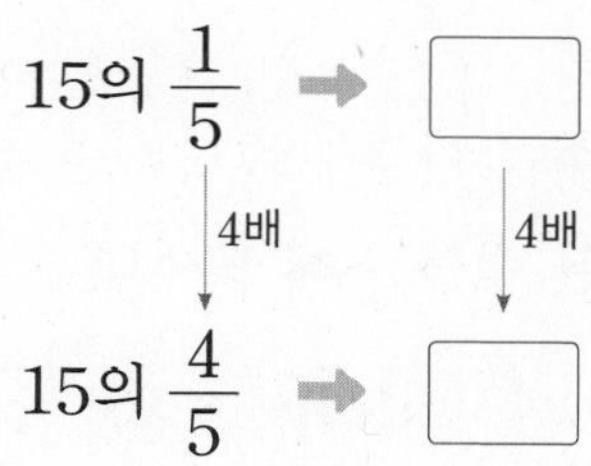

3 □ 안에 알맞은 수를 써넣으세요.

(1) 5는 12의 $\frac{\square}{12}$입니다.

(2) 8은 16의 $\frac{1}{\square}$입니다.

4 바르게 말한 사람의 이름을 써 보세요.

승우: 18의 $\frac{2}{3}$는 10입니다.

민아: 30의 $\frac{3}{5}$은 6입니다.

도윤: 27의 $\frac{4}{9}$는 12입니다.

(　　　　　　　　)

5 자연수 3을 분모가 9인 분수로 나타내어 보세요.

(　　　　　　　　)

6 수직선에서 □ 안에 알맞은 분수가 들어갈 곳의 기호를 써 보세요.

21을 3씩 똑같이 묶으면 15는 21의 □입니다.

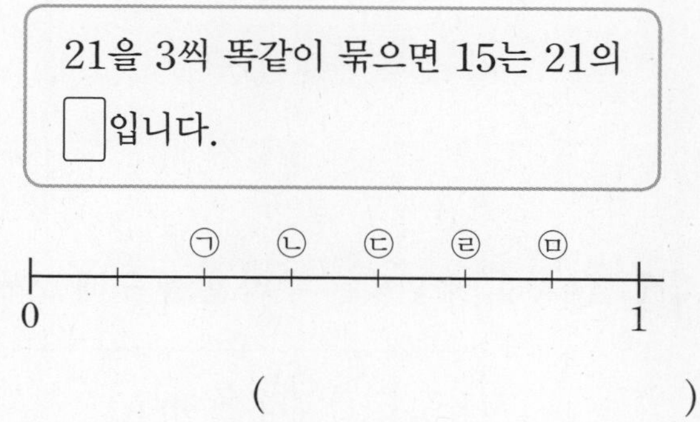

(　　　　　　　　)

7 분수만큼 색칠해 보세요.

$\frac{9}{5}$ m　0　1　2(m)

8 분모가 6인 진분수는 모두 몇 개일까요?

(　　　　　　　　)

9 □ 안에 알맞은 수를 써넣으세요.

(1) 24시간의 $\frac{1}{4}$은 □시간입니다.

(2) 24시간의 $\frac{5}{6}$는 □시간입니다.

10 어떤 끈의 $\frac{1}{3}$은 15 m입니다. 이 끈의 $\frac{3}{5}$은 몇 m일까요?

(　　　　　　　　)

11 ㉠과 ㉡에 알맞은 수의 합을 구해 보세요.

- 6은 ㉠의 $\frac{2}{7}$입니다.
- ㉡은 15의 $\frac{4}{5}$입니다.

(　　　　　　　　)

12 □ 안에 공통으로 들어갈 수 있는 자연수들의 합을 구해 보세요.

- □는 $\frac{7}{3}$보다 큽니다.
- □는 $\frac{17}{3}$보다 작습니다.

(　　　　　　　　)

13 떡을 재하는 $\frac{13}{9}$ kg 먹었고, 태우는 $2\frac{1}{9}$ kg 먹었습니다. 누가 떡을 더 많이 먹었을까요?

(　　　　　　　　)

14 대분수를 가분수로 나타낸 것입니다. □ 안에 알맞은 수를 구해 보세요.

$2\frac{\square}{11}$ ➡ $\frac{25}{11}$

(　　　　　　　　)

15 수 카드를 한 번씩 모두 사용하여 만들 수 있는 분수 중 가장 작은 가분수를 만들고, 대분수로 나타내어 보세요.

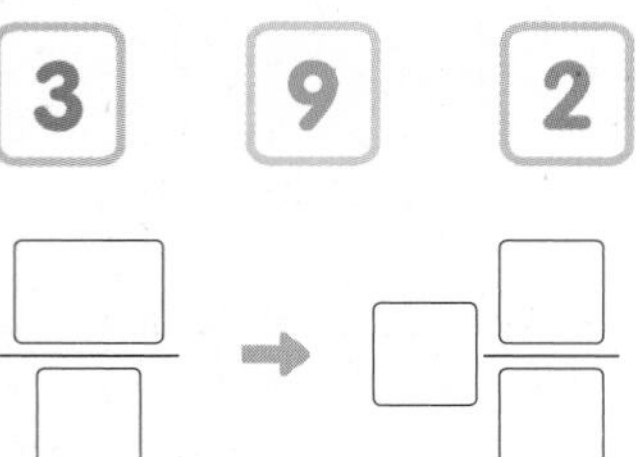

16 조건을 모두 만족하는 분수를 구해 보세요.

- 가분수입니다.
- 분모가 8입니다.
- 분모와 분자의 합이 19입니다.

(　　　　　　　　)

17 책가방의 무게를 각각 재어 본 것입니다. 이 중에서 초록색 책가방이 가장 가볍고, 노란색 책가방이 가장 무겁다면 파란색 책가방의 무게는 몇 kg일지 가능한 무게를 모두 써 보세요.

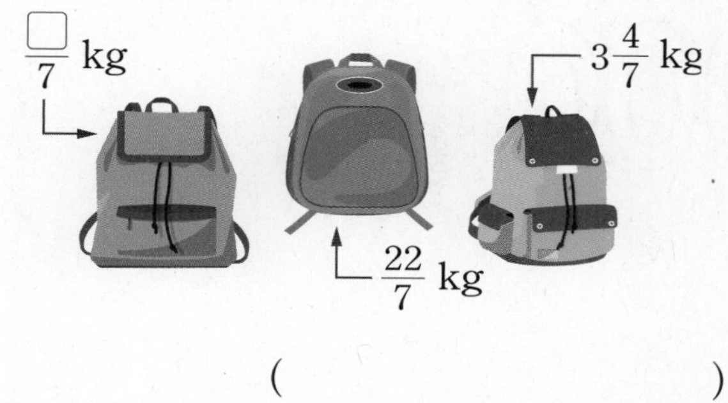

(　　　　　　　　)

18 4장의 수 카드 [2], [3], [4], [5] 중에서 3장을 골라 대분수를 만들려고 합니다. 3보다 크고 4보다 작은 대분수를 모두 써 보세요.

(　　　　　　　　)

술술 서술형

19 영욱이는 딱지를 40장 가지고 있었는데 그 중의 $\frac{1}{5}$을 준우에게 주었고, 준우에게 주고 남은 것의 $\frac{1}{8}$을 수호에게 주었습니다. 수호에게 준 딱지는 몇 장인지 풀이 과정을 쓰고 답을 구해 보세요.

풀이 ....

답 ....

20 길이가 다른 막대가 3개 있습니다. 가 막대는 $1\frac{5}{9}$ m, 나 막대는 $1\frac{8}{9}$ m, 다 막대는 $\frac{15}{9}$ m입니다. 길이가 긴 것부터 순서대로 기호를 쓰려고 합니다. 풀이 과정을 쓰고 답을 구해 보세요.

풀이 ....

답 ....

4

들이와 무게

5

1 L 1000 mL

1 kg 1000 g

1 t 1000 kg

들이와 무게에 따라 알맞은 단위가 필요해!

들이	무게
1 mL 	1 g 
1 L 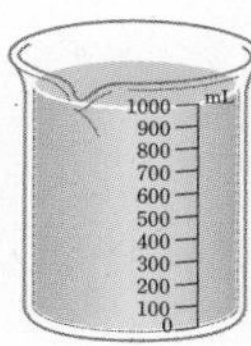	1 kg 
	1 t 

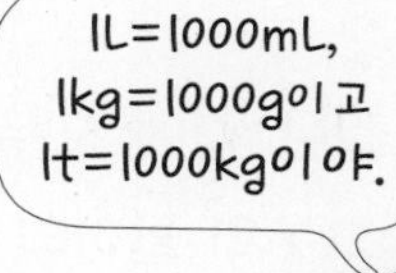

1 들이 비교하기

● **주전자와 물병의 들이 비교**

방법 1 주전자에 가득 채운 물을 물병에 직접 옮겨 담기

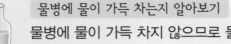

물병에 물이 가득 차는지 알아보기

물병에 물이 가득 차지 않으므로 물병의 들이가 더 많습니다.

방법 2 주전자와 물병에 가득 채운 물을 모양과 크기가 같은 큰 그릇에 옮겨 담기

물의 높이 비교하기

물의 높이가 더 높은 물병의 들이가 더 많습니다.

방법 3 주전자와 물병에 가득 채운 물을 모양과 크기가 같은 컵에 모두 옮겨 담기

컵의 수 비교하기

컵의 수가 더 많은 물병의 들이가 더 많습니다.

보충 개념

- **다른 단위를 사용하여 들이 비교하기**

우유병 유리컵으로 6개만큼

주스병 요구르트병으로 8개만큼

➡ 들이를 비교할 때 사용하는 단위가 다르면 어느 것이 더 많은지 비교하기 어렵습니다.

1 주전자와 보온병에 물을 가득 채운 후 모양과 크기가 같은 그릇에 옮겨 담았더니 다음과 같았습니다. 주전자와 보온병 중 어느 것의 들이가 더 많을까요?

( )

2 ㉮와 ㉯ 그릇에 물을 가득 채운 후 모양과 크기가 같은 컵에 모두 옮겨 담았더니 다음과 같았습니다. ㉮ 그릇의 들이는 ㉯ 그릇의 들이의 몇 배일까요?

( )

▸ 같은 단위로 두 그릇의 들이를 비교할 때에는 단위가 많이 사용된 그릇의 들이가 더 많습니다.

2 들이의 단위

정답과 풀이 31쪽

● **들이의 단위 알아보기**

– 들이의 단위에는 리터와 밀리리터 등이 있습니다.
– 1 리터는 1 L, 1 밀리리터는 1 mL라고 씁니다.

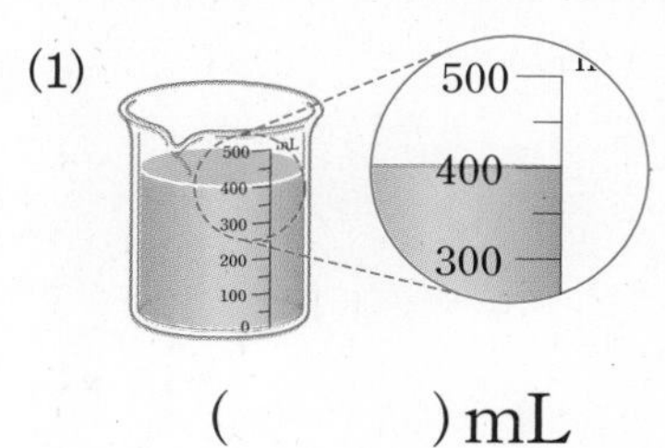

1 L = 1000 mL

● **1 L보다 300 mL 더 많은 들이 알아보기**

쓰기: 1 L 300 mL
읽기: 1 리터 300 밀리리터

1 L 300 mL
= 1 L + 300 mL
= 1000 mL + 300 mL
= 1300 mL

1 L 300 mL = 1300 mL

⊕ 보충 개념

• 1 L와 1 mL 쓰기

1 L
1 mL

3 물이 채워진 그림을 보고 알맞게 눈금을 읽어 보세요.

(1)

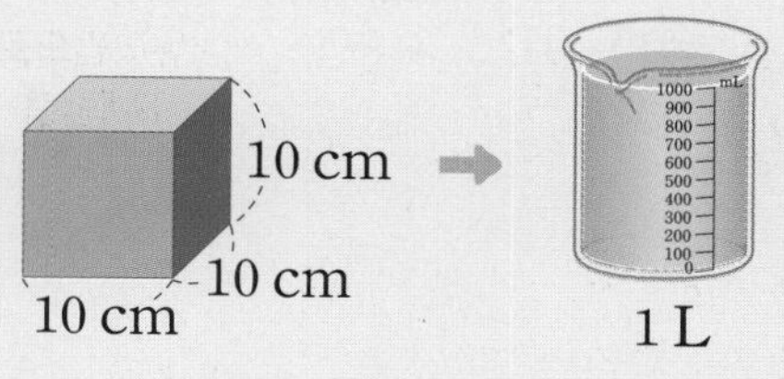

(　　　) mL

(2)

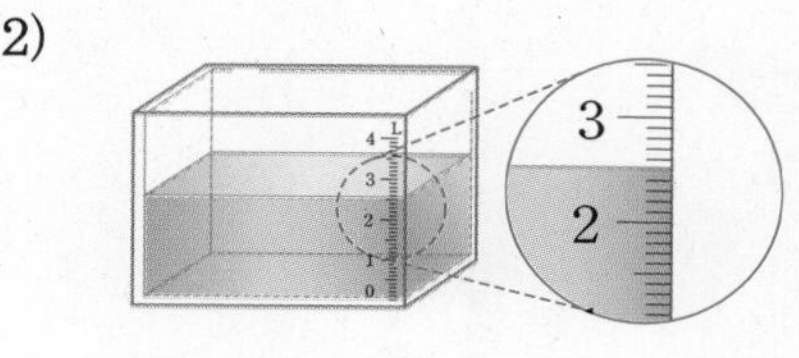

(　　　) L (　　　) mL

4 □ 안에 알맞은 수를 써넣으세요.

(1) 3 L = □ mL

(2) 8 L 300 mL = □ mL

(3) 7 L 60 mL = □ mL

(4) 4300 mL = □ L □ mL

5 들이의 단위를 알맞게 사용한 학생은 누구일까요?

내 컵의 들이는 300 L 정도 돼.
은서

어항에 물을 가득 담았더니 물이 10 L나 들어갔어.
현정

엄마가 주스를 1 mL 사 오셨어.
민수

(　　　　　　　　)

? 어떤 경우에 mL와 L를 사용하나요?

요구르트병, 음료수 캔, 물컵, 주사기의 들이와 같이 적은 양을 나타낼 때에는 mL를 사용하고 양동이, 세제 통, 욕조의 들이와 같이 많은 양을 나타낼 때에는 L를 사용하는 것이 좋아요.

3 들이를 어림하고 재어 보기

● **들이를 어림하는 방법**

① 기준이 되는 들이를 생각합니다. (예 200 mL 우유갑, 1 L 우유병)
② 기준으로 잡은 들이와 비교하여 들이를 어림합니다.
③ 들이를 어림하여 말할 때에는 약 □L 또는 약 □mL라고 합니다.

〈200 mL 우유갑을 기준으로 물병의 들이 어림하기〉

200 mL

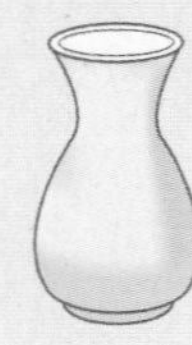

➡ 물병의 들이는 우유갑의 2배 정도일 것 같습니다.
➡ 물병의 들이는 약 400 mL입니다.
(400 → 200+200)

보충 개념

• 1 L와 100 mL에 가까운 물건 찾기

1 L	주전자, 페트병, 기름병
100 mL	요구르트병, 찻잔, 화장품병

6 1 L 우유갑으로 주스병의 들이를 어림해 보세요.

1 L

약 (　　　　　　　　)

▶ 어림한 들이와 실제 들이의 차가 작을수록 잘 어림한 것입니다.

7 □ 안에 L와 mL 중 알맞은 단위를 써넣으세요.

(1) 종이컵의 들이는 약 180 □입니다.

(2) 주전자의 들이는 약 2 □입니다.

(3) 화장품 통의 들이는 약 50 □입니다.

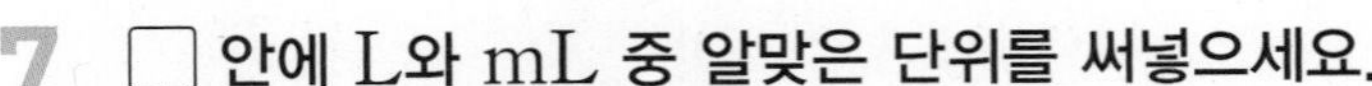

▶ 들이가 많은 물건에는 L를, 들이가 적은 물건에는 mL를 사용합니다.

8 수조의 들이를 비커로 재었습니다. 수조의 들이는 약 몇 mL일까요?

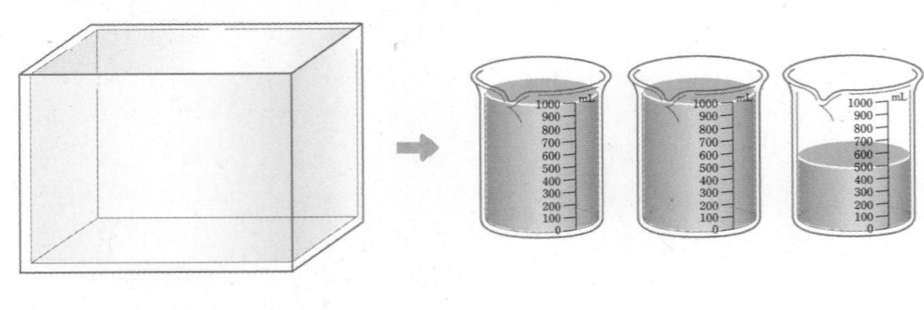

약 (　　　　　　　　)

4 들이의 합과 차

정답과 풀이 32쪽

● **들이의 합**

L 단위의 수끼리, mL 단위의 수끼리 더합니다. 이때 mL 단위의 수끼리의 합이 1000이거나 1000보다 크면 1 L = 1000 mL임을 이용하여 받아올림합니다.

	1 2 L	700 mL
+	3 L	500 mL
	6 L	200 mL

● **들이의 차**

L 단위의 수끼리, mL 단위의 수끼리 뺍니다. 이때 mL 단위의 수끼리 뺄 수 없으면 1 L = 1000 mL임을 이용하여 받아내림합니다.

	3 ~~4~~ L	1000 300 mL
−	1 L	600 mL
	2 L	700 mL

⊕ 보충 개념

• **들이의 합과 차 구하는 방법**

	2 L	700 mL
+	3 L	500 mL
	5 L	1200 mL
	+1 L	−1000 mL
	6 L	200 mL

1 L = 1000 mL

	3 ~~4~~ L	1000 300 mL
−	1 L	600 mL
	2 L	700 mL

9 들이가 1 L인 비커에 다음과 같이 물이 들어 있습니다. 비커에 들어 있는 물을 모두 부으면 물의 양은 얼마인지 구해 보세요.

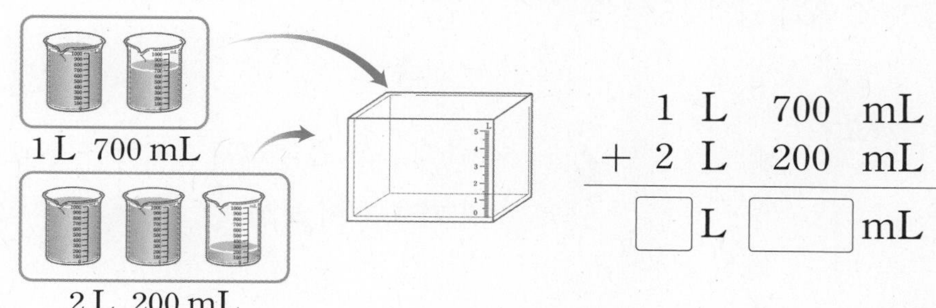

	1 L	700 mL
+	2 L	200 mL
	□ L	□ mL

▶ 1 L 600 mL + 1 L 300 mL, 1 L → 1 L 900 mL, 1 L, 1 L

10 □ 안에 알맞은 수를 써넣으세요.

(1) 5 L 100 mL + 3 L 600 mL = □ L □ mL

(2) 3500 mL + 4100 mL = □ mL = □ L □ mL

(3) 7 L 700 mL − 2 L 300 mL = □ L □ mL

(4) 6300 mL − 3200 mL = □ mL = □ L □ mL

11 □ 안에 알맞은 수를 써넣으세요.

(1)

	2 L	500 mL
+	4 L	600 mL
	□ L	□ mL

(2)

	5 L	300 mL
−	1 L	400 mL
	□ L	□ mL

기본에서 응용으로

교과유형 1 들이 비교하기

• 모양과 크기가 다른 두 병의 들이 비교 방법

모양과 크기가 같은 큰 그릇에 옮겨 담기

(우유병의 들이) < (물병의 들이)

모양과 크기가 같은 작은 컵에 옮겨 담기

(우유병의 들이) < (물병의 들이)

1 물병에 물을 가득 채운 후 꽃병에 옮겨 담았더니 물이 흘러 넘쳤습니다. 물병과 꽃병 중 들이가 더 많은 것은 어느 것일까요?

( )

2 세 그릇 ㉮, ㉯, ㉰에 물을 가득 채운 후 모양과 크기가 같은 그릇에 옮겨 담았더니 다음과 같았습니다. 그릇의 들이가 많은 순서대로 기호를 써 보세요.

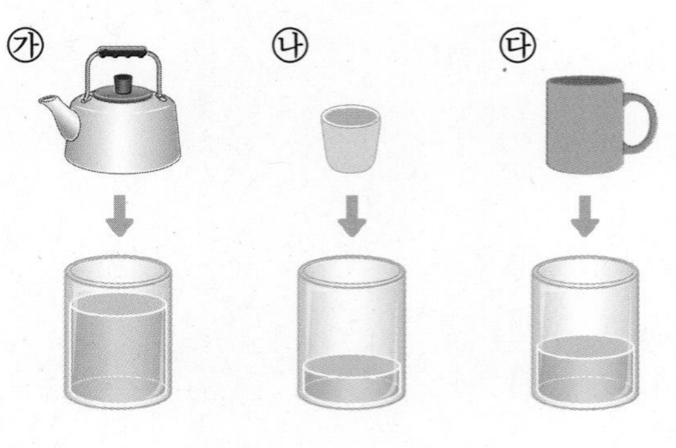

( )

[3~5] 민정이는 금붕어를 키우기 위해 어항을 사 왔습니다. 이 어항에 물을 가득 채우려면 들이가 다른 컵 ㉮, ㉯, ㉰, ㉱로 다음과 같이 물을 부어야 합니다. 물음에 답하세요.

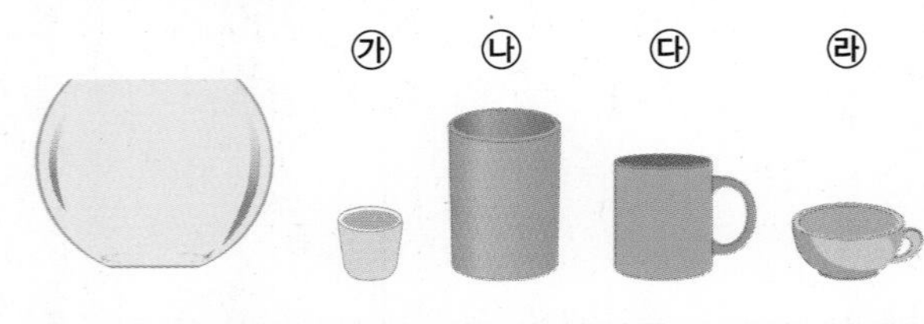

컵	㉮	㉯	㉰	㉱
부은 횟수(번)	12	3	4	9

3 ㉮, ㉯, ㉰, ㉱ 컵 중에서 들이가 가장 많은 것의 기호를 써 보세요.

( )

4 ㉮, ㉯, ㉰, ㉱ 컵 중에서 들이가 두 번째로 적은 것의 기호를 써 보세요.

( )

5 ㉯ 컵의 들이는 ㉮ 컵의 들이의 몇 배일까요?

( )

서술형

6 물병과 음료수병의 들이를 비교하려고 합니다. 두 병의 들이를 비교하는 방법을 2가지 써 보세요.

방법 1 ....

방법 2 ....

교과유형 **2 들이의 단위**

- 들이의 단위: 리터, 밀리리터 등
- 1 리터는 1 L, 1 밀리리터는 1 mL라고 씁니다.
- 1 리터는 1000 밀리리터와 같습니다.

1 L = 1000 mL

7 들이 단위 사이의 관계가 옳은 것을 찾아 기호를 써 보세요.

㉠ 5 mL = 5000 L
㉡ 3600 mL = 3 L 600 mL
㉢ 8049 mL = 80 L 49 mL

(　　　　　　)

8 들이를 비교하여 ○ 안에 >, =, <를 알맞게 써넣으세요.

(1) 6 L ○ 7500 mL

(2) 4050 mL ○ 4 L 50 mL

(3) 3 L 400 mL ○ 3040 mL

9 단위를 알맞게 사용한 문장을 찾아 기호를 써 보세요.

㉠ 컵의 들이는 200 L입니다.
㉡ 약병의 들이는 80 L입니다.
㉢ 어항의 들이는 5 mL입니다.
㉣ 욕조의 들이는 300 L입니다.

(　　　　　　)

서술형

10 성준이가 3일 동안 마신 물의 양이 다음과 같을 때 3일 중 물을 가장 많이 마신 요일은 언제인지 쓰고 그 이유를 설명해 보세요.

월요일	화요일	수요일
930 mL	1 L 300 mL	1050 mL

(　　　　　　)

이유 ……………………………………

교과유형 **3 들이를 어림하고 재어 보기**

① 우유병 1 L나 우유갑 200 mL 등을 기준으로 비교하여 들이를 어림합니다.
② 들이를 어림하여 말할 때에는 약 □ L 또는 약 □ mL라고 합니다.

11 주전자에 가득 담긴 물을 1 L짜리 통에 담았더니 다음과 같았습니다. 주전자의 들이를 어림해 보세요.

약 (　　　　　　)

12 보기 에 있는 물건을 선택하여 문장을 완성해 보세요.

보기
세제 통　　대접　　주사기

(1) □의 들이는 약 300 mL입니다.

(2) □의 들이는 약 3 mL입니다.

(3) □의 들이는 약 3 L입니다.

5

13 실제 들이가 1 L인 물병의 들이를 가장 가깝게 어림한 사람의 이름을 써 보세요.

윤아: 200 mL 우유갑으로 4번쯤 들어갈 거 같아.
민정: 500 mL 우유갑으로 1번, 200 mL 우유갑으로 2번 들어갈 거 같아.
진호: 500 mL 우유갑으로 3번 들어갈 거 같아.

(　　　　　　　　)

4 들이의 합과 차

핵심 유형

• 들이의 합 구하기

$$\begin{array}{rr} & ^{1} \\ 2\,\mathrm{L} & 400\,\mathrm{mL} \\ +\;3\,\mathrm{L} & 900\,\mathrm{mL} \\ \hline & 300\,\mathrm{mL} \end{array} \Rightarrow \begin{array}{rr} ^{1} & \\ 2\,\mathrm{L} & 400\,\mathrm{mL} \\ +\;3\,\mathrm{L} & 900\,\mathrm{mL} \\ \hline 6\,\mathrm{L} & 300\,\mathrm{mL} \end{array}$$

mL 단위의 수끼리의 합이 1000이거나 1000보다 크면 1 L = 1000 mL임을 이용하여 받아올림합니다.

• 들이의 차 구하기

$$\begin{array}{rr} ^{5} & ^{1000} \\ \not{6}\,\mathrm{L} & 200\,\mathrm{mL} \\ -\;3\,\mathrm{L} & 500\,\mathrm{mL} \\ \hline & 700\,\mathrm{mL} \end{array} \Rightarrow \begin{array}{rr} ^{5} & ^{1000} \\ \not{6}\,\mathrm{L} & 200\,\mathrm{mL} \\ -\;3\,\mathrm{L} & 500\,\mathrm{mL} \\ \hline 2\,\mathrm{L} & 700\,\mathrm{mL} \end{array}$$

mL 단위의 수끼리 뺄 수 없을 때에는 1 L = 1000 mL임을 이용하여 받아내림합니다.

14 계산해 보세요.

(1)
$$\begin{array}{rr} 9\,\mathrm{L} & 500\,\mathrm{mL} \\ +\;4\,\mathrm{L} & 700\,\mathrm{mL} \\ \hline \end{array}$$

(2)
$$\begin{array}{rr} 13\,\mathrm{L} & 400\,\mathrm{mL} \\ -\;7\,\mathrm{L} & 500\,\mathrm{mL} \\ \hline \end{array}$$

15 들이가 가장 많은 것과 가장 적은 것의 합은 몇 mL일까요?

1600 mL	2 L 600 mL
5 L 200 mL	4200 mL

(　　　　　　　　)

16 비커에 다음과 같이 물이 들어 있습니다. ㉮, ㉯에 있는 물을 더하면 물의 양은 몇 mL가 될까요?

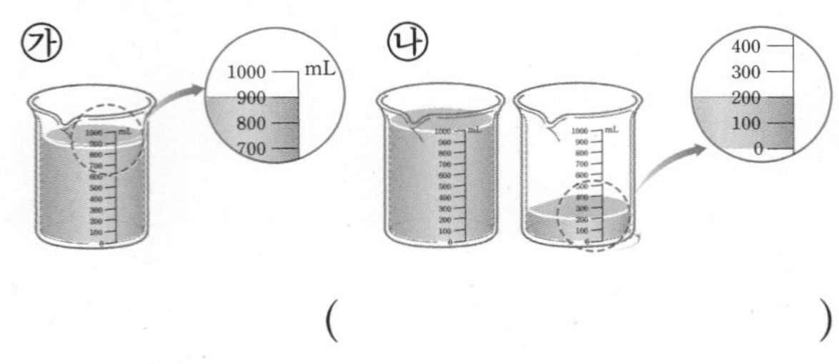

(　　　　　　　　)

서술형

17 식용유 2 L 500 mL 중에서 도넛을 만드는 데 900 mL를 사용하였습니다. 남아 있는 식용유는 몇 L 몇 mL인지 풀이 과정을 쓰고 답을 구해 보세요.

풀이 ....

답 ....

18 우유를 한 명이 300 mL씩 3명이 마셨더니 1 L 400 mL가 남았습니다. 처음에 있던 우유는 몇 L 몇 mL일까요?

( )

19 □ 안에 알맞은 수를 써넣으세요.

$$\begin{array}{r} 7\ \text{L}\quad 300\ \text{mL} \\ -\ 2\ \text{L}\quad \square\ \text{mL} \\ \hline \square\ \text{L}\quad 700\ \text{mL} \end{array}$$

20 물의 증발에 관한 다음 실험 보고서에서 □ 안에 알맞은 수를 써넣으세요.

• 증발: 액체인 물이 수증기로 변하면서 공기 중으로 날아가 버리는 현상

[실험 방법]
① 눈금이 있는 그릇에 물 1 L 300 mL를 넣는다.
② 그릇을 햇빛이 잘 비치는 곳에 두고, 하루가 지난 후 변화된 물의 양을 살펴본다.
[실험 결과]
하루가 지난 후 그릇에는 물 900 mL가 남았다. 하루 동안 물 □ mL가 증발했음을 알 수 있다.

21 딸기 우유 1병은 값이 1000원이고, 양이 600 mL입니다. 바나나 우유 1병은 값이 3000원이고, 양이 1 L 300 mL입니다. 3000원으로 더 많은 양의 우유를 사는 방법을 써 보세요.

( )

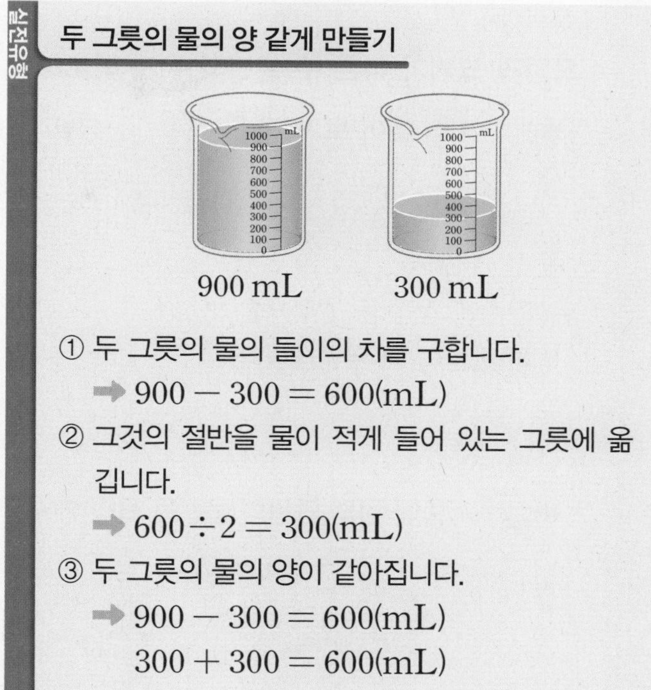

실전유형
두 그릇의 물의 양 같게 만들기
900 mL
300 mL
① 두 그릇의 물의 들이의 차를 구합니다.
➡ 900 − 300 = 600(mL)
② 그것의 절반을 물이 적게 들어 있는 그릇에 옮깁니다.
➡ 600 ÷ 2 = 300(mL)
③ 두 그릇의 물의 양이 같아집니다.
➡ 900 − 300 = 600(mL)
300 + 300 = 600(mL)

22 두 수조에 들어 있는 물의 양이 같아지려면 가 수조에 있는 물을 나 수조로 몇 mL 옮겨야 할까요?

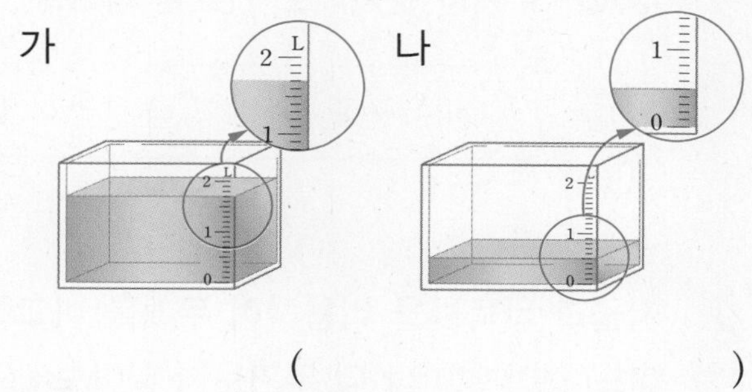

( )

23 물이 가 수조에 7 L 500 mL 들어 있고, 나 수조에 2 L 700 mL 들어 있습니다. 두 수조의 물의 양이 같아지도록 가 수조의 물을 나 수조에 옮겼습니다. 각 수조에 들어 있는 물은 몇 L 몇 mL씩일까요?

( )

5

5 무게 비교하기

● 모양과 크기가 다른 두 물건의 무게 비교하기

방법 1 직접 들어 보기

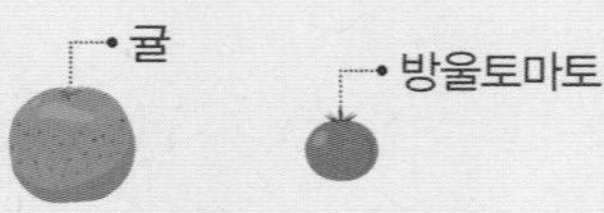

➡ 양손에 각각 들고 무게를 비교하면 귤이 더 무겁습니다.

방법 2 두 물건을 저울에 올려 비교하기

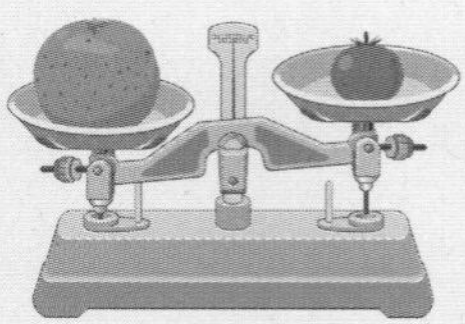

➡ 저울이 귤쪽으로 내려갔으므로 귤이 더 무겁습니다.

방법 3 저울에 임의 단위의 물건을 올려 개수 비교하기(예 바둑돌, 동전)

바둑돌 1개의 무게는 일정하므로 바둑돌이 더 많이 올라간 것의 무게가 더 무겁습니다.

➡ 귤이 방울토마토보다 바둑돌 5개만큼 더 무겁습니다.

보충 개념

• 다른 단위를 사용하여 무게 비교하기

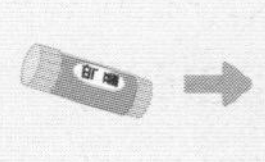

100원짜리 동전 6개

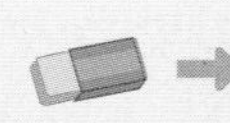

10원짜리 동전 8개

➡ 무게를 비교할 때 사용하는 단위가 다르면 어느 것이 더 무거운지 비교하기 어렵습니다.

1 무게가 무거운 순서대로 기호를 써 보세요.

㉠ 야구공 1개	㉡ 냉장고 1대	㉢ 연필 1자루

(　　　　　　　　　　)

2 저울과 바둑돌을 이용하여 무게를 비교하였습니다. 풀과 지우개 중에서 어느 것이 얼마나 더 무거운지 알아보세요.

(1) 풀의 무게는 바둑돌 몇 개의 무게와 같을까요?

(　　　　　　　　　　)

(2) 지우개의 무게는 바둑돌 몇 개의 무게와 같을까요?

(　　　　　　　　　　)

(3) 풀과 지우개 중 어느 것이 얼마나 더 무거울까요?

➡ [　　] 이(가) 바둑돌 [　] 개만큼 더 무겁습니다.

? 크기가 크면 무게도 무겁다고 할 수 있나요?

크기가 크다고 무거운 것은 아니에요.

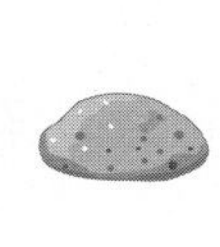

돌보다 풍선이 더 크지만 돌이 더 무거워요.

6 무게의 단위

정답과 풀이 34쪽

● **무게의 단위 알아보기**

- 무게의 단위에는 킬로그램과 그램 등이 있습니다.
- 1 킬로그램은 1 kg, 1 그램은 1 g이라고 씁니다.
- 1 킬로그램은 1000 그램과 같습니다.

1 kg = 1000 g

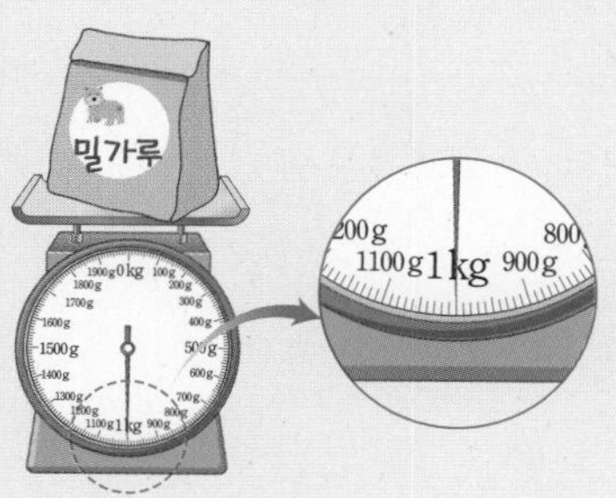

● **1 kg보다 700 g 더 무거운 무게 알아보기**

쓰기: 1 kg 700 g
읽기: 1 킬로그램 700 그램

1 kg 700 g
= 1 kg + 700 g
= 1000 g + 700 g
= 1700 g

● **1 t 알아보기**

- 1000 kg의 무게를 1 t이라 쓰고 1 톤이라고 읽습니다.
- 1 톤은 1000 킬로그램과 같습니다.

1 t = 1000 kg

⊕ 보충 개념

• 1 kg, 1 g, 1 t 쓰기

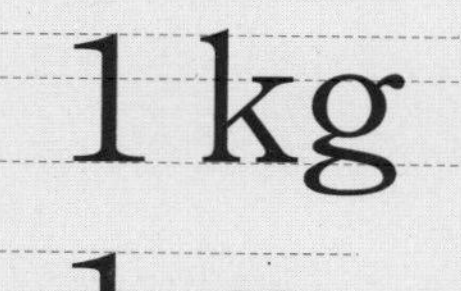

3 □ 안에 알맞은 수를 써넣으세요.

(1) 1 kg보다 100 g 더 무거운 무게 ➡ □ g

(2) 700 kg보다 300 kg 더 무거운 무게 ➡ □ t

4 □ 안에 알맞은 수를 써넣으세요.

(1) 1 kg 600 g = □ g　(2) 3 kg 70 g = □ g

(3) 4600 g = □ kg □ g　(4) 2050 g = □ kg □ g

5 저울의 눈금을 읽어 보세요.

(1)　(2)

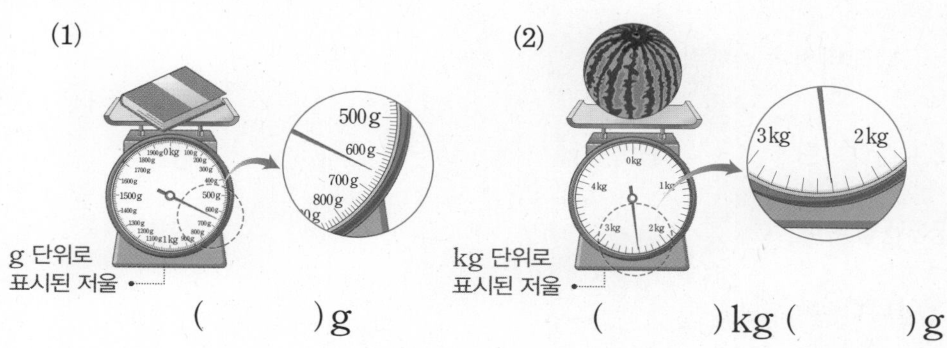

(1) (　　　) g

(2) (　　　) kg (　　　) g

? **g 단위로 표시된 저울과 kg 단위로 표시된 저울은 언제 사용하나요?**

g 단위 저울: 가벼운 물건의 무게를 잴 때나 정확한 무게를 알고 싶을 때
kg 단위 저울: 무거운 물건의 무게를 잴 때나 대략적인 무게를 알고 싶을 때

7 무게를 어림하고 재어 보기

● **무게를 어림하는 방법**

① 100 g 또는 1 kg짜리 물건을 기준으로 생각합니다.
② 기준으로 잡은 무게와 비교하여 무게를 어림합니다.
③ 어림한 무게를 말할 때에는 약 □ kg 또는 약 □ g이라고 합니다.

〈500 g짜리 배를 기준으로 멜론의 무게 어림하기〉

➡ 멜론의 무게는 배의 무게의 4배 정도일 것 같습니다.
➡ 멜론의 무게는 약 2 kg입니다.

보충 개념

• **1 kg과 100 g에 가까운 물건 찾기**

1 kg	설탕 1봉지, 1000 mL 우유
100 g	필통, 귤, 클립 1통

6 □ 안에 g, kg 중 알맞은 단위를 써넣으세요.

(1) 비누의 무게는 약 100 □ 입니다.

(2) 의자의 무게는 약 3 □ 입니다.

(3) 코끼리의 몸무게는 약 3000 □ 입니다.

7 무게가 1 t보다 더 무거운 것을 찾아 기호를 써 보세요.

㉠ 컴퓨터 1대	㉡ 책상 1개
㉢ 비행기 1대	㉣ 자전거 3대

( )

▶ 1 t = 1000 kg이므로 1000 kg보다 더 무거운 것을 찾아봅니다.

8 보기 에 주어진 물건을 선택하여 문장을 완성해 보세요.

보기
치약 텔레비전 트럭

(1) □ 의 무게는 약 12 kg입니다.

(2) □ 의 무게는 약 150 g입니다.

(3) □ 의 무게는 약 5 t입니다.

8 무게의 합과 차

정답과 풀이 34쪽

● **무게의 합**

g 단위의 수끼리 더하고, kg 단위의 수끼리 더합니다. 이때 g 단위의 수끼리의 합이 1000이거나 1000보다 크면 1 kg = 1000 g임을 이용하여 받아올림합니다.

$$\begin{array}{rrr} & \overset{1}{2}\text{ kg} & 900\text{ g} \\ + & 1\text{ kg} & 700\text{ g} \\ \hline & 4\text{ kg} & 600\text{ g} \end{array}$$

● **무게의 차**

g 단위의 수끼리 빼고, kg 단위의 수끼리 뺍니다. 이때 g 단위의 수끼리 뺄 수 없으면 1 kg = 1000 g임을 이용하여 받아내림합니다.

$$\begin{array}{rrr} & \overset{4}{\cancel{5}}\text{ kg} & \overset{1000}{100}\text{ g} \\ - & 2\text{ kg} & 300\text{ g} \\ \hline & 2\text{ kg} & 800\text{ g} \end{array}$$

보충 개념

• **무게의 합과 차 구하는 방법**

$$\begin{array}{rrr} & 2\text{ kg} & 900\text{ g} \\ + & 1\text{ kg} & 700\text{ g} \\ \hline & 3\text{ kg} & 1600\text{ g} \\ & +1\text{ kg} & -1000\text{ g} \\ \hline & 4\text{ kg} & 600\text{ g} \end{array}$$

1 kg = 1000 g

$$\begin{array}{rrr} & \overset{4}{\cancel{5}}\text{ kg} & \overset{1000}{100}\text{ g} \\ - & 2\text{ kg} & 300\text{ g} \\ \hline & 2\text{ kg} & 800\text{ g} \end{array}$$

9 밀가루를 올려놓은 저울의 바늘이 1 kg 200 g을 가리키고 있습니다. 밀가루 600 g을 더 올려놓으면 밀가루의 무게는 얼마인지 구해 보세요.

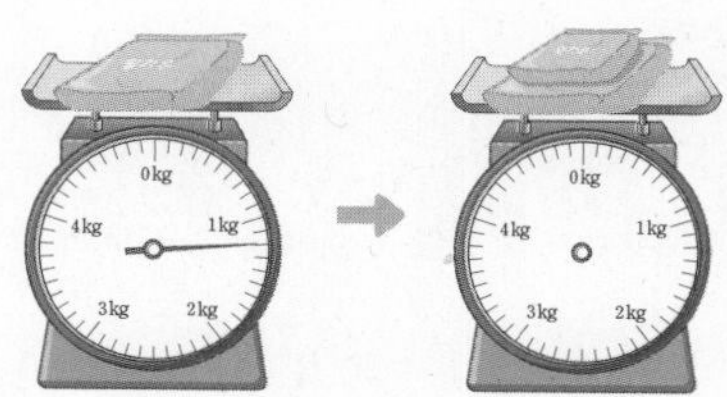

$$\begin{array}{rrr} & 1\text{ kg} & 200\text{ g} \\ + & & 600\text{ g} \\ \hline & \square\text{ kg} & \square\text{ g} \end{array}$$

▶ 1 kg 300 g + 500 g → 1 kg 800 g

10 □ 안에 알맞은 수를 써넣으세요.

(1)
$$\begin{array}{rrr} & 3\text{ kg} & 100\text{ g} \\ + & 5\text{ kg} & 500\text{ g} \\ \hline & \square\text{ kg} & \square\text{ g} \end{array}$$

(2)
$$\begin{array}{rrr} & 5\text{ kg} & 700\text{ g} \\ + & 3\text{ kg} & 400\text{ g} \\ \hline & \square\text{ kg} & \square\text{ g} \end{array}$$

(3)
$$\begin{array}{rrr} & 6\text{ kg} & 700\text{ g} \\ - & 4\text{ kg} & 200\text{ g} \\ \hline & \square\text{ kg} & \square\text{ g} \end{array}$$

(4)
$$\begin{array}{rrr} & 8\text{ kg} & 600\text{ g} \\ - & 2\text{ kg} & 700\text{ g} \\ \hline & \square\text{ kg} & \square\text{ g} \end{array}$$

11 밤을 현선이는 2 kg 400 g 주웠고, 민준이는 1 kg 800 g 주웠습니다. 물음에 답하세요.

(1) 현선이와 민준이는 밤을 모두 몇 kg 몇 g 주웠을까요?

( )

(2) 누가 얼마나 더 많이 주웠을까요?

➡ □이가 □ g 더 많이 주웠습니다.

기본에서 응용으로

교과유형 **5** 무게 비교하기

- 모양과 크기가 다른 두 물건의 무게 비교하기
  저울과 기준이 되는 물건(공깃돌) 이용하기

➡ 공책이 배드민턴 공보다 공깃돌 3개만큼 더 무겁습니다.

24 저울로 고구마, 감자, 당근의 무게를 비교하고 있습니다. 고구마, 감자, 당근 중에서 가장 가벼운 것은 무엇인지 알려면 무엇과 무엇의 무게를 비교하면 될까요?

( ), ( )

25 토마토와 귤의 무게를 다음과 같이 비교했습니다. 바르게 말한 사람의 이름을 써 보세요.

진아: 토마토 1개와 귤 1개의 무게는 같아.
현우: 토마토 1개가 귤 1개보다 더 무거워.

( )

26 귤과 딸기의 무게를 저울과 바둑돌을 이용하여 비교하였습니다. 귤의 무게는 딸기의 무게의 몇 배일까요?

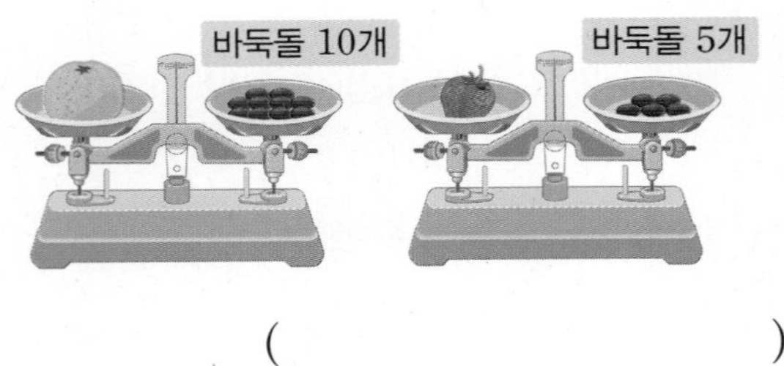

( )

27 그림을 보고 연필, 지우개, 가위 중 하나의 무게가 가장 가벼운 물건과 가장 무거운 물건을 차례로 써 보세요.

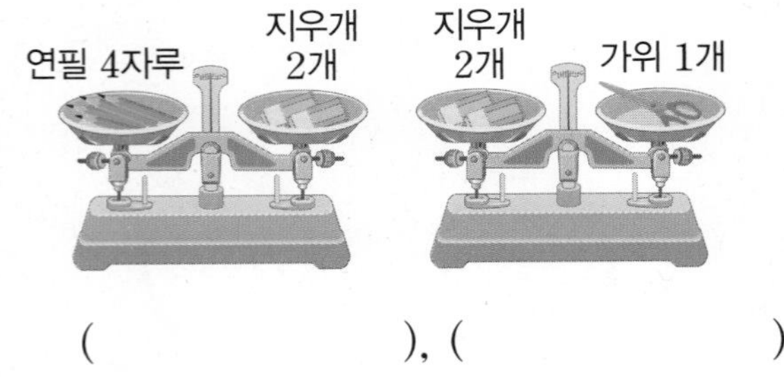

( ), ( )

교과유형 **6** 무게의 단위

- 무게의 단위: 킬로그램, 그램 등
- 1 킬로그램은 1 kg, 1 그램은 1 g이라고 씁니다.

$$1\,\text{kg} = 1000\,\text{g}$$

- 1000 kg의 무게를 1 t이라 쓰고 1 톤이라고 읽습니다.

$$1\,\text{t} = 1000\,\text{kg}$$

28 배가 들어 있는 5 kg의 상자에 550 g인 배 1개를 더 넣었습니다. 배를 넣은 상자의 무게는 몇 g일까요?

( )

29 무게가 무거운 것부터 차례로 기호를 써 보세요.

㉠ 2900 g	㉡ 3 kg 200 g
㉢ 3 kg 40 g	㉣ 3400 g

( )

30 항아리와 상자 중 더 무거운 것은 어느 것일까요?

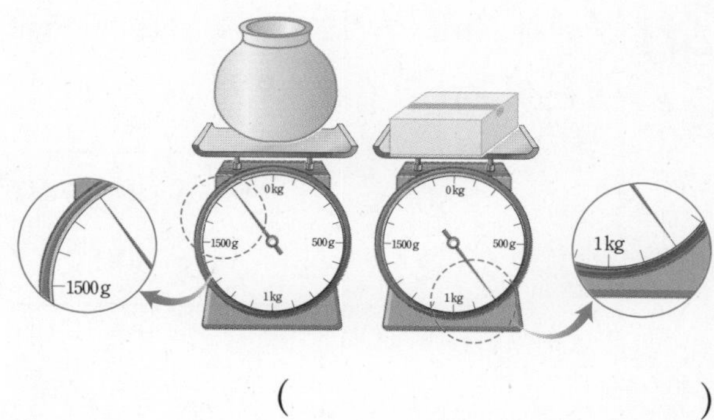

( )

31 무게 단위 사이의 관계가 틀린 것을 모두 고르세요. ( )

① 7 kg 3 g = 73 g
② 4 kg 300 g = 4300 g
③ 3 kg 20 g = 3020 g
④ 7 kg 70 g = 7700 g
⑤ 6 kg 400 g = 6400 g

서술형

32 단위를 잘못 사용한 문장을 찾아 기호를 쓰고 바르게 고쳐 보세요.

㉠ 비행기의 무게는 350 t입니다.
㉡ 책가방의 무게는 2 g입니다.
㉢ 사과의 무게는 350 g입니다.

( )

바르게 고치기 ....

7 무게를 어림하고 재어 보기

① 100 g 또는 1 kg짜리 물건과 비교하여 무게를 어림합니다.
② 무게를 어림하여 말할 때에는 약 □ kg 또는 약 □ g이라고 합니다.

33 □ 안에 알맞은 단위를 찾아 ○표 하세요.

(1)

배추 한 통의 무게는 약 2□입니다.

(g kg t)

(2)

두부 한 모의 무게는 약 350□입니다.

(g kg t)

(3)

자동차 한 대의 무게는 약 1□입니다.

(g kg t)

34 무게가 1 kg보다 더 가벼운 것을 찾아 기호를 써 보세요.

㉠ 배구공 1개	㉡ 책상 1개
㉢ 피아노 1대	㉣ 자전거 1대

( )

35 진호의 몸무게는 50 kg이고 코끼리의 무게는 약 2 t입니다. 코끼리의 무게는 진호의 몸무게의 약 몇 배인지 구해 보세요.

약 ( )

교과유형 8 무게의 합과 차

• 무게의 합 구하기

$$\begin{array}{rr} & ^{1} \\ 4\,\text{kg} & 700\,\text{g} \\ +\ 1\,\text{kg} & 600\,\text{g} \\ \hline & 300\,\text{g} \end{array} \Rightarrow \begin{array}{rr} ^{1} & \\ 4\,\text{kg} & 700\,\text{g} \\ +\ 1\,\text{kg} & 600\,\text{g} \\ \hline 6\,\text{kg} & 300\,\text{g} \end{array}$$

g 단위의 수끼리의 합이 1000이거나 1000보다 크면 1 kg = 1000 g임을 이용하여 받아올림합니다.

• 무게의 차 구하기

$$\begin{array}{rr} ^{2} & ^{1000} \\ \cancel{3}\,\text{kg} & 300\,\text{g} \\ -\ 1\,\text{kg} & 500\,\text{g} \\ \hline & 800\,\text{g} \end{array} \Rightarrow \begin{array}{rr} ^{2} & ^{1000} \\ \cancel{3}\,\text{kg} & 300\,\text{g} \\ -\ 1\,\text{kg} & 500\,\text{g} \\ \hline 1\,\text{kg} & 800\,\text{g} \end{array}$$

g 단위의 수끼리 뺄 수 없을 때에는 1 kg = 1000 g임을 이용하여 받아내림합니다.

36 계산해 보세요.

(1)
$$\begin{array}{rr} 7\,\text{kg} & 500\,\text{g} \\ +\ 11\,\text{kg} & 700\,\text{g} \\ \hline \end{array}$$

(2)
$$\begin{array}{rr} 14\,\text{kg} & 100\,\text{g} \\ -\ \ 9\,\text{kg} & 600\,\text{g} \\ \hline \end{array}$$

37 무게를 비교하여 ○ 안에 >, =, <를 알맞게 써넣으세요.

(1) 2 kg 300 g + 5 kg 400 g ○ 8 kg

(2) 8 kg 300 g − 3 kg 700 g ○ 5 kg

38 □ 안에 알맞은 수를 써넣으세요.

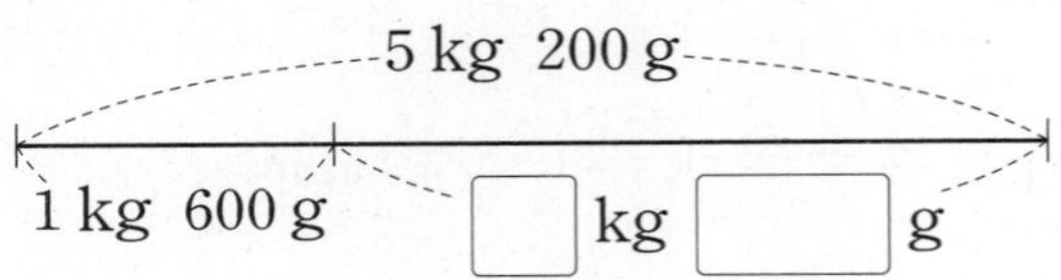

39 잘못 계산한 부분을 찾아 바르게 계산해 보세요.

$$\begin{array}{rr} 4\,\text{kg} & 900\,\text{g} \\ +\ 2\,\text{kg} & 500\,\text{g} \\ \hline 6\,\text{kg} & 400\,\text{g} \end{array} \Rightarrow \boxed{}$$

40 무게가 가장 무거운 것과 가장 가벼운 것의 합은 몇 kg 몇 g일까요?

2800 g	2 kg 900 g
3 kg	3 kg 500 g

( )

41 세희가 몸무게를 재어 보니 31 kg 800 g이었습니다. 세희가 아기를 안고 저울에 올라가 보았더니 39 kg 300 g이 나왔습니다. 아기의 몸무게는 몇 kg 몇 g일까요?

( )

서술형

42 밭에서 뽑은 배추의 무게는 3 kg 400 g이고, 무의 무게는 2800 g입니다. 배추와 무의 무게는 모두 몇 kg 몇 g인지 풀이 과정을 쓰고 답을 구해 보세요.

풀이

답

43 지호가 농장에서 딸기를 2바구니 따서 저울에 각각 달아 보았더니 다음과 같았습니다. 지호가 딴 딸기의 무게는 모두 몇 kg 몇 g일까요?

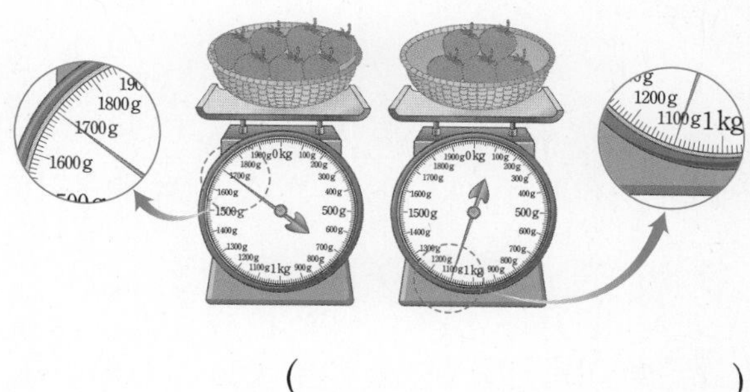

( )

44 7 kg까지 담을 수 있는 가방이 있습니다. 이 가방에 무게가 3 kg 600 g인 물건을 담았다면 몇 kg 몇 g을 더 담을 수 있을까요?

( )

45 수호와 진우가 캔 감자의 무게는 모두 20 kg입니다. 진우가 캔 감자의 무게는 수호가 캔 감자의 무게보다 4 kg 더 무거울 때 수호가 캔 감자의 무게는 몇 kg일까요?

( )

46 무게가 같은 음료수 2개를 빈 상자에 담아 무게를 재었더니 4 kg 750 g이었습니다. 빈 상자의 무게가 550 g일 때 음료수 1개의 무게는 몇 kg 몇 g일까요?

( )

실전유형

저울이 수평을 이룰 때 무게 구하기

• 귤 1개가 150 g일 때 감 1개의 무게 구하기

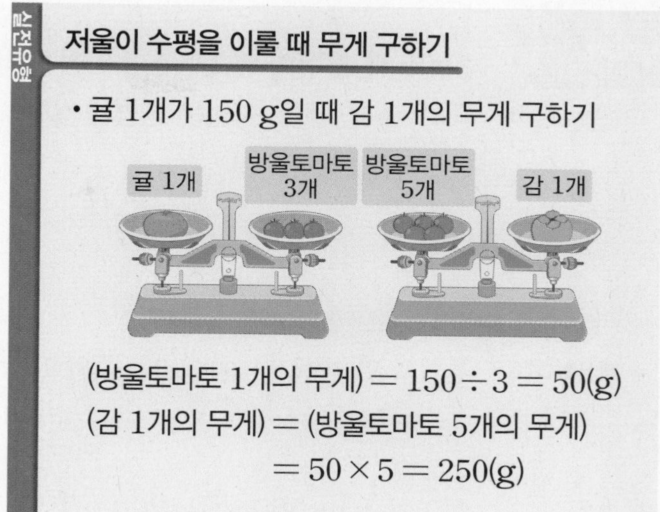

(방울토마토 1개의 무게) $= 150 \div 3 = 50$(g)
(감 1개의 무게) = (방울토마토 5개의 무게)
$= 50 \times 5 = 250$(g)

47 감자 1개와 고구마 2개의 무게가 같고 고구마 3개와 무 1개의 무게가 같습니다. 감자 1개의 무게가 140 g일 때 무 1개의 무게는 몇 g일까요? (단, 같은 종류의 채소끼리는 무게가 같습니다.)

( )

48 사과 1개와 귤 3개의 무게가 같고, 귤 5개와 배 1개의 무게가 같습니다. 사과 1개의 무게가 360 g일 때 배 1개의 무게는 몇 g일까요? (단, 같은 종류의 과일끼리는 무게가 같습니다.)

( )

49 지우개 2개와 풀 6개의 무게가 같고 풀 6개와 가위 1개의 무게가 같습니다. 가위 1개의 무게가 300 g일 때 지우개 1개의 무게는 몇 g일까요? (단, 같은 종류의 물건끼리는 무게가 같습니다.)

( )

심화유형 1

여러 가지 그릇을 이용하여 물 담는 방법 찾기

문제 풀이

300 mL들이의 컵과 1 L들이의 물병을 이용하여 수조에 1 L 600 mL의 물을 담으려고 합니다. 물을 담을 수 있는 방법을 설명해 보세요.

설명

● 핵심 NOTE 들이의 합을 생각하여 300 mL와 1 L로 들이의 합이 1600 mL가 되는 방법을 생각해 봅니다.

1-1 들이가 1 L, 500 mL, 200 mL인 세 개의 그릇을 이용하여 큰 통에 물을 2 L 100 mL 담으려고 합니다. 물을 담을 수 있는 방법을 설명해 보세요.

설명

1-2 선주는 천연비누를 만들기 위해 100 mL의 물에 천연색소를 섞으려고 합니다. 100 mL의 물을 담으려고 하는데 들이가 200 mL, 500 mL인 두 그릇밖에 없었습니다. 이 두 그릇으로 물을 담을 수 있는 방법을 설명해 보세요.

설명

심화유형 2 빈 상자의 무게 구하기

빈 상자에 무게가 같은 감자 6개를 담아 무게를 재었더니 4 kg 620 g이었습니다. 여기에 똑같은 무게의 감자 3개를 더 담았더니 6 kg 720 g이 되었습니다. 빈 상자의 무게는 몇 g일까요?

( )

● 핵심 NOTE (빈 상자의 무게)=(물건을 담은 상자의 무게)−(물건만의 무게)임을 이용합니다.

2-1 빈 바구니에 무게가 같은 고구마 4개를 담아 무게를 재었더니 3 kg 750 g이었습니다. 여기에 똑같은 무게의 고구마 2개를 더 담았더니 5 kg 350 g이 되었습니다. 빈 바구니의 무게는 몇 g일까요?

( )

2-2 빈 상자에 무게가 같은 사과 8개를 담아 무게를 재었더니 8 kg 330 g이었습니다. 여기에서 사과의 반을 덜어 내니 무게가 4 kg 530 g이 되었습니다. 빈 상자의 무게는 몇 g일까요?

( )

수평을 맞춘 저울을 보고 무게 구하기

심화유형 3

상자 ㉮, ㉯, ㉰는 모양은 같지만 그 안에 들어 있는 사탕의 수는 다릅니다. 상자 ㉮, ㉯, ㉰의 무게가 각각 100 g, 200 g, 300 g, 500 g 중의 하나라면 상자 ㉰의 무게는 몇 g일까요?

( )

● 핵심 NOTE 저울이 수평이 되는 무게를 '='로 나타내어 먼저 상자 한 개의 무게를 찾고 다른 상자의 무게를 차례로 찾아봅니다.

3-1 상자 ㉮, ㉯, ㉰는 모양은 같지만 그 안에 들어 있는 바둑돌의 수는 다릅니다. 상자 ㉮, ㉯, ㉰의 무게가 각각 200 g, 400 g, 500 g, 600 g 중의 하나라면 상자 ㉰의 무게는 몇 g일까요?

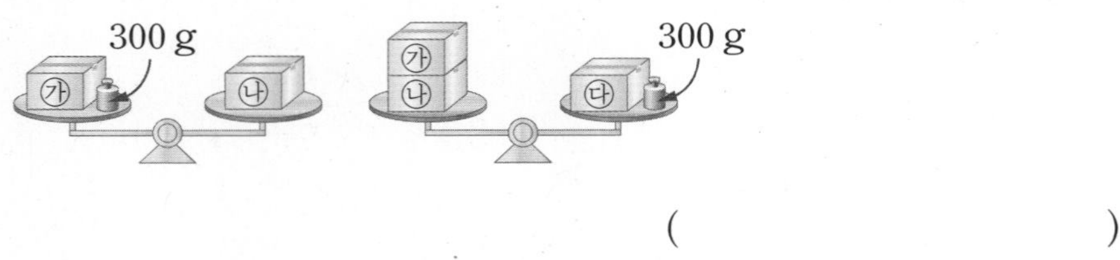

( )

3-2 사과, 배, 바나나의 무게가 각각 200 g, 300 g, 400 g, 500 g 중의 하나라면 바나나의 무게는 몇 g일까요?

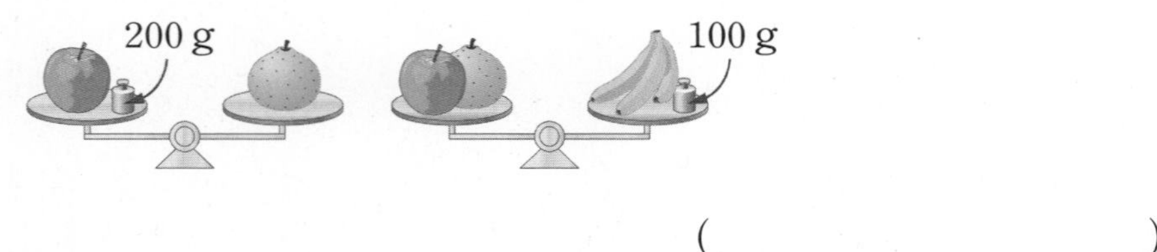

( )

정답과 풀이 36쪽

우리 나라 전통 단위의 관계 알아보기

융합유형 4
수학 + 사회

속담 되로 주고 말로 받는다.

이 속담에 나오는 '되'와 '말'은 옛 조상들이 곡식의 양을 잴 때 사용했던 그릇으로 한 되는 1 L 800 mL이고, 한 말은 18 L입니다. 따라서 되로 주고 말로 받는다는 말은 잘못 건드렸다가 도리어 몇 배로 큰 되갚음을 당하는 안 좋은 상황에서 주로 쓰입니다. 되로 물을 부어 한 말을 가득 채우려면 물을 적어도 몇 번 부어야 할까요?

▲ 되

▲ 말

1단계 한 되를 mL로 나타내기

2단계 한 말을 mL로 나타내기

3단계 되로 물을 부어 한 말을 가득 채우려면 적어도 몇 번 부어야 하는지 구하기

( )

● 핵심 NOTE
1, 2단계 한 되와 한 말을 mL 단위로 나타냅니다.
3단계 물을 붓는 횟수를 □번이라 하여 곱셈식을 세우고, □의 값을 구합니다.

4-1 '돈', '냥', '관'은 금이나 은 등의 귀금속의 무게를 잴 때 우리 조상들이 주로 사용하던 단위입니다. 지금도 귀금속 가게에서는 "금 1돈이 얼마에요?"라는 말을 쉽게 들을 수 있을 정도로 최근까지 자주 사용되고 있습니다. 금 10냥은 375 g, 금 1관은 3 kg 750 g이라고 할 때 금 1관을 모으려면 10냥짜리 금 몇 개가 필요할까요?

( )

기출 단원 평가 Level 1

점수

확인

1 들이가 많은 그릇의 순서대로 번호를 써 보세요.

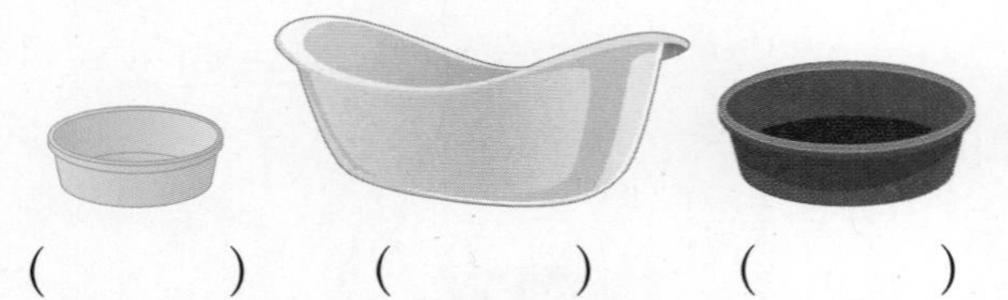

( ) ( ) ( )

2 눈금을 읽어 보세요.

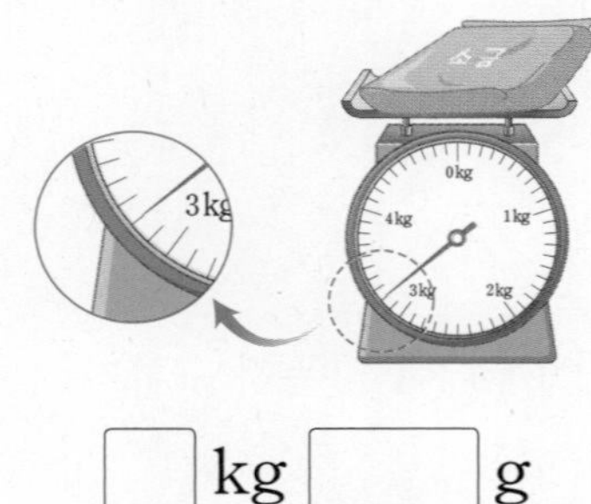

☐ kg ☐ g

3 들이의 단위를 모두 고르세요. ( )

① t ② g ③ L
④ m ⑤ mL

4 양동이에 가득 담긴 물을 1 L짜리 비커에 담았더니 그림과 같았습니다. 양동이의 들이는 약 몇 L 몇 mL일까요?

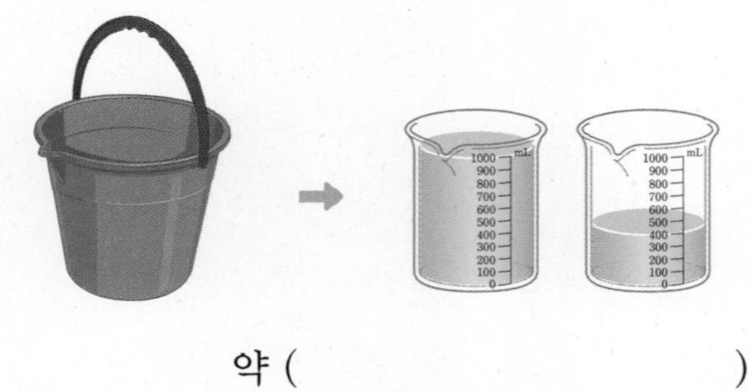

약 ( )

5 5 L는 5 mL의 몇 배일까요?

( )

6 ☐ 안에 알맞은 수를 써넣으세요.

(1) 1 L 700 mL = ☐ mL

(2) 3050 mL = ☐ L ☐ mL

(3) 2700 g = ☐ kg ☐ g

(4) 5 kg 20 g = ☐ g

7 무게가 두 번째로 가벼운 것의 기호를 써 보세요.

㉠ 4200 g	㉡ 5500 g
㉢ 5 kg 50 g	㉣ 4 kg 600 g

( )

8 무게가 1 t보다 무거운 것을 모두 찾아 기호를 써 보세요.

㉠ 코끼리 1마리	㉡ 시금치 1단
㉢ 냉장고 1대	㉣ 자동차 1대

( )

9 들이의 합과 차를 구해 보세요.

(1) 2 L 800 mL + 1 L 300 mL

(2) 4 L 200 mL − 2 L 500 mL

10 들이를 비교하여 ○ 안에 >, =, <를 알맞게 써넣으세요.

(1) 4 L 300 mL − 1 L 100 mL ○ 3 L

(2) 5 L 600 mL − 4 L 800 mL ○ 1 L

11 무게의 합과 차를 구해 보세요.

(1) 2 kg 400 g + 6 kg 700 g

(2) 9 kg 300 g − 5 kg 400 g

12 □ 안에 알맞은 수를 써넣으세요.

	1	L	□	mL
+	□	L	800	mL
	7	L	500	mL

13 대야와 주전자에 물을 가득 채우려면 ㉮ 컵과 ㉯ 컵으로 다음과 같이 각각 부어야 합니다. 바르게 말한 사람의 이름을 써 보세요.

	㉮ 컵	㉯ 컵
대야	14	10
주전자	7	5

선우: ㉮ 컵이 ㉯ 컵보다 들이가 더 많아.
현서: 대야의 들이는 주전자의 들이의 2배야.
주연: 대야보다 주전자에 물을 더 많이 담을 수 있어.

(　　　　　　　　)

14 물을 수진이는 2 L 300 mL 가져왔고, 남희는 1 L 500 mL 가져와서 한 물통에 모두 부었습니다. 물통에 부은 물은 모두 몇 L 몇 mL일까요?

(　　　　　　　　)

15 빨간색 페인트 1900 mL와 노란색 페인트를 섞었더니 주황색 페인트 3 L 400 mL가 되었습니다. 노란색 페인트는 몇 L 몇 mL를 섞었을까요?

(　　　　　　　　)

16 은솔이네 가족이 일주일 동안 마신 주스와 우유의 양을 기록해 보았습니다. 일주일 동안 마신 주스와 우유의 양은 모두 몇 L 몇 mL일까요?

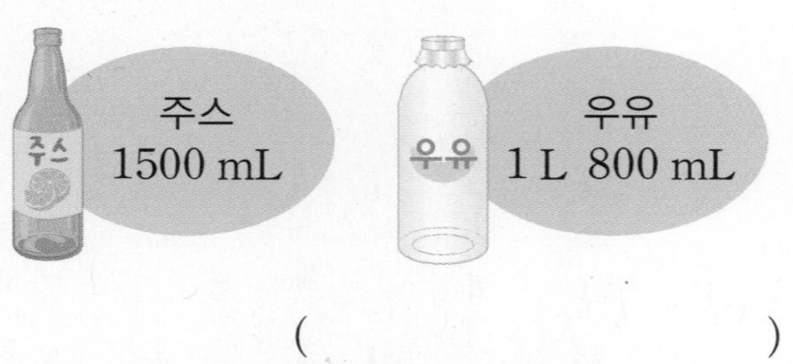

( )

17 똑같은 우유 5병을 상자에 담아 무게를 재어 보니 3 kg 100 g이었습니다. 우유 한 병의 무게가 500 g일 때 빈 상자의 무게는 몇 g일까요?

( )

18 물이 가 그릇에 1 L 100 mL 들어 있고, 나 그릇에 3 L 900 mL 들어 있습니다. 두 그릇의 물의 양이 같아지려면 나 그릇의 물을 가 그릇에 몇 L 몇 mL 옮겨야 할까요?

( )

술술 서술형

19 들이가 가장 많은 것은 어느 것인지 쓰고 그 이유를 설명해 보세요.

물뿌리개	수조	대야
1 L 100 mL	1830 mL	1000 mL

답 ....

이유 ....

....

....

20 사과를 진우는 20 kg 800 g 땄고, 상우는 진우보다 700 g 더 많이 땄습니다. 두 사람이 딴 사과는 모두 몇 kg 몇 g인지 풀이 과정을 쓰고 답을 구해 보세요.

풀이 ....

....

....

....

답 ....

기출 단원 평가 Level 2

점수

확인

1 주스병에 물을 가득 채운 후 물병에 옮겨 담았더니 그림과 같이 물이 채워졌습니다. 들이가 적은 것은 어느 것일까요?

(　　　　　　　　)

2 눈금을 읽어 보세요.

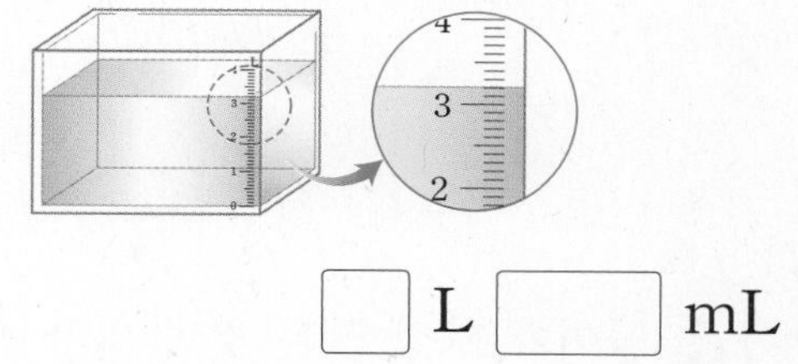

□ L □ mL

3 혜성이는 연필과 지우개의 무게를 클립을 이용하여 재었습니다. 어느 것이 얼마나 더 무거울까요?

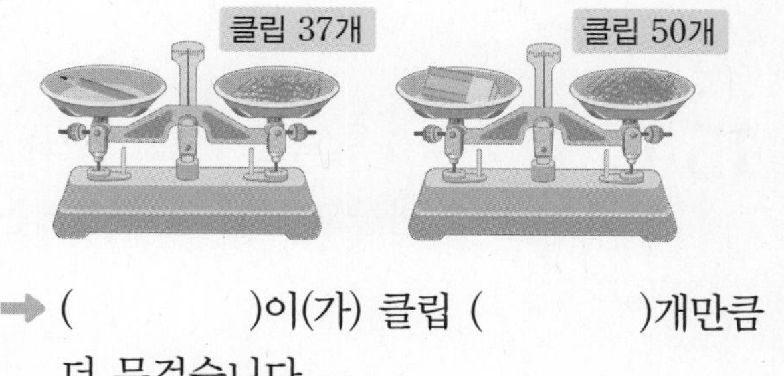

➡ (　　　　)이(가) 클립 (　　　　)개만큼 더 무겁습니다.

4 무게를 비교하여 ○ 안에 >, =, <를 알맞게 써넣으세요.

7 kg 250 g ○ 7320 g

5 들이가 다른 네 그릇 ㉮, ㉯, ㉰, ㉱를 사용하여 항아리에 물을 가득 채우려면 다음과 같이 부어야 합니다. 그릇의 들이가 많은 순서대로 기호를 써 보세요.

그릇	㉮	㉯	㉰	㉱
부은 횟수(번)	18	11	8	20

(　　　　　　　　)

6 □ 안에 t, kg, g 중 알맞은 무게의 단위를 써넣으세요.

(1) 강아지의 무게는 약 5 □ 입니다.

(2) 공깃돌의 무게는 약 5 □ 입니다.

(3) 소방차의 무게는 약 5 □ 입니다.

7 종이컵에 물을 가득 채워 13번 부으면 가득 차는 주전자가 있습니다. 이 주전자 들이의 2배인 냄비에 물을 가득 채우려면 종이컵으로 몇 번을 부어야 할까요?

(　　　　　　　　)

5

8 은우는 들이가 1 L 300 mL인 주스를 한 병 사서 일주일 동안 모두 마셨습니다. 은우가 마신 주스는 몇 mL일까요?

(　　　　　　　　)

9 들이의 단위를 잘못 사용한 사람을 찾아 이름을 써 보세요.

> 민혁: 대야의 들이는 약 2 mL입니다.
> 희주: 어항의 들이는 약 5 L입니다.
> 영은: 내 몸무게는 약 38 kg입니다.
> 호준: 지우개 한 개의 무게는 약 20 g입니다.

(　　　　　　　　)

10 경준이와 주하가 수박 1통의 무게를 다음과 같이 어림하였습니다. 실제 수박의 무게와 더 가깝게 어림한 사람은 누구일까요?

2 kg

> 경준: 약 2300 g
> 주하: 약 1 kg 800 g

(　　　　　　　　)

11 들이가 더 많은 것의 기호를 써 보세요.

> ㉠ 4 L 700 mL + 5 L 800 mL
> ㉡ 10 L 800 mL

(　　　　　　　　)

12 잘못 계산한 부분을 찾아 바르게 계산해 보세요.

$$\begin{array}{r} 5\text{ L}\ \ 200\text{ mL} \\ -\ 2\text{ L}\ \ 500\text{ mL} \\ \hline 3\text{ L}\ \ 300\text{ mL} \end{array} \rightarrow \square$$

13 □ 안에 알맞은 수를 써넣으세요.

$$\begin{array}{r} 1\text{ kg}\ \ \square\text{ g} \\ +\ \square\text{ kg}\ \ 820\text{ g} \\ \hline 7\text{ kg}\ \ 170\text{ g} \end{array}$$

14 들이가 가장 많은 것과 가장 적은 것의 차는 몇 L 몇 mL일까요?

> 2300 mL　　6 L 200 mL
> 1 L 900 mL　　6500 mL

(　　　　　　　　)

15 쌀 8 kg 중 떡을 만드는 데 4500 g을 사용했습니다. 떡을 만들고 남은 쌀의 무게는 몇 g일까요?

(　　　　　　　　)

16 ㉮ 그릇에 물을 가득 채워 빈 물통에 2번 부었습니다. 이 물통의 물을 다시 ㉯ 컵으로 모두 덜어 내려면 적어도 몇 번 덜어 내어야 할까요?

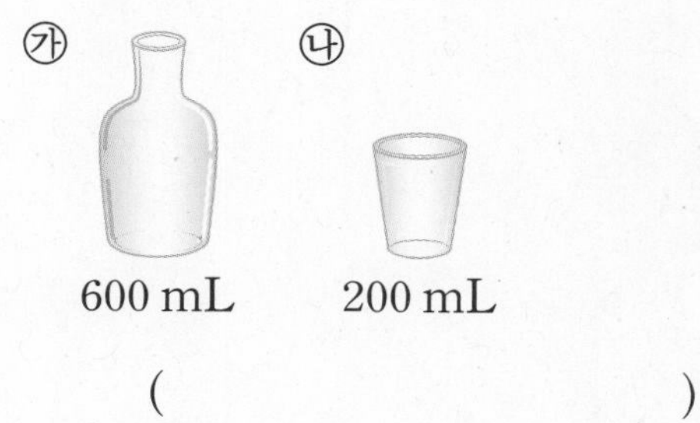

( )

17 소린이와 민혁이가 마시기 전 우유의 양과 마신 후의 우유의 양을 나타낸 것입니다. 두 사람이 마신 우유의 양은 모두 몇 mL일까요?

	소린	민혁
마시기 전	2 L 300 mL	2 L
마신 후	1 L 500 mL	1 L 300 mL

( )

18 상자 ㉮, ㉯, ㉰는 모양은 같지만 그 안에 들어 있는 바둑돌의 수는 다릅니다. 상자 ㉮, ㉯, ㉰의 무게는 300 g, 500 g, 600 g, 700 g 중의 하나라면 상자 ㉰의 무게는 몇 g일까요?

( )

술술 서술형

19 들이가 200 mL, 500 mL인 두 그릇을 이용하여 큰 통에 물을 1 L 100 mL 담으려고 합니다. 물을 담을 수 있는 방법을 설명해 보세요.

설명

20 바구니에 있는 고구마 7개의 무게와 고구마 6개의 무게를 각각 재었더니 그림과 같았습니다. 빈 바구니의 무게는 몇 g인지 풀이 과정을 쓰고 답을 구해 보세요. (단, 고구마 1개의 무게는 모두 같습니다.)

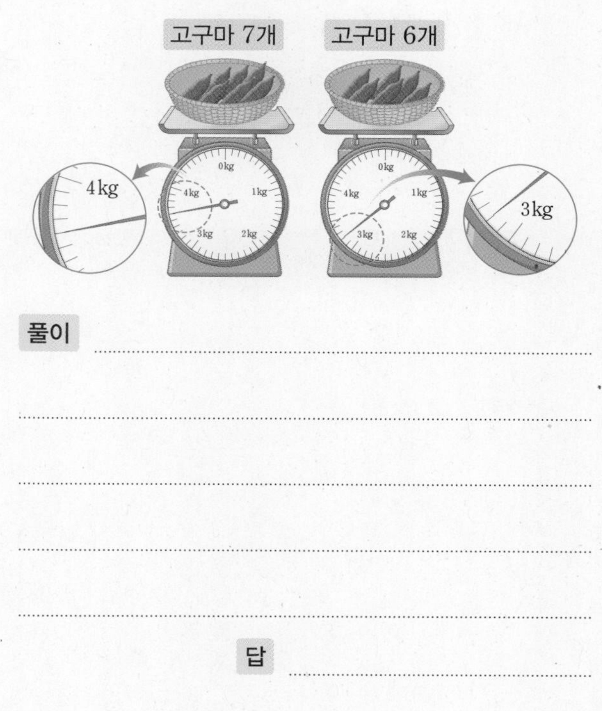

풀이

답

5

자료의 정리

: 100개

: 10개

분류한 것을 그림그래프로 나타낼 수 있어!

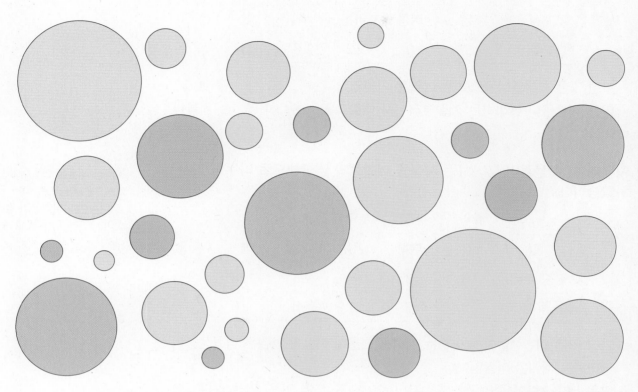

색깔을 분류하여 표로 나타냈어.

● 표로 나타내기

색깔	노란색	초록색	빨간색	합계
개수(개)	20	4	7	31

● 그림그래프로 나타내기

색깔	개수(개)
노란색	◎◎◎◎
초록색	○○○○
빨간색	◎○○

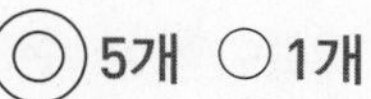

그림을 2가지로 하면 여러 번 그려야 하는 것을 더 간단히 그릴 수 있어!

1 표 알아보기

● **지우네 반 학생들이 좋아하는 계절을 조사하였습니다.**

좋아하는 계절별 학생 수

계절	봄	여름	가을	겨울	합계
학생 수(명)	7	9	12	6	34

– 가장 많은 학생들이 좋아하는 계절은 가을입니다.
– 많은 학생들이 좋아하는 계절부터 순서대로 쓰면 가을, 여름, 봄, 겨울입니다.

● **지우네 반 학생들이 좋아하는 계절을 여학생과 남학생으로 나누어 조사하였습니다.**

좋아하는 계절별 남녀 학생 수

계절	봄	여름	가을	겨울	합계
여학생 수(명)	5	2	8	3	18
남학생 수(명)	2	7	4	3	16

– 가장 많은 여학생들이 좋아하는 계절은 가을이지만 가장 많은 남학생들이 좋아하는 계절은 여름입니다.
– 많은 남학생들이 좋아하는 계절부터 순서대로 쓰면 여름, 가을, 겨울, 봄입니다.

보충 개념

• 조사한 내용을 여학생과 남학생으로 나누어 표로 나타내어 보면 여학생과 남학생이 좋아하는 것이 어떻게 다른지 알 수 있습니다.

[1~3] 영서네 반 학생들이 방학 동안 읽은 책의 종류별 학생 수를 조사하여 표로 나타내었습니다. 물음에 답하세요.

책의 종류별 학생 수

종류	학습 만화	동화책	위인전	과학 잡지	합계
학생 수(명)	12		2	4	23

1 동화책을 읽은 학생은 몇 명일까요?

( )

2 가장 많은 학생들이 읽은 책은 무슨 책일까요?

( )

▶ 표에서 학생 수가 가장 많은 책을 찾습니다.

3 학습 만화를 읽은 학생 수는 과학 잡지를 읽은 학생 수의 몇 배일까요?

( )

2 표로 나타내기

정답과 풀이 39쪽

● 은서네 반 학생들이 좋아하는 간식을 조사하여 표로 나타내기

① 조사한 것: 학생들이 좋아하는 간식
② 자료를 수집할 대상: 은서네 반 학생
③ 조사한 자료를 보고 표로 나타내기

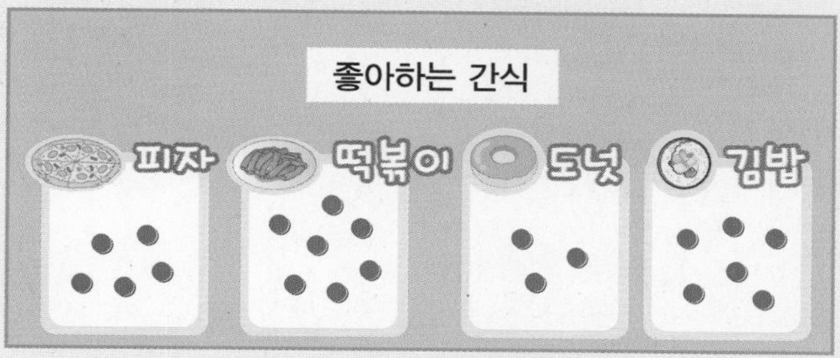

좋아하는 간식별 학생 수

간식	피자	떡볶이	도넛	김밥	합계
학생 수(명)	5	7	3	6	21

보충 개념

• **자료를 표로 나타내면 좋은 점**
– 좋아하는 간식별 학생 수를 쉽게 비교할 수 있습니다.
– 조사한 전체 학생 수를 쉽게 알 수 있습니다.

• **표로 나타낼 때 주의할 점**
– 조사 내용에 알맞은 제목을 붙입니다.
– 조사 항목의 수에 맞게 칸을 나눕니다.
– 합계가 맞는지 확인합니다.

[4~6] 준우네 모둠 학생들이 좋아하는 색깔을 조사하였습니다. 물음에 답하세요.

▶ 자료를 정리할 때 같은 자료를 두 번 세거나 빠뜨리지 않도록 주의합니다.

좋아하는 색깔

이름	색깔	이름	색깔	이름	색깔
준우	빨강	태형	빨강	수일	빨강
영호	보라	진표	초록	남희	빨강
민혜	노랑	우빈	노랑	나영	노랑

4 조사한 것은 무엇일까요?

( )

5 조사한 자료를 보고 표로 나타내어 보세요.

좋아하는 색깔별 학생 수

색깔	빨강	보라	노랑	초록	합계
학생 수(명)					

6 조사한 학생은 모두 몇 명일까요?

( )

? **조사한 학생 수가 모두 몇 명인지 알아보려면 조사한 자료와 표 중 어느 것이 더 편리한가요?**

수를 세어 나타낸 표가 더 편리해요.

6

3 그림그래프 알아보기

- 그림그래프: 알려고 하는 수(조사한 수)를 그림으로 나타낸 그래프
- **그림그래프의 특징**

① 수의 크기를 실물 모양의 그림으로 나타내어 자료의 의미를 쉽게 이해할 수 있습니다.

② 각각의 자료의 수를 한눈에 비교하기 쉽습니다.

농장별 사과 생산량

농장	생산량
가	← 210상자
나	← 230상자
다	← 150상자
라	← 310상자

100상자

10상자

보충 개념

- **수량을 비교할 때는**

① 전체 그림의 수가 아니라 큰 그림의 수부터 비교합니다.

② 큰 그림의 수가 같을 때는 작은 그림의 수를 비교합니다.

!

농장별 사과 생산량의 합계를 쉽게 알 수 있는 것은 (표 , 그림그래프)이고,

농장별 사과 생산량을 쉽게 비교할 수 있는 것은 (표 , 그림그래프)입니다.

[7~8] 은재네 아파트 동별 학생 수를 조사하여 그림그래프로 나타내었습니다. 물음에 답하세요.

아파트 동별 학생 수

동	학생 수
1동	
2동	
3동	
4동	

10명

1명

7 그림 (큰 그림)과 (작은 그림)은 각각 몇 명을 나타내고 있을까요?

(큰 그림) (   ), (작은 그림) (   )

8 학생 수가 가장 많은 동은 어느 동이고, 몇 명일까요?

(   ), (   )

? 표와 그림그래프로 나타내면 각각 어떤 점이 좋은가요?

표는 각각의 수와 합계를 쉽게 알 수 있고, 그림그래프는 각각의 자료의 수를 쉽게 비교할 수 있어요.

4 그림그래프로 나타내기

정답과 풀이 39쪽

● **그림그래프로 나타내는 방법**

① 그림을 몇 가지로 나타낼 것인지 정합니다.
② 어떤 그림으로 나타낼 것인지 정합니다.
③ 조사한 수에 맞도록 그림을 그립니다.
④ 그린 그림그래프에 알맞은 제목을 붙입니다.

종류별 빵 판매량

빵	판매량(개)
크림빵	23
단팥빵	20
식빵	15
합계	58

➡

종류별 빵 판매량 —• ④

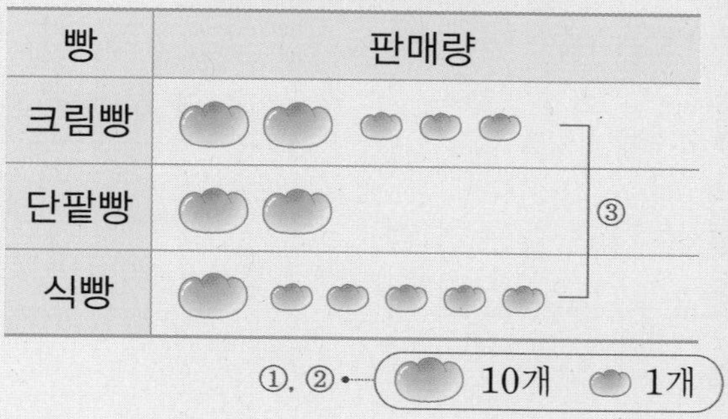

빵	판매량
크림빵	(큰 빵 그림 2개, 작은 빵 그림 3개)
단팥빵	(큰 빵 그림 2개)
식빵	(큰 빵 그림 1개, 작은 빵 그림 5개)

③

①, ②• (큰 빵 그림) 10개 (작은 빵 그림) 1개

주의 개념

• **그림그래프를 그릴 때 주의할 점**
- 그림그래프에서 그림은 자료의 특징을 잘 나타낼 수 있는 것으로 정합니다.
- 그림으로 나타낼 때는 조사한 수의 양을 비교하기 쉽게 그림의 크기를 정합니다.

[9~11] 마을별 나무 수를 조사하여 나타낸 표입니다. 물음에 답하세요.

마을별 나무 수

마을	달	별	구름	무지개	합계
나무 수(그루)	210		350	430	1490

9 별 마을의 나무는 몇 그루일까요?

( )

10 표를 보고 그림그래프를 완성해 보세요.

마을별 나무 수

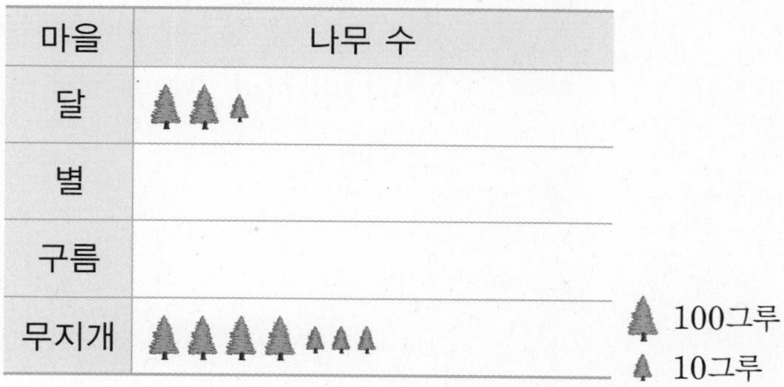

마을	나무 수
달	(큰 나무 그림 2개, 작은 나무 그림 1개)
별	
구름	
무지개	(큰 나무 그림 4개, 작은 나무 그림 3개)

(큰 나무 그림) 100그루
(작은 나무 그림) 10그루

? **합계인 1490그루를 그림그래프에는 나타내지 않나요?**

그림그래프는 자료의 수를 비교하기 위한 것이므로 합계는 나타내지 않아요.

11 나무 수가 많은 마을부터 차례로 마을의 이름을 써 보세요.

( )

기본에서 응용으로

교과유형

1 표 알아보기

좋아하는 색깔별 학생 수

색깔	노란색	분홍색	초록색	합계
학생 수(명)	12	9	17	38

- 가장 많은 학생들이 좋아하는 색깔은 초록색입니다.
- 조사한 학생은 모두 38명입니다.

└• 표에서 합계를 보면 쉽게 알 수 있습니다.

[1~4] 채은이네 학교 학생들이 가고 싶은 체험 학습 장소를 여학생과 남학생으로 나누어 표로 나타내었습니다. 물음에 답하세요.

가고 싶은 장소별 남녀 학생 수

장소	박물관	영화관	놀이 동산	한옥 마을	합계
여학생 수(명)	19	42	34	27	
남학생 수(명)	38		45	25	135

1 빈칸에 알맞은 수를 써넣으세요.

2 가장 많은 여학생들이 가고 싶은 장소와 가장 많은 남학생들이 가고 싶은 장소를 써 보세요.

여학생 (　　　　　　)

남학생 (　　　　　　)

3 채은이네 학교 학생은 모두 몇 명일까요?

(　　　　　　)

4 가고 싶은 장소 중 여학생 수와 남학생 수의 차이가 가장 많이 나는 장소는 어디일까요?

(　　　　　　)

[5~7] 윤이네 반과 정우네 반 학생들이 먹고 싶은 간식을 조사하여 표로 나타내었습니다. 물음에 답하세요.

먹고 싶은 간식별 학생 수

간식	치킨	떡볶이	햄버거	핫도그	합계
윤이네 반 학생 수(명)	7	4	9	5	25
정우네 반 학생 수(명)	10	6	4	7	27

5 윤이네 반에서 가장 많은 학생들이 먹고 싶은 간식은 무엇일까요?

(　　　　　　)

6 떡볶이를 먹고 싶은 학생은 누구네 반 학생이 몇 명 더 많을까요?

(　　　　　　)반, (　　　　　　)명

서술형

7 윤이네 반과 정우네 반 학생들이 함께 간식을 먹는다면 어떤 간식을 먹으면 좋을지 고르고 그 이유를 써 보세요.

(　　　　　　)

이유 ....

교과유형 2 표로 나타내기

조사한 자료를 정리하여 표로 나타낼 수 있습니다.

[8~10] 지호네 반 학생들이 좋아하는 계절을 조사하였습니다. 물음에 답하세요.

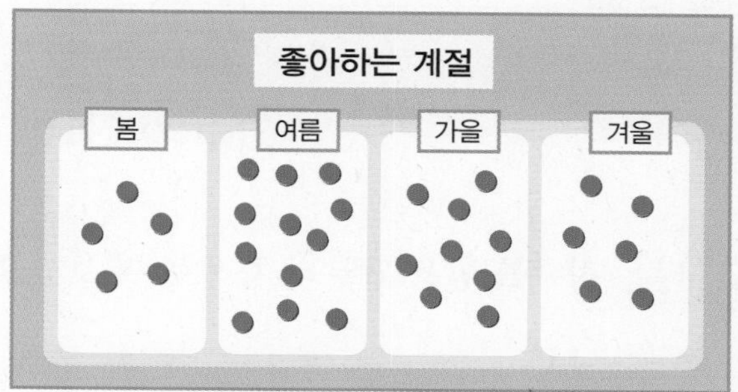

8 자료를 보고 표로 나타내어 보세요.

좋아하는 계절별 학생 수

계절	봄	여름	가을	겨울	합계
학생 수(명)					

9 가장 많은 학생들이 좋아하는 계절은 언제일까요?

( )

서술형

10 좋아하는 계절별 학생 수를 비교할 때 조사한 자료와 표 중에서 어느 것이 더 편리한지 쓰고, 이유를 설명해 보세요.

( )

이유

[11~14] 선우네 반 학생들이 좋아하는 운동을 조사하였습니다. 물음에 답하세요.

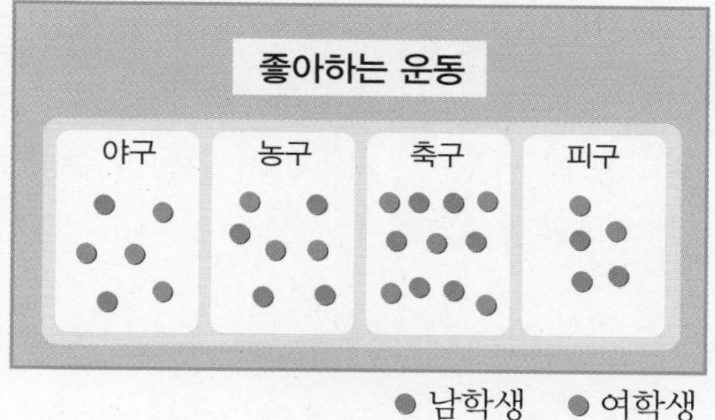

11 자료를 보고 표를 완성해 보세요.

운동	야구	농구	축구	피구	합계
남학생 수(명)	2				
여학생 수(명)				2	

12 야구를 좋아하는 여학생은 야구를 좋아하는 남학생보다 몇 명 더 많을까요?

( )

13 선우네 반 학생은 모두 몇 명일까요?

( )

14 가장 많은 학생들이 좋아하는 운동은 무엇일까요?

( )

6

3 그림그래프 알아보기

- 그림그래프: 알려고 하는 수(조사한 수)를 그림으로 나타낸 그래프
- 그림그래프로 나타내면 큰 그림과 작은 그림이 얼마를 나타내는지 파악하여 항목별 수량을 쉽게 비교할 수 있습니다.

[15~17] 지수가 4일 동안 줄넘기를 한 횟수를 요일별로 조사하여 그림그래프로 나타내었습니다. 물음에 답하세요.

요일별 줄넘기 횟수

요일	줄넘기 횟수
목요일	
금요일	
토요일	
일요일	

(큰 그림) 10회 (작은 그림) 1회

15 그림 (큰 그림)과 (작은 그림)은 각각 몇 회를 나타낼까요?

(큰 그림) (　　　　), (작은 그림) (　　　　)

16 어느 요일에 줄넘기를 가장 많이 했을까요?

(　　　　　　)

서술형

17 그림그래프로 나타내었을 때 표보다 좋은 점을 설명해 보세요.

설명 ....

....

[18~20] 혜지가 3개월 동안 받은 칭찬 점수를 그림그래프로 나타내었습니다. 물음에 답하세요.

월별 칭찬 점수

월	칭찬 점수
4월	◎◎○○○○
5월	◎◎◎○
6월	◎○○○○○○○○○

◎10점 ○1점

18 많은 점수를 받은 달부터 차례로 써 보세요.

(　　　　　　)

19 혜지는 4월부터 6월까지 모두 몇 점을 받았을까요?

(　　　　　　)

20 선생님께서 매달 칭찬 점수를 확인하여 20점보다 높으면 연필을 1타씩 주셨습니다. 3개월 동안 혜지가 받은 연필은 모두 몇 자루일까요?

(• 12자루)

(　　　　　　)

21 수호네 반에서 모은 책의 수를 종류별로 조사하여 그림그래프로 나타낸 것입니다. 과학책을 동화책의 $\frac{1}{3}$만큼 모았다면 모은 과학책은 모두 몇 권일까요?

종류별 책의 수

위인전	동화책	만화책	과학책

(큰 그림) 10권 (작은 그림) 1권

(　　　　　　)

교과유형 **4 그림그래프로 나타내기**

- 그림그래프 그리는 방법
  ① 그림을 몇 가지로 나타낼 것인지 정하기
  ② 어떤 그림으로 나타낼 것인지 정하기
  ③ 조사한 수에 맞도록 그림 그리기
  ④ 그림그래프에 알맞은 제목 붙이기

[22~24] 희주네 학교 음악 시간에 민요를 감상하고 그중 가장 듣기 좋았던 민요를 조사하여 표로 나타내었습니다. 물음에 답하세요.

듣기 좋았던 민요별 학생 수

민요	밀양 아리랑	쾌지나 칭칭 나네	옹헤야	합계
학생 수(명)	21	13	8	42

22 표를 보고 그림그래프를 그릴 때 그림을 몇 가지로 나타내는 것이 좋을까요?

( )

23 표를 보고 그림그래프로 나타내어 보세요.

듣기 좋았던 민요별 학생 수

민요	학생 수
밀양 아리랑	
쾌지나 칭칭 나네	
옹헤야	

♪ 10명 ♪ 1명

24 가장 많은 학생들이 듣기 좋았다고 말한 민요는 무엇일까요?

( )

[25~27] 마을별 포도 생산량을 조사하여 나타낸 표와 그림그래프입니다. 물음에 답하세요.

마을별 포도 생산량

마을	다정	기쁨	보람	사랑	행복	합계
생산량 (상자)	400		230		240	1350

마을별 포도 생산량

마을	생산량
다정	
기쁨	▬ ▪▪▪▪▪▪
보람	
사랑	▬▬▬ ▪▪
행복	▬▬ ▪▪▪▪

▬ [ ]상자 ▪ [ ]상자

25 그림그래프에서 그림 ▬과 ▪은 각각 몇 상자를 나타낼까요?

▬ ( ), ▪ ( )

26 기쁨 마을과 사랑 마을의 포도 생산량은 각각 몇 상자일까요?

기쁨 마을 ( )

사랑 마을 ( )

27 위의 그림그래프를 완성해 보세요.

6

실전유형

3가지 그림의 그림그래프 알아보기

그림그래프에서 그림의 수가 많아져 복잡할 때에는 그림의 단위를 더 세부적으로 나누어 3가지 그림으로 나타낼 수 있습니다.

[28~30] 어느 옷 가게에서 하루에 판 옷의 수를 조사하여 나타낸 표입니다. 물음에 답하세요.

종류별 옷 판매량

옷	티셔츠	바지	점퍼	합계
판매량(벌)	35	19	27	81

28 표를 보고 그림그래프로 나타내어 보세요.

종류별 옷 판매량

옷	판매량
티셔츠	
바지	
점퍼	

◎10벌 ○1벌

29 표를 보고 ◎은 10벌, △은 5벌, ○은 1벌로 하여 그림그래프로 나타내어 보세요.

종류별 옷 판매량

옷	판매량
티셔츠	
바지	
점퍼	

◎10벌 △5벌 ○1벌

30 29번 그림그래프가 28번 그림그래프보다 더 편리한 점을 써 보세요.

실전유형

조건이 주어진 그림그래프 완성하기

주어진 조건에 맞게 그림그래프를 완성합니다.

31 지점별 햄버거 판매량을 조사하여 나타낸 그림그래프입니다. 노을 지점의 판매량은 하늘 지점의 판매량보다 15개 더 많을 때 그림그래프를 완성해 보세요.

지점별 햄버거 판매량

지점	판매량
하늘	
바다	
노을	
바람	

10개 1개

32 마을별 인터넷을 사용하는 가구 수를 조사하여 나타낸 그림그래프입니다. 다 마을의 인터넷 사용 가구 수가 나 마을의 2배일 때 그림그래프를 완성해 보세요.

마을별 인터넷 사용 가구 수

마을	가구 수
가	
나	
다	
라	

100가구 10가구 1가구

정답과 풀이 42쪽

문제 풀이

심화유형 1 그림그래프 해석하기

지민이네 학교 3학년의 반별 학생 수를 조사하여 나타낸 그림그래프입니다. 3학년 학생들에게 각각 연필을 3자루씩 나누어 주려면 연필은 모두 몇 자루를 준비해야 할까요?

반별 학생 수

반	학생 수
1반	(10명)(10명)(10명)(1명)
2반	(10명)(10명)(1명)(1명)(1명)(1명)(1명)(1명)(1명)(1명)
3반	(10명)(10명)(1명)(1명)(1명)

10명 / 1명

( )

● 핵심 NOTE 먼저 그림그래프에서 각 항목의 수를 세어 전체 학생 수를 구해 봅니다.

1-1 어느 아파트의 동별 가구 수를 조사하여 나타낸 그림그래프입니다. 한 가구당 주차 공간을 2칸씩으로 하여 주차장을 만든다면 주차 공간을 모두 몇 칸으로 만들어야 할까요?

동별 가구 수

동	가구 수
1동	(10가구)(10가구)(10가구)(1가구)(1가구)
2동	(10가구)(10가구)(1가구)(1가구)(1가구)(1가구)(1가구)(1가구)(1가구)
3동	(10가구)(1가구)(1가구)(1가구)(1가구)(1가구)(1가구)(1가구)
4동	(10가구)(10가구)(10가구)(10가구)(1가구)

10가구 / 1가구

( )

1-2 어느 마을의 슈퍼마켓에서 하루 동안 판매한 아이스크림 수를 조사하여 나타낸 그림그래프입니다. 아이스크림 1개의 값이 800원일 때 가 슈퍼마켓의 판매액은 라 슈퍼마켓의 판매액보다 얼마나 더 많을까요?

하루 동안 판매한 아이스크림 수

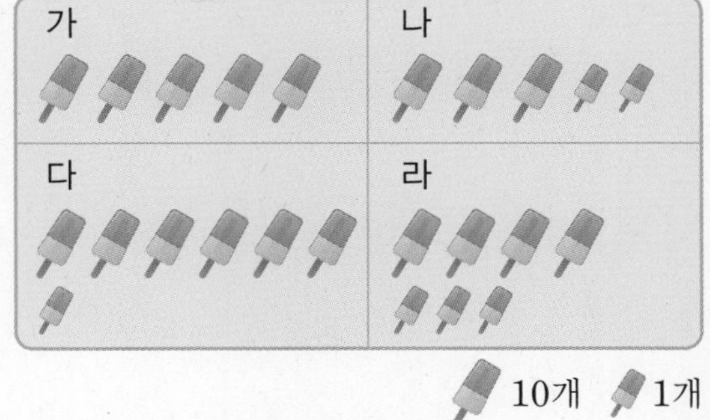

( )

6

위치별로 나누어진 그림그래프에서 지역별 비교하기

공장별 인형 생산량을 조사하여 나타낸 그림그래프입니다. 도로의 서쪽과 동쪽 중 어느 쪽 공장의 생산량이 얼마나 더 많을까요?

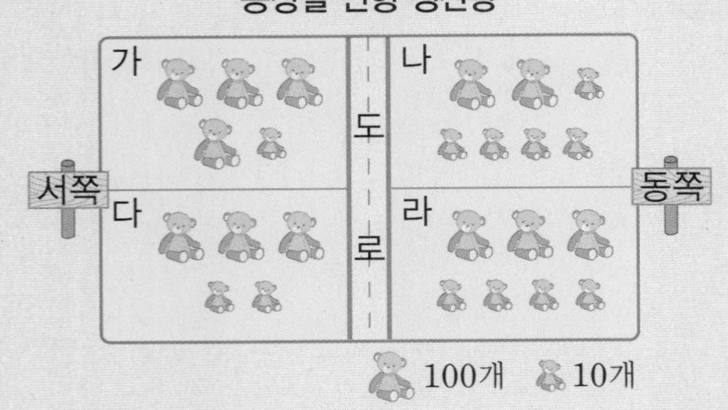

( ), ( )

● 핵심 NOTE 도로의 서쪽에 있는 공장의 생산량의 합과 동쪽에 있는 공장의 생산량의 합을 구해 비교합니다.

2-1 마을별 초등학생이 있는 가구 수를 조사하여 나타낸 그림그래프입니다. 초등학생이 있는 가구 수는 도로의 북쪽과 남쪽 중 어느 쪽 마을이 얼마나 더 많을까요?

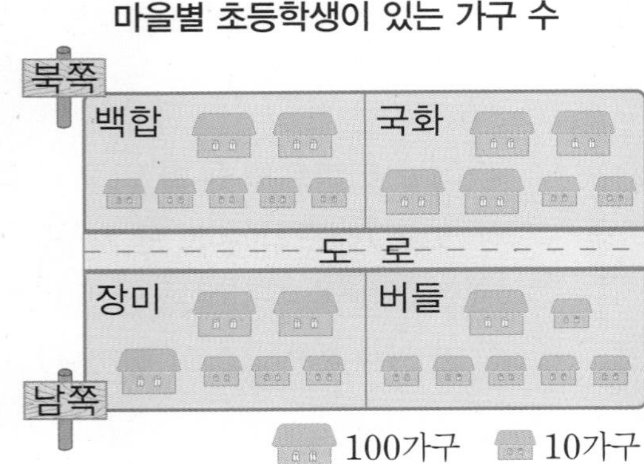

( ), ( )

2-2 마을별 사과 수확량을 조사하여 나타낸 그림그래프입니다. 호수의 동쪽 수확량이 서쪽 수확량보다 100상자 더 많다면 나 마을의 사과 수확량은 몇 상자일까요?

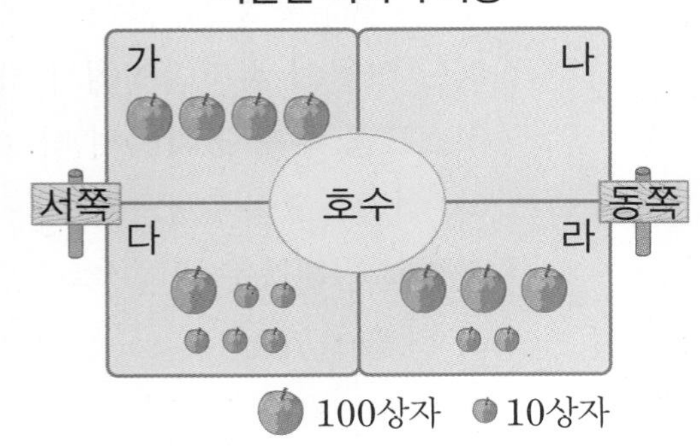

( )

심화유형 3 조건을 보고 표와 그림그래프 완성하기

승준이와 친구들이 1년 동안 읽은 책의 수를 조사하여 나타낸 표와 그림그래프입니다. 인영이와 한상이가 읽은 책의 수가 같을 때 표와 그림그래프를 완성해 보세요.

1년 동안 읽은 책의 수

이름	책의 수(권)
승준	23
인영	
한상	
합계	93

1년 동안 읽은 책의 수

이름	책의 수
승준	
인영	
한상	

10권 1권

● 핵심 NOTE
- 두 사람이 읽은 책의 수가 같다는 조건을 이용하여 각각 읽은 책의 수를 구합니다.
- 구한 수로 표와 그림그래프를 완성합니다.

3-1 신문사별 신문 판매 부수를 조사하여 나타낸 표와 그림그래프입니다. 가 신문사와 다 신문사의 신문 판매 부수가 같을 때 표와 그림그래프를 완성해 보세요.

신문사별 판매 부수

신문사	부수(부)
가	
나	207
다	
합계	831

신문사별 판매 부수

신문사	가	나	다
부수			

100부 10부 1부

3-2 가게별 인형 판매량을 조사하여 나타낸 그림그래프입니다. 전체 인형 판매량이 731개이고, 재미 가게의 인형 판매량이 미소 가게의 2배일 때 그림그래프를 완성해 보세요.

가게별 인형 판매량

가게	판매량
웃음	◎◎○○○○○
재미	
해피	◎○○○○○○
미소	

◎100개 ○10개 ○1개

그림그래프를 보고 조건에 맞는 항목 구하기

우리나라의 한 달 동안 지역별 관광객 수를 조사하여 나타낸 그림그래프입니다. 지현이가 사는 곳은 어디인지 써 보세요.

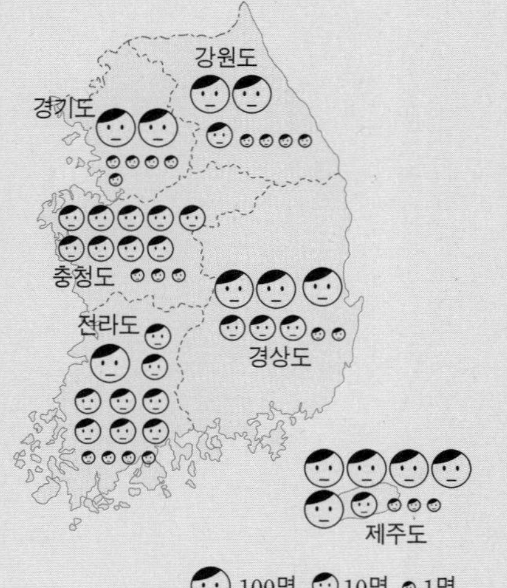

1단계 관광객 수가 가장 많은 지역 찾기

2단계 관광객 수가 가장 많은 지역보다 299명 더 적은 지역 찾기

(　　　　　　　　)

● 핵심 NOTE

1단계 관광객 수가 가장 많은 지역을 찾습니다.

2단계 관광객 수가 **1단계**에서 찾은 지역보다 299명 더 적은 지역을 찾습니다.

4-1

서울시의 지역별 초등학교 야구부 수를 조사하여 나타낸 그림그래프입니다. 윤수네 초등학교는 어느 지역에 있는지 써 보세요.

(　　　　　　　　)

기출 단원 평가 Level ①

점수

확인

[1~4] 혜린이네 반 학생들이 좋아하는 계절을 조사한 것입니다. 물음에 답하세요.

좋아하는 계절

봄	여름	봄	여름	가을	겨울	여름	봄
겨울	가을	가을	겨울	겨울	가을	봄	여름
봄	여름	겨울	겨울	봄	봄	봄	가을
가을	봄	봄	봄	여름	여름	겨울	가을
봄	가을	겨울	가을	겨울	가을	가을	여름

1 좋아하는 계절별 학생 수를 표로 나타내어 보세요.

좋아하는 계절별 학생 수

계절	봄	여름	가을	겨울	합계
학생 수(명)					

2 조사한 학생은 모두 몇 명일까요?

( )

3 1번의 표를 보고 그림그래프를 완성해 보세요.

좋아하는 계절별 학생 수

계절	학생 수
봄	
여름	
가을	
겨울	

10명 1명

4 많은 학생들이 좋아하는 계절부터 차례로 써 보세요.

( )

[5~8] 은우와 친구들이 딴 사과의 수를 조사하여 표로 나타내었습니다. 물음에 답하세요.

학생별 딴 사과 수

이름	은우	혜린	준우	석진	합계
사과 수(개)	26	15		28	100

5 준우가 딴 사과는 몇 개일까요?

( )

6 사과를 가장 적게 딴 학생은 누구일까요?

( )

7 은우의 동생은 은우가 딴 사과 수의 $\frac{1}{2}$만큼 땄습니다. 은우의 동생이 딴 사과는 몇 개일까요?

( )

8 석진이가 딴 사과를 한 봉지에 4개씩 모두 담으려고 합니다. 필요한 봉지는 모두 몇 개일까요?

( )

[9~11] 주원이네 학교 3학년 학생들이 좋아하는 과목을 여학생과 남학생으로 나누어 표로 나타내었습니다. 물음에 답하세요.

좋아하는 과목별 남녀 학생 수

과목	국어	수학	사회	과학	합계
여학생 수 (명)	32	18		30	109
남학생 수 (명)	26	31	15	42	114

9 주원이네 학교 3학년 여학생 중 사회를 좋아하는 학생은 몇 명일까요?

( )

10 수학을 좋아하는 남학생은 수학을 좋아하는 여학생보다 몇 명 더 많을까요?

( )

11 가장 많은 학생들이 좋아하는 과목은 무엇일까요?

( )

[12~15] 초등학교별 학생 수를 조사하여 표로 나타내었습니다. 물음에 답하세요.

초등학교별 학생 수

학교	가	나	다	라	합계
학생 수(명)	153	231	137	210	731

12 표를 보고 그림그래프를 그리려고 합니다. 그림을 다음과 같이 3가지로 나타낼 때 각 단위를 몇 명으로 하면 좋을까요?

( ), ( ), ( )

13 표를 보고 그림그래프를 완성해 보세요.

초등학교별 학생 수

학교	학생 수
가	
나	
다	
라	

[ ]명 [ ]명 [ ]명

14 학생 수가 가장 많은 학교는 어느 학교일까요?

( )

15 학생 수가 가장 많은 학교는 학생 수가 가장 적은 학교보다 학생이 몇 명 더 많을까요?

( )

[16~18] 어느 지역의 재래시장 수를 조사하여 그림그래프로 나타내었습니다. 물음에 답하세요.

동네별 재래시장 수

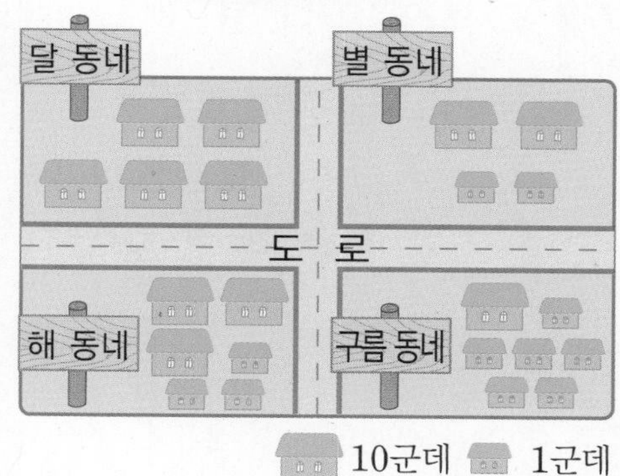

16 그림그래프를 보고 표를 만들었습니다. 빈칸에 알맞은 수를 써넣으세요.

동네별 재래시장 수

동네	달	별	해	구름	합계
재래시장 수(군데)	50				

17 재래시장 수가 30군데보다 적은 동네를 모두 써 보세요.

( )

18 재래시장 수가 가장 적은 동네에 재래시장을 10군데 더 만들면 재래시장 수가 가장 적은 동네는 어느 동네가 될까요?

( )

술술 서술형

19 영주네 반 학생들이 모둠별로 모은 헌 책의 수를 조사하여 나타낸 표입니다. 헌 책을 1권 팔면 70원을 받는다고 할 때 영주네 반 학생들이 모은 책을 모두 팔면 얼마를 받을 수 있는지 풀이 과정을 쓰고 답을 구해 보세요.

모둠별로 모은 헌 책의 수

모둠	가	나	다	라	합계
책 수(권)	25	17	13	29	

풀이

답

20 어느 박물관의 연도별 입장객 수를 조사하여 그림그래프로 나타내었습니다. 연도별 입장객 수를 구하여 해가 지날수록 입장객 수는 어떻게 변하였는지 설명해 보세요.

연도별 입장객 수

연도	입장객 수
2018년	(100명 1개, 1명 2개)
2019년	(100명 2개, 10명 3개)
2020년	(100명 3개, 10명 1개, 1명 3개)
2021년	(100명 4개)

100명 10명 1명

설명

기출 단원 평가 Level ❷

점수

확인

[1~2] 희준이네 학교 학생들이 좋아하는 동물을 조사하여 나타낸 그림그래프입니다. 물음에 답하세요.

좋아하는 동물별 학생 수

동물	학생 수
기린	◯◯○○○○○○○
코끼리	◯○○○○○
원숭이	◯◯◯○○○
펭귄	◯◯◯○○○○○○

◯10명 ○1명

1 원숭이를 좋아하는 학생은 몇 명일까요?

( )

2 펭귄을 좋아하는 학생은 기린을 좋아하는 학생보다 몇 명 더 많을까요?

( )

3 순정이네 학교 학생들의 등교 교통 수단을 조사하여 나타낸 그림그래프입니다. 전체 학생 수가 80명일 때 그림그래프를 완성해 보세요.

교통 수단별 학생 수

교통 수단	학생 수
도보	☺☺☺☺☺
자전거	
지하철	☺☺☺☺☺☺☺

(큰 그림) 10명 (작은 그림) 1명

[4~6] 윤수네 반과 민태네 반 학생들이 배우고 싶은 악기를 조사하였습니다. 물음에 답하세요.

배우고 싶은 악기별 학생 수

악기	플루트	기타	오카리나	바이올린	합계
윤수네 반 학생 수(명)	8	9	4	11	
민태네 반 학생 수(명)		6	2	9	30

4 윤수네 반 학생은 모두 몇 명일까요?

( )

5 윤수네 반과 민태네 반에서 바이올린을 배우고 싶은 학생은 모두 몇 명일까요?

( )

6 플루트를 배우고 싶은 학생은 누구네 반 학생이 몇 명 더 많을까요?

( )반, ( )명

7 일주일 동안 어느 음식점에서 팔린 음식의 수를 그림그래프로 나타내었습니다. 팔린 스파게티와 샌드위치의 수의 차를 구해 보세요.

음식 종류별 판매량

스파게티	샐러드	오므라이스	샌드위치
◎◎◎△○	◎◎○○○	◎◎△	◎△○○

◎ 10접시 △ 5접시 ○ 1접시

( )

[8～11] 준희네 반 학생들이 좋아하는 색깔을 2가지씩 조사한 것입니다. 물음에 답하세요.

좋아하는 색깔

준희	연서	민우	현진	승우
초록 보라	빨강 파랑	노랑 초록	보라 파랑	파랑 노랑
민하	**은산**	**선민**	**다연**	**정민**
빨강 파랑	파랑 초록	초록 노랑	보라 초록	파랑 보라
영민	**웅재**	**태윤**	**채은**	**윤희**
초록 파랑	파랑 보라	노랑 초록	파랑 보라	파랑 빨강

8 현진이가 좋아하는 색깔은 무슨 색과 무슨 색일까요?

( ), ( )

9 조사한 내용을 보고 표로 나타내어 보세요.

좋아하는 색깔별 학생 수

색깔	초록	보라	빨강	노랑	파랑	합계
학생 수 (명)						

10 준희네 반 학생은 모두 몇 명일까요?

( )

11 가장 많은 학생들이 좋아하는 색의 색종이를 준희네 반 학생들에게 나누어 주려고 합니다. 어떤 색의 색종이를 준비하면 될까요?

( )

[12～15] 현수와 친구들이 집에서 기르고 있는 닭의 수를 조사하여 나타낸 그림그래프입니다. 물음에 답하세요.

기르고 있는 닭의 수

이름	닭의 수
현수	🐔🐔🐤🐤🐤
정민	🐔🐔🐔🐤🐤
지아	🐔🐤🐤🐤🐤🐤🐤
준우	🐔🐔🐤🐤🐤🐤🐤

🐔10마리 🐤1마리

12 닭을 가장 많이 기르고 있는 집과 가장 적게 기르고 있는 집의 닭의 수의 차를 구해 보세요.

( )

13 현수네 집보다 닭을 더 많이 기르고 있는 집은 누구네 집인지 모두 써 보세요.

( )

14 기르고 있는 닭의 수가 지아네의 2배인 집은 누구네 집일까요?

( )

15 닭 한 마리마다 알을 5개씩 낳았다면 알은 모두 몇 개일까요?

( )

[16~18] 과수원별 귤 생산량을 조사하여 나타낸 표와 그림그래프입니다. 물음에 답하세요.

과수원별 귤 생산량

과수원	가	나	다	라	합계
생산량(상자)		152		241	

과수원별 귤 생산량

과수원	생산량
가	
나	
다	
라	

100상자 10상자 1상자

16 위의 표와 그림그래프를 완성해 보세요.

17 바르게 설명한 것의 기호를 써 보세요.

㉠ 귤 생산량이 두 번째로 많은 과수원은 나 과수원입니다.
㉡ 귤 생산량이 라 과수원보다 많은 과수원은 가 과수원과 다 과수원입니다.
㉢ 다 과수원의 귤 생산량은 나 과수원의 2배입니다.

( )

18 귤 생산량이 가장 많은 과수원과 가장 적은 과수원의 귤 생산량의 차는 몇 상자일까요?

( )

술술 서술형

19 민서네 마을의 목장에서 일주일 동안 생산한 우유의 양을 조사하여 표로 나타내었습니다. 가 목장의 생산량은 라 목장의 생산량의 $\frac{1}{3}$일 때 나 목장의 생산량을 구하려고 합니다. 풀이 과정을 쓰고 답을 구해 보세요.

목장별 우유 생산량

목장	가	나	다	라	합계
생산량(kg)			53	42	130

풀이

답

20 마을별 신생아 수를 조사하여 나타낸 그림그래프입니다. 도로의 서쪽과 동쪽 중 어느 쪽에 신생아 수가 얼마나 더 많은지 풀이 과정을 쓰고 답을 구해 보세요.

마을별 신생아 수

풀이

답 ,

사고력이 반짝

● 규칙에 따라 수를 써놓은 것입니다. ? 에 들어갈 수는 얼마일지 써 보세요.

1	1	2	3	5	8	?	21

? 에 알맞은 수는

계산이 아닌 개념을 깨우치는

수학을 품은 연산

디딤돌 연산은 수학이다.

1~6학년(학기용)

수학 공부의 새로운 패러다임

수학 좀 한다면 디딤돌

응용탄탄북

3-2

차례

수학 좀 한다면

초등수학

응용탄탄북

3-2

• 서술형 문제 | 서술형 문제를 집중 연습해 보세요.

• 기출 단원 평가 | 시험에 잘 나오는 문제를 한번 더 풀어 단원을 확실하게 마무리해요.

서술형 문제

1

민정이네 학교에서 3학년 학생 모두에게 한 명당 15권씩 공책을 주려고 합니다. 각 반의 학생 수가 다음과 같을 때 필요한 공책은 모두 몇 권인지 풀이 과정을 쓰고 답을 구해 보세요.

반	1반	2반	3반	4반	합계
학생 수(명)	22	26	23	25	

풀이

답

▶ 먼저 3학년 전체 학생 수를 구합니다.

2

어떤 수에 6을 곱해야 할 것을 잘못하여 뺐더니 147이 되었습니다. 바르게 계산하면 얼마인지 풀이 과정을 쓰고 답을 구해 보세요.

풀이

답

▶ 어떤 수를 □라 하고 잘못 계산한 식을 이용해서 어떤 수부터 구합니다.

3

사과를 한 상자에 32개씩 넣어 26상자를 만들었습니다. 이 사과를 한 사람에게 14개씩 28명에게 나누어 주면 남는 사과는 몇 개인지 풀이 과정을 쓰고 답을 구해 보세요.

풀이

답

▶ 곱셈을 이용하여 전체 사과의 수와 나누어 준 사과의 수를 각각 구합니다.

4

불우이웃돕기 성금으로 선우는 100원짜리 동전 5개와 10원짜리 동전 6개를 냈습니다. 민호는 선우가 낸 성금의 4배를 냈습니다. 민호는 선우보다 얼마를 더 냈는지 풀이 과정을 쓰고 답을 구해 보세요.

풀이

답

▶ 먼저 선우가 낸 성금을 구합니다.

5 재우는 20초 동안 110 m를 달리고, 민하는 30초 동안 160 m를 달립니다. 재우와 민하가 각각 같은 빠르기로 1분 동안 달렸다면 누가 몇 m를 더 많이 달렸는지 풀이 과정을 쓰고 답을 구해 보세요.

풀이

답

▶ 1분은 60초임을 이용하여 재우와 민하가 1분 동안 달린 거리를 구합니다.

6 길이가 32 cm인 색 테이프 14장을 그림과 같이 12 cm씩 겹치게 이어 붙였습니다. 이어 붙인 색 테이프의 전체 길이는 몇 cm인지 풀이 과정을 쓰고 답을 구해 보세요.

12 cm 12 cm ...... 12 cm
32 cm 32 cm 32 cm

풀이

답

▶ 색 테이프의 ■장을 이어 붙이면 겹쳐진 부분은 (■－1)군데입니다.

7

위인전은 24권씩 36상자가 있고, 과학책은 120권씩 몇 상자가 있습니다. 위인전과 과학책이 모두 1704권이라면 과학책은 몇 상자인지 풀이 과정을 쓰고 답을 구해 보세요.

풀이

답

▶ 먼저 위인전의 수를 구하여 과학책의 수를 구합니다.

8

수 카드를 한 번씩만 사용하여 곱이 가장 큰 (두 자리 수)×(두 자리 수)의 곱셈식을 만들 때 가장 큰 곱은 얼마인지 풀이 과정을 쓰고 답을 구해 보세요.

3 4 7 9

풀이

답

▶ 두 수의 십의 자리에는 어떤 수가 와야 하는지 생각해 봅니다.

1

다시 점검하는 기출 단원 평가 Level 1

점수 | 확인

1 계산해 보세요.

(1) 123×3

(2) 632×4

2 곱이 가장 큰 것을 찾아 기호를 써 보세요.

㉠ 211×4
㉡ 324×2
㉢ 222×3

( )

3 계산에서 □ 안의 숫자 2가 실제로 나타내는 수는 얼마인지 구해 보세요.

$$\begin{array}{r} 1\ \boxed{2}\ \ \\ 4\ 5\ 7 \\ \times \quad\ \ 3 \\ \hline 1\ 3\ 7\ 1 \end{array}$$

( )

4 곱의 크기를 비교하여 ○ 안에 >, =, <를 알맞게 써넣으세요.

(1) 375×2 ○ 264×3

(2) 698×7 ○ 823×5

5 가장 큰 수와 가장 작은 수의 곱을 구해 보세요.

53 46 60

( )

6 계산 결과가 큰 것부터 차례로 기호를 써 보세요.

㉠ 2×53 ㉡ 4×49
㉢ 7×31 ㉣ 6×24

( )

7 대추가 한 상자에 127개씩 들어 있습니다. 4상자에 들어 있는 대추는 모두 몇 개일까요?

( )

8 32시간은 몇 분일까요?

( )

9 잘못 계산한 부분을 찾아 바르게 계산해 보세요.

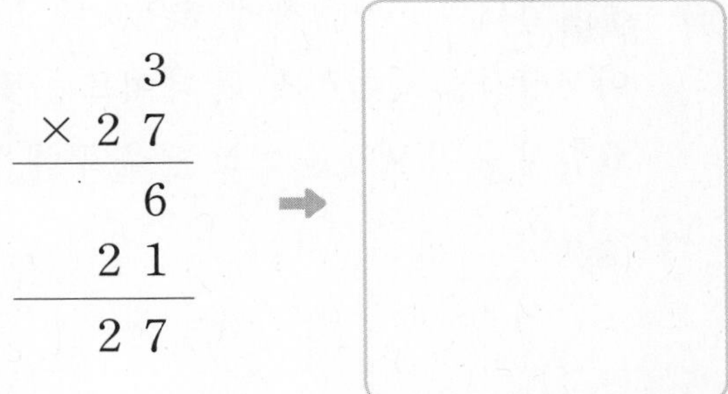

10 문구점에서 450원짜리 색연필 6자루를 사고 5000원을 냈습니다. 거스름돈으로 얼마를 받아야 할까요?

( )

11 ㉠과 ㉡에 알맞은 수의 합을 구해 보세요.

$65 \times 30 =$ ㉠
$27 \times 50 =$ ㉡

( )

12 종석이는 종이학을 하루에 38개씩 접었습니다. 종석이가 3주 동안 접은 종이학은 모두 몇 개일까요?

( )

13 □ 안에 알맞은 수를 써넣으세요.

$$\begin{array}{r} 6\ \square\ 5 \\ \times \quad\quad 3 \\ \hline 2\ 0\ 2\ 5 \end{array}$$

14 혁재는 350원짜리 사탕 9개와 700원짜리 초콜릿 한 개를 샀습니다. 혁재가 내야 할 돈은 모두 얼마일까요?

( )

15 영주는 동화책을 매일 18쪽씩 읽습니다. 영주가 3월과 4월 두 달 동안 읽은 동화책의 쪽수는 모두 몇 쪽일까요?

( )

16 1부터 9까지의 수 중 □ 안에 들어갈 수 있는 수를 모두 구해 보세요.

$24 \times \square 0 < 1300$

(   )

17 식품을 먹었을 때 몸속에서 발생하는 에너지의 양을 '열량'이라고 합니다. 식품별 열량이 다음과 같을 때 기주네 가족이 피자 4조각과 곶감 28개를 간식으로 먹었다면 기주네 가족이 먹은 간식의 열량은 몇 킬로칼로리일까요?

간식	열량(킬로칼로리)
피자 1조각	262
곶감 1개	76

(   )

18 어떤 수를 40배 한 수에 78을 더했더니 318이 되었습니다. 어떤 수는 얼마일까요?

(   )

술술 서술형

19 종이꽃 한 개를 만드는 데 색 테이프가 29 cm 필요합니다. 한 상자에 종이꽃을 17개씩 담아 4상자를 만들려면 색 테이프는 몇 cm 필요한지 풀이 과정을 쓰고 답을 구해 보세요.

풀이

답

20 농구공을 한 시간에 75개씩 만드는 공장이 있습니다. 이 공장에서 하루에 8시간씩 5일 동안 만들 수 있는 농구공은 모두 몇 개인지 풀이 과정을 쓰고 답을 구해 보세요.

풀이

답

다시 점검하는 기출 단원 평가 Level 2

점수 | 확인

1 덧셈식을 곱셈식으로 나타내고 답을 구해 보세요.

321＋321＋321

□×□＝□

2 □ 안에 알맞은 수를 써넣으세요.

17× 9＝□
17×20＝□
17×29＝□

3 곱의 크기를 비교하여 ○ 안에 >, ＝, <를 알맞게 써넣으세요.

7×38 ○ 4×52

4 □ 안에 알맞은 수를 써넣으세요.

(1) 4×9＝□ ➡ 40×□＝3600

(2) 21×4＝□ ➡ 21×□＝840

5 곱이 작은 것부터 차례로 기호를 써 보세요.

㉠ 491×5 ㉡ 687×3 ㉢ 502×4

(　　　　　　)

6 ㉠과 ㉡의 곱을 구해 보세요.

㉠ 10이 6개, 1이 9개인 수
㉡ 10이 8개인 수

(　　　　　　)

7 □ 안에 알맞은 수를 써넣으세요.

```
    □ 9
  × 7 0
---------
4 8 3 □
```

8 한 변의 길이가 168 cm인 정사각형이 있습니다. 이 정사각형의 네 변의 길이의 합은 몇 cm일까요?

(　　　　　　)

1

9 조기와 같은 물고기를 한 줄에 10마리씩 두 줄로 엮은 것을 '두름'이라고 합니다. 조기 한 두름은 20마리입니다. 조기 40두름은 모두 몇 마리일까요?

(　　　　　　　　)

10 수아는 수학 문제를 매일 15문제씩 풉니다. 수아가 6월 한 달 동안 푼 문제는 모두 몇 문제일까요?

(　　　　　　　　)

11 사과가 한 상자에 30개씩 40상자 있고, 배가 한 상자에 20개씩 50상자 있습니다. 사과와 배 중 어느 것이 몇 개 더 많을까요?

(　　　　　　　　), (　　　　　　　　)

12 한 시간에 48켤레의 운동화를 만드는 기계가 있습니다. 기계가 쉬지 않고 작동할 때 이 기계가 이틀 동안 만들 수 있는 운동화는 모두 몇 켤레일까요?

(　　　　　　　　)

13 □ 안에 들어갈 수 있는 자연수는 모두 몇 개일까요?

$$41 \times 24 < \square < 22 \times 45$$

(　　　　　　　　)

14 성주는 미술 시간에 길이가 5 cm인 이쑤시개를 한 변으로 하는 삼각형 18개를 각각 만들었습니다. 성주가 사용한 이쑤시개의 길이의 합은 몇 cm일까요?

(　　　　　　　　)

15 수 카드 중 2장을 뽑아 한 번씩만 사용하여 만들 수 있는 두 자리 수 중에서 가장 큰 수와 가장 작은 수의 곱은 얼마일까요?

[3] [7] [1] [9] [6]

(　　　　　　　　)

16 규칙을 찾아 35◎28의 값을 구해 보세요.

7◎9 ＝64
20◎4 ＝81
6◎12＝73

(　　　　　　　　　　)

17 민영이네 학교 도서관에는 책이 2000권 있습니다. 이 중 동화책은 24권씩 36상자, 위인전은 45권씩 18상자이고 나머지는 과학책입니다. 과학책은 몇 권일까요?

(　　　　　　　　　　)

18 미술관의 입장료가 어린이는 350원이고, 어른은 어린이의 2배보다 50원 더 비싸다고 합니다. 어린이 6명과 어른 5명의 입장료는 모두 얼마일까요?

(　　　　　　　　　　)

술술 서술형

19 사탕을 한 사람에게 13개씩 42명에게 나누어 주면 5개가 남고, 초콜릿을 한 사람에게 16개씩 51명에게 나누어 주려면 14개가 모자란다고 합니다. 사탕과 초콜릿 중 어느 것이 몇 개 더 많은지 풀이 과정을 쓰고 답을 구해 보세요.

풀이

답

20 길이가 135 cm인 색 테이프 7장을 같은 길이만큼씩 겹치게 한 줄로 길게 이어 붙였습니다. 이어 붙인 색 테이프의 전체 길이가 861 cm라면 색 테이프는 몇 cm씩 겹치게 이어 붙였는지 풀이 과정을 쓰고 답을 구해 보세요.

풀이

답

1

서술형 문제

1 사탕 6봉지를 일주일 동안 똑같이 나누어 먹으려고 합니다. 한 봉지에 사탕이 14개씩 들어 있다면 하루에 사탕을 몇 개씩 먹을 수 있는지 풀이 과정을 쓰고 답을 구해 보세요.

풀이

답

▶ 먼저 사탕은 모두 몇 개 있는지 구합니다.

2 어떤 수를 7로 나누었더니 몫이 13이고 나머지가 6이 되었습니다. 어떤 수를 9로 나누었을 때의 몫과 나머지의 차는 얼마인지 풀이 과정을 쓰고 답을 구해 보세요.

풀이

답

▶ 어떤 수를 □로 놓고 식을 세워 봅니다.

3 통나무를 9 cm씩 잘랐더니 28도막이 되고 5 cm가 남았습니다. 자르기 전의 통나무는 몇 m 몇 cm인지 풀이 과정을 쓰고 답을 구해 보세요.

풀이

답

▶ 자르기 전의 통나무의 길이를 □cm로 놓고 식을 세워 봅니다.

4

길이가 810 cm인 철사를 모두 사용하여 세 변의 길이가 모두 같은 가장 큰 삼각형을 3개 만들었습니다. 만든 삼각형의 한 변의 길이는 몇 cm인지 풀이 과정을 쓰고 답을 구해 보세요.

▶ 삼각형 한 개를 만드는 데 사용한 철사의 길이를 구한 후, 삼각형의 한 변의 길이를 구합니다.

풀이

답

5

9, 2, 8 3장의 수 카드 중 2장을 뽑아 한 번씩만 사용하여 만든 두 자리 수를 남은 수 카드의 수로 나누려고 합니다. 몫이 가장 작게 될 때 나눗셈의 몫과 나머지는 각각 얼마인지 풀이 과정을 쓰고 답을 구해 보세요.

▶ 몫이 가장 작게 되는 나눗셈식을 만들려면 나누어지는 수는 가장 작고, 나누는 수는 가장 커야 합니다.

풀이

답

6 배구 선수가 134명 있습니다. 6명씩 팀을 짜서 배구 연습을 하려고 합니다. 남는 선수 없이 모두 배구 연습을 하려면 적어도 몇 명의 선수가 더 있어야 하는지 풀이 과정을 쓰고 답을 구해 보세요.

풀이

답

▶ 문제에 알맞은 나눗셈식을 세워 나머지를 구합니다.

7 길이가 234 m인 도로의 양쪽에 9 m 간격으로 나무를 심으려고 합니다. 도로의 처음과 끝에도 나무를 심는다면 필요한 나무는 몇 그루인지 풀이 과정을 쓰고 답을 구해 보세요. (단, 나무의 두께는 생각하지 않습니다.)

풀이

답

▶ (도로 한쪽에 필요한 나무의 수)
=(간격의 수)+1

8 직사각형 모양의 도화지의 긴 변을 4 cm씩 자르고, 짧은 변을 3 cm씩 잘라서 작은 직사각형을 만들려고 합니다. 작은 직사각형은 모두 몇 개 만들 수 있는지 풀이 과정을 쓰고 답을 구해 보세요.

▶ 긴 변과 짧은 변으로 나누어 생각합니다.

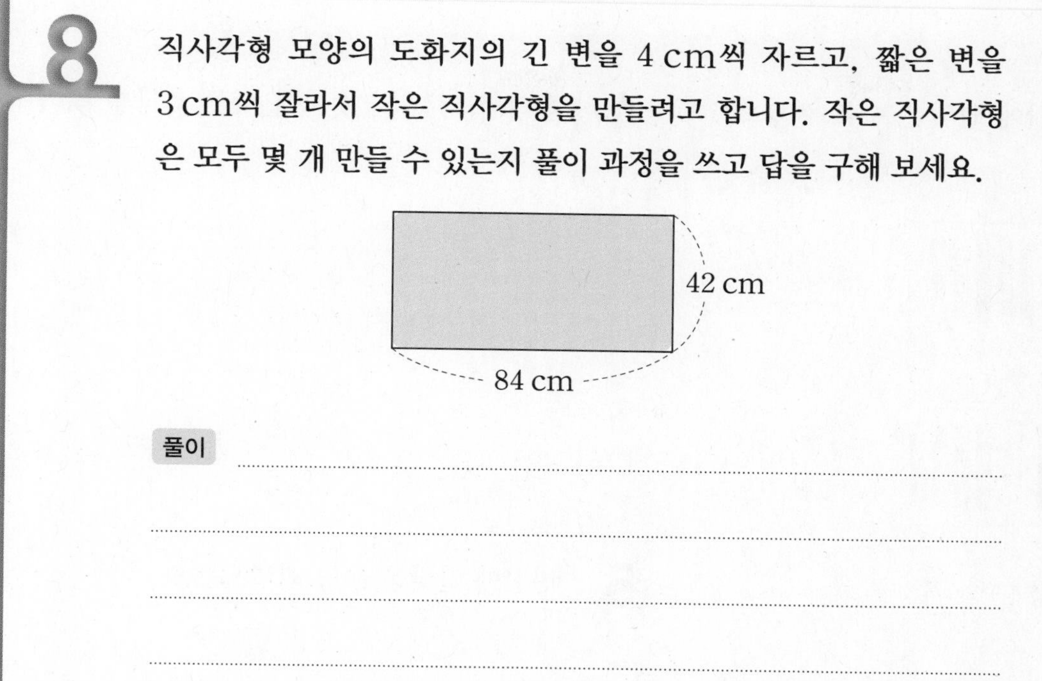

풀이

답

2

9 조건을 만족하는 수는 얼마인지 풀이 과정을 쓰고 답을 구해 보세요.

▶ 7로 나누었을 때 나머지가 3인 수를 나열해 봅니다.

- 80보다 크고 90보다 작은 수입니다.
- 7로 나누면 나머지가 3입니다.

풀이

답

다시 점검하는 기출 단원 평가 Level 1

점수 | 확인

1 수 모형을 보고 □ 안에 알맞은 수를 써넣으세요.

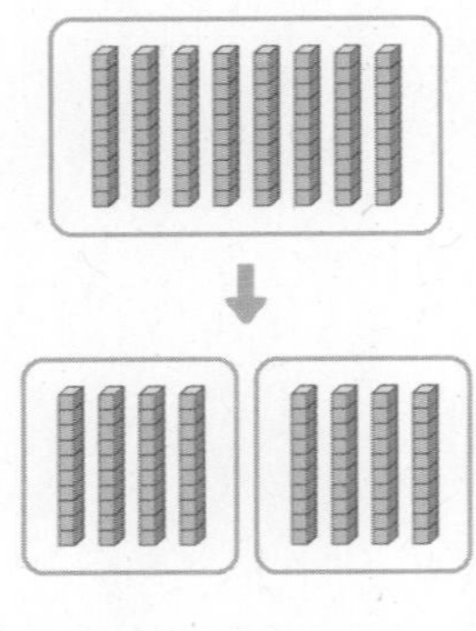

$80 \div 2 = \square$

2 □ 안에 알맞은 수를 써넣으세요.

$6 \div 3 = \square$

$60 \div 3 = \square$

$600 \div 3 = \square$

3 □ 안에 알맞은 수를 써넣으세요.

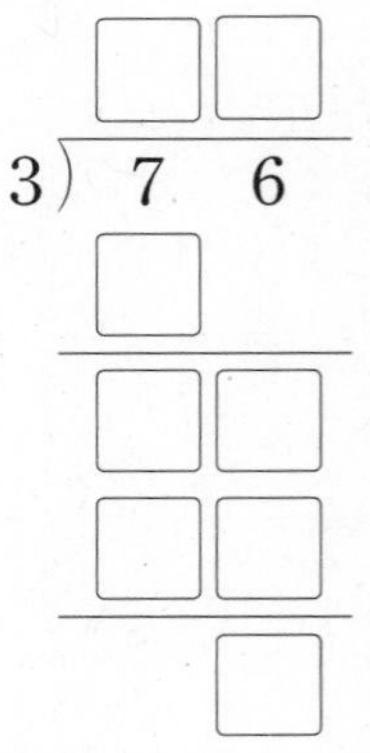

4 몫의 십의 자리 숫자가 다른 하나를 찾아 ○표 하세요.

$72 \div 3$	$84 \div 6$	$92 \div 4$
(　　)	(　　)	(　　)

5 빈칸에 알맞은 수를 써넣으세요.

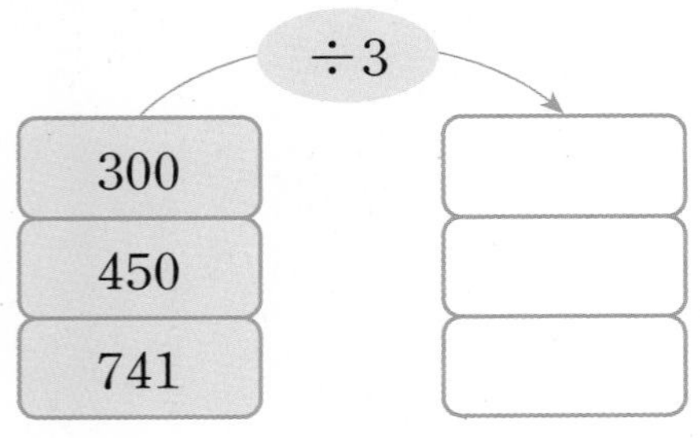

6 몫의 크기를 비교하여 ○ 안에 >, =, <를 알맞게 써넣으세요.

$51 \div 3$ ○ $90 \div 5$

7 나머지가 가장 작은 것을 찾아 기호를 써 보세요.

㉠ $50 \div 3$　㉡ $43 \div 4$
㉢ $74 \div 5$　㉣ $67 \div 6$

(　　　　　　)

8 잘못 계산한 부분을 찾아 바르게 계산해 보세요.

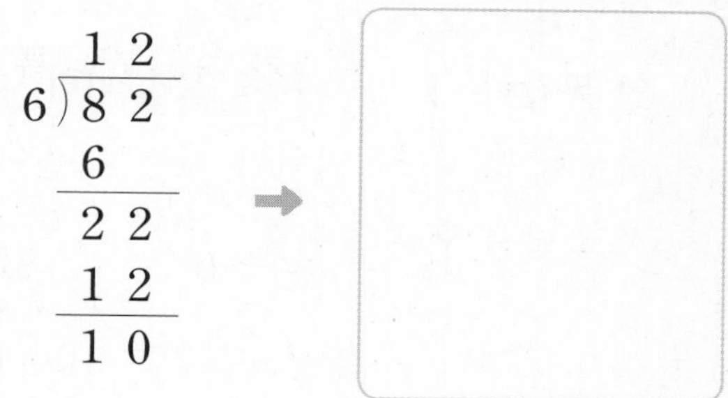

9 두 나눗셈 중 나머지가 더 큰 것의 기호를 써 보세요.

㉠ 921÷8　　㉡ 766÷7

(　　　　　　　　)

10 나머지가 5가 될 수 없는 식을 찾아 기호를 써 보세요.

㉠ □÷5　　㉡ □÷6
㉢ □÷7　　㉣ □÷8

(　　　　　　　　)

11 어떤 수를 6으로 나눈 몫이 13이고 나머지가 2입니다. 어떤 수를 2로 나눈 몫은 얼마일까요?

(　　　　　　　　)

12 나누어떨어지는 나눗셈을 말한 사람은 누구일까요?

석민: 560÷6
영미: 732÷8
준호: 792÷9

(　　　　　　　　)

13 샌드위치 한 개를 만드는 데 식빵 3장이 필요합니다. 식빵이 138장 있다면 샌드위치는 모두 몇 개 만들 수 있을까요?

(　　　　　　　　)

14 철사 325 cm를 3명에게 똑같이 나누어 주려고 합니다. 한 명에게 철사를 최대 몇 cm씩 줄 수 있을까요?

(　　　　　　　　)

15 사과가 668개 있습니다. 사과를 바구니 한 개에 9개씩 담는다면 바구니는 몇 개가 필요하고 사과는 몇 개가 남는지 차례로 구해 보세요.

(　　　　　　), (　　　　　　)

2

16 피자 한 판을 6조각으로 나누었습니다. 97명이 한 조각씩 먹는다면 피자는 적어도 몇 판이 필요할까요?

( )

17 다음 식을 만족하는 ●의 값을 구해 보세요.

■ × 3 = 90
■ ÷ 5 = ▲
72 ÷ ▲ = ●

( )

18 쌈은 바늘 24개를 세는 단위입니다. 미나는 바늘 7쌈을 가지고 있습니다. 이 중에서 반을 어머니께 드렸습니다. 미나에게 남은 바늘은 몇 개일까요?

( )

술술 서술형

19 민형이는 한자능력검정시험 7급을 보기 위해 일주일 동안 5자씩 외우고 나머지는 5일 동안 똑같이 나누어 외우려고 합니다. 나머지는 하루에 몇 자씩 외워야 하는지 풀이 과정을 쓰고 답을 구해 보세요.

한자능력검정시험 7급: 100자

풀이

답

20 나누어떨어지는 나눗셈을 만들려고 합니다. 0부터 9까지의 수 중에서 □ 안에 들어갈 수 있는 수를 모두 구하는 풀이 과정을 쓰고 답을 구해 보세요.

5□÷4

풀이

답

다시 점검하는 기출 단원 평가 Level 2

점수 | 확인

1 몫이 가장 큰 것을 찾아 기호를 써 보세요.

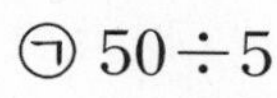

㉠ $50 \div 5$ ㉡ $60 \div 3$
㉢ $80 \div 2$ ㉣ $90 \div 9$

( )

2 나눗셈의 몫을 찾아 이어 보세요.

$60 \div 5$ •	• 11
$66 \div 6$ •	• 12
$52 \div 4$ •	• 13

3 계산해 보고 계산이 맞는지 확인해 보세요.

$5\overline{)81}$

몫 ( ), 나머지 ( )

확인

4 몫의 크기를 비교하여 ○ 안에 >, =, <를 알맞게 써넣으세요.

$720 \div 4$ ○ $960 \div 6$

5 잘못 계산한 부분을 찾아 바르게 계산해 보세요.

```
   1 1
5)6 6
  5
    6
    5
    1
```

➡ (빈 칸)

6 두 나눗셈의 몫의 차를 구해 보세요.

$745 \div 5$ $816 \div 3$

( )

7 다음 나눗셈에서 나올 수 있는 나머지 중에서 가장 큰 자연수를 구해 보세요.

$\square \div 7$

( )

8 자두 맛 사탕 156개와 포도 맛 사탕 132개가 있습니다. 사탕을 한 사람에게 8개씩 모두 나누어 주려고 합니다. 몇 명에게 나누어 줄 수 있을까요?

( )

9 ㉠과 ㉡에 알맞은 수의 차를 구해 보세요.

- ㉠ $\div 3 = 133$
- $486 \div 2 =$ ㉡

(   )

10 □ 안에 알맞은 수를 써넣으세요.

$\square \div 4 = 27 \cdots 3$

11 □ 안에 알맞은 수를 써넣으세요.

$$\begin{array}{r} 4\ 6 \\ \square \overline{)\ 9\ \square} \\ 8\ \\ \hline 1\ \square \\ 1\ 2 \\ \hline 1 \end{array}$$

12 ㉢+㉣의 값을 구해 보세요.

$287 \div 3 =$ ㉠ $\cdots$ ㉡
㉠ $\div 2 =$ ㉢ $\cdots$ ㉣

(   )

13 귤을 학생 6명에게 8개씩 나누어 주었더니 5개가 남았습니다. 처음에 있던 귤은 모두 몇 개일까요?

(   )

14 정현이는 연필 9타를 가지고 있습니다. 이 연필을 7명에게 똑같이 나누어 주려고 합니다. 한 명에게 몇 자루씩 줄 수 있고 몇 자루가 남는지 차례로 구해 보세요. (단, 연필 1타는 12자루입니다.)

(   ), (   )

15 미나네 가족은 주말농장에서 고구마 78개를 수확하였습니다. 이 고구마를 한 봉지에 5개씩 남는 것이 없도록 똑같이 나누어 담으려면 고구마는 적어도 몇 개가 더 있어야 할까요?

(   )

16 십의 자리 숫자가 4인 두 자리 수 중에서 3으로 나누어떨어지는 수들의 합을 구해 보세요.

(　　　　　　　　)

17 □ 안에 1부터 9까지의 수를 넣어 나누어떨어지는 나눗셈을 만들 때 □ 안에 들어갈 수 있는 수는 모두 몇 개일까요?

□6÷8

(　　　　　　　　)

18 민아, 규현, 수지가 말하는 조건을 모두 만족하는 수를 구해 보세요.

민아: 70보다 크고 80보다 작은 수야.
규현: 6으로 나누어떨어져.
수지: 4로 나누면 나머지가 2야.

(　　　　　　　　)

술술 서술형

19 어떤 수를 9로 나누어야 할 것을 잘못하여 6으로 나누었더니 몫이 26이고 나머지가 3이 되었습니다. 바르게 계산했을 때 몫과 나머지는 얼마인지 풀이 과정을 쓰고 답을 구해 보세요.

풀이 ....

답 ....

20 길이가 900 m인 길의 양쪽에 처음부터 끝까지 똑같은 간격으로 가로등이 세워져 있습니다. 가로등이 모두 12개일 때 가로등과 가로등 사이의 거리는 몇 m인지 풀이 과정을 쓰고 답을 구해 보세요. (단, 가로등의 두께는 생각하지 않습니다.)

풀이 ....

답 ....

서술형 문제

1 길이가 13 cm인 초바늘을 그림과 같이 시계에 달았습니다. 초바늘이 시계를 한 바퀴 돌면서 만들어지는 큰 원의 지름은 몇 cm인지 풀이 과정을 쓰고 답을 구해 보세요.

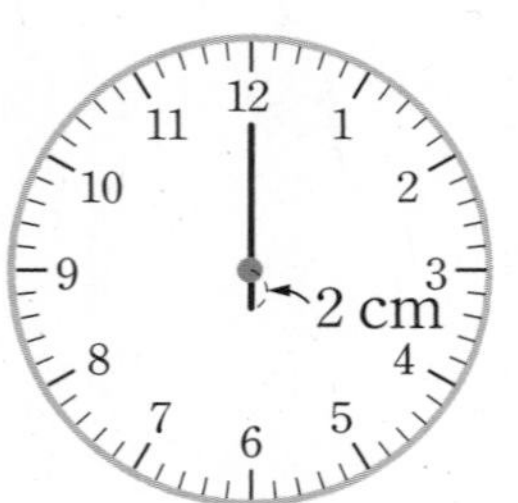

▶ 먼저 초바늘의 긴 쪽의 길이를 구합니다.

풀이

답

2 가장 큰 원과 가장 작은 원의 지름의 합은 몇 cm인지 풀이 과정을 쓰고 답을 구해 보세요.

㉠ 지름이 12 cm인 원
㉡ 반지름이 7 cm인 원
㉢ 컴퍼스를 10 cm만큼 벌려서 그린 원
㉣ 한 변의 길이가 18 cm인 정사각형 안에 그린 가장 큰 원

▶ 원의 지름 또는 반지름으로 통일한 다음 길이를 비교합니다.

풀이

답

3

점 ㄱ, 점 ㄴ, 점 ㄷ은 원의 중심이고 크기가 같은 작은 두 원의 지름은 각각 8 cm입니다. 삼각형 ㄱㄴㄷ의 세 변의 길이의 합이 46 cm일 때 큰 원의 지름은 몇 cm인지 풀이 과정을 쓰고 답을 구해 보세요.

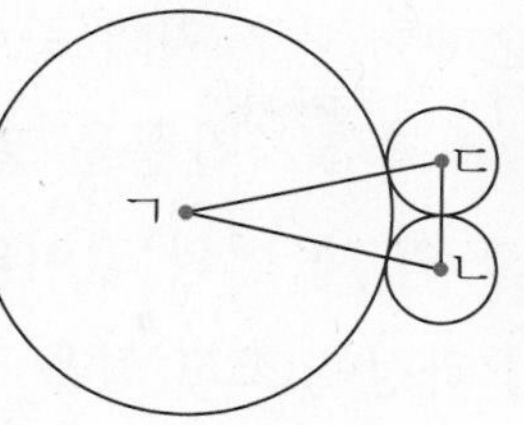

▶ 큰 원의 반지름을 □cm로 놓고 삼각형의 세 변의 길이의 합이 46 cm임을 이용하여 □를 구합니다.

풀이

답

4

점 ㄴ, 점 ㄹ은 원의 중심이고 큰 원의 반지름은 작은 원의 반지름의 2배입니다. 사각형 ㄱㄴㄷㄹ의 네 변의 길이의 합이 42 cm라면 작은 원의 지름은 몇 cm인지 풀이 과정을 쓰고 답을 구해 보세요.

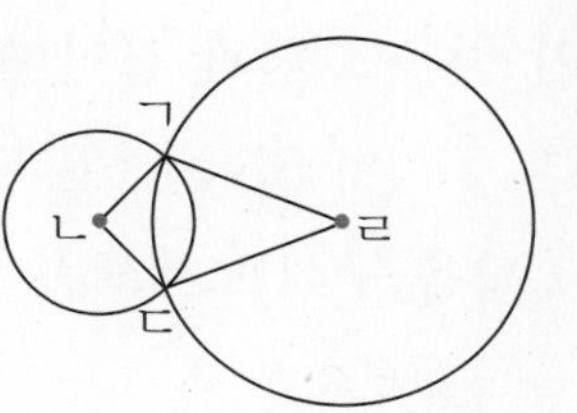

▶ 작은 원의 반지름을 □cm라고 하면 큰 원의 반지름은 (□+□) cm입니다.

풀이

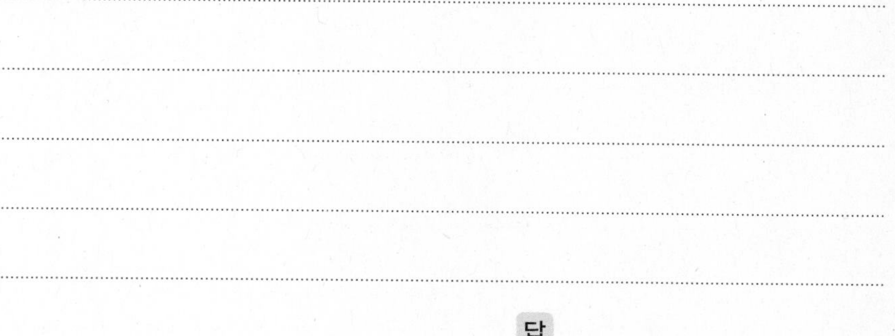

답

5

크기가 같은 원 2개를 서로 원의 중심이 지나도록 겹쳐서 그리고 직사각형을 그렸습니다. 삼각형 ㄱㄴㄷ의 세 변의 길이의 합은 몇 cm인지 풀이 과정을 쓰고 답을 구해 보세요.

30 cm
ㄱ
ㄴ
ㄷ
5 cm

풀이

답

▶ 직사각형의 가로는 원의 반지름의 몇 배인지 생각해 봅니다.

6

지름이 10 cm인 원을 그림과 같이 서로 중심이 지나도록 겹쳐서 그렸습니다. 선분 ㄱㄴ이 55 cm일 때 그린 원은 모두 몇 개인지 풀이 과정을 쓰고 답을 구해 보세요.

ㄱ …… ㄴ

풀이

답

▶ 원의 반지름은 5 cm이고 그린 원의 개수를 □개로 놓고 식을 세워 봅니다.

7 점 ㄱ, 점 ㄴ, 점 ㄷ, 점 ㄹ은 원의 중심입니다. 작은 두 원의 지름이 같고 큰 두 원의 지름도 같습니다. 선분 ㄱㄹ은 몇 cm인지 풀이 과정을 쓰고 답을 구해 보세요.

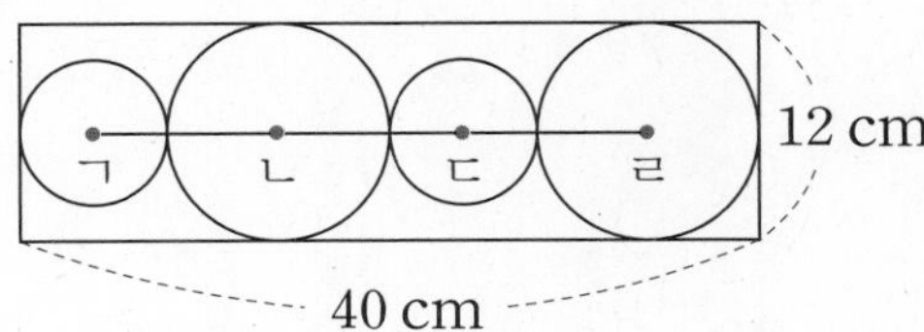

풀이

답

▶ 큰 원의 지름은 직사각형의 세로와 같고 작은 원의 지름은 직사각형의 가로의 길이를 이용하여 구합니다.

3

8 직사각형 안에 크기가 같은 두 원의 일부분을 그린 것입니다. 점 ㄴ, 점 ㄷ이 그린 원의 중심일 때 삼각형 ㄱㄴㄷ의 세 변의 길이의 합은 몇 cm인지 풀이 과정을 쓰고 답을 구해 보세요.

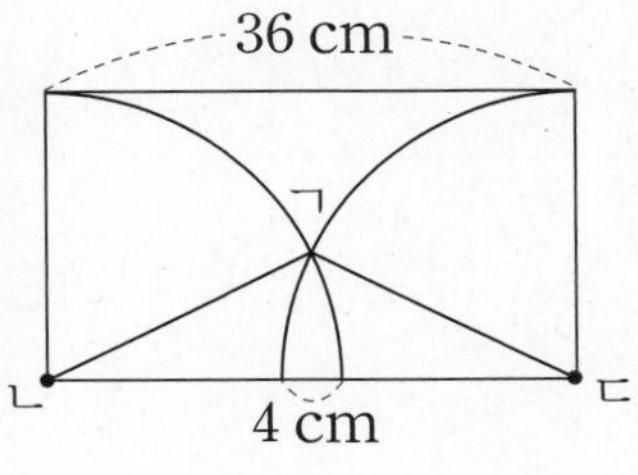

풀이

답

▶ 원의 반지름을 □cm로 놓고 (선분 ㄴㄷ) = 36 cm임을 이용하여 □를 구합니다.

다시 점검하는 기출 단원 평가 Level 1

점수 | 확인

1 원의 중심을 나타내는 점을 찾아 써 보세요.

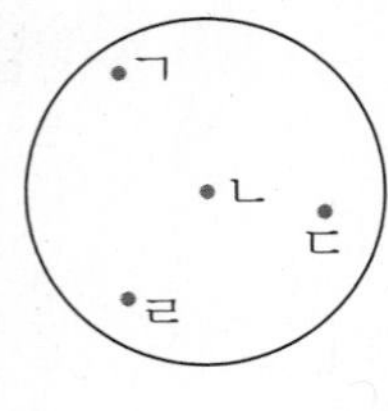

(　　　　　　　　)

2 원의 반지름은 몇 cm일까요?

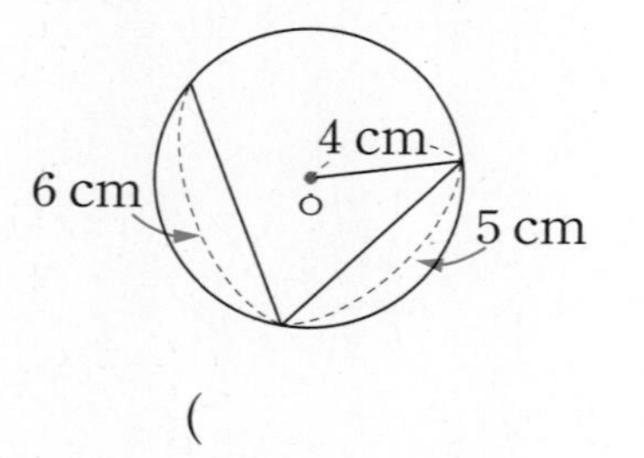

(　　　　　　　　)

3 원의 지름을 나타내는 선분을 찾아 써 보세요.

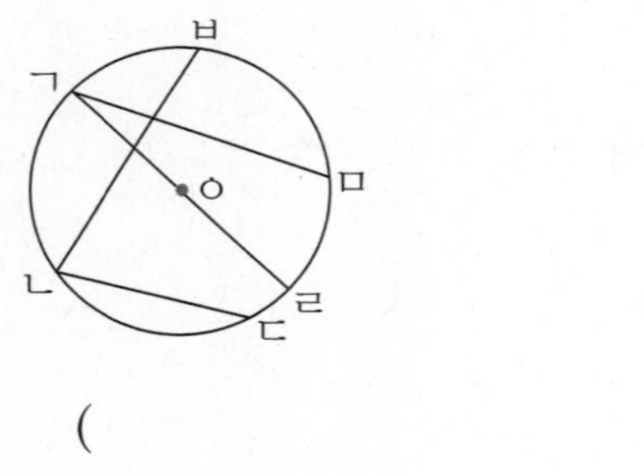

(　　　　　　　　)

4 다음과 같이 컴퍼스를 벌렸을 때 지름이 4 cm인 원을 그릴 수 있는 것을 찾아 기호를 써 보세요.

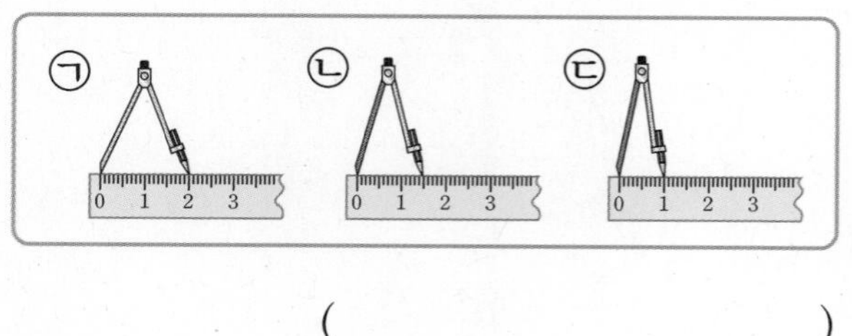

(　　　　　　　　)

5 원의 지름은 몇 cm일까요?

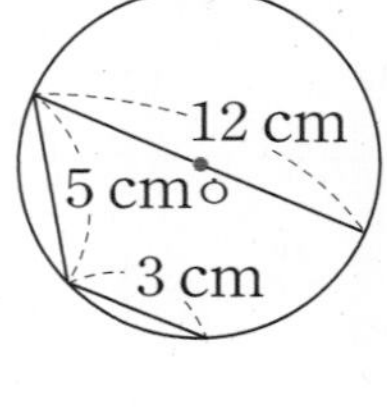

(　　　　　　　　)

6 컴퍼스를 이용하여 다음과 같은 모양을 그리려고 합니다. 컴퍼스의 침을 꽂아야 할 곳은 모두 몇 군데일까요?

(　　　　　　　　)

7 크기가 작은 원부터 차례로 기호를 써 보세요.

㉠ 지름이 12 cm인 원
㉡ 반지름이 5 cm인 원
㉢ 지름이 11 cm인 원

(　　　　　　　　)

8 원의 반지름은 같고 원의 중심을 옮겨 가며 그린 것을 찾아 기호를 써 보세요.

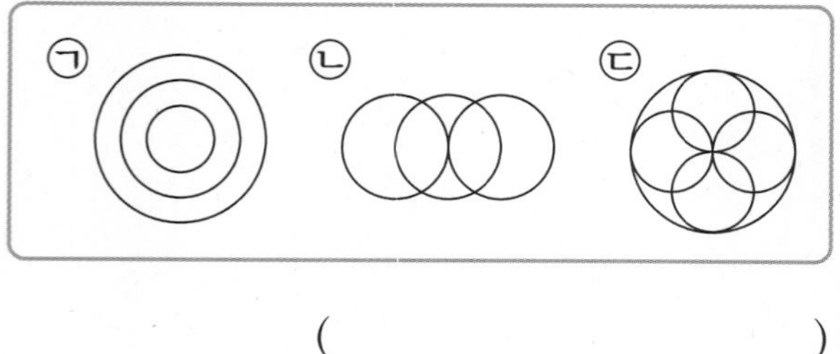

(　　　　　　　　)

9 직사각형 안에 크기가 같은 원 2개를 이어 붙여서 그렸습니다. 선분 ㄱㄴ의 길이는 몇 cm일까요?

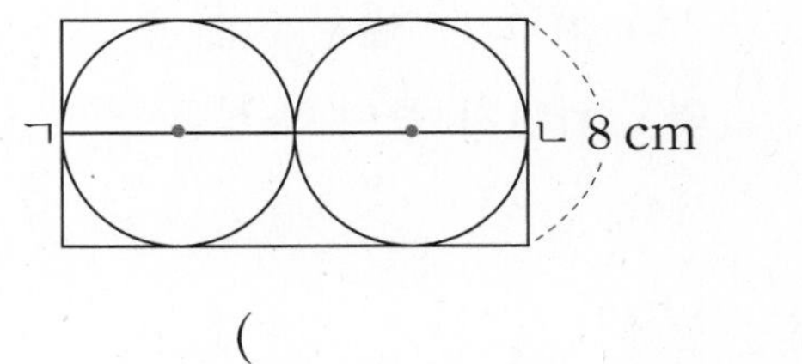

(　　　　　　　　　　)

10 큰 원의 지름이 12 cm일 때 작은 원의 반지름은 몇 cm일까요?

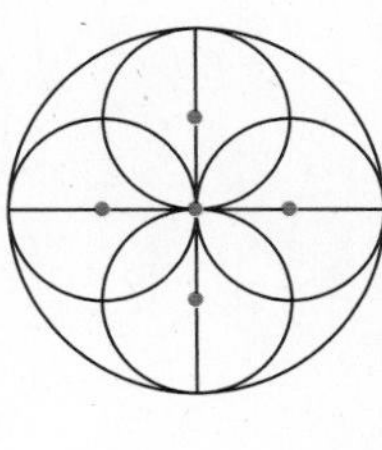

(　　　　　　　　　　)

11 점 ㄱ, 점 ㄴ은 원의 중심입니다. 선분 ㄱㄴ의 길이는 몇 cm일까요?

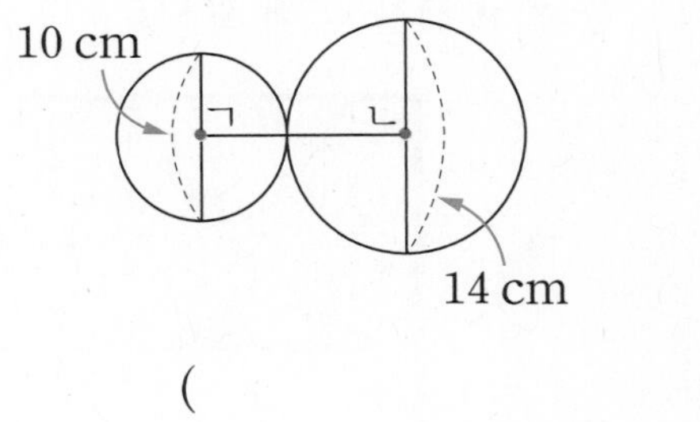

(　　　　　　　　　　)

12 오른쪽과 같은 모양을 그리기 위해 원을 그릴 때마다 바꿔야 하는 것은 어느 것일까요? (　　　)

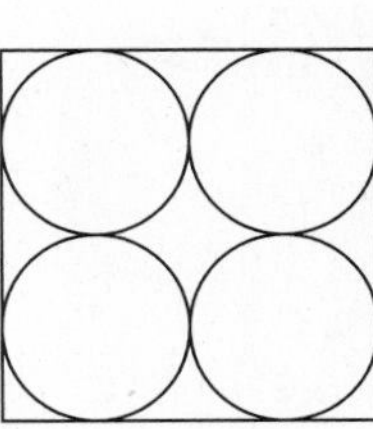

① 원의 반지름　② 원의 지름
③ 원의 크기　④ 원의 중심
⑤ 원의 모양

13 직사각형 안에 크기가 같은 원 3개를 이어 붙여서 그렸습니다. 직사각형 ㄱㄴㄷㄹ의 네 변의 길이의 합은 몇 cm일까요?

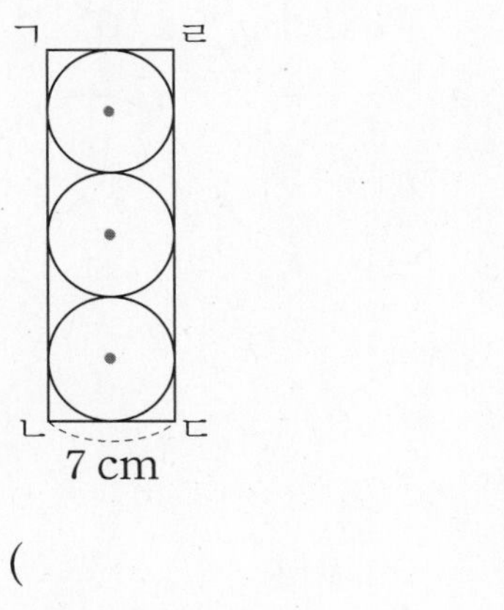

(　　　　　　　　　　)

14 크기가 같은 원 3개를 이어 붙여서 그린 것입니다. 직사각형 ㄱㄴㄷㄹ의 가로는 몇 cm일까요?

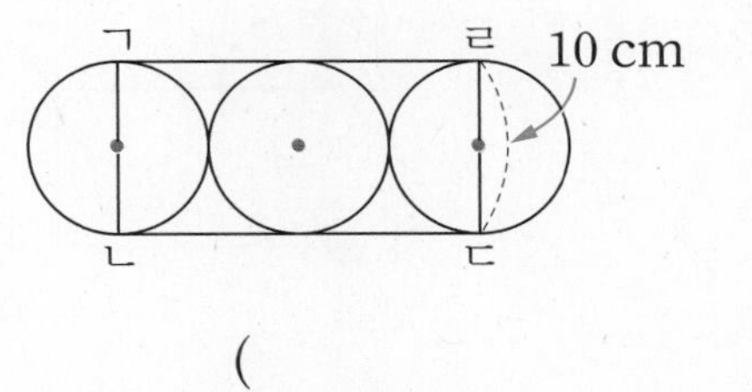

(　　　　　　　　　　)

15 직사각형 안에 크기가 다른 원을 2개 그렸습니다. 작은 원의 반지름은 몇 cm일까요?

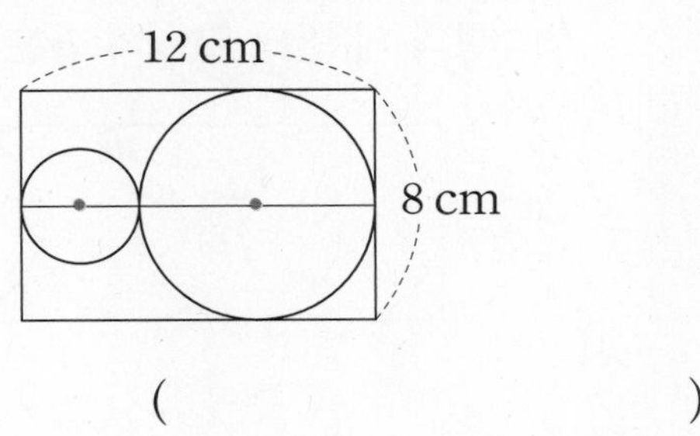

(　　　　　　　　　　)

3

16 크기가 같은 2개의 원을 겹쳐서 그렸습니다. 점 ㄴ, 점 ㄹ은 원의 중심이고 사각형 ㄱㄴㄷㄹ의 네 변의 길이의 합이 48 cm일 때 선분 ㄱㄹ의 길이는 몇 cm일까요?

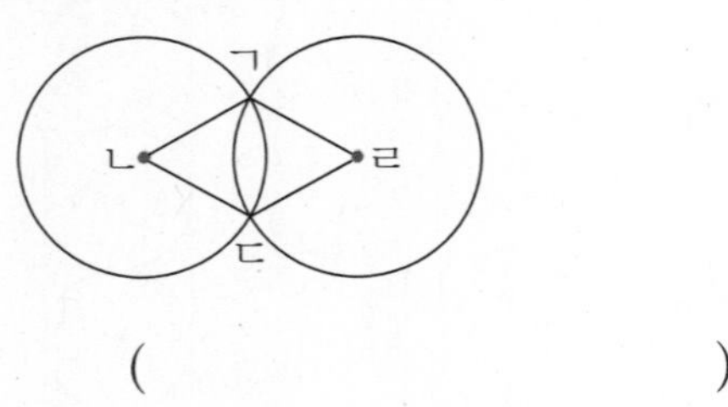

( )

17 네 변의 길이의 합이 64 cm인 정사각형 안에 큰 원을 한 개 그리고 그 원 안에 크기가 같은 작은 원을 2개 그렸습니다. 작은 원의 반지름은 몇 cm일까요?

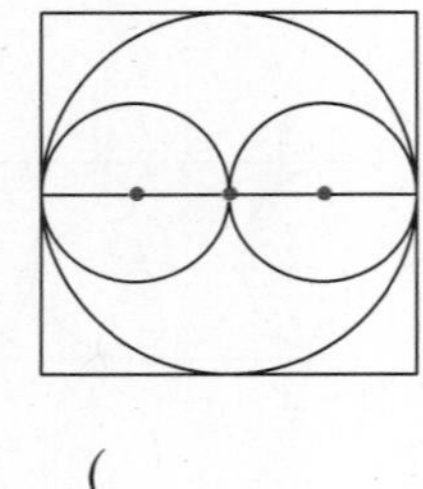

( )

18 직사각형 안에 지름이 2 cm인 원 5개를 서로 원의 중심이 지나도록 겹쳐서 그렸습니다. 직사각형의 네 변의 길이의 합은 몇 cm일까요?

( )

술술 서술형

19 크기가 같은 세 원의 중심을 이어 만든 삼각형 ㄱㄴㄷ의 세 변의 길이의 합이 24 cm일 때 원의 지름은 몇 cm인지 풀이 과정을 쓰고 답을 구해 보세요.

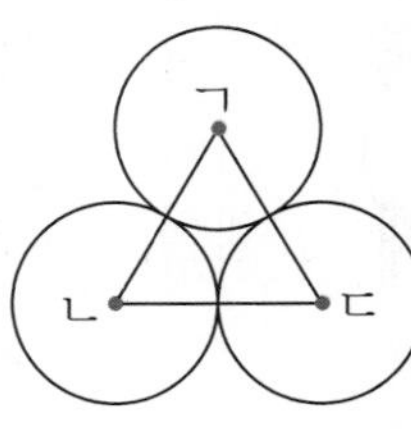

풀이

답

20 지름이 2 cm인 50원짜리 동전 8개를 다음과 같이 이어 붙였습니다. 동전을 둘러싸고 있는 굵은 선의 길이는 몇 cm인지 풀이 과정을 쓰고 답을 구해 보세요.

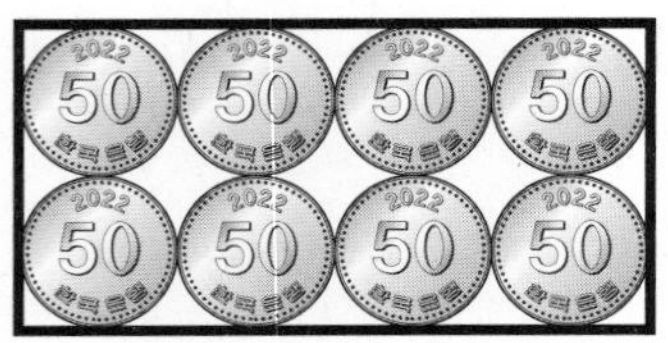

풀이

답

다시 점검하는 기출 단원 평가 Level 2

점수 | 확인

1 원의 반지름을 모두 찾아 기호를 써 보세요.

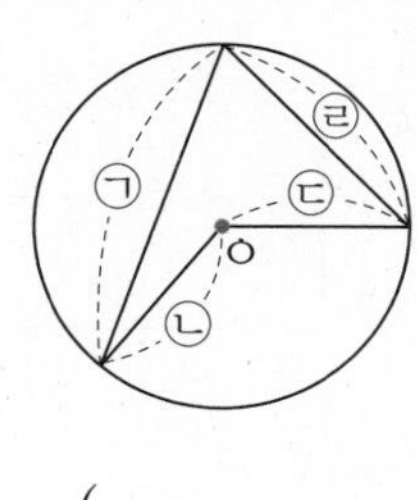

( )

2 길이가 가장 긴 선분을 찾아 써 보세요.

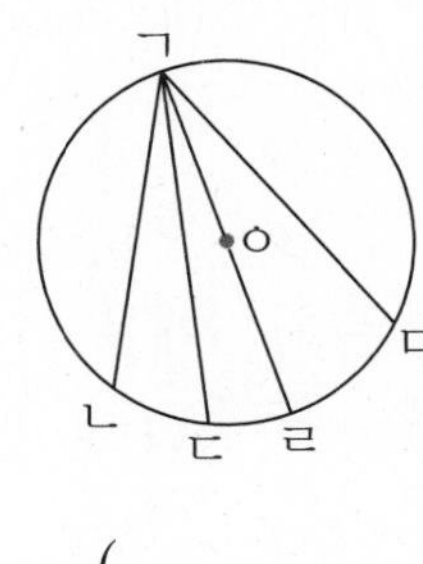

( )

3 원의 지름은 몇 cm일까요?

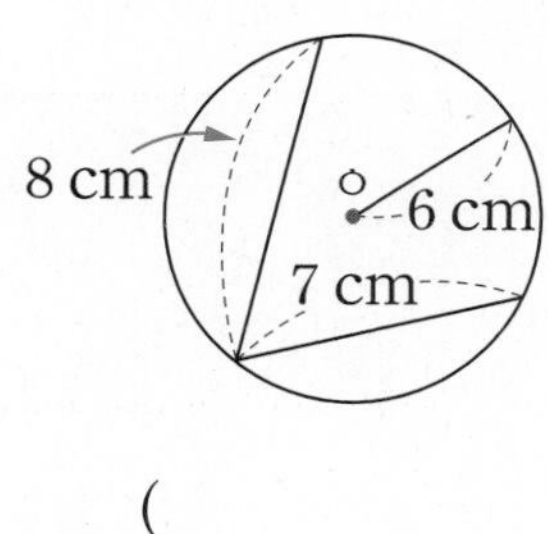

( )

4 큰 원부터 차례로 기호를 써 보세요.

㉠ 반지름이 4 cm인 원
㉡ 지름이 6 cm인 원
㉢ 반지름이 2 cm인 원
㉣ 지름이 7 cm인 원

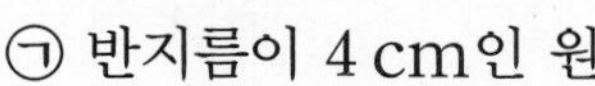

( )

5 오른쪽 그림과 같이 정사각형 안에 가장 큰 원을 그렸습니다. 원의 지름은 몇 cm일까요?

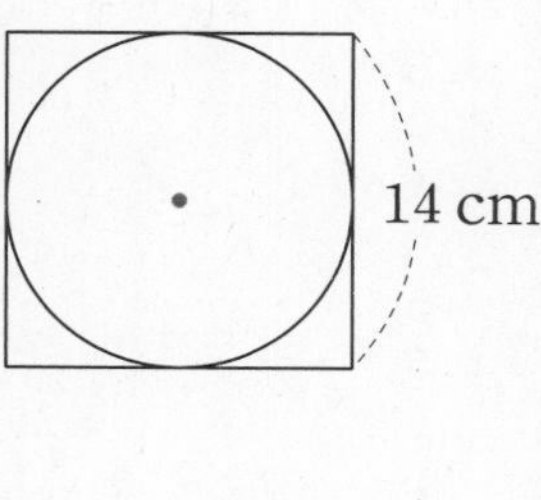

( )

6 점 ㄱ, 점 ㄴ, 점 ㄷ은 원의 중심입니다. 작은 원의 반지름이 5 cm일 때 큰 원의 지름은 몇 cm일까요?

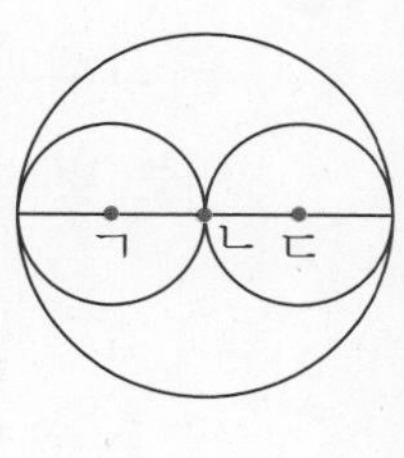

( )

7 원의 중심은 같고 원의 반지름이 다른 모양의 기호를 써 보세요.

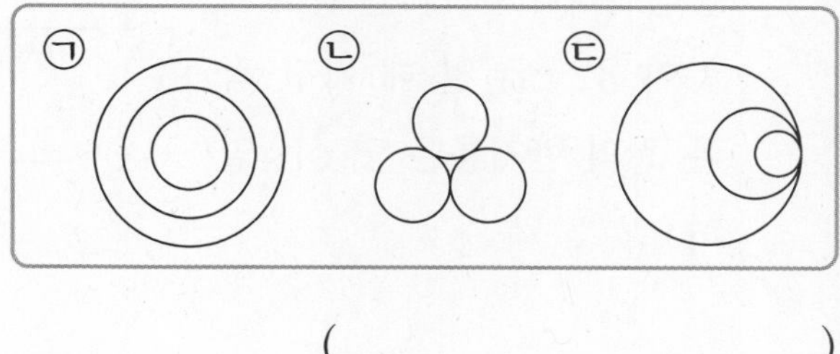

( )

8 선분 ㄱㄴ의 길이는 몇 cm일까요?

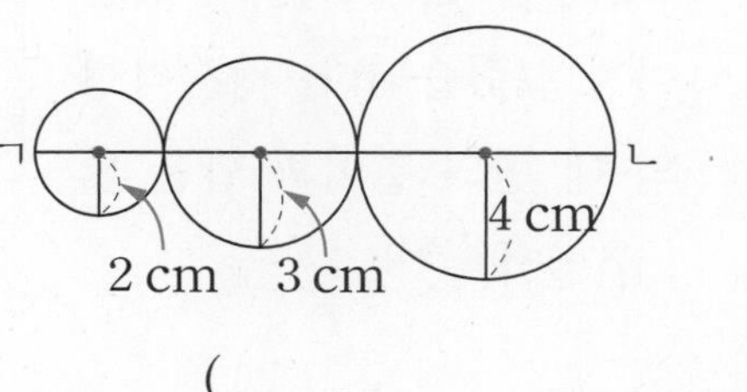

( )

9 다음과 같은 모양을 그릴 때 컴퍼스의 침을 꽂아야 할 곳은 모두 몇 군데일까요?

(　　　　　　　　)

10 직사각형 안에 반지름이 5 cm인 세 원을 다음 그림과 같이 그렸습니다. 선분 ㄴㄷ의 길이는 몇 cm일까요?

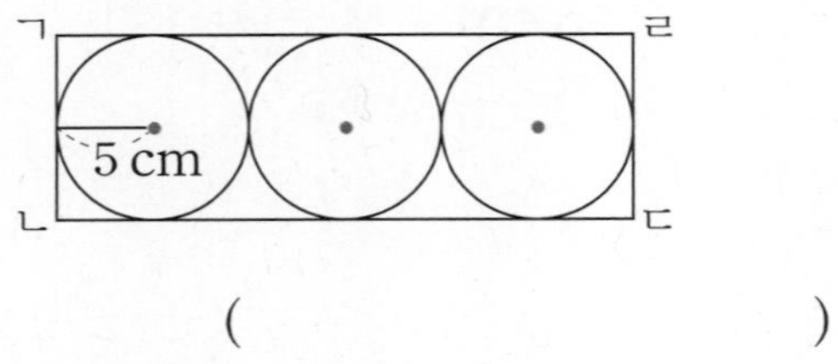

(　　　　　　　　)

11 점 ㄱ, 점 ㄴ, 점 ㄷ은 원의 중심입니다. 가장 큰 원의 지름이 32 cm일 때 가장 작은 원의 반지름은 몇 cm일까요?

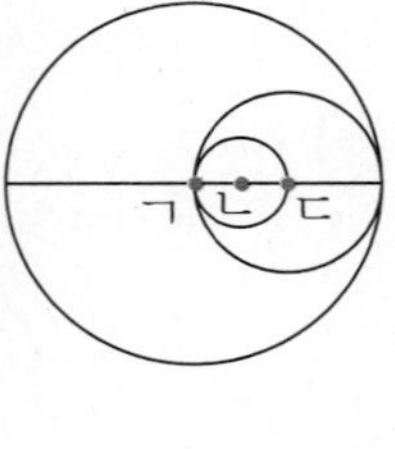

(　　　　　　　　)

12 정사각형 안에 반지름이 4 cm인 원 4개를 이어 붙여서 그렸습니다. 정사각형의 네 변의 길이의 합은 몇 cm일까요?

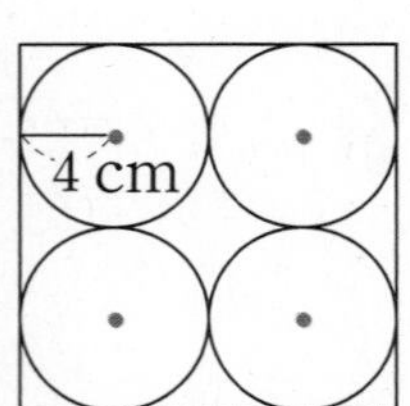

(　　　　　　　　)

13 직사각형 안에 크기가 같은 원 2개를 이어 붙여서 그렸습니다. 직사각형의 네 변의 길이의 합이 24 cm일 때 원의 지름은 몇 cm일까요?

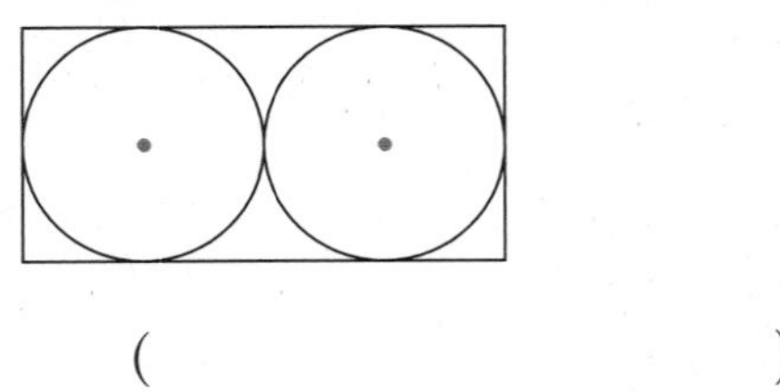

(　　　　　　　　)

14 크기가 같은 원 6개를 서로 중심이 지나도록 겹쳐서 그린 것입니다. 선분 ㄱㄴ의 길이는 몇 cm일까요?

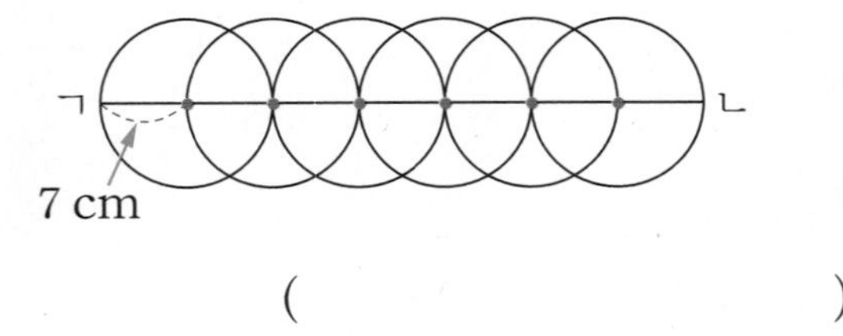

(　　　　　　　　)

15 가로가 18 cm인 직사각형 안에 크기가 같은 원 5개를 서로 중심이 지나도록 겹쳐서 그렸습니다. 원의 반지름은 몇 cm일까요?

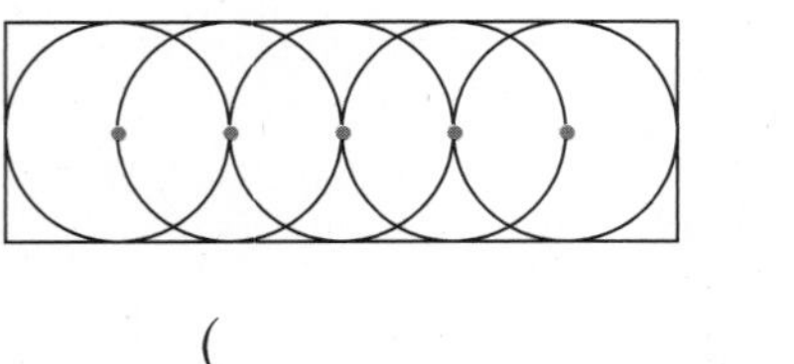

(　　　　　　　　)

16 한 변의 길이가 20 cm인 정사각형 안에 원을 이용하여 오른쪽 그림과 같은 모양을 그렸습니다. 선분 ㄴㅁ의 길이는 몇 cm일까요?

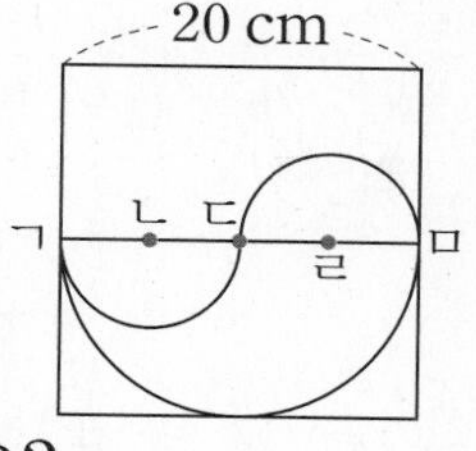

( )

17 점 ㄱ, 점 ㄴ, 점 ㄷ은 원의 중심입니다. 큰 원의 지름이 30 cm일 때 선분 ㄱㄷ의 길이는 몇 cm일까요?

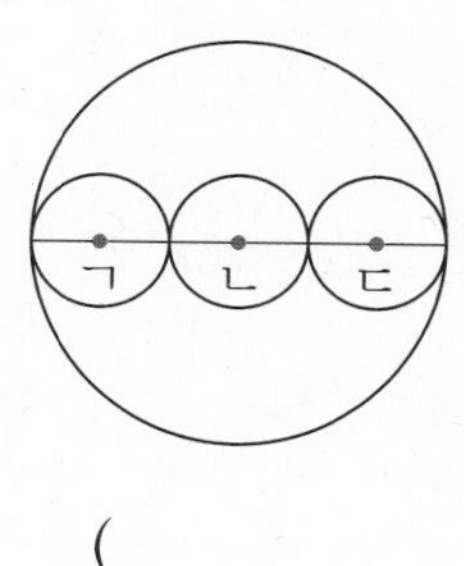

( )

18 두 원의 중심과 두 원이 만나는 한 점을 연결하여 삼각형 ㄱㄴㄷ을 만들었습니다. 삼각형 ㄱㄴㄷ의 세 변의 길이의 합은 몇 cm일까요?

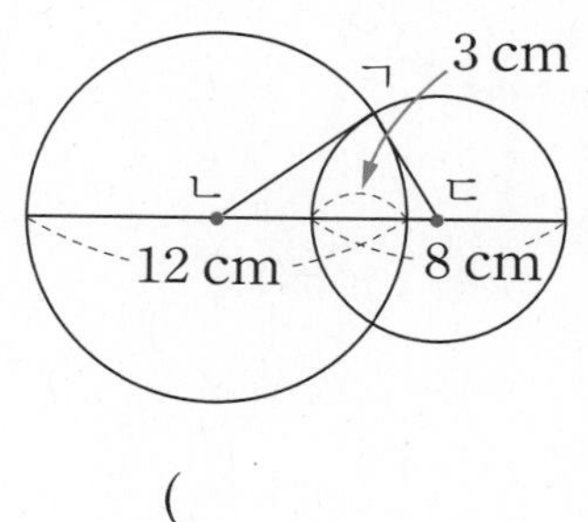

( )

술술 서술형

19 반지름이 6 cm인 원 8개의 중심을 이어 직사각형을 만들었습니다. 직사각형의 네 변의 길이의 합은 몇 cm인지 풀이 과정을 쓰고 답을 구해 보세요.

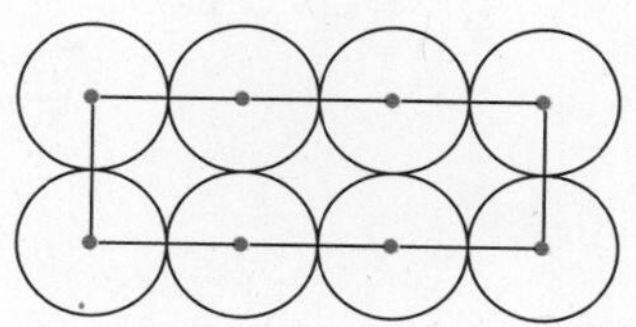

풀이

답

20 지름이 4 cm인 원을 그림과 같이 이어 붙여서 바깥쪽에 있는 원의 중심을 서로 이어 삼각형을 만들고 있습니다. 만든 삼각형의 세 변의 길이의 합이 84 cm가 되려면 원은 모두 몇 개 그려야 할지 풀이 과정을 쓰고 답을 구해 보세요.

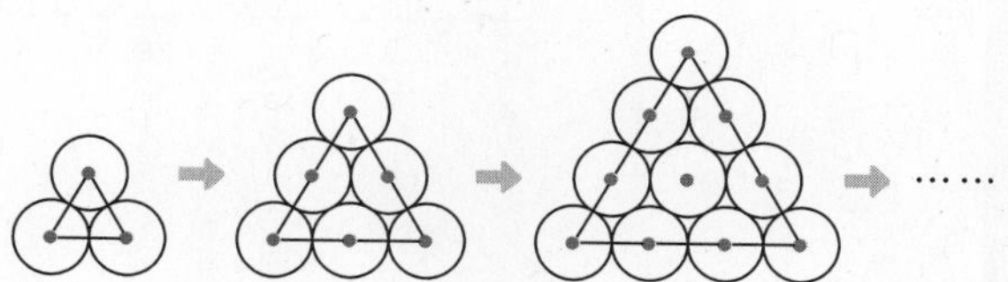

풀이

답

3

서술형 문제

1

수민, 정훈, 미라 3명이 마신 물의 양입니다. 물을 가장 많이 마신 사람은 누구인지 풀이 과정을 쓰고 답을 구해 보세요.

• 수민: 9 L의 $\frac{1}{3}$ • 정훈: 8 L의 $\frac{1}{2}$ • 미라: 10 L의 $\frac{1}{5}$

풀이

답

▶ 9의 $\frac{1}{3}$은 얼마인지 알아보려면 9개를 3묶음으로 똑같이 나누어 봅니다.

2

㉠과 ㉡에 알맞은 수의 차는 얼마인지 풀이 과정을 쓰고 답을 구해 보세요.

• 자연수가 1이고 분모가 5인 대분수는 ㉠개입니다.
• 분모가 8인 진분수는 ㉡개입니다.

풀이

답

▶ 대분수는 자연수와 진분수로 이루어진 분수이고, 진분수는 분자가 분모보다 작은 분수입니다.

3

재홍이가 4일 동안 축구를 한 시간을 조사하여 나타낸 표입니다. 재홍이가 축구를 가장 오래 한 날은 무슨 요일인지 풀이 과정을 쓰고 답을 구해 보세요.

월요일	화요일	수요일	목요일
$\frac{12}{7}$시간	$2\frac{1}{7}$시간	$1\frac{6}{7}$시간	$\frac{16}{7}$시간

풀이

답

▶ 대분수 또는 가분수로 통일하여 분수의 크기를 비교합니다.

4

□ 안에 들어갈 수 있는 수들의 합은 얼마인지 풀이 과정을 쓰고 답을 구해 보세요.

$$2\frac{14}{15} < \frac{\square}{15} < 3\frac{4}{15}$$

풀이

답

▶ 대분수를 가분수로 고쳐서 □ 안에 들어갈 수 있는 수들을 구합니다.

5

어떤 수의 $\frac{5}{9}$는 40입니다. 어떤 수의 $\frac{2}{6}$는 얼마인지 풀이 과정을 쓰고 답을 구해 보세요.

풀이

답

▶ 수의 $\frac{5}{9}$가 40임을 이용하여 어떤 수부터 구합니다.

6

다음과 같이 규칙에 따라 분수를 늘어놓았을 때 11번째에 놓이는 분수를 대분수로 나타내려고 합니다. 풀이 과정을 쓰고 답을 구해 보세요 .

$\frac{1}{2}$ $\frac{4}{3}$ $\frac{7}{4}$ $\frac{10}{5}$

풀이

답

▶ 분자와 분모에 각각 어떤 규칙이 있는지 생각해 보고 11번째에 놓이는 분수의 분자와 분모를 각각 구합니다.

[7~8] 다음은 민주의 일기입니다. 물음에 답하세요.

> 오늘은 가족과 함께 고구마 밭에서 고구마를 캤다.
> 내가 직접 캔 고구마는 우리 가족이 캔 고구마의 $\frac{2}{9}$였다.
> 내가 캔 고구마 16 kg을 할머니 댁에 보내 드렸다. 뿌듯한 하루였다.

7 민주네 가족이 캔 고구마는 몇 kg인지 풀이 과정을 쓰고 답을 구해 보세요.

풀이

답

▶ 민주네 가족이 캔 고구마의 $\frac{2}{9}$가 16 kg이므로 $\frac{1}{9}$은 몇 kg인지 생각해 봅니다.

4

8 할머니 댁에 보내 드리고 남은 고구마의 $\frac{4}{7}$는 이웃에게 나누어 주었습니다. 이웃에게 나누어 준 고구마는 몇 kg인지 풀이 과정을 쓰고 답을 구해 보세요.

풀이

답

▶ 먼저 할머니 댁에 보내 드리고 남은 고구마가 몇 kg인지 구한 후 이웃에게 나누어 준 고구마가 몇 kg인지 구합니다.

다시 점검하는 기출 단원 평가 Level 1

점수 | 확인

1 진분수는 모두 몇 개일까요?

$\frac{7}{6}$ $\frac{7}{8}$ $1\frac{1}{13}$ $\frac{1}{5}$ $\frac{9}{9}$

( )

2 □ 안에 알맞은 수를 구해 보세요.

24는 56의 $\frac{3}{\square}$입니다.

( )

3 가분수가 아닌 것은 어느 것일까요? ( )

① $\frac{5}{7}$ ② $\frac{7}{6}$ ③ $\frac{8}{5}$

④ $\frac{12}{12}$ ⑤ $\frac{4}{3}$

4 나타내는 수가 가장 큰 것을 찾아 기호를 써 보세요.

㉠ 36의 $\frac{1}{4}$ ㉡ 48의 $\frac{1}{6}$ ㉢ 20의 $\frac{1}{2}$

( )

5 □ 안에 알맞은 수를 구해 보세요.

□의 $\frac{3}{5}$은 24입니다.

( )

6 지민이는 빵을 만들기 위해 계량컵을 이용하여 밀가루 2컵을 넣고 물 1컵과 $\frac{1}{6}$컵을 넣었습니다. 지민이가 빵을 만들기 위해 사용한 밀가루와 물은 모두 몇 컵인지 대분수로 나타내어 보세요.

( )

7 분모가 5인 진분수는 모두 몇 개일까요?

( )

8 ○ 안에 >, =, <를 알맞게 써넣으세요.

12의 $\frac{5}{6}$ ○ 38의 $\frac{4}{19}$

9 ㉠과 ㉡에 알맞은 수의 차를 구해 보세요.

- 8은 24의 $\frac{1}{㉠}$입니다.
- 40은 56의 $\frac{㉡}{7}$입니다.

( )

10 다음 분수가 대분수일 때 □ 안에 들어갈 수 있는 수들의 합을 구해 보세요.

$7\frac{□}{5}$

( )

11 동생이 딸기를 15개 중에서 9개를 먹었습니다. 15를 3씩 묶으면 동생이 먹은 딸기는 전체의 얼마인지 분수로 나타내어 보세요.

( )

12 상자에 있는 귤 42개 중에서 $\frac{2}{7}$만큼이 썩었습니다. 썩지 않은 귤은 모두 몇 개일까요?

( )

13 감자가 $3\frac{2}{7}$ kg, 고구마가 $3\frac{5}{7}$ kg, 옥수수가 $\frac{20}{7}$ kg 있습니다. 무거운 순서대로 이름을 써 보세요.

( )

14 4장의 수 카드 중에서 2장을 골라 한 번씩 사용하여 만들 수 있는 가분수는 모두 몇 개일까요?

4 6 3 5

( )

15 ㉠과 ㉡의 합을 구해 보세요.

- $2\frac{3}{8}$은 $\frac{1}{8}$이 ㉠개입니다.
- $3\frac{4}{7}$는 $\frac{1}{7}$이 ㉡개입니다.

( )

4

16 떡케이크가 $2\frac{4}{6}$판 있습니다. 떡케이크를 한 명이 $\frac{1}{6}$판씩 먹으면 모두 몇 명이 먹을 수 있을까요?

( )

17 주사위 3개를 던져서 나온 결과가 다음과 같을 때 주사위의 눈의 수를 한 번씩 모두 사용하여 가장 큰 대분수를 만들었습니다. 만든 대분수를 가분수로 나타내어 보세요.

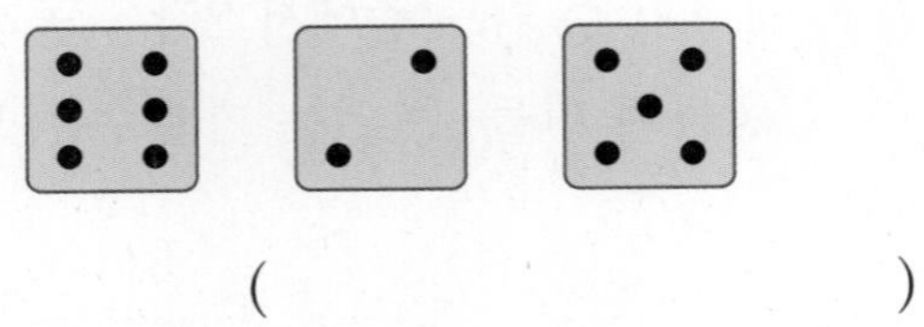

( )

18 □ 안에 들어갈 수 있는 자연수들의 합을 구해 보세요.

$$3\frac{\square}{8} < \frac{27}{8}$$

( )

술술 서술형

19 연필 36자루 중에서 민찬이는 $\frac{1}{6}$을 가졌고 정혜는 $\frac{1}{4}$을 가졌습니다. 정혜가 민찬이보다 연필을 몇 자루 더 가졌는지 풀이 과정을 쓰고 답을 구해 보세요.

풀이

답

20 ㉠과 ㉡에 알맞은 수의 합은 얼마인지 풀이 과정을 쓰고 답을 구해 보세요.

- 자연수가 1이고 분모가 6인 대분수는 ㉠개입니다.
- 분모가 4인 진분수는 ㉡개입니다.

풀이

답

다시 점검하는 기출 단원 평가 Level 2

점수 | 확인

1 □ 안에 알맞은 수를 써넣으세요.

(1) 24는 42의 $\frac{\square}{7}$입니다.

(2) 30은 54의 $\frac{5}{\square}$입니다.

2 가장 큰 분수를 찾아 써 보세요.

$2\frac{2}{11}$ $1\frac{10}{11}$ $2\frac{1}{11}$

( )

3 □ 안에 알맞은 수가 다른 하나를 찾아 기호를 써 보세요.

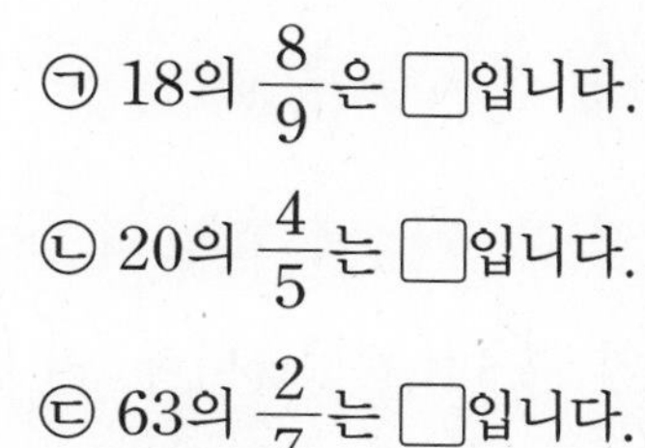

㉠ 18의 $\frac{8}{9}$은 □입니다.

㉡ 20의 $\frac{4}{5}$는 □입니다.

㉢ 63의 $\frac{2}{7}$는 □입니다.

( )

4 수직선에서 ㉠이 나타내는 수를 대분수로 나타내어 보세요.

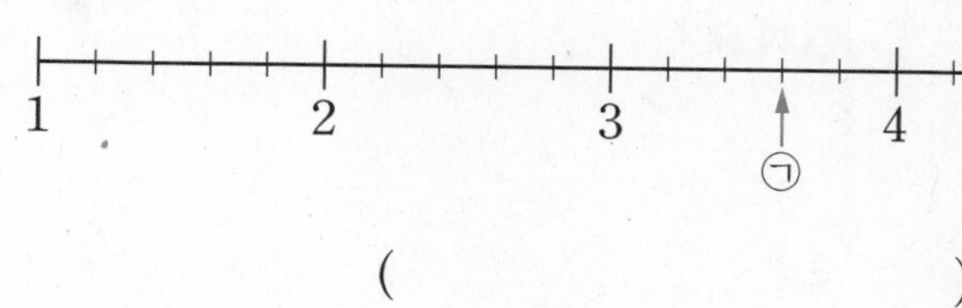

( )

5 대분수를 가분수로, 가분수를 대분수로 나타낸 것 중 바르게 나타낸 것은 어느 것일까요? ( )

① $\frac{62}{9}=6\frac{2}{9}$ ② $4\frac{1}{7}=\frac{41}{7}$

③ $\frac{24}{7}=3\frac{4}{7}$ ④ $5\frac{3}{8}=\frac{43}{8}$

⑤ $\frac{53}{11}=5\frac{2}{11}$

6 연주네 가족은 물 20 L 중에서 $\frac{2}{5}$만큼을 마셨습니다. 마신 물은 몇 L일까요?

( )

7 분모가 6인 진분수를 모두 써 보세요.

( )

8 주머니에 빨간색과 노란색 구슬이 들어 있습니다. 노란색 구슬은 전체의 $\frac{3}{9}$입니다. 전체 구슬의 수가 54개일 때 노란색 구슬은 몇 개일까요?

( )

9 병철이네 집에서 병원까지의 거리는 $4\frac{1}{3}$ km이고 도서관까지의 거리는 $\frac{14}{3}$ km입니다. 병원과 도서관 중 병철이네 집에서 더 먼 곳은 어디일까요?

( )

10 젤리가 30개 있습니다. 민수는 전체 젤리의 $\frac{7}{10}$을 먹고 나머지는 채원이가 먹었습니다. 채원이가 먹은 젤리는 몇 개일까요?

( )

11 어떤 수의 $\frac{1}{6}$은 12입니다. 어떤 수의 $\frac{1}{8}$은 얼마일까요?

( )

12 희선이네 반 여학생 수는 반 전체 학생 수의 $\frac{4}{9}$이고 16명입니다. 희선이네 반 전체 학생 수는 몇 명일까요?

( )

13 3보다 크고 4보다 작은 대분수 중에서 분자와 분모의 합이 6인 대분수는 모두 몇 개인지 구해 보세요.

( )

14 □ 안에 들어갈 수 있는 자연수들의 합을 구해 보세요.

$$\frac{46}{8} < \square < \frac{46}{5}$$

( )

15 딸기가 $\frac{54}{7}$ kg 있습니다. 이 딸기를 한 봉지에 1 kg씩 몇 봉지에 담을 수 있을까요?

( )

16 분모와 분자의 합이 14이고 차가 8인 가분수가 있습니다. 이 가분수를 구하고, 대분수로 나타내어 보세요.

가분수 (   )

대분수 (   )

17 4장의 수 카드를 한 번씩 모두 사용하여 만들 수 있는 가장 큰 대분수를 가분수로 나타내었을 때 분자와 분모의 합을 구해 보세요.

6 3 7 2

(   )

18 한 자리 수인 짝수 중에서 3개를 골라 한 번씩 사용하여 대분수를 만들려고 합니다. 4보다 크고 5보다 작은 대분수를 모두 구해 보세요.

(   )

술술 서술형

19 승혜는 연필 36자루를 가지고 있습니다. 그 중에서 $\frac{1}{3}$을 준호에게 주고 나머지의 $\frac{3}{8}$을 윤아에게 주었습니다. 승혜에게 남은 연필은 몇 자루인지 풀이 과정을 쓰고 답을 구해 보세요.

풀이

답

20 ●와 ■에 공통으로 들어갈 수 있는 수는 모두 몇 개인지 풀이 과정을 쓰고 답을 구해 보세요.

$$2\frac{5}{12} < \frac{●}{12} < 3\frac{1}{12}$$

$$3\frac{7}{9} < \frac{■}{9} < 4\frac{5}{9}$$

풀이

답

4

서술형 문제

1 물을 가득 채운 1 L들이 물통으로 3번, 300 mL들이 컵으로 4번 부었더니 대야에 물이 거의 가득 찼습니다. 대야의 들이는 약 몇 L인지 풀이 과정을 쓰고 답을 구해 보세요.

풀이

답

▶ 대야의 들이를 어림하여 L 단위로 답해야 합니다.

2 들이가 1 L, 500 mL, 300 mL인 세 개의 그릇을 이용하여 큰 통에 물을 2 L 400 mL 담으려고 합니다. 물을 담을 수 있는 방법을 설명해 보세요.

설명

▶ 1 L = 1000 mL이고, 물을 담을 수 있는 방법을 덧셈식으로 나타내어 봅니다.

3

㉮ 물통에는 물이 12 L 700 mL 들어 있고 ㉯ 물통에는 물이 9 L 800 mL 들어 있습니다. 두 물통에 들어 있는 물의 양이 같아지도록 하려면 ㉮ 물통에서 ㉯ 물통으로 물을 몇 L 몇 mL만큼 옮기면 되는지 풀이 과정을 쓰고 답을 구해 보세요.

풀이

답

▶ 먼저 ㉯ 물통보다 ㉮ 물통에 더 들어 있는 물의 양을 구합니다.

4

5 L들이 주전자에 물이 2 L 600 mL 들어 있습니다. 이 주전자에 400 mL들이 컵으로 물을 가득 담아 2번 부었습니다. 주전자에 물을 가득 채우려면 400 mL들이 컵으로 적어도 몇 번 더 부어야 하는지 풀이 과정을 쓰고 답을 구해 보세요.

풀이

답

▶ 먼저 주전자에 들어 있는 물의 양을 구합니다.

5

윤아와 준호의 몸무게의 합은 86 kg 700 g이고, 준호와 강준이의 몸무게의 합은 79 kg 250 g입니다. 윤아, 준호, 강준 세 사람의 몸무게의 합이 130 kg일 때 가장 무거운 사람과 가장 가벼운 사람의 몸무게의 차는 몇 kg 몇 g인지 풀이 과정을 쓰고 답을 구해 보세요.

풀이

답

▶ 덧셈식으로 나타내어 봅니다.
(윤아)+(준호)
=86 kg 700 g
(준호)+(강준)
=79 kg 250 g
(윤아)+(준호)+(강준)
=130 kg

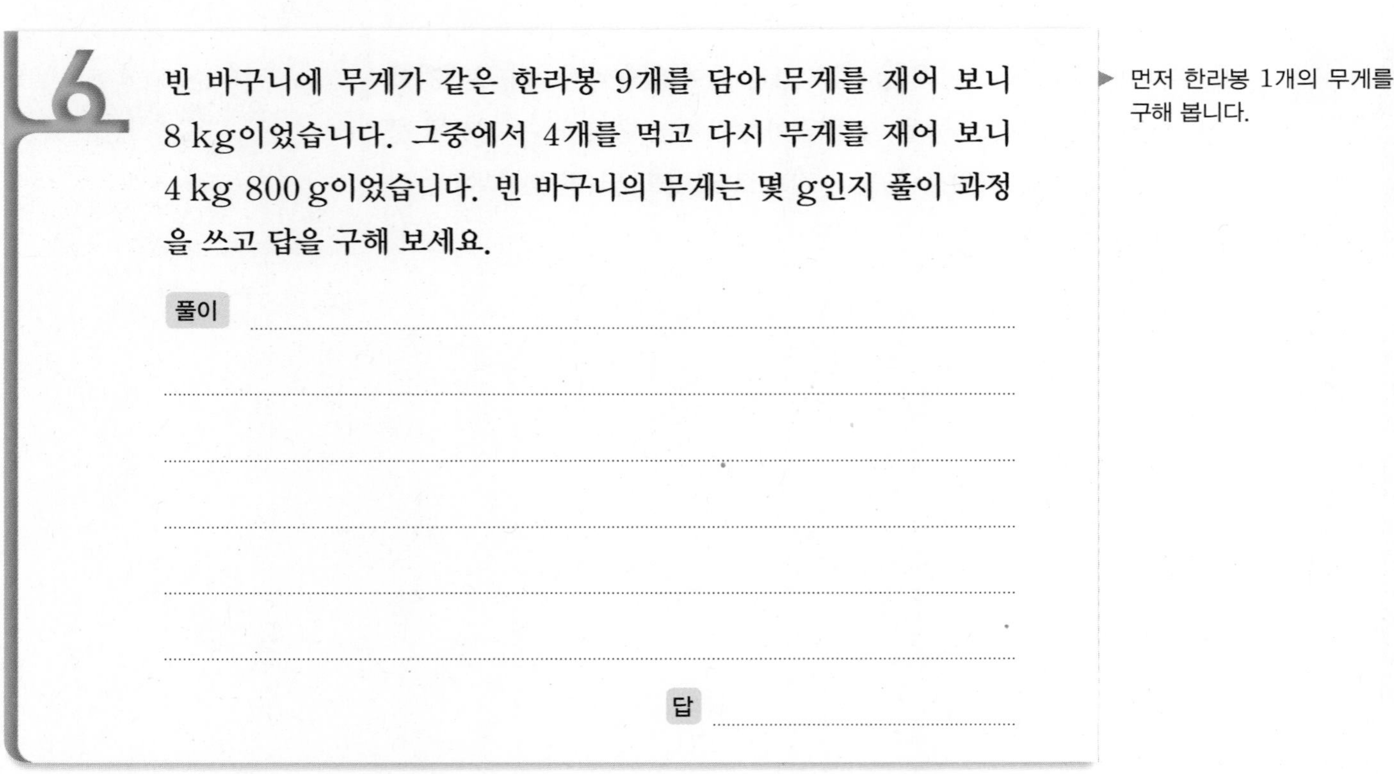

6

빈 바구니에 무게가 같은 한라봉 9개를 담아 무게를 재어 보니 8 kg이었습니다. 그중에서 4개를 먹고 다시 무게를 재어 보니 4 kg 800 g이었습니다. 빈 바구니의 무게는 몇 g인지 풀이 과정을 쓰고 답을 구해 보세요.

풀이

답

▶ 먼저 한라봉 1개의 무게를 구해 봅니다.

7 가위 3개와 풀 4개의 무게가 같고 풀 5개와 필통 1개의 무게가 같습니다. 가위 1개의 무게가 240 g이라면 필통 1개의 무게는 몇 g인지 풀이 과정을 쓰고 답을 구해 보세요. (단, 가위, 풀의 무게는 각각 같습니다.)

풀이

답

▶ (가위 3개의 무게) ＝(풀 4개의 무게), (가위 1개의 무게)＝240 g에서 풀 1개의 무게를 구할 수 있습니다.

8 민규는 개와 고양이를 키우고 있습니다. 개와 고양이의 무게의 합은 14 kg 900 g이고, 무게의 차는 5 kg 300 g입니다. 개가 고양이보다 더 무겁다면 개의 무게는 몇 kg 몇 g인지 풀이 과정을 쓰고 답을 구해 보세요.

풀이

답

▶ 개가 고양이보다 무겁고 개와 고양이의 무게의 차가 5 kg 300 g이므로 개의 무게를 □로 놓으면 고양이의 무게를 어떻게 나타낼 수 있는지 생각해 봅니다.

다시 점검하는 기출 단원 평가 Level 1

점수 | 확인

1 색연필과 사인펜 중 어느 것이 클립 몇 개만큼 더 무거울까요?

( ), ( )

2 주어진 물건 중 무게가 1 kg보다 가벼운 것을 찾아 기호를 써 보세요.

㉠ 옷장　㉡ 냉장고
㉢ 양말　㉣ 자동차

( )

3 들이가 다른 세 그릇 ㉮, ㉯, ㉰를 사용하여 항아리에 물을 가득 채우려면 각각 다음과 같이 부어야 합니다. 들이가 적은 순서대로 기호를 써 보세요.

그릇	㉮	㉯	㉰
부은 횟수(번)	9	10	8

( )

4 들이를 비교하여 ○ 안에 >, =, <를 알맞게 써넣으세요.

(1) 5 L ○ 6500 mL

(2) 3700 mL ○ 3 L 70 mL

(3) 2 L 90 mL ○ 2090 mL

5 □ 안에 알맞은 수를 써넣으세요.

1800 kg보다 200 kg 더 무거운 무게
➜ □ t

6 옳은 것을 찾아 기호를 써 보세요.

㉠ 7030 mL = 70 L 30 mL
㉡ 2 mL = 2000 L
㉢ 8100 mL = 8 L 100 mL

( )

7 주은이가 어제 마신 우유는 1 L 40 mL이고 오늘 마신 우유는 1200 mL입니다. 언제 우유를 더 많이 마셨을까요?

( )

8 무게가 무거운 것부터 차례로 기호를 써 보세요.

㉠ 6700 g	㉡ 8 kg 500 g
㉢ 8 kg 50 g	㉣ 5800 g

( )

9 들이가 가장 많은 것과 가장 적은 것의 합은 몇 mL일까요?

6 L 300 mL	5400 mL
2900 mL	4 L 700 mL

( )

10 무게를 비교하여 ○ 안에 >, =, <를 알맞게 써넣으세요.

(1) 4 kg 600 g + 2 kg 800 g ○ 8 kg

(2) 5 kg 900 g + 3 kg 400 g ○ 9 kg

11 무게가 가장 무거운 것과 가장 가벼운 것의 차는 몇 kg 몇 g일까요?

2070 g	3 kg 10 g
3 kg 100 g	2700 g

( )

12 들이가 더 적은 것의 기호를 써 보세요.

㉠ 3 L 600 mL + 4 L 500 mL
㉡ 8200 mL

( )

13 상훈이는 주스를 만들기 위해 딸기주스 1 L 600 mL와 바나나주스 1 L 800 mL를 섞었습니다. 상훈이가 만든 주스는 모두 몇 L 몇 mL일까요?

( )

14 우유 3 L 600 mL 중에서 생크림을 만드는 데 800 mL를 사용하였습니다. 남아 있는 우유는 몇 L 몇 mL일까요?

( )

5

15 책상의 무게는 14 kg 300 g이고 의자의 무게는 9800 g입니다. 책상과 의자의 무게는 모두 몇 kg 몇 g일까요?

( )

16 소희가 일주일 동안 마신 음료수의 종류와 양입니다. 소희가 일주일 동안 마신 음료수의 양은 모두 몇 L 몇 mL일까요?

주스: 2500 mL
우유: 3 L
두유: 1 L 700 mL

( )

17 아버지께서 고구마를 8 kg 700 g 사 오셨습니다. 그중에서 3 kg 500 g은 구워 먹고 2 kg 100 g은 이웃집에 나누어 주었습니다. 남은 고구마의 무게는 몇 kg 몇 g일까요?

( )

18 무게가 같은 음료수 2개를 바구니에 담아 무게를 재었더니 3 kg 250 g이었습니다. 빈 바구니의 무게가 450 g일 때 음료수 1개의 무게는 몇 kg 몇 g일까요?

( )

술술 서술형

19 물통에 ㉮ 그릇으로 3번 물을 부어 가득 채웠습니다. 이 물통에 물을 다시 ㉯ 그릇으로 모두 덜어 내려면 적어도 몇 번 덜어 내야 하는지 풀이 과정을 쓰고 답을 구해 보세요.

㉮ 그릇의 들이: 800 mL
㉯ 그릇의 들이: 600 mL

풀이

답

20 빈 상자에 귤 6개를 담아 무게를 재었더니 3 kg 150 g이었습니다. 여기에 귤 3개를 더 담았더니 4 kg 350 g이었습니다. 빈 상자의 무게는 몇 g인지 풀이 과정을 쓰고 답을 구해 보세요. (단, 귤의 무게는 모두 같습니다.)

풀이

답

다시 점검하는 기출 단원 평가 Level 2

점수 | 확인

1 양동이에 물을 채우려고 합니다. 양동이에 들이가 다른 컵 ㉠, ㉡, ㉢, ㉣을 사용하여 물을 가득 채우려면 각각 다음과 같이 물을 부어야 합니다. 물음에 답하세요.

컵	㉠	㉡	㉢	㉣
부은 횟수(번)	5	8	6	4

(1) 들이가 가장 적은 컵의 기호를 써 보세요.
( )

(2) 들이가 가장 많은 컵의 기호를 써 보세요.
( )

(3) ㉣ 컵의 들이는 ㉡ 컵의 들이의 몇 배일까요?
( )

2 무게가 가장 가벼운 것의 기호를 써 보세요.

㉠ 4 kg 500 g　　㉡ 4010 g
㉢ 4200 g　　㉣ 5 kg 40 g

( )

3 계산해 보세요.

(1)
$$\begin{array}{r} 7\text{ L}\ \ 300\text{ mL} \\ +\ 5\text{ L}\ \ 800\text{ mL} \\ \hline \end{array}$$

(2)
$$\begin{array}{r} 13\text{ L}\ \ 200\text{ mL} \\ -\ \ 4\text{ L}\ \ 700\text{ mL} \\ \hline \end{array}$$

4 들이가 가장 많은 것과 가장 적은 것의 차는 몇 L 몇 mL일까요?

3600 mL　　3070 mL
2 L 800 mL　　2 L 90 mL

( )

5 잘못된 것을 모두 고르세요. ( )

① 3 kg 200 g = 3200 g
② 45 kg 60 g = 4560 g
③ 9 kg 50 g = 9500 g
④ 20 kg 700 g = 20700 g
⑤ 8 kg 100 g = 8100 g

6 들이를 비교하여 ○ 안에 >, =, <를 알맞게 써넣으세요.

(1) 6 L 500 mL − 2 L 900 mL

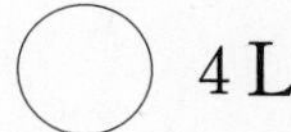
○ 4 L

(2) 9 L 400 mL − 3 L 700 mL

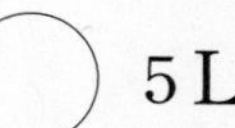
○ 5 L

7 물이 ㉮ 통에는 4 L 600 mL 들어 있고 ㉯ 통에는 2 L 900 mL 들어 있습니다. 두 통에 들어 있는 물은 모두 몇 L 몇 mL일까요?

( )

8 분식점에서 식용유를 어제는 3 L 800 mL 사용하였고, 오늘은 6 L 200 mL 사용하였습니다. 오늘 사용한 식용유는 어제 사용한 식용유보다 몇 L 몇 mL 더 많을까요?

( )

9 동우는 정육점에서 소고기 4 kg 700 g과 돼지고기 5 kg 800 g을 샀습니다. 동우가 산 고기는 모두 몇 kg 몇 g일까요?

( )

10 밀가루 5 kg 중 부침개를 만드는 데 2700 g을 사용했습니다. 부침개를 만들고 남은 밀가루는 몇 kg 몇 g일까요?

( )

11 □ 안에 알맞은 수를 써넣으세요.

	15 kg	□ g
−	□ kg	700 g
	11 kg	750 g

12 빨간색 물감 1300 mL와 노란색 물감을 섞었더니 주황색 물감 4 L 200 mL가 되었습니다. 노란색 물감은 몇 L 몇 mL 섞었을까요?

( )

13 우유를 일주일 동안 명주는 1 L 900 mL 마셨고, 재찬이는 400 mL 더 많이 마셨습니다. 두 사람이 일주일 동안 마신 우유는 모두 몇 L 몇 mL일까요?

( )

14 아버지의 몸무게는 지희의 몸무게의 2배보다 4 kg 900 g 더 무겁습니다. 지희의 몸무게가 32 kg 700 g일 때 아버지의 몸무게는 몇 kg 몇 g일까요?

( )

15 무게가 650 g인 상자에 책을 넣어 저울에 올려놓았더니 3 kg에서 170 g이 모자랐습니다. 책의 무게는 몇 kg 몇 g일까요?

( )

16 빈 상자에 똑같은 구슬 7개를 넣어 무게를 달아 보았더니 3 kg이었습니다. 빈 상자의 무게가 1 kg 600 g이라면 구슬 한 개의 무게는 몇 g일까요?

( )

17 수박 한 통의 무게는 멜론 2통의 무게보다 1 kg 250 g 더 무겁습니다. 수박 한 통의 무게가 3450 g이라면 멜론 한 통의 무게는 몇 kg 몇 g일까요?

( )

18 무게가 2 kg 160 g인 빈 물통에 물을 반만큼 채운 후 무게를 재어 보니 6 kg 340 g이었습니다. 물을 가득 채운 물통의 무게는 몇 kg 몇 g일까요?

( )

술술 서술형

19 주스의 반을 재우가 마시고 나머지의 반을 민하가 마셨습니다. 민하가 마신 후, 그 나머지의 반을 서우가 마셨더니 250 mL가 남았습니다. 처음에 있던 주스는 몇 L인지 풀이 과정을 쓰고 답을 구해 보세요.

풀이

답

20 접시 위에 오렌지 1개를 올려놓고 무게를 재면 830 g이고, 접시 위에 귤 1개를 올려놓고 무게를 재면 720 g입니다. 같은 접시 위에 오렌지 1개와 귤 1개를 올려놓고 무게를 재면 1 kg 410 g이라면 접시만의 무게는 몇 g인지 풀이 과정을 쓰고 답을 구해 보세요.

풀이

답

서술형 문제

[1~2] 기영이네 학교 3학년 학생들이 등하교시 이용하는 교통 수단별 학생 수를 조사하여 나타낸 표입니다. 물음에 답하세요.

교통 수단별 학생 수

교통 수단	승용차	도보	버스	지하철	합계
학생 수(명)	54	62		32	188

1 버스를 이용하는 학생은 지하철을 이용하는 학생보다 몇 명 더 많은지 풀이 과정을 쓰고 답을 구해 보세요.

풀이

답

▶ 표에서 합계를 활용하여 버스를 이용하는 학생 수를 구합니다.

2 버스를 이용하는 학생 몇 명이 지하철을 타고 등하교를 했더니 지하철을 이용하는 학생과 도보를 하는 학생 수가 같아졌습니다. 몇 명의 학생이 버스 대신에 지하철을 이용했는지 풀이 과정을 쓰고 답을 구해 보세요.

풀이

답

▶ 도보를 하는 학생과 지하철을 이용하는 학생 수의 차를 구합니다.

[3~4] 편의점에서 어느 날 팔린 우유의 수를 조사하여 나타낸 그림그래프입니다. 물음에 답하세요.

종류별 팔린 우유의 수

종류	우유의 수
멜론 맛	
딸기 맛	
초콜릿 맛	
바나나 맛	

10갑
1갑

3 이 편의점에서는 가장 많이 팔린 우유를 다음 날 더 많이 준비하기로 하였습니다. 더 많이 준비해야 할 우유는 어느 것인지 풀이 과정을 쓰고 답을 구해 보세요.

▶ 가장 많이 팔린 우유를 더 많이 준비해야 합니다.

풀이

답

6

4 가장 많이 팔린 우유와 가장 적게 팔린 우유의 수의 차는 몇 갑인지 풀이 과정을 쓰고 답을 구해 보세요.

▶ 가장 많이 팔린 우유와 가장 적게 팔린 우유가 무엇인지 알아봅니다.

풀이

답

[5~6] 마을별 기르는 소의 수를 조사하여 나타낸 그림그래프입니다. 물음에 답하세요.

마을별 기르는 소의 수

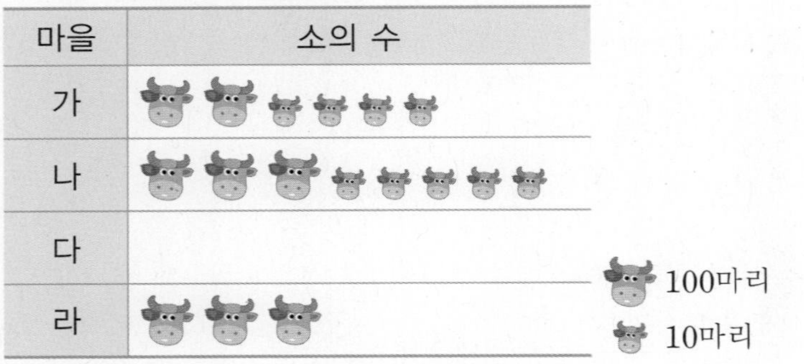

마을	소의 수
가	
나	
다	
라	

100마리

10마리

5

네 마을의 소의 수가 모두 1000마리일 때 다 마을의 소는 몇 마리인지 풀이 과정을 쓰고 답을 구해 보세요.

풀이

답

▶ 가, 나, 라 마을의 소의 수를 각각 구해 봅니다.

6

가와 라 마을에서 기르는 소와 나와 다 마을에서 기르는 소의 다리 수의 차는 몇 개인지 풀이 과정을 쓰고 답을 구해 보세요.

풀이

답

▶ 소의 수의 차를 구한 후 소의 다리 수의 차를 구합니다.

[7~8] 도로의 위쪽과 아래쪽에 있는 마을별 배 수확량을 조사하여 나타낸 그림그래프입니다. 나 마을의 배 수확량은 다 마을보다 50 kg 더 많고 네 마을의 배 수확량은 모두 1200 kg입니다. 물음에 답하세요.

마을별 배 수확량

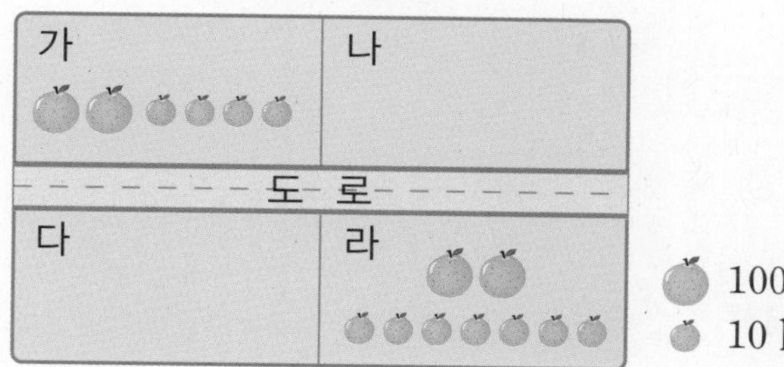

7 다 마을의 배 수확량은 몇 kg인지 풀이 과정을 쓰고 답을 구해 보세요.

풀이

답

▶ 다 마을의 배 수확량을 □ kg이라 하면 나 마을의 배 수확량은 (□+50)kg입니다.

8 도로의 위쪽 마을의 배 수확량은 모두 몇 kg인지 풀이 과정을 쓰고 답을 구해 보세요.

풀이

답

▶ 도로의 위쪽에 있는 가와 나 마을의 배 수확량의 합을 구합니다.

다시 점검하는 기출 단원 평가 Level 1

점수 | 확인

[1~4] 서윤이네 모둠 학생들을 대상으로 혈액형을 조사한 자료입니다. 물음에 답하세요.

혈액형

서윤	은정	기상	수현	유리
A형	B형	A형	O형	A형
창희	민수	재석	태진	종민
O형	B형	O형	O형	AB형

1 재석이의 혈액형은 무엇일까요?

( )

2 조사한 것을 보고 표로 나타내어 보세요.

혈액형별 학생 수

혈액형	A형	B형	O형	AB형	합계
학생 수 (명)					

3 가장 적은 학생 수의 혈액형은 무엇이고 몇 명일까요?

( ), ( )

4 가장 많은 학생 수의 혈액형을 알아보는 데 편리한 것은 자료와 표 중에서 어느 것일까요?

( )

[5~8] 미란이네 동네 병원의 오늘 방문한 환자 수를 조사하여 나타낸 표입니다. 물음에 답하세요.

병원별 환자 수

병원	치과	내과	안과	소아과	합계
환자 수 (명)	34	20	22	34	110

5 표를 보고 그림그래프를 완성해 보세요.

병원별 환자 수

병원	환자 수
치과	
내과	
안과	
소아과	

10명 1명

6 환자 수가 가장 적은 병원은 어느 병원일까요?

( )

7 환자 수가 같은 병원은 어느 병원과 어느 병원일까요?

( ), ( )

8 안과 환자는 소아과 환자보다 몇 명 더 적은지 구해 보세요.

( )

[9~10] 하루 동안 가게별 리본끈 판매량을 조사하여 나타낸 그림그래프입니다. 물음에 답하세요.

가게별 리본끈 판매량

가게	판매량
가	
나	
다	
라	

10 m 1 m

9 다 가게보다 리본끈이 적게 팔린 가게를 모두 찾아 써 보세요.

( )

10 리본끈 1 m로 리본을 8개 만들 수 있다고 할 때 라 가게에서 팔린 리본끈으로 만들 수 있는 리본은 모두 몇 개일까요?

( )

11 마을별 가구 수를 조사하여 나타낸 그림그래프입니다. 네 마을의 가구 수의 합이 780가구일 때 그림그래프를 완성해 보세요.

마을별 가구 수

마을	가구 수
해	
달	
별	
바람	

100가구 10가구

[12~15] 어느 지역의 과수원별 사과 생산량을 조사하여 나타낸 표입니다. 물음에 답하세요.

과수원별 사과 생산량

과수원	사랑	초록	중앙	풍년	합계
생산량 (상자)	152	309		225	900

12 표를 완성해 보세요.

13 위의 표를 보고 그림그래프로 나타낼 때 그림을 몇 가지로 나타내는 것이 좋을까요?

( )

14 그림그래프로 나타내어 보세요.

과수원별 사과 생산량

과수원	생산량
사랑	
초록	
중앙	
풍년	

◉ 100상자 ○ 10상자 △ 1상자

15 사과를 가장 많이 생산한 과수원은 어느 과수원일까요?

( )

6

[16~17] 미현이네 학교 4개 반 학생들이 3D 영화를 보러 갔습니다. 다음은 영화관의 좌석별 학생 수를 나타낸 그림그래프입니다. 물음에 답하세요.

좌석별 학생 수

1층	1반 ㉿㉿㉿◦	2반 ㉿㉿㉿◦◦
2층	3반 ㉿㉿㉿	4반 ㉿㉿㉿◦◦◦◦

(큰 얼굴) 10명 (작은 얼굴) 1명

16 1층과 2층 중에서 학생이 더 많은 층은 몇 층일까요?

( )

17 영화 시작 전 학생들에게 3D 입체 안경을 나누어 주려고 합니다. 모두 몇 개가 필요할까요?

( )

18 학생 4명이 한 달 동안 읽은 책 수를 조사하여 나타낸 그림그래프입니다. 지호가 읽은 책 수는 수정이가 읽은 책 수보다 2권 더 많고, 병만이가 읽은 책 수의 3배일 때 학생들이 한 달 동안 읽은 책은 모두 몇 권일까요?

학생별 읽은 책 수

이름	책 수
지호	
수정	(큰 책) 2개, (작은 책) 2개
승미	(큰 책) 1개, (작은 책) 5개
병만	

(큰 책) 10권 (작은 책) 1권

( )

술술 서술형

19 수지가 4일 동안 모은 빈병 수를 조사하여 나타낸 표입니다. 빈병 10개를 공책 한 권으로 바꾸어 준다면 4일 동안 모은 빈병은 공책 몇 권으로 바꿀 수 있는지 풀이 과정을 쓰고 답을 구해 보세요.

요일별 모은 빈병 수

요일	월	화	수	목	합계
빈병 수 (개)	33	24	31	32	

풀이

답

20 다트 던지기를 하여 얻은 점수만큼 연필을 나누어 주기로 하였습니다. 준비해야 하는 연필은 모두 몇 자루인지 풀이 과정을 쓰고 답을 구해 보세요.

점수별 학생 수

점수	학생 수
1점	(큰 얼굴) 1개, (작은 얼굴) 5개
2점	(큰 얼굴) 2개, (작은 얼굴) 4개
3점	(작은 얼굴) 7개

(큰 얼굴) 10명 (작은 얼굴) 1명

풀이

답

다시 점검하는 기출 단원 평가 Level ❷

점수 | 확인

[1~3] 민주네 반 학생들이 좋아하는 과일을 조사하여 나타낸 것입니다. 물음에 답하세요.

좋아하는 과일

수박	사과	사과	수박	딸기	딸기
사과	수박	딸기	사과	사과	수박
포도	사과	딸기	수박	포도	사과
딸기	수박	사과	사과	딸기	수박

1 좋아하는 과일별 학생 수를 표로 나타내어 보세요.

좋아하는 과일별 학생 수

과일	수박	사과	딸기	포도	합계
학생 수(명)					

2 딸기를 좋아하는 학생 수는 포도를 좋아하는 학생 수의 몇 배일까요?

( )

3 많은 학생들이 좋아하는 과일부터 순서대로 써 보세요.

( )

[4~7] 민성이가 5일 동안 컴퓨터를 한 시간을 조사하여 나타낸 표입니다. 물음에 답하세요.

요일별 컴퓨터를 한 시간

요일	월	화	수	목	금	합계
시간(분)	50	55	62	45	52	264

4 표를 보고 그림그래프로 나타내어 보세요.

요일별 컴퓨터를 한 시간

요일	시간
월	
화	
수	
목	
금	

◉ 10분 ○ 5분 △ 1분

5 ◉, ○, △은 각각 몇 분을 나타낼까요?

◉ ( )

○ ( )

△ ( )

6 어느 요일에 가장 컴퓨터를 많이 했을까요?

( )

7 컴퓨터를 가장 많이 한 요일을 알아보려고 할 때 표와 그림그래프 중 어느 것이 더 편리할까요?

( )

[8~11] 각 음료수 속에 들어 있는 각설탕의 수를 조사하여 나타낸 표입니다. 표를 보고 물음에 답하세요.

음료수별 각설탕의 수

음료수	가	나	다	라
각설탕의 수 (개)	12	20	7	16

8 표를 보고 그림그래프를 그릴 때 그림을 몇 가지로 나타내는 것이 좋을까요?

( )

9 표를 보고 그림그래프로 나타내어 보세요.

음료수별 각설탕의 수

음료수	각설탕 수
가	
나	
다	
라	

□ 10개 □ 1개

10 각설탕이 가장 많이 들어 있는 음료수는 어느 것일까요?

( )

11 나 음료수와 똑같은 음료수를 27개 준비하였습니다. 27개의 음료수에 담긴 각설탕은 모두 몇 개일까요?

( )

[12~14] 과수원별 사과 생산량을 조사하여 나타낸 그림그래프입니다. 물음에 답하세요.

과수원별 사과 생산량

과수원	생산량
가	큰 사과 3개, 작은 사과 6개
나	큰 사과 3개, 작은 사과 3개
다	큰 사과 4개, 작은 사과 2개
라	큰 사과 5개

(큰 사과) 100상자 (작은 사과) 10상자

12 과수원별 사과 생산량의 그림그래프에 대한 설명으로 옳은 것을 찾아 기호를 써 보세요.

㉠ 그림그래프를 보고 전체 과수원의 사과 생산량을 쉽게 알 수 있습니다.
㉡ 그림그래프를 보고 사과의 크기를 알 수 있습니다.
㉢ 생산량이 가장 많은 과수원은 라 과수원입니다.
㉣ 수량을 작은 그림으로 최대한 나타내고 나머지를 큰 그림으로 나타냈습니다.

( )

13 그림그래프를 보고 표로 나타내어 보세요.

과수원별 사과 생산량

과수원	가	나	다	라	합계
생산량 (상자)					

14 사과 생산량이 적은 과수원부터 차례로 기호를 써 보세요.

( )

[15~18] 수호가 요일별로 푼 수학 문제 수를 조사하여 나타낸 표와 그림그래프입니다. 물음에 답하세요.

요일별 푼 수학 문제 수

요일	월	화	수	목	합계
문제 수(개)	35	24	60		150

요일별 푼 수학 문제 수

요일	문제 수
월	●●●●●●●●
화	
수	
목	

● 10개 ● 1개

15 목요일에 푼 수학 문제는 몇 개일까요?

( )

16 표를 보고 그림그래프를 완성해 보세요.

17 수학 문제를 두 번째로 많이 푼 날은 무슨 요일일까요?

( )

18 수학 문제를 한 개씩 풀 때마다 어머니께서 칭찬 붙임딱지 3장씩을 붙여 주셨습니다. 4일 동안 받은 칭찬 붙임딱지는 모두 몇 장일까요?

( )

술술 서술형

19 월요일에 팔린 우유의 수는 목요일에 팔린 우유의 수의 $\frac{1}{2}$일 때 화요일에 팔린 우유는 몇 통인지 풀이 과정을 쓰고 답을 구해 보세요.

요일별 팔린 우유 수

요일	월	화	수	목	합계
우유 수(통)			24	32	96

풀이

답

20 소 한 마리는 사료를 하루에 3 kg씩 먹고 상동 목장은 원동 목장보다 사료가 하루에 18 kg 더 필요하다고 합니다. 상동 목장에서 기르고 있는 소는 몇 마리인지 풀이 과정을 쓰고 답을 구해 보세요.

목장별 소의 수

목장	소의 수
상동	
하동	100마리 3개, 10마리 4개
일동	100마리 4개, 10마리 2개, 1마리 1개
원동	100마리 3개, 10마리 1개, 1마리 2개

100마리 10마리 1마리

풀이

답

한걸음 한걸음 디딤돌을 걷다 보면
수학이 완성됩니다.

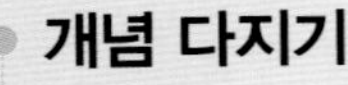

개념 다지기

원리, 기본

문제해결력 강화

문제유형, 응용

심화 완성

최상위 수학S, 최상위 수학

최상위 수학 S

최상위 수학

연산 개념 다지기

디딤돌 연산

디딤돌 연산은 수학이다.

개념+문제해결력 강화를 동시에

기본+유형, 기본+응용

상위권의 힘, 사고력 강화

최상위 사고력

최상위 사고력

개념 이해 → 개념 응용 → 개념 확장

학습 능력과 목표에 따라
맞춤형이 가능한 디딤돌 초등 수학

개념 이해
디딤돌수학 개념연산

개념 응용
최상위수학 라이트

개념 적용
디딤돌수학 개념기본

개념 확장
최상위수학

개념 이해 · 적용
디딤돌수학 고등 개념기본

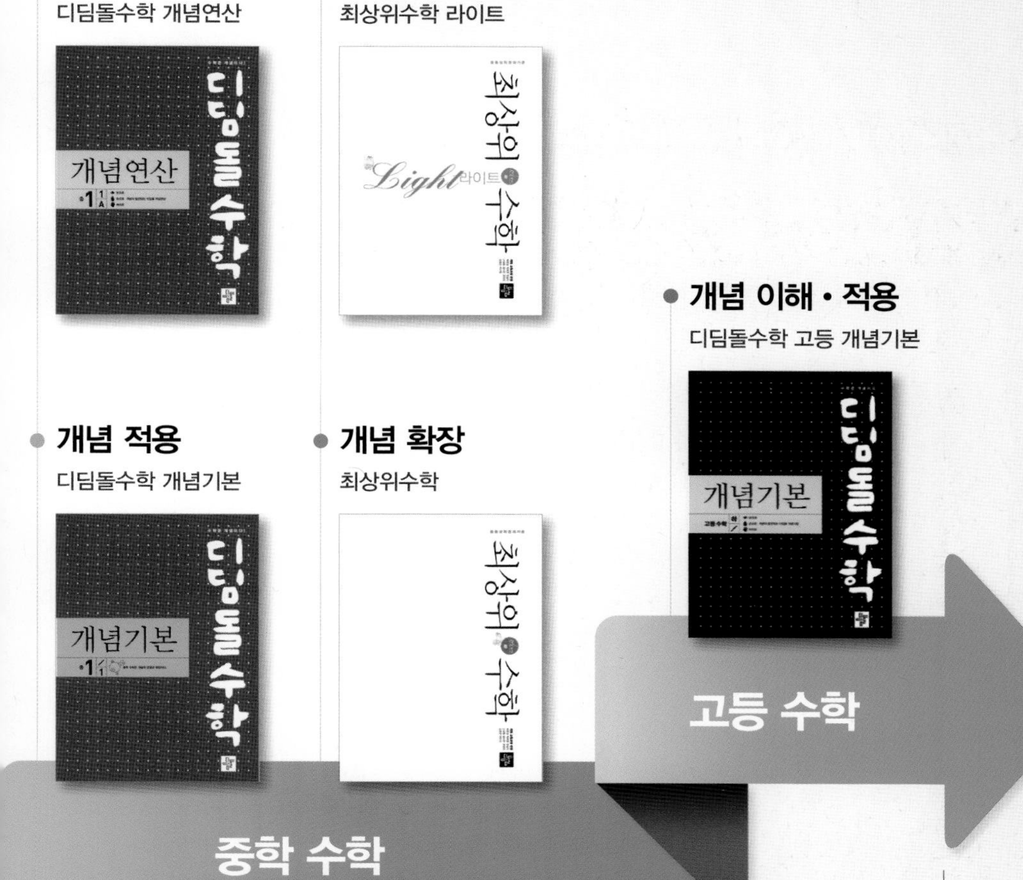

초등부터 고등까지

수학 좀 한다면 디딤돌

개념을 이해하고, 깨우치고, 꺼내 쓰는
올바른 중고등 개념 학습서

상위권의 기준

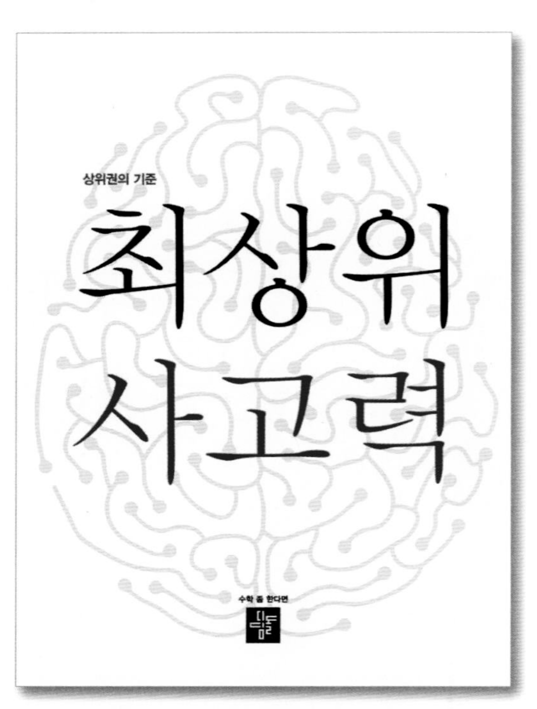

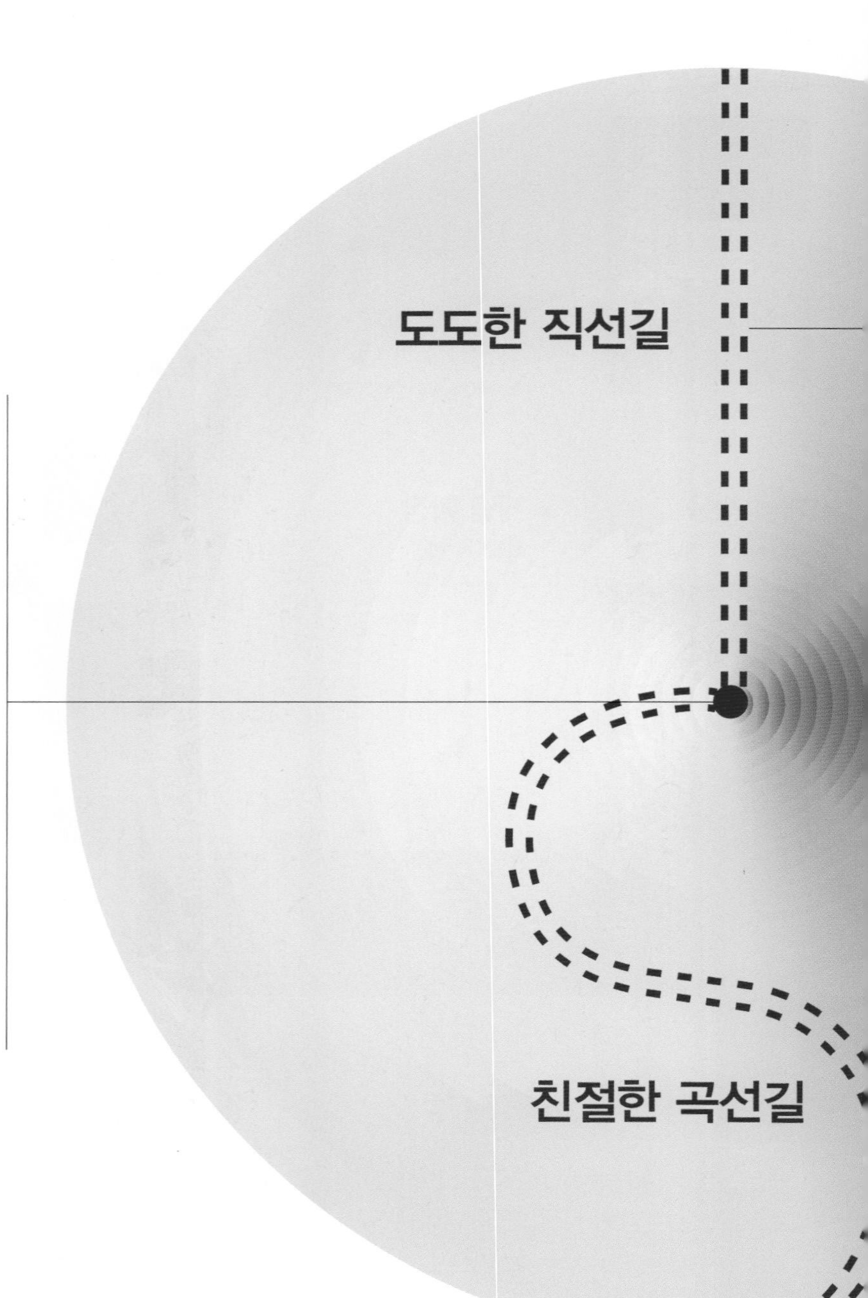

응용 | 정답과 풀이

3-2

수학 좀 한다면

디딤돌

1 곱셈

학생들은 일상생활에서 배열이나 묶음과 같은 곱셈 상황을 경험합니다. 예를 들면 교실에서 사물함, 책상, 의자 등 줄을 맞춰 배열된 사물들과 묶음 단위로 판매되는 학용품이나 간식 등이 곱셈 상황입니다. 학생들은 이 같은 상황에서 사물의 수를 세거나 필요한 금액 등을 계산할 때 곱셈을 적용할 수 있습니다. 여러 가지 곱셈을 배우는 이번 단원에서는 다양한 형태의 곱셈 계산 원리와 방법을 스스로 발견할 수 있도록 지도합니다. 수 모형 놓아 보기, 모눈의 수 묶어 세기 등의 다양한 활동을 통해 곱셈의 알고리즘이 어떻게 형성되는지를 스스로 탐구할 수 있도록 합니다. 이 단원에서 학습하는 다양한 형태의 곱셈은 고학년에서 학습하게 되는 넓이, 확률 개념 등의 바탕이 됩니다.

1 (세 자리 수)×(한 자리 수) (1)

8쪽

1 3, 936　　2 693

3 (1) 248　(2) 486　(3) 996　(4) 844

2 231씩 3칸이므로 231×3=693입니다.

2 (세 자리 수)×(한 자리 수) (2)

9쪽

! 2, 2

4 (1) 800, 40, 36, 876　(2) 500, 50, 20, 570

5 (1) (왼쪽에서부터) 16, 20, 600, 636 / 8, 10, 300
(2) (왼쪽에서부터) 21, 60, 300, 381 / 7, 20, 100

6 (1) 678　(2) 476　(3) 874　(4) 540

6 (3)
```
    1
  4 3 7
×     2
-------
  8 7 4
```
(4)
```
    4
  1 0 8
×     5
-------
  5 4 0
```

3 (세 자리 수)×(한 자리 수) (3)

10쪽

7 (1) (왼쪽에서부터) 160, 964 / 1, 40, 200
(2) (왼쪽에서부터) 60, 1866 / 2, 20, 600

8 764×7=5348 / 5348

9 (1) 1948　(2) 2568

8 764를 7번 더했으므로 764의 7배와 같습니다.
➡ 764×7=5348

기본에서 응용으로

11~14쪽

1 300　2 213, 639

3 (1) <　(2) <　4 848 cm

5 693개　6 3, 3 / 900, 30, 15 / 945

7 858

8 40 / 예 일의 자리 계산 9×5=45에서 40을 십의 자리로 올림한 것이므로 40을 나타냅니다.

9 432쪽　10 981　11 25개

12 ㉢　13 751×8=6008 / 6008

14
```
    1
  3 5 4
×     2
-------
  7 0 8
```
예 십의 자리의 계산에서 올림한 수 1을 더하지 않고 계산했습니다.

15 1488　16 (1) >　(2) <

17 1050번　18 ㉡　19 625봉지

20 4875원　21 1809 cm　22 7

23 4　24 6, 3　25 721

26 920　27 1704

1 121×3=100×3+20×3+1×3=363이므로 빨간색 숫자 3은 300을 나타냅니다.

2 곱셈에서는 곱하는 두 수를 바꾸어 곱해도 곱은 같습니다.

3 (1) 곱하는 수가 2로 같고 곱해지는 수가 421<434이므로 421×2<434×2입니다.
(2) 곱해지는 수가 201로 같고 곱하는 수가 2<4이므로 201×2<201×4입니다.

4 정사각형의 네 변의 길이는 모두 같습니다.
따라서 정사각형의 네 변의 길이의 합은
$212 \times 4 = 848$(cm)입니다.

5 $231 \times 3 = 693$(개)

6 315를 $300 + 10 + 5$로 생각하여 계산한 것입니다.

7 $429 \times 2 = 858$

서술형
8

단계	문제 해결 과정
①	□ 안의 숫자 4가 나타내는 수는 얼마인지 구했나요?
②	올림을 이용하여 이유를 바르게 설명했나요?

9 (동화책 4권의 쪽수)$= 108 \times 4 = 432$(쪽)

10 100이 3개, 10이 1개, 1이 17개인 수는 327입니다.
➡ $327 \times 3 = 981$

11 (놓으려는 의자 수)$= 125 \times 3 = 375$(개)
(남는 의자 수)$= 400 - 375 = 25$(개)

12 곱해지는 수 413에서 4는 400을 나타내므로 □ 안에 들어갈 수는 400×7을 계산한 것입니다.

13 ■를 ▲번 더한 값은 ■ × ▲의 값과 같습니다.

서술형
14

단계	문제 해결 과정
①	잘못된 이유를 바르게 설명했나요?
②	잘못된 곳을 바르게 계산했나요?

15 372씩 4칸이므로 $372 \times 4 = 1488$입니다.

16 (1) $361 \times 5 = 1805$, $432 \times 4 = 1728$
➡ $1805 > 1728$
(2) $564 \times 2 = 1128$, $383 \times 3 = 1149$
➡ $1128 < 1149$

17 일주일은 7일이므로 $150 \times 7 = 1050$(번)입니다.

18 ㉠ $975 \times 2 = 1950$ ㉡ $752 \times 9 = 6768$ ㉢ $972 \times 5 = 4860$
➡ ㉡>㉢>㉠

다른 풀이
②③④ × ① : 큰 수부터 ①, ②, ③, ④의 순서로 놓을 때 곱이 가장 큽니다.

19 (학생 수)$= 23 + 24 + 27 + 26 + 25 = 125$(명)
따라서 젤리는 모두 $125 \times 5 = 625$(봉지) 필요합니다.

20 1달러가 975원이므로 5달러는 $975 \times 5 = 4875$(원)입니다.

21 (파란색 리본의 길이)$= 135 \times 7 = 945$(cm)
(초록색 리본의 길이)$= 216 \times 4 = 864$(cm)
(리본 전체의 길이)$= 945 + 864 = 1809$(cm)

22 $\square \times 4$의 일의 자리가 8인 것은 2×4, 7×4입니다.
이 중 십의 자리로 올림하여 십의 자리가 6이 되는 것은 7×4이므로 □ 안에 알맞은 수는 7입니다.

23
- 일의 자리: $7 \times 6 = 42$이므로 십의 자리로 올림한 수는 4입니다.
- 백의 자리: $2 \times 6 = 12$이므로 백의 자리로 올림한 수는 $14 - 12 = 2$입니다.
- 십의 자리: $\square \times 6 + 4 = 28$이므로 $\square = 4$입니다.

24 같은 수를 곱하여 9가 되는 수는 $3 \times 3 = 9$, $7 \times 7 = 49$이므로 ㉡=3 또는 ㉡=7입니다.
- ㉡=3일 때 십의 자리 계산에서 ㉠×3의 일의 자리가 8이 되는 것은 6×3이므로 ㉠=6입니다.
  ➡ $663 \times 3 = 1989$(○)
- ㉡=7일 때 ㉠×7의 일의 자리가 4가 되는 것은 2×7이므로 ㉠=2입니다.
  ➡ $227 \times 7 = 1589$(×)

따라서 ㉠=6, ㉡=3입니다.

25 102★7$= 102 \times 7 + 7 = 714 + 7 = 721$

26 115◎9$= 115 \times 9 - 115 = 1035 - 115 = 920$

27 8◎205 ➡ $8 + 205 = 213$, $213 \times 8 = 1704$

4 (몇십)×(몇십), (몇십몇)×(몇십) 15쪽

1 (위에서부터) (1) 6300 / 100 (2) 4340 / 10
2 (1) 60, 600, 660 (2) 400, 4000, 4400
3 (1) 1400 (2) 1200 (3) 1350 (4) 4680

3 (1) $20 \times 70 = 20 \times 7 \times 10 = 140 \times 10 = 1400$
(2) $30 \times 40 = 30 \times 4 \times 10 = 120 \times 10 = 1200$
(3) $45 \times 30 = 45 \times 3 \times 10 = 135 \times 10 = 1350$
(4) $78 \times 60 = 78 \times 6 \times 10 = 468 \times 10 = 4680$

5 (몇)×(몇십몇) 16쪽

4 (1) 24, 300, 324 (2) 280, 36, 316

5 (1) 260 (2) 204 (3) 504 (4) 171

6 296, =, 296

5 (3)
$$\begin{array}{r} {\scriptstyle 1}\ \\ 7 \\ \times\ 7\ 2 \\ \hline 5\ 0\ 4 \end{array}$$
(4)
$$\begin{array}{r} {\scriptstyle 8}\ \\ 9 \\ \times\ 1\ 9 \\ \hline 1\ 7\ 1 \end{array}$$

6 곱셈에서는 두 수를 바꾸어 곱해도 결과는 같습니다.
$$\begin{array}{r} {\scriptstyle 5}\ \ \\ 8 \\ \times\ 3\ 7 \\ \hline 2\ 9\ 6 \end{array} \qquad \begin{array}{r} {\scriptstyle 5}\ \ \\ 3\ 7 \\ \times\quad 8 \\ \hline 2\ 9\ 6 \end{array}$$

6 (몇십몇)×(몇십몇) (1) 17쪽

7 (1) 320, 128, 448 (2) 840, 126, 966

8 460, 92, 552

9 (1) 322 (2) 1428 (3) 722 (4) 806

8 $46 \times 12 = 46 \times 10 + 46 \times 2 = 460 + 92 = 552$

9 (3)
$$\begin{array}{r} 3\ 8 \\ \times\ 1\ 9 \\ \hline 3\ 4\ 2 \\ 3\ 8\ 0 \\ \hline 7\ 2\ 2 \end{array}$$
(4)
$$\begin{array}{r} 2\ 6 \\ \times\ 3\ 1 \\ \hline 2\ 6 \\ 7\ 8\ 0 \\ \hline 8\ 0\ 6 \end{array}$$

7 (몇십몇)×(몇십몇) (2) 18쪽

10 (위에서부터) 20, 5, 7, 7 / 100, 210, 945

11 (1) 1748 (2) 1701 (3) 1924 (4) 1848

10 전체 모눈의 수는 색칠된 모눈의 수를 각각 곱셈식으로 나타낸 다음 곱셈식의 값을 모두 더하여 구합니다.

11 (3)
$$\begin{array}{r} 3\ 7 \\ \times\ 5\ 2 \\ \hline 7\ 4 \\ 1\ 8\ 5\ 0 \\ \hline 1\ 9\ 2\ 4 \end{array}$$
(4)
$$\begin{array}{r} 2\ 4 \\ \times\ 7\ 7 \\ \hline 1\ 6\ 8 \\ 1\ 6\ 8\ 0 \\ \hline 1\ 8\ 4\ 8 \end{array}$$

기본에서 응용으로 19~22쪽

28 ④ **29** 52 **30** 90

31 30 **32** 4350

33 $60 \times 60 = 3600$ / 3600초

34 귤 50개, 300 mg **35** 152, 190, 228

36 (위에서부터) 8, 6

37 예 10월은 31일까지 있습니다. 주희는 수학 문제를 9문제씩 31일 동안 풀었으므로 모두 $9 \times 31 = 279$(문제)를 풀었습니다. / 279문제

38 8 **39** $16 \times 15 = 240$ / 240

40 465 **41** (위에서부터) 4, 2, 4, 7, 2

42 196자 **43** 315 **44** 2, 50, 650

45
$$\begin{array}{r} 2\ 7 \\ \times\ 4\ 5 \\ \hline 1\ 3\ 5 \\ 1\ 0\ 8\ 0 \\ \hline 1\ 2\ 1\ 5 \end{array}$$
예 45에서 4는 40을 나타내므로 27×40에서 1080이라고 써야 하는데 108이라고 써서 계산이 잘못되었습니다.

46 1872개 **47** 1147

48 1140 **49** 9, 5

50 (위에서부터) 3, 5, 7 **51** 592

52 924 **53** 2006

28 ① $20 \times 60 = 1200$ ② $30 \times 40 = 1200$
③ $40 \times 30 = 1200$ ④ $50 \times 30 = 1500$
⑤ $60 \times 20 = 1200$

29 • $80 \times 30 = 2400 \rightarrow$ ㉠$=24$
• $40 \times 70 = 2800 \rightarrow$ ㉡$=28$
➡ ㉠+㉡$=24+28=52$

30 $60 \times 60 = 3600$입니다. 따라서 $40 \times \square = 3600$이어야 하므로 $40 \times 90 = 3600$에서 $\square = 90$입니다.

31 곱해지는 수가 25에서 50으로 2배가 되었으므로 곱하는 수는 60의 반인 30이 되어야 합니다.

32 10이 8개, 1이 7개인 수는 87이고, 10이 5개인 수는 50입니다. ➡ $87 \times 50 = 4350$

34 비타민 C가 딸기 30개에는 $90 \times 30 = 2700$(mg), 귤 50개에는 $60 \times 50 = 3000$(mg)이 들어 있습니다. 따라서 귤 50개에 $3000 - 2700 = 300$(mg) 더 많이 들어 있습니다.

35 곱해지는 수가 1씩 커지므로 곱은 38씩 커집니다.

36
$$\begin{array}{r} 7 \\ \times\ 3\ ㉠ \\ \hline 2\ ㉡\ 6 \end{array}$$
$7 \times ㉠$에서 일의 자리가 6인 것은 $7 \times 8 = 56$이므로 $㉠ = 8$입니다.
$7 \times 3 = 21$에서 일의 자리에서 올림한 5를 더하면 26이므로 $㉡ = 6$입니다.

서술형
37

단계	문제 해결 과정
①	10월이 31일까지임을 알고 곱셈식을 세웠나요?
②	31일 동안 모두 몇 문제를 풀었는지 구했나요?

38 $6 \times 45 = 270$입니다.
$7 \times 37 = 259$, $8 \times 37 = 296$이므로 □ 안에 들어갈 수 있는 자연수 중에서 가장 작은 수는 8입니다.

39 $16 \times 15 = 16 \times 10 + 16 \times 5$
$= 160 + 80 = 240$

40 가장 큰 수는 31이고, 가장 작은 수는 15입니다.
➡ $31 \times 15 = 465$

41
$$\begin{array}{r} ㉠\ 7 \\ \times\ 1\ 6 \\ \hline 2\ 8\ ㉡ \\ ㉢\ 7\ 0 \\ \hline ㉣\ 5\ ㉤ \end{array}$$
$7 \times 6 = 42$이므로 $㉡ = 2$이고, 십의 자리로 4를 올림합니다.
$㉠ \times 6 + 4 = 28$이므로 $㉠ \times 6 = 24$, $㉠ = 4$입니다.
$4 \times 1 = 4$이므로 $㉢ = 4$, $㉤ = ㉡ = 2$입니다.
$1 + 2 + 4 = 7$이므로 $㉣ = 7$입니다.

42 1주일은 7일이므로 2주일은 $7 \times 2 = 14$(일)입니다.
➡ $14 \times 14 = 196$(자)

43 51×12를 아래쪽으로 뒤집으면 21×15가 되므로 $21 \times 15 = 315$입니다.

44 곱해지는 수 26을 13×2로 분해하여 (몇십몇)×(몇십몇)을 (몇십몇)×(몇십)으로 계산하는 방법입니다.

서술형
45

단계	문제 해결 과정
①	잘못된 이유를 바르게 설명했나요?
②	잘못된 곳을 바르게 계산했나요?

46 하루는 24시간이므로 $78 \times 24 = 1872$(개)입니다.

47 • 9♥4: $9 \times 4 = 36$보다 1 작은 수 → 35
• 10♥6: $10 \times 6 = 60$보다 1 작은 수 → 59
• 3♥21: $3 \times 21 = 63$보다 1 작은 수 → 62
따라서 28♥41은 $28 \times 41 = 1148$보다 1 작은 수이므로 1147입니다.

48 만들 수 있는 가장 큰 두 자리 수는 95, 가장 작은 두 자리 수는 12입니다.
➡ $95 \times 12 = 1140$

49
$$\begin{array}{r} 5 \\ \times\ 9\ 6 \\ \hline 4\ 8\ 0 \end{array}, \begin{array}{r} 9 \\ \times\ 5\ 6 \\ \hline 5\ 0\ 4 \end{array}$$
이므로 ㉠은 9, ㉡은 5입니다.

다른 풀이
(한 자리 수)×(두 자리 수)의 곱을 가장 크게 만들려면 한 자리 수에 가장 큰 숫자를 놓고, 나머지 숫자로 가장 큰 두 자리 수를 만들면 됩니다. 따라서 가장 큰 곱셈식은 $9 \times 56 = 504$입니다.

50
$$\begin{array}{r} ㉠\ ㉡ \\ \times\ ㉢\ 6 \\ \hline 2\ 6\ 6\ 0 \end{array}$$
• 곱의 일의 자리 숫자가 0이므로 $㉡ = 5$입니다.
• $㉠ = 7$, $㉢ = 3$인 경우: $75 \times 36 = 2700$ (×)
• $㉠ = 3$, $㉢ = 7$인 경우: $35 \times 76 = 2660$ (○)
➡ $㉠ = 3$, $㉡ = 5$, $㉢ = 7$

51 어떤 수를 □라 하여 잘못 계산한 식을 세우면 $□ + 16 = 53$이므로 $□ = 53 - 16 = 37$입니다.
따라서 바르게 계산하면 $37 \times 16 = 592$입니다.

52 어떤 수를 □라 하여 잘못 계산한 식을 세우면 $□ + 28 = 61$이므로 $□ = 61 - 28 = 33$입니다.
따라서 바르게 계산하면 $33 \times 28 = 924$입니다.

53 주어진 수를 □라 하여 은수가 잘못 계산한 식을 세우면 □$-34=25$이므로 □$=25+34=59$입니다.
따라서 바르게 계산하면 $59\times34=2006$입니다.

응용에서 최상위로

23~26쪽

1 459 cm **1-1** 1654 cm **1-2** 50 cm
2 1, 2, 3 **2-1** 1, 2 **2-2** 44
3 357, 2 / 714 **3-1** 431, 8 / 3448
3-2 83, 54 / 4482
4 1단계 예 귤 17개: $38\times17=646$(킬로칼로리)
아이스크림 6개: 253×6
$=1518$(킬로칼로리)
젤리 50개: $30\times50=1500$(킬로칼로리)
2단계 예 $646+1518+1500=3664$(킬로칼로리)
/ 3664 킬로칼로리
4-1 태윤, 99 킬로칼로리

1 (색 테이프 3장의 길이의 합)$=165\times3=495$(cm)
18 cm씩 이어 붙인 부분이 2군데이므로
(겹쳐진 부분의 길이의 합)$=18\times2=36$(cm)
따라서 이어 붙인 색 테이프의 전체 길이는
$495-36=459$(cm)입니다.

1-1 (색 테이프 50장의 길이의 합)$=37\times50=1850$(cm)
4 cm씩 이어 붙인 부분이 49군데이므로
(겹쳐진 부분의 길이의 합)$=4\times49=196$(cm)
➡ 이어 붙인 색 테이프의 전체 길이:
$1850-196=1654$(cm)

1-2 (색 테이프 27장의 길이의 합)$=28\times27=756$(cm)
6 cm씩 이어 붙인 부분이 26군데이므로
(겹쳐진 부분의 길이의 합)$=6\times26=156$(cm)
➡ 이어 붙인 색 테이프의 전체 길이:
$756-156=600$(cm)
한 개의 장식에 필요한 색 테이프의 길이를 □cm라 하면 □$\times12=600$, $50\times12=600$이므로 □$=50$입니다.

2 42를 40으로 어림하면 $40\times30=1200$이므로
□$=3$으로 예상할 수 있습니다.
□$=3$이면 $42\times30=1260$,
□$=4$이면 $42\times40=1680$입니다.
따라서 $42\times$□0이 1500보다 작아야 하므로 □ 안에 들어갈 수 있는 수는 1, 2, 3입니다.

2-1 63을 60으로 어림하면 $60\times20=1200$이므로
□$=2$로 예상할 수 있습니다.
□$=2$이면 $63\times20=1260$,
□$=3$이면 $63\times30=1890$입니다.
따라서 $63\times$□0이 1300보다 작아야 하므로 □ 안에 들어갈 수 있는 수는 1, 2입니다.

2-2 $70\times30=2100$입니다.
48을 50으로 어림하면 $50\times42=2100$이므로
□$=43$으로 예상할 수 있습니다.
□$=43$이면 $48\times43=2064<2100$이므로 조건을 만족하지 않습니다.
□$=44$이면 $48\times44=2112>2100$이므로 조건을 만족합니다.
따라서 □>43이어야 하므로 □ 안에 들어갈 수 있는 자연수 중에서 가장 작은 수는 44입니다.

3 ㉠㉡㉢$\times$㉣에서 곱이 가장 작으려면 곱하는 수 ㉣에 가장 작은 수인 2를 놓아야 하고, 나머지 수 3, 5, 7로 만들 수 있는 가장 작은 수를 곱해야 하므로 알맞은 곱셈식은 357×2입니다.

3-1 ㉠㉡㉢$\times$㉣에서 곱이 가장 크려면 곱하는 수 ㉣에 가장 큰 수인 8을 놓아야 하고, 나머지 수 1, 4, 3으로 만들 수 있는 가장 큰 수를 곱해야 하므로 알맞은 곱셈식은 431×8입니다.

3-2 곱이 가장 크려면 두 자리 수의 십의 자리에 8, 5를 놓고, 일의 자리에 3, 4를 놓아야 합니다.
$84\times53=4452$, $83\times54=4482$이므로 곱이 가장 큰 곱셈식은 $83\times54=4482$입니다.

4-1 • 태윤이가 먹은 간식의 열량:
(쿠키 3개)$=240\times3=720$(킬로칼로리)
(젤리 15개)$=30\times15=450$(킬로칼로리)
➡ $720+450=1170$(킬로칼로리)
• 형이 먹은 간식의 열량:
(아이스크림 3개)$=253\times3=759$(킬로칼로리)
(방울토마토 26개)$=12\times26=312$(킬로칼로리)
➡ $759+312=1071$(킬로칼로리)
따라서 $1170>1071$이므로 태윤이가 먹은 간식의 열량이 $1170-1071=99$(킬로칼로리) 더 많습니다.

기출 단원 평가 Level ❶

27~29쪽

1 216, 2, 432 **2** 400, 240, 8 / 648
3 5 **4** 238
5 483×6=2898 / 2898
6 (선 잇기) **7** 4, 172, 1720
8 324 km
9 8×24=192 / 192 **10** (위에서부터) 4, 1, 2
11 550 g **12** 1066 **13** 50, 600
14
$$\begin{array}{r} 4 \\ \times\ 3\ 6 \\ \hline 2\ 4 \\ 1\ 2\ 0 \\ \hline 1\ 4\ 4 \end{array}$$
15 362송이
16 (위에서부터) 8, 4, 2 / 336
17 8
18 준서, 145회
19 2262 **20** 1920개

1 백 모형은 4개, 십 모형은 2개, 일 모형은 12개인데 일 모형 12개는 십 모형 1개, 일 모형 2개와 같으므로 216×2=432입니다.

2 162를 100+60+2로 생각하여 계산한 것입니다.

3 8×5=40 ➡ 80×50=4000

4 7×34=238

5 483을 6번 더했으므로 483×6=2898입니다.

6 30×80=2400, 50×70=3500,
70×30=2100, 40×60=2400,
70×50=3500

다른 풀이
(몇십)×(몇십)은 (몇)×(몇)의 계산 결과 뒤에 0을 2개 붙이므로 모두 계산하지 않고 (몇)×(몇)만 비교하여 구할 수 있습니다.

7 40을 4×10으로 고친 후, 앞에서부터 차례로 계산합니다.

8 108×3=324(km)

9
$$\begin{array}{l} 8\times20=160 \\ 8\times\ \ 4=\ \ 32 \\ \hline 8\times24=192 \end{array}$$

10 일의 자리 계산에서 4×□의 일의 자리가 6인 것은 4×4, 4×9입니다. 이 중 십의 자리로 올림하여 십의 자리가 5가 되는 것은 4이므로 □=4입니다.

11 11×50=550(g)

12 82>51>29>13이므로 가장 큰 수는 82이고 가장 작은 수는 13입니다. ➡ 82×13=1066

13 24×25=12×2×25=12×50=600

14 36에서 3은 30을 나타내므로 4×30에서 120이라고 써야 하는데 12라고 써서 계산이 잘못 되었습니다.

15 묶은 장미의 수는 25×14=350(송이)이므로 꽃 가게에 있는 장미는 350+12=362(송이)입니다.

16 곱이 가장 큰 곱셈식을 만들려면 가장 큰 수는 한 자리 수에 놓아야 하고, 두 번째로 큰 수는 두 자리 수의 십의 자리에 놓아야 합니다.

$$\Rightarrow \begin{array}{r} {}^{1}\ \ \\ 8 \\ \times\ 4\ 2 \\ \hline 3\ 3\ 6 \end{array}$$

17 ㉠×4의 일의 자리 숫자가 2이므로 3×4=12, 8×4=32에서 ㉠은 3 또는 8로 예상할 수 있습니다.
십의 자리의 계산에서 1×4=4인데 7이 되었으므로 올림한 수가 3임을 알 수 있습니다.
따라서 ㉠에 알맞은 수는 8입니다.
➡ 218×4=872

18 (준서의 줄넘기 횟수)=360×4=1440(회)
(은서의 줄넘기 횟수)=185×7=1295(회)
따라서 준서가 은서보다 줄넘기를
1440−1295=145(회) 더 많이 하였습니다.

서술형
19 예 7>5>4>3이므로 만들 수 있는 가장 큰 수는 754이고 남은 수는 3입니다.
따라서 754×3=2262입니다.

평가 기준	배점(5점)
가장 큰 세 자리 수와 남은 수를 각각 구했나요?	3점
곱을 바르게 구했나요?	2점

서술형
20 예 (판매한 배의 개수)=12×60=720(개)
(판매한 사과의 개수)=30×40=1200(개)
(판매한 배와 사과의 개수)=720+1200
=1920(개)

평가 기준	배점(5점)
판매한 배의 개수와 사과의 개수를 각각 구했나요?	각 2점
판매한 배와 사과의 총 개수를 구했나요?	1점

기출 단원 평가 Level ❷

30~32쪽

1 ㉢	**2** ③	**3** 109, 872
4 <	**5** 654	**6** 시영
7 1652번	**8** 378묶음	**9** 8
10 2075	**11** (위에서부터) 9, 7, 1, 3	
12 4320분	**13** 665 m	**14** 4580원
15 519권	**16** 2752	**17** 5
18 $82\times73=5986$ / 5986		
19 1924	**20** 611 cm	

1 곱해지는 수 295에서 9는 90을 나타내므로 □ 안에 들어갈 수는 90×8을 계산한 것입니다.

2 ① $20\times90=1800$ ② $30\times80=2400$
③ $40\times80=3200$ ④ $50\times60=3000$
⑤ $90\times30=2700$
따라서 $3200>3000>2700>2400>1800$이므로 곱이 가장 큰 것은 ③입니다.

3 곱셈에서는 곱하는 두 수를 바꾸어 곱해도 곱은 같습니다.

4 $6\times75=450$, $7\times65=455$이므로 $450<455$입니다.

5 ㉠ 218의 7배 ➡ $218\times7=1526$
㉡ $218+218+218+218$ ➡ $218\times4=872$
따라서 $1526-872=654$입니다.

다른 풀이
㉡은 218의 4배이므로 ㉠과 ㉡은 218의 3배만큼 차이가 납니다.
➡ $218\times3=654$

6 시영의 계산: 일의 자리에서 십의 자리로 올림한 수 4를 더하지 않고 계산했습니다.

7 일주일은 7일이므로 $236\times7=1652$(번) 지나갑니다.

8 (학생 수)$=21+28+24+25+28=126$(명)
따라서 수수깡은 모두 $126\times3=378$(묶음) 필요합니다.

9 $24\times48=1152$입니다.
$144\times\square=1152$에서 $4\times\square$의 일의 자리 숫자가 2이므로 □는 3 또는 8입니다.
$\square=3$이면 $144\times3=432$ (×),
$\square=8$이면 $144\times8=1152$ (○)
이므로 $\square=8$입니다.

10 ㉠ 10이 7개, 1이 13개인 수는 83이고, ㉡ 10이 2개, 1이 5개인 수는 25입니다.
➡ $83\times25=2075$

11

```
      5 ㉠
   × ㉡ 3
   -------
    1 7 7
  4 ㉢ 3 0
  --------
  4 ㉣ 0 7
```

• ㉠×3의 일의 자리 숫자가 7이므로 ㉠=9입니다.
• 9×㉡의 일의 자리 숫자가 3이므로 ㉡=7입니다.
• $59\times7=413$이므로 ㉢=1입니다.
• $1+1+1=3$이므로 ㉣=3입니다.

12 1일은 24시간이므로 3일은 $24\times3=72$(시간)입니다.
1시간은 60분이므로 72시간은 $72\times60=4320$(분)입니다.

13 (나무의 간격 수)$=8-1=7$(군데)
➡ (도로의 길이)$=7\times95=665$(m)

14 $350\times6=2100$(원), $80\times12=960$(원), $190\times8=1520$(원)
➡ $2100+960+1520=4580$(원)

15 (동화책의 수)$=35\times43=1505$(권)
(위인전의 수)$=28\times17=476$(권)
따라서 참고서의 수는
$2500-1505-476=995-476=519$(권)입니다.

16 $59-27=32$, $59+27=86$이므로
59★27$=32\times86=2752$입니다.

17 63을 60으로 어림하면 $60\times50=3000$이므로
□=5로 예상할 수 있습니다.
□=5이면 $63\times50=3150$이고
□=6이면 $63\times60=3780$입니다.
따라서 □ 안에 들어갈 수 있는 수는 1, 2, 3, 4, 5이므로 이 중 가장 큰 수는 5입니다.

18 곱이 가장 크려면 두 자리 수의 십의 자리에 8, 7을 놓고, 일의 자리에 2, 3을 놓아야 합니다.
$83\times72=5976$, $82\times73=5986$이므로 곱이 가장 큰 곱셈식은 $82\times73=5986$입니다.

서술형
19 예 어떤 수를 □라 하고 잘못 계산한 식을 세우면 □$-26=48$이므로 □$=48+26=74$입니다.
따라서 바르게 계산하면 $74\times26=1924$입니다.

평가 기준	배점(5점)
잘못 계산한 식을 이용하여 뺄셈식을 세우고 어떤 수를 구했나요?	2점
바르게 계산한 값을 구했나요?	3점

서술형
20 예 색 테이프 19장의 길이의 합은 $35\times19=665$(cm)입니다. 3 cm씩 이어 붙인 부분이 18군데이므로 겹쳐진 부분의 길이의 합은 $3\times18=54$(cm)입니다.
따라서 이어 붙인 색 테이프의 전체 길이는 $665-54=611$(cm)입니다.

평가 기준	배점(5점)
색 테이프 19장의 길이의 합과 겹쳐진 부분의 길이의 합을 각각 구했나요?	3점
이어 붙인 색 테이프의 전체 길이를 구했나요?	2점

사고력이 반짝 33쪽

2 나눗셈

우리는 일상생활 속에서 많은 양의 물건을 몇 개의 그릇에 나누어 담거나 일정한 양을 몇 사람에게 똑같이 나누어 주어야 하는 경우를 종종 경험하게 됩니다. 이렇게 나눗셈이 이루어지는 실생활에서 나눗셈의 의미를 이해하고 식을 세워 문제를 해결할 수 있어야 합니다. 이 단원에서는 이러한 나눗셈 상황의 문제를 해결하기 위해 수 모형으로 조작해 보고 계산 원리를 발견하게 됩니다. 또한 나눗셈의 몫과 나머지의 의미를 바르게 이해하고 구하는 과정을 학습합니다. 이때 단순히 나눗셈 알고리즘의 훈련만으로 학습하는 것이 아니라 실생활의 문제 상황을 적절히 도입하여 곱셈과 나눗셈의 학습이 자연스럽게 이루어지도록 합니다.

1 (몇십)÷(몇) (1) 36쪽

! (위에서부터) 2, 0 / 4, 8, 0

1 (위에서부터) 10 / 3, 30 / 10

2 (1) 10 / 1, 0 (2) 1, 0 / 90, 9, 10

3 $50\div5=10$ / 10개

2 (몇십)÷(몇) (2) 37쪽

4 (위에서부터) (1) 5 / 60, 10 / 30, 5 / 0
(2) 4 / 50, 10 / 20, 4 / 0

5 (1) 45 확인 $2\times45=90$
(2) 25 확인 $2\times25=50$

6 (1) > (2) <

5 (1)
$$\begin{array}{r} 45\\ 2\overline{)\,90}\\ 8\\ \hline 10\\ 10\\ \hline 0 \end{array}$$
(2)
$$\begin{array}{r} 25\\ 2\overline{)\,50}\\ 4\\ \hline 10\\ 10\\ \hline 0 \end{array}$$

6 (1) $90\div5=18$, $80\div5=16$
(2) $60\div4=15$, $60\div2=30$

다른 풀이

(1) 나누는 수가 같을 때 나누어지는 수가 클수록 몫은 커집니다.
(2) 나누어지는 수가 같을 때 나누는 수가 작을수록 몫은 커집니다.

3 (몇십몇)÷(몇) (1)

38쪽

7 (위에서부터) (1) 10, 2, 12 (2) 10, 1, 11

8 (1) 21 확인 $4\times21=84$
(2) 32 확인 $3\times32=96$

9 $33\div3=11$ / 11명

8 (1)
```
    2 1
 4)8 4
   8
   ---
     4
     4
   ---
     0
```
(2)
```
    3 2
 3)9 6
   9
   ---
     6
     6
   ---
     0
```

4 (몇십몇)÷(몇) (2)

39쪽

10 (위에서부터) 19 / 50, 10 / 45 / 45, 9 / 0
(2) 13 / 40, 10 / 12 / 12, 3 / 0

11 (1) 20, 4, 24 (2) 10, 2, 12

12 (1) 13 확인 $6\times13=78$
(2) 24 확인 $4\times24=96$

11 (1) 72를 $60+12$로 생각하여 계산한 것입니다.
(2) 84를 $70+14$로 생각하여 계산한 것입니다.

12 (1)
```
    1 3
 6)7 8
   6
   ---
   1 8
   1 8
   ---
     0
```
(2)
```
    2 4
 4)9 6
   8
   ---
   1 6
   1 6
   ---
     0
```

기본에서 응용으로

40~43쪽

1 (1) 4, 40 (2) 1, 10 　 2 ( )(○)

3 20 / 20 　 4 ㉡

5 30 　 6 10개

7 예 (주머니 한 개에 담은 구슬 수)$=90\div3=30$(개)
(한 명에게 나누어 줄 수 있는 구슬 수)
$=30\div3=10$(개) / 10개

8 ㉠, ㉡, ㉢ 　 9 (1) 50 (2) 5

10 15 km

11 예 정사각형은 네 변의 길이가 모두 같습니다.
➡ (정사각형의 한 변의 길이)$=60\div4=15$(cm)
/ 15 cm

12 16명 　 13 (1) $>$ (2) $<$

14 ( )(○) 　 15 31

16 예 귤과 감은 모두 $44+40=84$(개) 있습니다. 한 봉지에 4개씩 담으므로 봉지는 모두 $84\div4=21$(개) 필요합니다. / 21개

17 13 　 18 11분

19 (선 잇기) 　 20 ㉡

21 48, 16

22 (1) 19, 19 (2) 54, 18, 54

23 $85\div5=17$ / 17개

24 예 (전체 사탕 수)$=19+26+42=87$(개)
(한 명이 가지게 될 사탕 수)$=87\div3=29$(개)
/ 29개

25 90 　 26 6

27 184

1 나누어지는 수가 10배가 되면 몫도 10배가 됩니다.

2 나눗셈식을 세로로 쓸 때 각 자리에 맞추어 몫을 씁니다.

3 나누어지는 수가 2배가 되고, 나누는 수도 2배가 되면 몫은 같습니다.

4 ㉠ $30\div3=10$ ㉡ $60\div2=30$ ㉢ $60\div3=20$이므로 몫이 가장 큰 것은 ㉡ $60\div2$입니다.

5 90 cm를 똑같이 3도막으로 나누면 한 도막은 $90 \div 3 = 30$(cm)입니다.

6 귤 40개를 바구니 4개에 똑같이 나누어 담았으므로 한 바구니의 귤의 수는 $40 \div 4 = 10$(개)입니다.

서술형
7

단계	문제 해결 과정
①	주머니 한 개에 담은 구슬 수를 구했나요?
②	한 명에게 줄 수 있는 구슬 수를 구했나요?

8 ㉠ $60 \div 5 = 12$, ㉡ $90 \div 6 = 15$, ㉢ $70 \div 2 = 35$
➡ $12 < 15 < 35$이므로 몫이 작은 것부터 차례로 기호를 쓰면 ㉠, ㉡, ㉢입니다.

9 나누는 수와 몫을 곱하면 나누어지는 수가 됩니다.
(1) $2 \times 25 = \square$에서 $\square = 50$입니다.
(2) $\square \times 18 = 90$에서 $18 \times 5 = 90$이므로 $\square = 5$입니다.

10 연료 6 L로 90 km를 달리므로 연료 1 L로는 $90 \div 6 = 15$(km)를 갈 수 있습니다.

서술형
11

단계	문제 해결 과정
①	문제에 알맞은 나눗셈식을 세웠나요?
②	정사각형의 한 변의 길이를 구했나요?

12 (색종이의 수)$= 10 \times 8 = 80$(장)
➡ $80 \div 5 = 16$이므로 16명에게 나누어 줄 수 있습니다.

13 (1) 나누어지는 수가 같을 때 나누는 수가 작을수록 몫은 더 큽니다.
(2) 나누는 수가 같을 때 나누어지는 수가 클수록 몫은 더 큽니다.

14 나누어지는 수의 십의 자리 수를 나누는 수로 먼저 나눈 다음 일의 자리 수를 나누어야 합니다.

15 가장 큰 수는 93, 가장 작은 수는 3입니다.
➡ $93 \div 3 = 31$

서술형
16

단계	문제 해결 과정
①	귤과 감이 모두 몇 개인지 구했나요?
②	문제에 알맞은 나눗셈식을 세웠나요?
③	봉지는 모두 몇 개 필요한지 구했나요?

17 $48 \div 4 = 12$이므로 □ 안에는 12보다 큰 수가 들어갈 수 있습니다. 따라서 □ 안에 들어갈 수 있는 가장 작은 자연수는 13입니다.

18 1시간 17분$=$60분$+$17분$=$77분이므로 장미 한 개를 만드는 데 $77 \div 7 = 11$(분)이 걸린 셈입니다.

19 $72 \div 6 = 12$, $56 \div 4 = 14$,
$91 \div 7 = 13$, $96 \div 8 = 12$, $42 \div 3 = 14$

20 ㉠ $78 \div 6 = 13$ ㉡ $98 \div 7 = 14$ ㉢ $65 \div 5 = 13$
따라서 몫이 다른 하나는 ㉡입니다.

21 $96 \div 2 = 48$, $48 \div 3 = 16$이므로
㉠은 48, ㉡은 16입니다.

22 나누는 수와 몫을 곱하면 나누어지는 수가 됩니다.

서술형
24

단계	문제 해결 과정
①	전체 사탕 수를 구했나요?
②	문제에 알맞은 나눗셈식을 세웠나요?
③	한 명이 가지게 될 사탕 수를 구했나요?

25 $96 \bullet 66 = 96 \div 4 + 66$
$= 24 + 66 = 90$

26 $90 \blacklozenge 5 = 90 \div 5 \div 3$
$= 18 \div 3 = 6$

27 $69 \times 3 = 207$, $69 \div 3 = 23$이므로
$69 \bigstar 3 = 207 - 23 = 184$입니다.

5 (몇십몇)÷(몇) (3) 44쪽

1 (위에서부터) (1) 7 / 63, 7 / 2
(2) 21 / 80, 20 / 6 / 4, 1 / 2

2 (1) 7 ⋯ 1 확인 $8 \times 7 = 56$, $56 + 1 = 57$
(2) 11 ⋯ 1 확인 $4 \times 11 = 44$, $44 + 1 = 45$

3 5, 6에 ○표

2 (1)
```
      7
 8 ) 5 7
     5 6
     ---
       1
```
(2)
```
     1 1
 4 ) 4 5
     4 0
     ---
       5
       4
     ---
       1
```

3 나머지는 나누는 수보다 작아야 하므로 5, 6은 나머지가 될 수 없습니다.

6 (몇십몇)÷(몇) (4) 45쪽

4 (위에서부터) (1) 23 / 80, 20 / 15 / 12, 3 / 3
(2) 12 / 60, 10 / 15 / 12, 2 / 3

5 (1) 15 ⋯ 2 **확인** $3\times15=45$, $45+2=47$
(2) 14 ⋯ 2 **확인** $4\times14=56$, $56+2=58$

6 $93\div8=11\cdots5$ / 11, 5

5 (1)
```
    1 5
 3 ) 4 7
    3
    1 7
    1 5
      2
```
(2)
```
    1 4
 4 ) 5 8
    4
    1 8
    1 6
      2
```

6 $93\div8=11\cdots5$이므로 11줄을 만들 수 있고 5개가 남습니다.

7 (세 자리 수)÷(한 자리 수) (1) 46쪽

7 (1) 2, 20, 200 (2) 1, 10, 100

8 (1) 300 (2) 190 (3) 59 (4) 132

9 $720\div5=144$ / 144명

8 (3)
```
      5 9
 6 ) 3 5 4
    3 0
      5 4
      5 4
        0
```
(4)
```
    1 3 2
 7 ) 9 2 4
    7
    2 2
    2 1
      1 4
      1 4
        0
```

8 (세 자리 수)÷(한 자리 수) (2) 47쪽

10 (위에서부터) 2, 5 / 7, 100 / 1, 4, 20 / 3, 5, 5

11 (1) 102 ⋯ 1
확인 $3\times102=306$, $306+1=307$
(2) 83 ⋯ 2
확인 $9\times83=747$, $747+2=749$

11 (1)
```
    1 0 2
 3 ) 3 0 7
    3
        7
        6
        1
```
(2)
```
      8 3
 9 ) 7 4 9
    7 2
      2 9
      2 7
        2
```

기본에서 응용으로 48~51쪽

28 (1) 9, 3 (2) 21, 2

29 ②

30 86

31 4, 4

32 예 책은 모두 $35+48=83$(권) 있습니다.
$83\div8=10\cdots3$이므로 8권씩 10칸에 꽂고, 3권이 남습니다. 남은 3권도 꽂을 한 칸이 필요하므로 책꽂이는 모두 $10+1=11$(칸)이 필요합니다. / 11칸

33 (1) > (2) <

34
```
    1 5
 3 ) 4 7
    3
    1 7
    1 5
      2
```

35 5

36 4, 8

37 19개

38 14, 140

39 (위에서부터) 100, 13, 113

40 71

41 $240\div6=40$ / 40장

42 2, 6에 ○표

43 예 (7상자에 있는 쌓기나무의 수)$=19\times7=133$(개)
낱개 7개가 있으므로 쌓기나무는 모두 $133+7=140$(개)입니다. 따라서 $140\div5=28$이므로 28명에게 나누어 줄 수 있습니다. / 28명

44 101, 1

45 (○) (   ) (   )

46
```
    2 0 1
 4 ) 8 0 5
    8
        5
        4
        1
```

47 $173\div7=24\cdots5$ / 24, 5

48 39, 5

49 87

50 187 / 2

51 132

52 99

53 33, 36, 39

54 91

28 (1)
$$\begin{array}{r} 9 \\ 8{\overline{\smash{)}\,75}} \\ 72 \\ \hline 3 \end{array}$$

(2)
$$\begin{array}{r} 21 \\ 3{\overline{\smash{)}\,65}} \\ 6 \\ \hline 5 \\ 3 \\ \hline 2 \end{array}$$

29 나누는 수가 나머지 5보다 커야 합니다.

30 ■÷4=21…2에서 4×21=84, 84+2=86이므로 ■=86입니다.

31 마카롱은 모두 4×6=24(개)입니다. 한 명에게 5개씩 주면 24÷5=4…4이므로 4명에게 주고 4개가 남습니다.

32

단계	문제 해결 과정
①	책이 모두 몇 권인지 구했나요?
②	나눗셈식을 세워 바르게 계산했나요?
③	책꽂이는 모두 몇 칸이 필요한지 구했나요?

33 (1) 49÷3=16…1, 61÷5=12…1
➡ 16>12
(2) 87÷7=12…3, 58÷4=14…2
➡ 12<14

34 나머지 5가 나누는 수 3보다 크므로 계산이 잘못된 것입니다. 몫을 1 크게 하여 나머지를 3보다 작게 해야 합니다.

35 나머지는 나누는 수보다 작아야 하므로 6으로 나누었을 때 나머지가 될 수 있는 수 중 가장 큰 자연수는 5입니다.

36
$$\begin{array}{r} 1\,▲ \\ 4{\overline{\smash{)}\,6\,□}} \\ 4 \\ \hline 2\,□ \end{array}$$
나눗셈이 나누어떨어지려면 4×▲=2□이어야 합니다. 4×6=24, 4×7=28이므로 □ 안에 들어갈 수 있는 수는 4, 8입니다.

37 56÷3=18…2이므로 3개씩 18접시에 담고 2개가 남습니다.
따라서 남은 2개도 접시에 담아야 하므로 필요한 접시는 적어도 18+1=19(개)입니다.

38 나누는 수는 같고 나누어지는 수가 10배가 되면 몫도 10배가 됩니다.

39 452를 400+52로 생각하여 계산한 것입니다.

40 852÷4=213이므로 3×□=213입니다.
➡ □=213÷3, □=71

42 4단 곱셈구구에서 곱의 십의 자리 숫자가 1인 경우를 찾아봅니다.
4×3=12, 4×4=16에서 812÷4=203, 816÷4=204이므로 □ 안에 2, 6이 들어가면 나누어떨어집니다.

서술형
43

단계	문제 해결 과정
①	전체 쌓기나무의 수를 구했나요?
②	쌓기나무를 나누어 줄 수 있는 사람 수를 구했나요?

45 573÷4=143…1
573÷5=114…3
578÷6=96…2

46 십의 자리에서 0을 4로 나눌 수 없으므로 몫의 십의 자리에 0을 쓰고 5를 4로 나눕니다.

48 3<5<6<9이므로 만들 수 있는 가장 작은 세 자리 수는 356입니다.
따라서 356을 남은 한 수인 9로 나누면
356÷9=39…5입니다.

49 어떤 수를 □라고 하면 □÷6=14…3입니다.
나누는 수와 몫의 곱에 나머지를 더하면 나누어지는 수가 되어야 하므로 6×14=84, 84+3=87에서 □=87입니다.
따라서 어떤 수는 87입니다.

50 어떤 수를 □라고 하면 □÷5=150, 5×150=□, □=750입니다.
따라서 어떤 수를 4로 나누면 750÷4=187…2입니다.

51 어떤 수가 가장 큰 수가 되려면 나머지가 6이어야 합니다.
어떤 수를 □라고 하면 □÷7=18…6에서
7×18=126, 126+6=132이므로 □=132입니다.

52 두 자리 수 중에서 8로 나누어떨어지는 가장 큰 수는 8×12=96입니다.
따라서 8로 나누었을 때 나머지가 3인 가장 큰 두 자리 수는 96+3=99입니다.

53 나머지가 0이어야 합니다.
3×11=33, 3×12=36, 3×13=39이므로
33, 36, 39가 3으로 나누어떨어집니다.

54 $90 \div 7 = 12 \cdots 6$이므로 $90 + 1 = 91$, $91 + 7 = 98$이 90과 100 사이의 수 중 7로 나누어떨어지는 수입니다.
$91 \div 5 = 18 \cdots 1$, $98 \div 5 = 19 \cdots 3$이므로 조건을 만족하는 수는 91입니다.

응용에서 최상위로

52~55쪽

1 1장　　1-1 2개
1-2 3자루, 2자루　　1-3 2개
2 (위에서부터) 4, 8 / 4 / 8 / 2
2-1 (위에서부터) 2 / 3 / 6 / 2, 8 / 7
2-2 2, 7　　3 8, 5, 4, 21, 1
3-1 9, 7, 2, 48, 1　　3-2 2, 4, 5, 4, 4
4 1단계 예 (간격 수)=(도로 길이)÷(나무 사이의 간격)
$= 98 \div 7 = 14$(군데)
2단계 예 도로의 처음과 끝에도 나무를 심어야 하므로
(한쪽에 심는 나무의 수)
=(간격 수)+1=14+1=15(그루)이고,
양쪽에 심어야 하므로
(양쪽에 심는 나무의 수)$= 15 \times 2 = 30$(그루)
입니다. / 30그루
4-1 32그루

1 $83 \div 7 = 11 \cdots 6$이므로 7명에게 11장씩 주면 색종이가 6장 남습니다. 남은 6장에 1장을 더하면 7장이 되어 7명에게 똑같이 1장씩 더 줄 수 있고 남는 것은 없습니다. 따라서 색종이는 적어도 1장이 더 필요합니다.

1-1 $73 \div 5 = 14 \cdots 3$이므로 5개의 봉지에 14개씩 나누어 담으면 방울토마토가 3개 남습니다. 남은 3개에 2개를 더하면 5개가 되어 5개의 봉지에 똑같이 1개씩 더 담을 수 있고 남는 것은 없습니다. 따라서 방울토마토는 적어도 2개가 더 필요합니다.

1-2 $105 \div 9 = 11 \cdots 6$이므로 9명에게 11자루씩 나누어 주면 연필이 6자루 남습니다. 남은 6자루에 3자루를 더하면 9자루가 되어 9명에게 똑같이 1자루씩 더 줄 수 있으므로 연필은 적어도 3자루가 더 필요합니다.
$61 \div 9 = 6 \cdots 7$이므로 9명에게 6자루씩 나누어 주면 색연필이 7자루 남습니다.
남은 7자루에 2자루를 더하면 9자루가 되어 9명에게 똑같이 1자루씩 더 줄 수 있으므로 색연필은 적어도 2자루가 더 필요합니다.

1-3 (전체 구슬의 수)$= 34 + 42 = 76$(개)
$76 \div 6 = 12 \cdots 4$이므로 6개의 통에 12개씩 담으면 4개가 남습니다.
남은 4개에 2개를 더하면 6개가 되어 6개의 통에 똑같이 1개씩 더 담을 수 있고 남은 것도 없습니다.
따라서 구슬은 적어도 2개가 더 필요합니다.

2
```
     1 7
 ㉠) 6 ㉡
     ㉢
     2 ㉣
     ㉤ 8
       0
```
2㉣－㉤8=0이므로 ㉣=8, ㉤=2
㉠×7=28이므로 ㉠=4
㉡=㉣이므로 ㉡=8
6－㉢=2이므로 ㉢=4

2-1
```
     ㉠ 9
 ㉡) 8 8
     ㉢
     ㉣ ㉤
     2 ㉥
       1
```
㉤=8
㉣8－2㉥=1이므로 ㉣=2, ㉥=7
8－㉢=2이므로 ㉢=6
㉡×9=27이므로 ㉡=3
3×㉠=6이므로 ㉠=2

2-2
```
     □ ㉡
  5) 9 
     □
     □ ㉠
     4 □
       2
```
5×㉡=4□이고, $5 \times 8 = 40$,
$5 \times 9 = 45$이므로 ㉡은 8 또는 9입니다.
잉크가 떨어진 부분의 숫자를 ㉠이라 할 때 ㉡=8이면 4㉠－40=2이므로 ㉠=2입니다.
㉡=9이면 4㉠－45=2이므로 ㉠=7입니다.

3 나누어지는 수가 가장 크고, 나누는 수가 가장 작을 때 몫이 가장 큽니다.
4, 5, 8로 만들 수 있는 가장 큰 두 자리 수는 85이고, 가장 작은 한 자리 수는 4이므로 $85 \div 4$의 몫이 가장 큽니다.
➡ $85 \div 4 = 21 \cdots 1$

3-1 나누어지는 수가 가장 크고, 나누는 수가 가장 작을 때 몫이 가장 큽니다.
2, 7, 9로 만들 수 있는 가장 큰 두 자리 수는 97이고, 가장 작은 한 자리 수는 2이므로 $97 \div 2$의 몫이 가장 큽니다.
➡ $97 \div 2 = 48 \cdots 1$

3-2 세 장의 수 카드로 만들 수 있는 나눗셈식을 모두 구하면 $45 \div 2 = 22 \cdots 1$, $54 \div 2 = 27$, $42 \div 5 = 8 \cdots 2$, $24 \div 5 = 4 \cdots 4$, $52 \div 4 = 13$, $25 \div 4 = 6 \cdots 1$입니다. 이 중 나머지가 가장 큰 나눗셈식은 $24 \div 5 = 4 \cdots 4$입니다.

4-1 도로 한쪽에서
(가로수 사이의 간격 수)$= 90 \div 6 = 15$(군데)이고,
도로의 처음과 끝에도 가로수를 심으므로
(한쪽에 심는 가로수의 수)$= 15 + 1 = 16$(그루)입니다.
따라서 (양쪽에 심는 가로수의 수)$= 16 \times 2 = 32$(그루)입니다.

기출 단원 평가 Level ❶

56~58 쪽

1	10, 4, 14	**2**	㉠, ㉡		
3	10개	**4**	40, 20		
5	46, 32, 55, 48, 7	**6**	=		
7	×	**8**	( )(○)( )		
9	21	**10**	영민		
11	$\begin{array}{r} 13 \\ 7\overline{)95} \\ 7 \\ \hline 25 \\ 21 \\ \hline 4 \end{array}$	**12**	8주, 4일		
13	13	**14**	8	**15**	2, 6
16	68	**17**	18	**18**	26개
19	3 m	**20**	218, 3		

1 84를 $60 + 24$로 생각하여 계산한 것입니다.

2 나누는 수가 나머지 6보다 커야 합니다.

3 $30 \div 3 = 10$(개)

4 화살표 방향대로 계산합니다.
$80 \div 2 = 40$, $40 \div 2 = 20$

6 $38 \div 2 = 19$ ㊁ $76 \div 4 = 19$

다른 풀이
나누어지는 수와 나누는 수가 각각 2배씩 커졌으므로 몫은 같습니다.

7 나누는 수와 몫의 곱에 나머지를 더했을 때 나누어지는 수가 되는지 확인해 봅니다.
➡ $5 \times 13 = 65$, $65 + 2 = 67$이므로 계산이 틀렸습니다.

8 $720 \div 4 = 180$, $58 \div 4 = 14 \cdots 2$, $435 \div 3 = 145$이므로 나누어떨어지지 않는 나눗셈은 $58 \div 4$입니다.

9 $54 \div 3 = 18$, $87 \div 6 = 14 \cdots 3$이므로
■$= 18$, ◆$= 3$입니다.
➡ ■$+$◆$= 18 + 3 = 21$

10 $77 \div 6 = 12 \cdots 5$이므로 몫은 두 자리 수이고 나머지는 6보다 작습니다.

다른 풀이
나누어지는 수의 십의 자리 숫자가 나누는 수보다 크므로 몫은 두 자리 수입니다. 또 나머지는 나누는 수보다 항상 작으므로 나머지는 나누는 수인 6보다 작음을 알 수 있습니다.

11 나머지 11이 나누는 수 7보다 크므로 계산이 틀렸습니다. 몫을 1 크게 하여 나머지가 나누는 수보다 작도록 해야 합니다.

12 1주일은 7일이므로 $60 \div 7 = 8 \cdots 4$에서 60일은 8주이고 나머지는 4일입니다.

13 $84 \div 6 = 14$이므로 □ 안에는 14보다 작은 수가 들어갈 수 있습니다. 따라서 □ 안에 들어갈 수 있는 수 중 가장 큰 자연수는 13입니다.

14 나누는 수와 몫의 곱에 나머지를 더하면 나누어지는 수가 되어야 합니다. $\square \times 7 = 62 - 6$, $\square \times 7 = 56$, $\square = 8$입니다.

15 $\square = 0$이면 $50 \div 4 = 12 \cdots 2$이므로 50보다 2만큼 더 큰 수인 52는 4로 나누어떨어집니다. 또 52보다 4만큼 더 큰 수인 56도 4로 나누어떨어집니다.

16 어떤 수를 □라고 하면 $\square \div 5 = 13 \cdots 3$입니다.
나누는 수와 몫의 곱에 나머지를 더하면 나누어지는 수가 되어야 하므로 $5 \times 13 = 65$, $65 + 3 = 68$에서 $\square = 68$입니다.

17 $360 ■ 4 = 360 \div 4 \div 5$
$= 90 \div 5 = 18$

18 도로의 한쪽에서
(가로등 사이의 간격 수)$= 84 \div 7 = 12$(군데)입니다.
(한쪽에 세우는 가로등 수)$=$(간격 수)$+1$
$= 12 + 1 = 13$(개)
(양쪽에 세우는 가로등 수)$= 13 \times 2 = 26$(개)

서술형
19 예 $83 \div 5 = 16 \cdots 3$이므로 장난감을 16개까지 만들 수 있고, 남은 철사는 3 m입니다.

평가 기준	배점(5점)
문제에 알맞은 나눗셈식을 세웠나요?	2점
나눗셈을 하여 남은 철사는 몇 m인지 구했나요?	3점

서술형
20 예 $4 < 5 < 7 < 8$이므로 만들 수 있는 가장 큰 세 자리 수는 875입니다. 따라서 875를 남은 한 수인 4로 나누면 $875 \div 4 = 218 \cdots 3$입니다.

평가 기준	배점(5점)
가장 큰 세 자리 수를 구했나요?	2점
몫과 나머지를 구했나요?	3점

기출 단원 평가 Level ❷

59~61 쪽

1 15, 15, 15 **2** 100배 **3**

4
```
   1 0
6 ) 6 2
    6
  -----
      2
```
5 ②, ⑤

6 103, 4 확인 $7 \times 103 = 721$, $721 + 4 = 725$

7 89 **8** 12칸 **9** $>$

10 8 **11** 53 **12** 18장, 4장

13 (위에서부터) 1, 3 / 8 / 6 / 2 / 8

14 1, 2, 3, 4, 6, 8 **15** 5개

16 124

17 7, 5, 4, 18, 3 **18** 6개

19 95, 1 **20** 165장

1 나누어지는 수가 2배가 되고, 나누는 수도 2배가 되면 몫은 같습니다.

2 나누는 수가 같고 나누어지는 수가 100배가 되면 몫도 100배가 됩니다.

3 $24 \div 2 = 12$ ➡ $48 \div 4 = 12$
$57 \div 3 = 19$ ➡ $95 \div 5 = 19$
$60 \div 3 = 20$ ➡ $80 \div 4 = 20$

4 십의 자리 계산에서 $60 \div 6 = 10$이므로 몫 1을 십의 자리 위에 써야 합니다.

5 나눗셈에서 나머지는 나누는 수보다 항상 작아야 합니다.

6
```
    1 0 3
7 ) 7 2 5
    7
  -------
      2 5
      2 1
  -------
        4
```

7 나누는 수와 몫의 곱에 나머지를 더하면 나누어지는 수가 됩니다.
$\square \div 7 = 12 \cdots 5$에서 $7 \times 12 = 84$, $84 + 5 = 89$이므로 $\square = 89$입니다.

8 전체 동화책 수는 $10 \times 7 = 70$(권)입니다.
$70 \div 6 = 11 \cdots 4$이므로 6권씩 11칸에 꽂고 남은 4권도 한 칸이 필요하므로 $11 + 1 = 12$(칸)의 책꽂이가 필요합니다.

9 $47 \div 3 = 15 \cdots 2$, $71 \div 5 = 14 \cdots 1$
➡ $15 > 14$

10 나머지는 나누는 수보다 작습니다. 나머지 중 가장 큰 수가 7이므로 나누는 수 ◆는 8입니다.

11 $795 \div 5 = 159$이므로 $3 \times \square = 159$입니다.
곱셈과 나눗셈의 관계를 이용하면
$\square = 159 \div 3$, $\square = 53$입니다.

12 10장씩 13묶음은 130장이고, $130 \div 7 = 18 \cdots 4$이므로 한 명에게 18장씩 나누어 줄 수 있고 4장이 남습니다.

13
```
    ㉠ ㉡
6 ) ㉢ 2
    ㉣
  -------
    ㉤ 2
    1 ㉥
  -------
       4
```
㉤2$-$1㉥$=4$이므로 ㉤$=2$, ㉥$=8$
$6 \times$㉡$=18$이므로 ㉡$=3$
$6 \times$㉠$=$㉣이고, ㉣은 한 자리 수이므로
㉠$=1$, ㉣$=6$
㉢$-6=2$이므로 ㉢$=8$

14 $96\div1=96$, $96\div2=48$, $96\div3=32$, $96\div4=24$, $96\div6=16$, $96\div8=12$이므로 1부터 9까지의 수 중 96을 나누어떨어지게 하는 수는 1, 2, 3, 4, 6, 8입니다.

15 $99\div8=12\cdots3$이므로 8명에게 12개씩 주면 3개가 남습니다. $3+5=8$이므로 5개가 더 있으면 한 명에게 13개씩 나누어 줄 수 있습니다.

16 곱셈과 나눗셈의 관계를 이용하면
◆$\times2=80$에서 ◆$=80\div2$, ◆$=40$
◆$\div5=$●에서 $40\div5=8$
➡ $992\div$●$=$★에서 $992\div8=124$이므로 ★은 124입니다.

17 나누어지는 수가 가장 크고 나누는 수가 가장 작을 때 몫이 가장 큽니다.
➡ $75\div4=18\cdots3$

18 (지우개 1묶음의 수)$=57\div3=19$(개)
(지우개 2묶음의 수)$=19\times2=38$(개)
(클립 1묶음의 수)$=64\div4=16$(개)
(클립 2묶음의 수)$=16\times2=32$(개)
➡ $38-32=6$이므로 지우개 2묶음은 클립 2묶음보다 6개 더 많습니다.

참고 클립 2묶음의 수를 구할 때 $64\div2=32$(개)로 바로 구할 수도 있습니다.

서술형
19 예 어떤 수를 □라고 하면 $□\div7=54\cdots3$입니다. $7\times54=378$, $378+3=381$이므로 □$=381$입니다. 따라서 바르게 계산하면 $381\div4=95\cdots1$이므로 몫은 95, 나머지는 1입니다.

평가 기준	배점(5점)
어떤 수를 구했나요?	2점
바르게 계산했을 때의 몫과 나머지를 구했나요?	3점

서술형
20 예 가로는 $75\div5=15$이므로 15칸으로 나눌 수 있고, 세로는 $44\div4=11$이므로 11칸으로 나눌 수 있습니다.
따라서 직사각형 모양의 종이는
$15\times11=165$(장)까지 자를 수 있습니다.

평가 기준	배점(5점)
가로로 몇 칸, 세로로 몇 칸으로 나눌 수 있는지 구했나요?	3점
직사각형 모양의 종이는 몇 장까지 자를 수 있는지 구했나요?	2점

3 원

학생들은 2학년 1학기에 기본적인 평면도형과 입체도형의 구성과 함께 원을 배웠습니다. 일상생활에서 둥근 모양의 물체를 찾아보고 그러한 모양을 원이라고 학습하였으므로 학생들은 원을 찾아 보고 본뜨는 활동을 통해 원을 이해하고 있습니다. 이 단원은 원을 그리는 방법을 통하여 원의 의미를 이해하는 데 중점을 두고 있습니다. 정사각형 안에 꽉 찬 원 그리기, 점을 찍어 원 그리기, 자를 이용하여 원 그리기 활동 등을 통하여 원의 의미를 이해할 수 있을 것입니다. 또한 원의 지름과 반지름의 성질, 원의 지름과 반지름 사이의 관계를 이해함으로써 6학년 1학기 원의 넓이 학습을 준비합니다.

※선분 ㄱㄴ과 같이 기호를 나타낼 때 선분 ㄴㄱ으로 읽어도 정답으로 인정합니다.

1 원의 중심, 지름, 반지름 64쪽

❶ 1

1 (위에서부터) 반지름, 지름, 중심

2 예

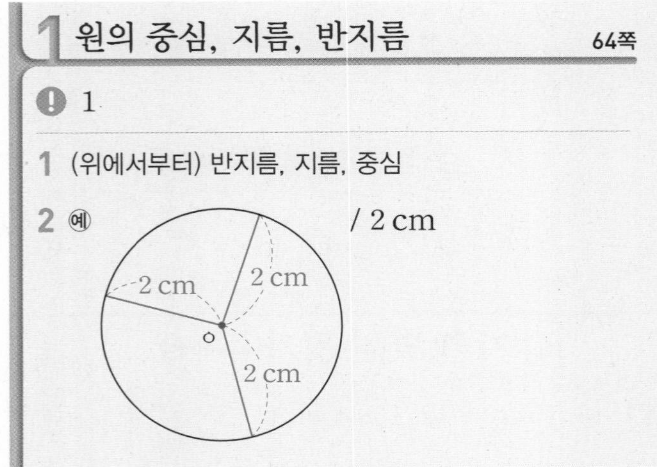

/ 2 cm

2 한 원에서 반지름은 모두 같습니다.

2 원의 성질 65쪽

❶ 2, 2

3 선분 ㅁㅂ

4 (1) 예 (2) 예

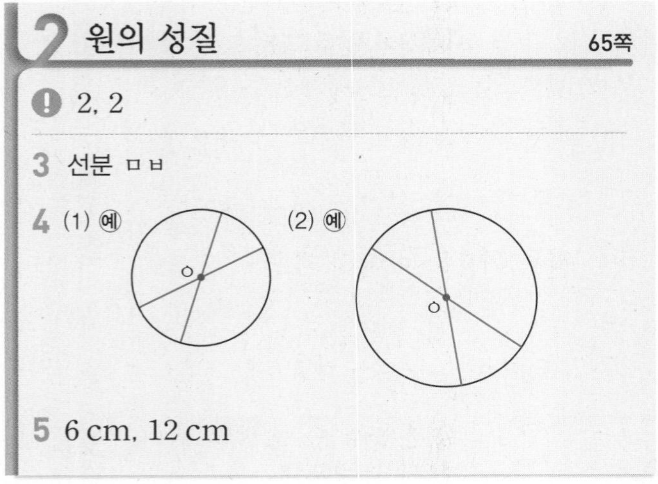

5 6 cm, 12 cm

3 원 위의 두 점을 이은 선분 중 가장 긴 선분이 원의 지름이며 원의 중심을 지나는 선분입니다.

4 원의 중심을 지나는 선분을 그어 봅니다.

5 한 원에서 지름은 반지름의 2배입니다.

3 컴퍼스를 이용하여 원 그리기 66쪽

❗ 3 cm에 ○표

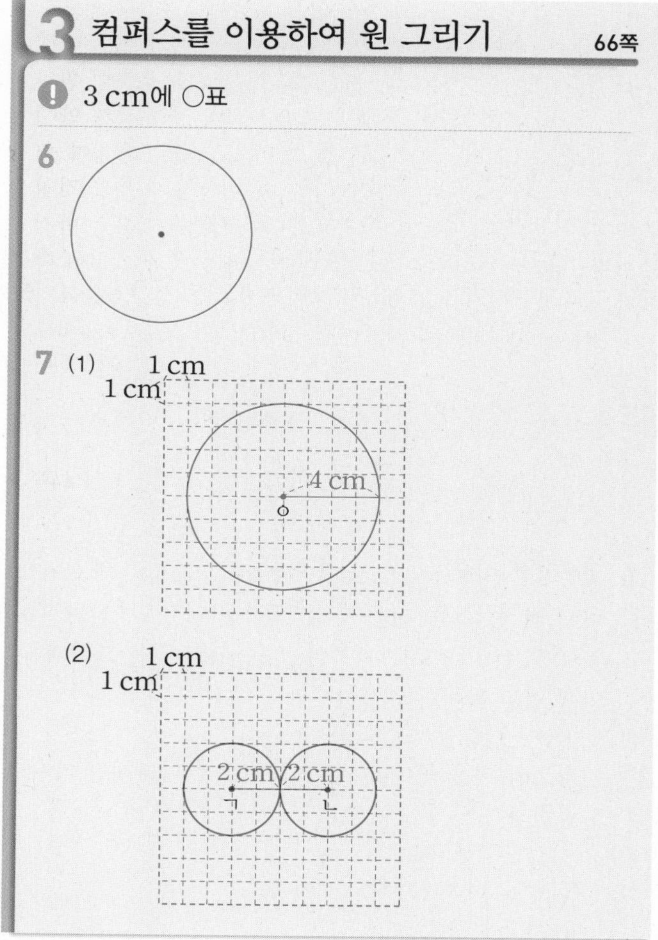

6 주어진 원의 반지름(1.5 cm)만큼 컴퍼스를 벌리고 침을 원의 중심에 꽂아 원을 그립니다.

7 (1) 컴퍼스를 4 cm(모눈 4칸)만큼 벌리고, 컴퍼스의 침을 점 ㅇ에 꽂아 원을 그립니다.
(2) 컴퍼스를 2 cm(모눈 2칸)만큼 벌리고, 컴퍼스의 침을 점 ㄱ과 점 ㄴ에 꽂아 두 원을 각각 그립니다.

4 원을 이용하여 여러 가지 모양 그리기 67쪽

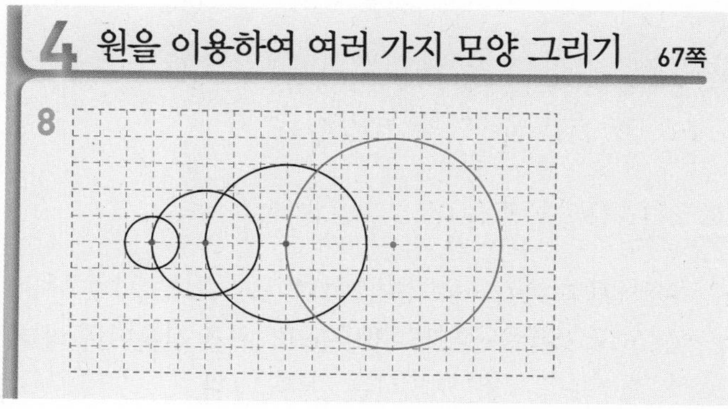

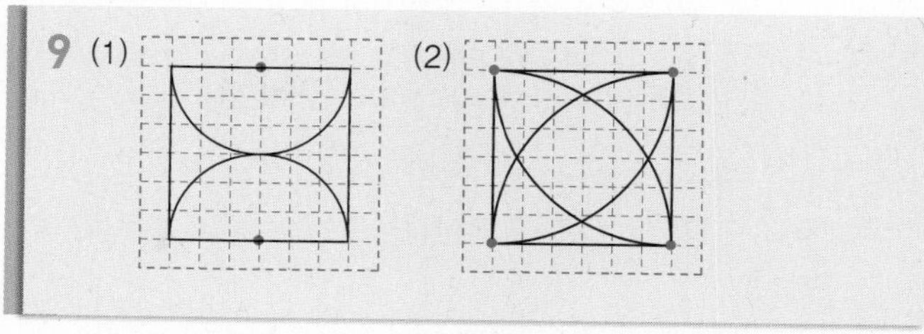

8 반지름이 1칸씩 늘어나는 규칙입니다. 세 번째 원의 반지름이 모눈 3칸이므로 세 번째 원의 중심에서 모눈 4칸 이동한 곳에 중심을 잡고, 반지름이 모눈 4칸인 원을 그립니다.

기본에서 응용으로 68~73쪽

1 점 ㄴ **2** 선분 ㅇㄱ, 선분 ㅇㄴ

3 (1) × (2) ○ **4** 10 cm **5** 선분 ㄴㄷ

6 11 cm, 22 cm

7 7 cm **8** 18 cm

9 예 새로 그린 원의 반지름은 $2 \times 3 = 6$(cm)이므로 지름은 $6 \times 2 = 12$(cm)입니다. / 12 cm

10 6 cm **11**

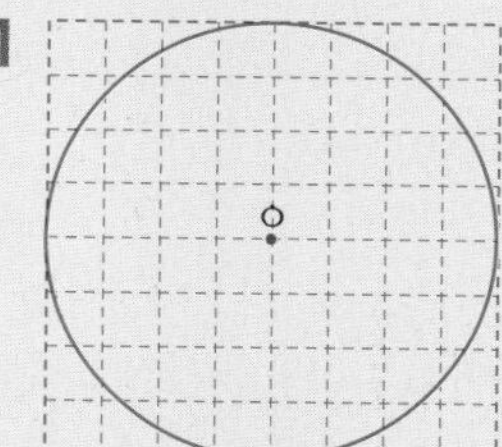

12 (1) 4 cm (2) 3 cm

13

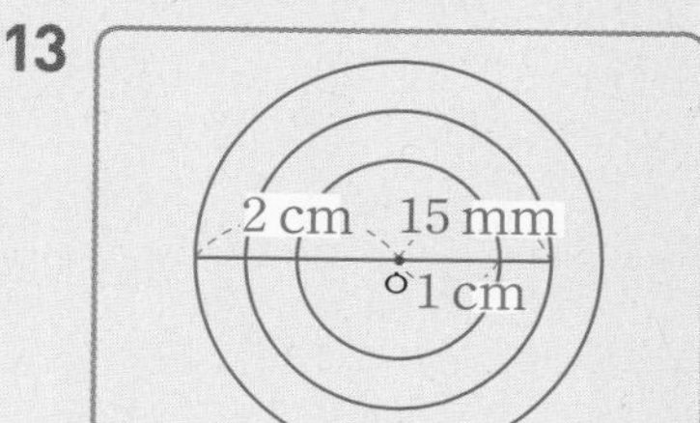

14 ㉡, ㉠, ㉣, ㉢

15 예 시계의 반지름의 길이만큼 컴퍼스를 벌려서 원을 그립니다.

16 나, 다 **17** ㉢ **18** 7군데

19 ②

20 

㉮ 큰 원을 그린 후 그 원 위의 세 점을 꼭짓점으로 하는 삼각형을 그립니다. 삼각형의 각 꼭짓점을 원의 중심으로 하여 삼각형 안쪽에 원의 일부를 그립니다.

21 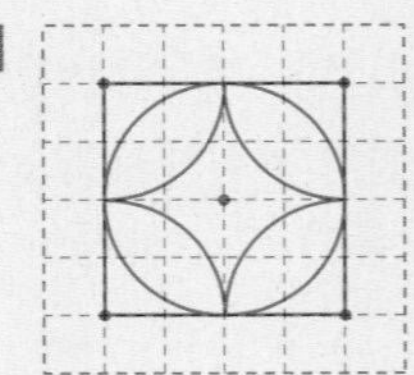

22 예 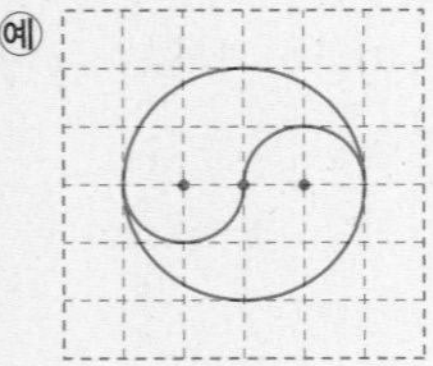

23 1, 1 **24** (○) (　)

25 16 cm **26** 18 cm **27** 3 cm

28 3 cm **29** 11 cm **30** 6 cm

31 30 m **32** 3 cm **33** 72 cm

34 예 정사각형의 한 변의 길이는 원의 반지름의 4배이므로 $7 \times 4 = 28$(cm)입니다. 따라서 정사각형의 네 변의 길이의 합은 $28 \times 4 = 112$(cm)입니다. / 112 cm

35 8 cm

3 (1) 한 원에서 원의 중심은 1개뿐입니다.

4 지름은 원 위의 두 점을 이은 선분 중 원의 중심 ㅇ을 지나는 선분이므로 10 cm입니다.

5 원을 똑같이 둘로 나누는 선분은 원의 지름입니다. 원의 지름은 원의 중심을 지나는 선분 ㄴㄷ입니다.

6 원의 반지름이 11 cm이므로 원의 지름은 $11 \times 2 = 22$(cm)입니다.

7 정사각형 안에 가장 큰 원의 지름은 정사각형의 한 변의 길이와 같은 7 cm입니다.

8 큰 원의 반지름은 8 cm입니다. 작은 원의 반지름이 5 cm이므로 작은 원의 지름은 10 cm입니다. 따라서 선분 ㄱㄷ의 길이는 큰 원의 반지름과 작은 원의 지름을 합한 것이므로 $8 + 10 = 18$(cm)입니다.

서술형 **9**

단계	문제 해결 과정
①	새로 그린 원의 반지름을 구했나요?
②	새로 그린 원의 지름을 구했나요?

10 작은 원의 지름의 길이는 큰 원의 반지름의 길이와 같으므로 $24 \div 2 = 12$(cm)입니다. 선분 ㄱㄴ은 작은 원의 반지름이므로 $12 \div 2 = 6$(cm)입니다.

11 주어진 선분만큼 컴퍼스를 벌린 후 컴퍼스의 침을 점 ㅇ에 꽂고 원을 그립니다.

12 컴퍼스를 벌린 정도가 원의 반지름이 됩니다.

14 각 원의 지름을 구해 봅니다.
㉠ 10 cm ㉡ $6 \times 2 = 12$(cm)
㉢ 4 cm ㉣ $3 \times 2 = 6$(cm)
따라서 지름의 길이를 비교하면 $12 > 10 > 6 > 4$이고 지름이 길수록 큰 원이므로 ㉡, ㉠, ㉣, ㉢입니다.

서술형 **15**

단계	문제 해결 과정
①	시계와 크기가 같은 원을 바르게 그렸나요?
②	원을 그린 방법을 바르게 설명했나요?

16 컴퍼스를 이용하여 집을 원의 중심으로 하고 제시된 거리를 반지름으로 하는 원을 그려 봅니다. 제시된 거리가 1.5 cm이므로 반지름이 1.5 cm인 원을 그린 후 원 안에 있는 놀이터를 찾아보면 나, 다입니다.

17 컴퍼스의 침을 꽂아야 할 곳을 점으로 나타내면 다음과 같습니다.

㉠ 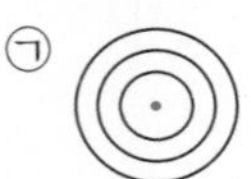 ㉡ 

18  ➡ 원의 중심은 모두 7군데입니다.

19 반지름이 같은 것은 원의 크기가 모두 같은 ②입니다.

서술형 **20**

단계	문제 해결 과정
①	컴퍼스의 침을 꽂아야 할 곳을 점으로 모두 표시했나요?
②	모양을 그리는 방법을 바르게 설명했나요?

21 정사각형의 각 꼭짓점을 원의 중심으로 하고, 정사각형의 한 변의 길이의 반인 모눈 2칸을 반지름으로 하는 원의 일부를 그립니다.

22 반지름이 2칸인 큰 원을 그리고 반지름이 1칸인 작은 원 2개를 큰 원의 중심에서 만나도록 그립니다. 이때 오른쪽 작은 원은 원의 윗부분만, 왼쪽 작은 원은 원의 아랫부분만 그립니다.

23 그려져 있는 원의 반지름이 모눈 1칸, 2칸, 3칸, ⋯⋯ 이므로 원의 반지름이 모눈 1칸씩 늘어납니다.
원의 중심은 오른쪽으로 모눈 1칸씩 이동하였습니다.

24 왼쪽 그림은 원의 중심은 모두 같고 반지름이 모눈 1칸씩 늘어납니다. 오른쪽 그림은 원의 중심이 오른쪽으로 5칸, 7칸 옮겨 가고 반지름은 1칸씩 늘어납니다.

25 선분 ㄱㄴ의 길이는 원의 반지름의 길이의 4배이므로 $4\times4=16$(cm)입니다.

26 선분 ㄱㄴ의 길이는 세 원의 지름을 합한 것과 같습니다. 세 원의 지름은 각각 2 cm, 6 cm, 10 cm이므로
(선분 ㄱㄴ)$=2+6+10=18$(cm)입니다.

27 가장 큰 원의 반지름은 $24\div2=12$(cm)이고, 중간 원의 반지름은 $12\div2=6$(cm)입니다.
따라서 가장 작은 원의 반지름은 $6\div2=3$(cm)입니다.

28 큰 원의 지름은 작은 원의 반지름의 4배이므로 작은 원의 반지름은 $12\div4=3$(cm)입니다.

29 (선분 ㄱㄴ)$=6+6-1=11$(cm)

30 가장 큰 원의 지름은 작은 세 원의 지름의 합과 같습니다. 작은 세 원의 지름은 각각 6 cm, 4 cm, 2 cm이므로 큰 원의 지름은 $6+4+2=12$(cm)입니다.
따라서 가장 큰 원의 반지름은 $12\div2=6$(cm)입니다.

31 삼각형의 한 변의 길이는 원의 지름과 같으므로 $5\times2=10$(m)입니다. 따라서 삼각형의 세 변의 길이의 합은 $10\times3=30$(m)입니다.

32 삼각형의 한 변의 길이는 $18\div3=6$(cm)이고, 삼각형의 한 변의 길이는 원의 지름의 2배이므로 원의 지름은 $6\div2=3$(cm)입니다.

33 직사각형의 네 변의 길이의 합은 원의 반지름의 12배이므로 $6\times12=72$(cm)입니다.

서술형
34

단계	문제 해결 과정
①	정사각형의 한 변이 원의 반지름의 몇 배인지 구했나요?
②	정사각형의 한 변의 길이를 구했나요?
③	정사각형의 네 변의 길이의 합을 구했나요?

35 직사각형에서 (가로)+(세로)$=40$(cm)이고 가로는 원의 지름의 3배, 세로는 원의 지름의 2배입니다. 따라서 음료수 캔의 원의 지름은 $40\div5=8$(cm)입니다.

응용에서 최상위로

74~77쪽

1 30 cm	**1-1** 28 cm	**1-2** 12 cm
2 60 cm	**2-1** 72 cm	**2-2** 27 cm
3 21 cm	**3-1** 27 cm	**3-2** 20 cm

4 1단계 예 큰 원의 반지름이 5 cm이므로
(선분 ㄴㄷ)=(선분 ㄴㄱ)$=5$ cm이고
작은 원의 반지름이 3 cm이므로
(선분 ㄹㄱ)=(선분 ㄹㄷ)$=3$ cm입니다.
2단계 예 (사각형 ㄱㄴㄷㄹ의 네 변의 길이의 합)
$=5+5+3+3=16$(cm) / 16 cm

4-1 22 cm

1 선분 ㄱㄴ의 길이는 원의 반지름의 6배이므로
(선분 ㄱㄴ)$=5\times6=30$(cm)입니다.

1-1 선분 ㄱㄴ의 길이는 원의 반지름의 7배이고, 원의 반지름은 $8\div2=4$(cm)이므로
(선분 ㄱㄴ)$=4\times7=28$(cm)입니다.

1-2 선분 ㄱㄴ의 길이는 원의 반지름의 9배이므로 원의 반지름은 $54\div9=6$(cm)입니다.
따라서 한 원의 지름은 $6\times2=12$(cm)입니다.

2 (직사각형의 가로)
=(작은 원의 지름)+(큰 원의 지름)
$=8+12=20$(cm)
(직사각형의 세로)
=(작은 원의 반지름)+(큰 원의 반지름)
$=4+6=10$(cm)
➡ (직사각형의 네 변의 길이의 합)
$=20+10+20+10=60$(cm)

2-1 (직사각형의 가로)
=(큰 원의 반지름)+(작은 원의 반지름)
$=7+5=12$(cm)
(직사각형의 세로)
=(큰 원의 지름)+(작은 원의 지름)
$=14+10=24$(cm)
➡ (직사각형의 네 변의 길이의 합)
$=12+24+12+24=72$(cm)

2-2 작은 원의 반지름은 3 cm이고, 큰 원의 반지름은 $12\div2=6$(cm)입니다.
선분 ㄱㄹ 위에는 큰 원의 반지름이 3개, 작은 원의 반지름이 3개 있으므로 선분 ㄱㄹ의 길이는 $6+6+6+3+3+3=27$(cm)입니다.

3 선분 ㄱㅁ의 길이는 정사각형의 한 변의 길이와 같고, 작은 원의 반지름의 4배이므로 작은 원의 반지름은 $28\div4=7$(cm)입니다.
따라서 선분 ㄴㅁ의 길이는 작은 원의 반지름의 3배이므로 $7\times3=21$(cm)입니다.

3-1 선분 ㄱㅁ의 길이는 정사각형의 한 변의 길이와 같고, 작은 원의 반지름의 4배이므로 작은 원의 반지름은 $36\div4=9$(cm)입니다.
따라서 선분 ㄱㄹ의 길이는 작은 원의 반지름의 3배이므로 $9\times3=27$(cm)입니다.

3-2 선분 ㄱㄷ의 길이는 큰 원의 지름입니다. 큰 원의 지름은 작은 원의 반지름의 4배이므로 $5\times4=20$(cm)입니다.

4-1 큰 원의 반지름이 7 cm이므로
(선분 ㄴㄷ)=(선분 ㄴㄱ)=7 cm이고,
작은 원의 반지름이 4 cm이므로
(선분 ㄹㄱ)=(선분 ㄹㄷ)=4 cm입니다.
➡ (사각형 ㄱㄴㄷㄹ의 네 변의 길이의 합)
$=7+7+4+4=22$(cm)

기출 단원 평가 Level ❶ 78~80쪽

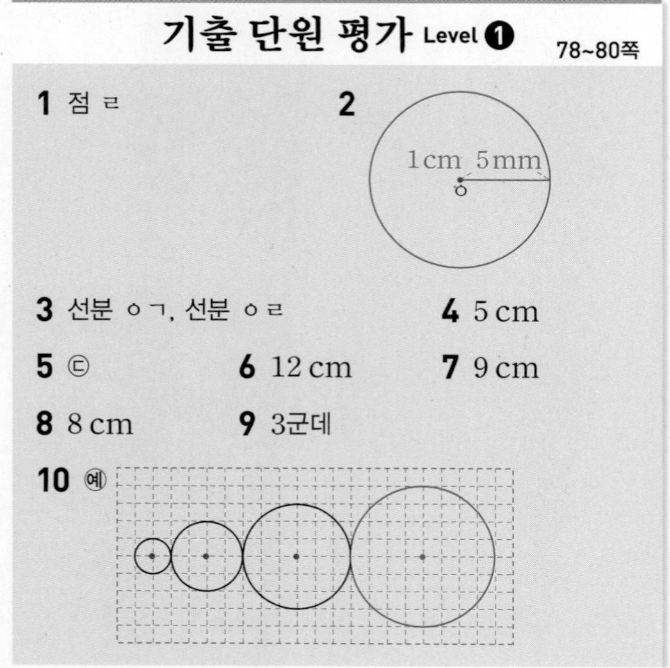
1 점 ㄹ
2

3 선분 ㅇㄱ, 선분 ㅇㄹ **4** 5 cm
5 ㉢ **6** 12 cm **7** 9 cm
8 8 cm **9** 3군데
10 예

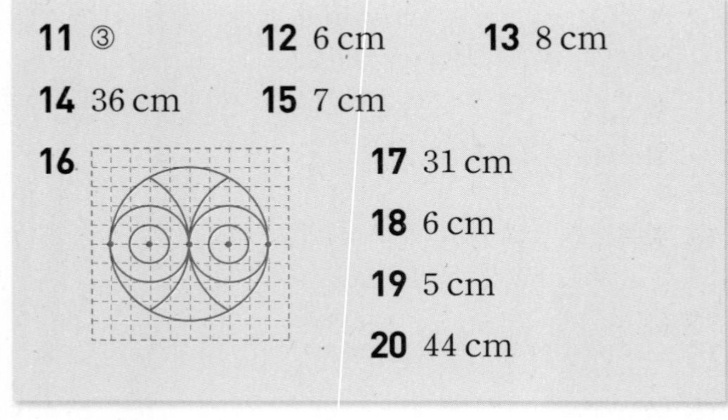
11 ③ **12** 6 cm **13** 8 cm
14 36 cm **15** 7 cm
16
17 31 cm
18 6 cm
19 5 cm
20 44 cm

4 지은이가 그린 원의 지름은 $7\times2=14$(cm)입니다.
따라서 지은이와 현우가 그린 원의 지름의 차는 $19-14=5$(cm)입니다.

5 지름이 2 cm인 원의 반지름은 1 cm입니다.
따라서 컴퍼스를 1 cm 벌린 것을 찾으면 ㉢입니다.

6 선분 ㅇㄴ은 원의 반지름이고, 선분 ㄷㅂ은 원의 지름이므로 선분 ㄷㅂ은 $6\times2=12$(cm)입니다.

7 컴퍼스를 원의 반지름만큼 벌려서 그려야 하므로 $18\div2=9$(cm)만큼 벌려서 그려야 합니다.

8 직사각형 안에 그릴 수 있는 가장 큰 원의 지름은 직사각형의 세로의 길이와 같습니다. 따라서 가장 큰 원의 지름은 8 cm입니다.

9 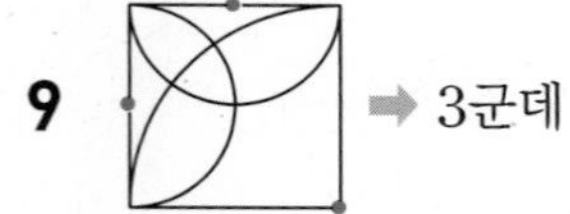

10 그려져 있는 원의 반지름이 모눈 1칸, 2칸, 3칸이므로 모눈 4칸인 원을 앞의 원과 맞닿도록 원의 중심을 옮겨가며 그립니다.

11 원의 중심은 다르고 반지름은 같은 모양입니다.

12 큰 원의 반지름은 작은 원의 반지름의 3배이므로 $2\times3=6$(cm)입니다.

13 선분 ㄱㄴ의 길이는 두 원의 지름의 합의 반이므로 $16\div2=8$(cm)입니다.

14 원의 지름이 18 cm이므로 원의 반지름은 9 cm입니다.
따라서 정사각형의 한 변의 길이는 원의 반지름의 길이와 같으므로 정사각형의 네 변의 길이의 합은 $9\times4=36$(cm)입니다.

15 작은 원의 지름의 길이는 큰 원의 반지름의 길이와 같으므로 $28 \div 2 = 14$(cm)입니다.
선분 ㄱㄴ은 작은 원의 반지름이므로 $14 \div 2 = 7$(cm)입니다.

16 원의 중심을 찾아 원 5개와 원의 일부분 2개를 그립니다.

17 (선분 ㄱㄷ)$=8+6+6+11=31$(cm)

18 (선분 ㅁㅂ)=(선분 ㅁㄹ)$=8$ cm이므로 선분 ㄱㅂ의 길이는 $14-8=6$(cm)입니다.
➡ (선분 ㄱㄴ)=(선분 ㄱㅂ)$=6$ cm

서술형
19 예 원의 중심이 오른쪽으로 1칸씩 옮겨 가고, 원의 반지름이 1 cm, 2 cm, 3 cm로 1 cm씩 늘어나는 규칙입니다. 따라서 다섯째 원의 반지름은 5 cm입니다.

평가 기준	배점(5점)
규칙을 바르게 설명했나요?	3점
다섯째 원의 반지름의 길이를 구했나요?	2점

서술형
20 예 정사각형의 한 변의 길이는
(큰 원의 반지름)+(작은 원의 반지름)이므로
$6+5=11$(cm)입니다. 따라서 정사각형의 네 변의 길이의 합은 $11 \times 4 = 44$(cm)입니다.

평가 기준	배점(5점)
정사각형의 한 변의 길이를 구했나요?	3점
정사각형의 네 변의 길이의 합을 구했나요?	2점

기출 단원 평가 Level ❷

81~83쪽

1 4 cm	**2** 선분 ㄱㄷ	**3** ⑤
4 50 cm	**5** ㉡, ㉠, ㉢	**6** 13 cm
7 나	**8** 40 cm	**9** ④
10 4 cm	**11** 24 cm	**12** 7 cm
13 30 cm	**14** 10 cm	**15** 8개
16 36 cm	**17** 38 cm	**18** 56 cm
19 12 cm	**20** 6 cm	

1 원의 지름이 8 cm이므로 원의 반지름은
$8 \div 2 = 4$(cm)입니다.

2 원 위의 두 점을 이은 선분 중 길이가 가장 긴 선분은 원의 중심을 지나는 선분입니다.

3 ⑤ 원의 중심과 원 위의 한 점을 이은 선분은 원의 반지름이라고 합니다.

4 1 m$=100$ cm이므로 주어진 원의 지름은 100 cm입니다. 따라서 원의 반지름은 $100 \div 2 = 50$(cm)입니다.

5 각 원의 반지름을 구해 봅니다.
㉠ $22 \div 2 = 11$(cm) ㉡ $3 \times 4 = 12$(cm)
㉢ 10 cm
➡ ㉡>㉠>㉢

6 $18+8=26$(cm)이므로 지름이 26 cm인 원을 그려야 합니다. 따라서 컴퍼스를 $26 \div 2 = 13$(cm)만큼 벌려야 합니다.

7
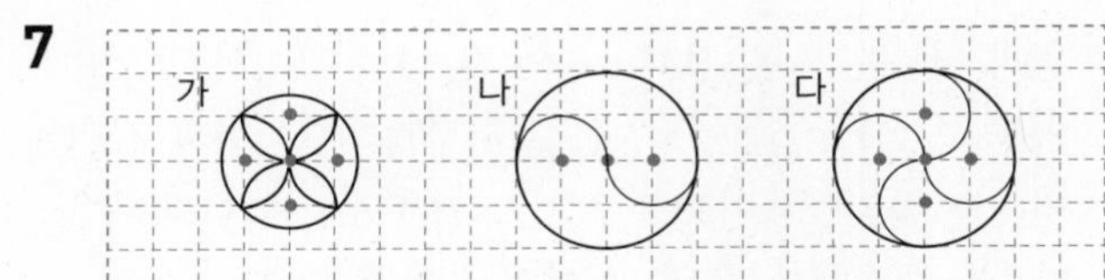

컴퍼스의 침을 꽂아야 할 곳은 가는 5개, 나는 3개, 다는 5개입니다.

8 정사각형의 한 변의 길이는 $5 \times 2 = 10$(cm)입니다.
따라서 정사각형의 네 변의 길이의 합은
$10 \times 4 = 40$(cm)입니다.

9 반지름이 같으므로 원의 크기가 모두 같은 모양을 찾으면 ④입니다.

10
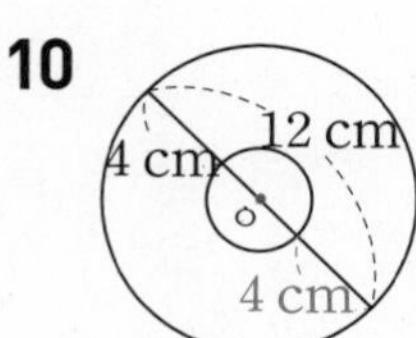

따라서 작은 원의 지름은 $12-4-4=4$(cm)입니다.

11 사각형 ㄱㄴㄷㄹ의 네 변의 길이는 각각 원의 반지름인 6 cm와 같습니다. 따라서 사각형 ㄱㄴㄷㄹ의 네 변의 길이의 합은 $6 \times 4 = 24$(cm)입니다.

12 큰 원의 반지름은 $56 \div 2 = 28$(cm)이고, 중간 원의 반지름은 $28 \div 2 = 14$(cm)입니다. 따라서 가장 작은 원의 반지름은 $14 \div 2 = 7$(cm)입니다.

13 (선분 ㄱㄴ)$=5+7=12$(cm)
(삼각형 ㄱㄴㄷ의 세 변의 길이의 합)$=12+5+13$
$=30$(cm)

14 사각형의 네 변의 길이의 합은 원의 지름의 4배입니다. 따라서 원의 지름은 $40 \div 4 = 10$(cm)입니다.

15 직사각형에 그릴 수 있는 가장 큰 원의 지름은 직사각형의 세로의 길이와 같은 3 cm입니다.
따라서 원은 $24 \div 3 = 8$(개)까지 그릴 수 있습니다.

16 직사각형의 가로는 원의 반지름의 6배이므로
$6 \times 6 = 36$(cm)입니다.

17 (중간 원의 반지름의 길이)$=44 \div 2 = 22$(cm)
가장 작은 원의 지름은 $8 \times 2 = 16$(cm)이므로
(선분 ㄴㄹ)$=22+16=38$(cm)입니다.

18 원의 지름은 작은 정사각형의 한 변의 길이와 같으므로 $28 \div 4 = 7$(cm)이고, 큰 정사각형의 한 변의 길이는 원의 지름의 2배이므로 $7 \times 2 = 14$(cm)입니다.
따라서 큰 정사각형의 네 변의 길이의 합은
$14 \times 4 = 56$(cm)입니다.

서술형
19 예 삼각형 ㄱㄴㄷ의 세 변의 길이의 합이 32 cm이므로 선분 ㄴㄱ과 선분 ㄴㄷ의 길이의 합은 $32-8=24$(cm)입니다. 선분 ㄴㄱ과 선분 ㄴㄷ은 원의 반지름으로 길이가 같으므로 원의 반지름은 $24 \div 2 = 12$(cm)입니다.

평가 기준	배점(5점)
선분 ㄴㄱ과 선분 ㄴㄷ의 길이의 합을 구했나요?	2점
원의 반지름의 길이를 구했나요?	3점

서술형
20 예 선분 ㄱㅁ의 길이는 정사각형의 한 변의 길이와 같고, 작은 원의 반지름의 4배이므로 작은 원의 반지름은 $8 \div 4 = 2$(cm)입니다.
따라서 선분 ㄱㄹ의 길이는 작은 원의 반지름의 3배이므로 $2 \times 3 = 6$(cm)입니다.

평가 기준	배점(5점)
작은 원의 반지름을 구했나요?	3점
선분 ㄱㄹ의 길이를 구했나요?	2점

4 분수

분수는 전체에 대한 부분, 비, 몫, 연산자 등과 같이 여러 가지 의미를 가지고 있어 초등학생에게 어려운 개념으로 인식되고 있습니다. 3학년 1학기에 학생들은 원, 직사각형, 삼각형과 같은 영역을 합동인 부분으로 등분할 하는 경험을 통하여 분수를 도입하였습니다. 이 단원에서는 이산량에 대한 분수를 알아봅니다. 이산량을 분수로 표현하는 것은 영역을 등분할 하여 분수로 표현하는 것보다 어렵습니다. 그것은 전체를 어떻게 부분으로 묶는가에 따라 표현되는 분수가 달라지기 때문입니다. 따라서 이 단원에서는 이러한 어려움을 인식하고 영역을 이용하여 분수를 처음 도입하는 것과 같은 방법으로 이산량을 등분할 하고 부분을 세어 보는 과정을 통해 이산량에 대한 분수를 도입하도록 합니다.

1 분수로 나타내기

86쪽

1 (1) $\frac{1}{8}$ (2) $\frac{3}{8}$

2 / 3, $\frac{1}{3}$, $\frac{2}{3}$

3 (1) $\frac{2}{8}$ (2) $\frac{1}{4}$

3 (1)
구슬 16개를 2개씩 묶으면 4는 전체 8묶음 중 2묶음이므로 4는 16의 $\frac{2}{8}$입니다.

(2)
구슬 16개를 4개씩 묶으면 4는 전체 4묶음 중 1묶음이므로 4는 16의 $\frac{1}{4}$입니다.

2 분수만큼은 얼마인지 알아보기 (1) 87쪽

4 (1) 6 (2) 12

5 (1) 10 (2) 5 (3) 15 (4) 16

6 (위에서부터) (1) 2, 6 (2) 3 / 4, 4 / 12

4 호두 18개를 3묶음으로 똑같이 나누면 한 묶음에 6개이므로 18의 $\frac{1}{3}$은 6이고, 2묶음은 12개이므로 18의 $\frac{2}{3}$는 12입니다.

5 (1) 20을 2묶음으로 똑같이 나눈 것 중의 1묶음이므로 10입니다.
(2) 20을 4묶음으로 똑같이 나눈 것 중의 1묶음이므로 5입니다.
(3) 20을 4묶음으로 똑같이 나눈 것 중의 3묶음이므로 15입니다.
(4) 20을 5묶음으로 똑같이 나눈 것 중의 4묶음이므로 16입니다.

6 $\frac{▲}{■}$는 $\frac{1}{■}$의 ▲배입니다.

3 분수만큼은 얼마인지 알아보기 (2) 88쪽

7 (1) 2 (2) 10　　8 (1) 12 (2) 10

9 (1) 예 0 1 2 3 4 5 6 7 8(cm) / 2
(2) 예 0 1 2 3 4 5 6 7 8(cm) / 6

7 (1) 16 cm를 똑같이 8로 나눈 것 중의 1은 2 cm입니다.
(2) 16 cm를 똑같이 8로 나눈 것 중의 5는 10 cm입니다.

8 (1) 30 cm를 똑같이 5로 나눈 것 중의 2는 12 cm입니다.
(2) 30 cm를 똑같이 6으로 나눈 것 중의 2는 10 cm입니다.

기본에서 응용으로 89~92쪽

1 (1) 10, $\frac{4}{10}$ (2) 5, $\frac{2}{5}$

2 (1) $\frac{3}{5}$ (2) $\frac{4}{9}$　　3 (1) 7 (2) 8

4 $\frac{3}{8}$　　5 $\frac{4}{7}$

6 윤아 / 예 9는 18의 $\frac{1}{2}$입니다.

7 10　　8 ㉡

9 15　　10 ㉢

11 예

12 예 사탕을 희주는 45의 $\frac{1}{5}$인 9개, 민아는 45의 $\frac{1}{9}$인 5개 가졌습니다. 따라서 희주가 $9-5=4$(개) 더 많이 가졌습니다. / 4개

13 900원　　14 4개

15 (1) 40 (2) 60　　16 (1) 12 (2) 5

17 7 kg

18 (1) 4칸, 12칸
(2) 예 0 1 2 3 4 5 6 7 8 9 10 11 12 13 14 15 16

19 예
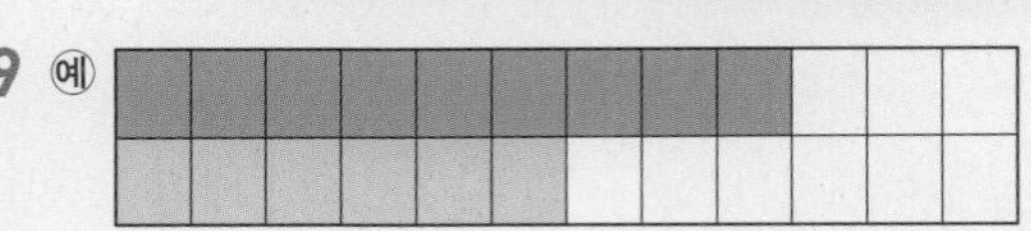
(1) 9시간 (2) 6시간

20
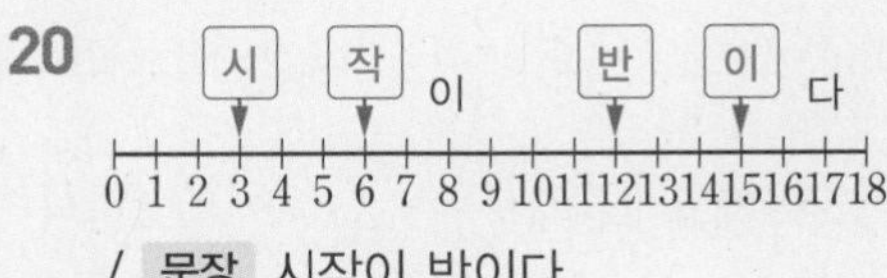

/ 문장 시작이 반이다.

21 $\frac{5}{8}$　　22 $\frac{4}{7}$　　23 $\frac{4}{8}$

24 (1) 32 (2) 42　　25 20

26 예 철사의 $\frac{1}{9}$이 12 cm이므로 전체 철사의 길이는 $12\times9=108$(cm)입니다. 따라서 108 cm를 똑같이 6으로 나눈 것 중의 1은 $108\div6=18$(cm)입니다. / 18 cm

2 (1) 30을 6씩 묶으면 18은 5묶음 중 3묶음입니다.
(2) 45를 5씩 묶으면 20은 9묶음 중 4묶음입니다.

3 (1) 10을 똑같이 10으로 나누면 7은 10의 $\frac{7}{10}$입니다.

(2) 48을 똑같이 8로 나누면 6은 48의 $\frac{1}{8}$입니다.

4 16개를 2개씩 묶으면 8묶음이 됩니다. 채원이가 먹은 귤 6개는 3묶음이므로 처음 귤의 $\frac{3}{8}$입니다.

5 28장을 4장씩 묶으면 7묶음이 됩니다. 친구에게 준 색종이 16장은 4묶음이므로 전체 색종이의 $\frac{4}{7}$입니다.

서술형

6

단계	문제 해결 과정
①	잘못 나타낸 사람을 찾았나요?
②	잘못 나타낸 것을 바르게 고쳤나요?

7 • 54를 9씩 묶으면 6묶음이 되므로 한 묶음인 9는 54의 $\frac{1}{6}$입니다. ➡ ㉠=6

• 36을 6씩 묶은 것 중 4묶음이 24이므로 24는 36의 $\frac{4}{6}$입니다. ➡ ㉡=4

따라서 ㉠+㉡=6+4=10입니다.

8 ㉠ 27을 3묶음으로 나눈 것 중의 1묶음이므로 9입니다.
㉡ 30을 6묶음으로 나눈 것 중의 1묶음이므로 5입니다.
㉢ 18을 3묶음으로 나눈 것 중의 1묶음이므로 6입니다.

9 $\frac{5}{6}$는 $\frac{1}{6}$이 5개이므로 □의 $\frac{5}{6}$는 3의 5배인 15입니다.

10 ㉠ 21의 $\frac{1}{3}$이 7이므로 21의 $\frac{2}{3}$는 $7\times2=14$입니다.

㉡ 16의 $\frac{1}{8}$이 2이므로 16의 $\frac{7}{8}$은 $2\times7=14$입니다.

㉢ 32의 $\frac{1}{4}$이 8이므로 32의 $\frac{3}{4}$은 $8\times3=24$입니다.

따라서 □ 안에 알맞은 수가 다른 하나는 ㉢입니다.

11 18을 똑같이 9묶음으로 나눈 것 중의 2묶음은 4이므로 4개를 분홍색으로 색칠합니다.
18을 똑같이 9묶음으로 나눈 것 중의 5묶음은 10이므로 10개를 파란색으로 색칠합니다.

서술형

12

단계	문제 해결 과정
①	희주와 민아가 가진 사탕의 개수를 각각 구했나요?
②	희주가 몇 개 더 가졌는지 구했나요?

13 24의 $\frac{1}{8}$이 3이므로 24의 $\frac{3}{8}$은 $3\times3=9$입니다.
따라서 100원짜리 동전은 9개이므로 900원입니다.

14 36의 $\frac{1}{9}$이 4이므로 36의 $\frac{5}{9}$는 $4\times5=20$입니다.
따라서 연주가 먹고 남은 딸기는 $36-20=16$(개)이므로 희연이가 먹은 딸기는 16개의 $\frac{1}{4}$인 4개입니다.

15 1 m=100 cm입니다.

(1) 100 cm를 똑같이 5로 나눈 것 중의 1은 20 cm이므로 $\frac{2}{5}$ m는 $20\times2=40$(cm)입니다.

(2) 100 cm를 똑같이 5로 나눈 것 중의 1은 20 cm이므로 $\frac{3}{5}$ m는 $20\times3=60$(cm)입니다.

16 1시간=60분입니다.

(1) 60분의 $\frac{1}{5}$은 $60\div5=12$(분)입니다.

(2) 60분의 $\frac{1}{12}$은 $60\div12=5$(분)입니다.

17 42의 $\frac{1}{6}$은 7이므로 영우가 달에 간다면 영우의 몸무게는 7 kg이 됩니다.

18 (1) 16칸을 똑같이 4로 나눈 것 중의 1은 4칸이므로 초록색은 4칸입니다.
$\frac{3}{4}$은 $\frac{1}{4}$의 3배이므로 보라색은 $4\times3=12$(칸)입니다.

(2) 초록색 4칸, 보라색 12칸으로 규칙을 만들어 색칠해 봅니다.

19 (1) 24시간을 똑같이 8로 나눈 것 중의 1은 3이고 $\frac{3}{8}$은 $\frac{1}{8}$의 3배입니다.
➡ $3\times3=9$(시간)

(2) 24시간을 똑같이 4로 나눈 것 중의 1은 6이므로 6시간입니다.

20 18의 $\frac{1}{3}$은 6, 18의 $\frac{2}{3}$는 12, 18의 $\frac{1}{6}$은 3, 18의 $\frac{5}{6}$는 15이므로 수직선의 각 숫자에 맞게 글자를 써넣습니다.

21 남은 색종이는 $40-15=25$(장)입니다.
40을 5씩 묶으면 25는 전체 8묶음 중의 5묶음이므로 남은 색종이는 처음 색종이의 $\frac{5}{8}$입니다.

22 남은 방울토마토는 $56-24=32$(개)입니다.
56을 8씩 묶으면 32는 전체 7묶음 중의 4묶음이므로 남은 방울토마토는 처음 방울토마토의 $\frac{4}{7}$입니다.

23 남은 구슬은 $32-6-10=16$(개)입니다.
32를 4씩 묶으면 16은 전체 8묶음 중의 4묶음이므로 남은 구슬은 처음 구슬의 $\frac{4}{8}$입니다.

24 (1) □는 4씩 8묶음이므로 $4\times8=32$입니다.
(2) □의 $\frac{3}{7}$이 18이므로 □의 $\frac{1}{7}$은 $18\div3=6$입니다.
따라서 □는 6씩 7묶음이므로 $6\times7=42$입니다.

25 어떤 수의 $\frac{2}{5}$가 8이므로 어떤 수의 $\frac{1}{5}$은 $8\div2=4$입니다. 따라서 어떤 수는 4씩 5묶음이므로 $4\times5=20$입니다.

서술형
26

단계	문제 해결 과정
①	전체 철사의 길이를 구했나요?
②	전체 철사의 $\frac{1}{6}$은 몇 cm인지 구했나요?

4 여러 가지 분수 알아보기 (1) 93쪽

1
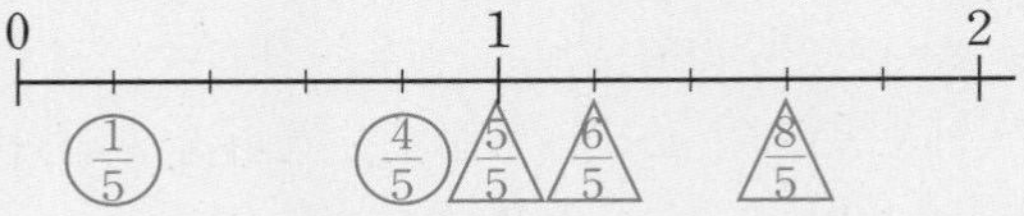

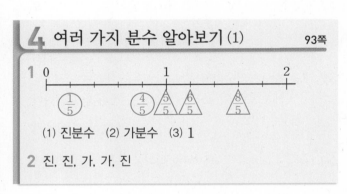

(1) 진분수 (2) 가분수 (3) 1

2 진, 진, 가, 가, 진

1 (3) $\frac{5}{5}=1$입니다.

2 분자가 분모보다 작으면 진분수이고, 분자가 분모와 같거나 분모보다 크면 가분수입니다.

5 여러 가지 분수 알아보기 (2) 94쪽

3 $3\frac{5}{6}$ **4** (1) $\frac{7}{5}$ (2) $5\frac{2}{3}$

3 3과 $\frac{5}{6}$이므로 $3\frac{5}{6}$입니다.

4 $1\frac{2}{5}$에서 자연수 $1=\frac{5}{5}$이므로 $1\frac{2}{5}=\frac{7}{5}$입니다.
(2) $\frac{17}{3}$에서 $\frac{15}{3}=5$이므로 $\frac{17}{3}=5\frac{2}{3}$입니다.

6 분모가 같은 분수의 크기 비교 95쪽

5 $<$ **6** (1) $>$ (2) $>$ (3) $=$ (4) $<$

6 (1) 분자의 크기를 비교하면 $10>8$이므로 $\frac{10}{7}>\frac{8}{7}$입니다.
(2) 가분수를 대분수로 나타내면 $\frac{16}{3}=5\frac{1}{3}$이므로 $5\frac{1}{3}>4\frac{1}{3}$입니다.
(3) 대분수를 가분수로 나타내면 $1\frac{5}{8}=\frac{13}{8}$이므로 $\frac{13}{8}=\frac{13}{8}$입니다.
(4) 가분수를 대분수로 나타내면 $\frac{15}{9}=1\frac{6}{9}$이므로 $1\frac{6}{9}<2\frac{1}{9}$입니다.

기본에서 응용으로 96~99쪽

27 $\frac{7}{4}$ **28** (1) 2, 3, 5 (2) 4, 8, 12

29 $\frac{10}{3}$ **30** $\frac{9}{4}$, $\frac{11}{8}$, $\frac{8}{3}$에 ○표

31 가분수 **32** $\frac{1}{4}$, $\frac{2}{4}$, $\frac{3}{4}$

33 $\frac{10}{11}$ **34** 2, 3, 4, 5

35 (1)
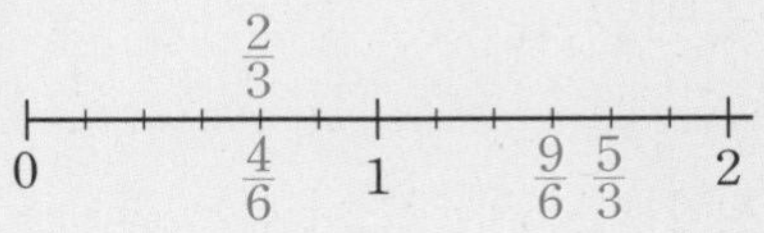

(2) $\frac{4}{6}$, $\frac{2}{3}$

36 (1) $\frac{11}{8}$에 ○표 (2) $\frac{5}{6}$에 ○표

37 $\frac{6}{6}$ / ⓔ 분모가 6인 가분수 $\frac{■}{6}$에서 ■=6, 7, 8, ...이고 그중 가장 작은 수는 6입니다. 따라서 분모가 6인 가분수 중 분자가 가장 작은 분수는 $\frac{6}{6}$입니다.

38 $\frac{9}{10}$, $\frac{4}{9}$ / $\frac{4}{3}$, $\frac{7}{7}$ / $2\frac{3}{5}$

39 1, 2, 3

40 (1) $2\frac{1}{7}$ (2) $\frac{36}{13}$

41 ⓔ $1\frac{6}{7}$, $1\frac{6}{8}$, $1\frac{6}{9}$

42 ⓔ 대분수는 자연수와 진분수로 이루어진 분수인데 자연수와 가분수로 나타냈습니다. / $3\frac{1}{4}$

43 13개

44 49

45 > /

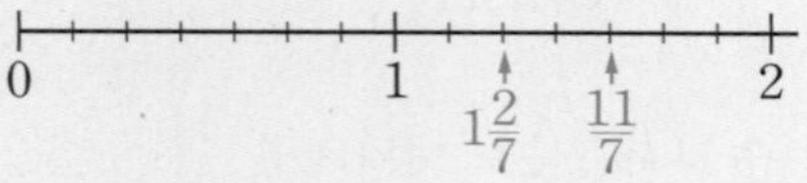

46 >

47 $\frac{18}{11}$, $1\frac{10}{11}$, $\frac{25}{11}$

48 ③, ④

49 1, 2, 3, 4

50 ⓔ 대분수를 가분수로 통일하여 비교합니다.
$2\frac{1}{6}=\frac{13}{6}$, $2\frac{5}{6}=\frac{17}{6}$이므로 $\frac{13}{6}<\frac{□}{6}<\frac{17}{6}$입니다. 따라서 □ 안에 들어갈 수 있는 자연수는 14, 15, 16입니다. / 14, 15, 16

51 6개

52 $3\frac{7}{8}$, $7\frac{3}{8}$, $8\frac{3}{7}$

53 6개

27 $\frac{1}{4}$이 7개인 수는 $\frac{7}{4}$입니다.

28 자연수 1은 분자와 분모가 같습니다. 자연수 2는 분자가 분모의 2배이고, 자연수 3은 분자가 분모의 3배입니다.

29 $1=\frac{3}{3}$, $2=\frac{6}{3}$, $3=\frac{9}{3}$이므로 빨간색 화살표가 나타내는 분수는 $\frac{10}{3}$입니다.

30 가분수는 분자가 분모와 같거나 분모보다 큰 분수이므로 $\frac{9}{4}$, $\frac{11}{8}$, $\frac{8}{3}$입니다.

31 $\frac{1}{9}$이 10개인 수는 $\frac{10}{9}$이므로 가분수입니다.

32 진분수이므로 (분자)<(분모)입니다.
따라서 분모가 4인 진분수는 $\frac{1}{4}$, $\frac{2}{4}$, $\frac{3}{4}$입니다.

33 분모가 11인 진분수이므로 분자는 1, 2, ... , 10입니다. 따라서 분모가 11인 진분수 중 분자가 가장 큰 수는 $\frac{10}{11}$입니다.

34 가분수의 분모는 분자와 같거나 분자보다 작아야 합니다. 따라서 분모가 될 수 있는 1보다 큰 수는 2, 3, 4, 5입니다.

35 (1) $\frac{4}{6}$, $\frac{9}{6}$를 나타내려면 큰 눈금 한 칸을 똑같이 6칸으로 나누어야 하고, $\frac{2}{3}$, $\frac{5}{3}$를 나타내려면 큰 눈금 한 칸을 똑같이 3칸으로 나누어야 합니다.

36 (1) 분모와 분자의 합이 19인 분수는 $\frac{6}{13}$, $\frac{11}{8}$이지만 가분수인 것은 $\frac{11}{8}$입니다.
(2) 분모와 분자의 합이 11인 분수는 $\frac{7}{4}$, $\frac{5}{6}$이지만 진분수인 것은 $\frac{5}{6}$입니다.

서술형
37

단계	문제 해결 과정
①	분자에 들어갈 수 있는 수를 구했나요?
②	분모가 6인 가분수 중에서 분자가 가장 작은 분수를 구했나요?

39 대분수는 자연수와 진분수로 이루어진 분수이므로 □ 안에는 분모인 4보다 작은 수가 들어가야 합니다.
➡ □=1, 2, 3

40 (1) $\frac{15}{7}$에서 $\frac{14}{7}=2$이므로 $\frac{15}{7}=2\frac{1}{7}$입니다.
(2) 자연수 $2=\frac{26}{13}$이므로 $2\frac{10}{13}=\frac{36}{13}$입니다.

41 조건을 만족하는 분수는 $1\frac{6}{□}$입니다.
□는 6보다 큰 수이므로 $1\frac{6}{7}$, $1\frac{6}{8}$, $1\frac{6}{9}$, ...입니다.

서술형
42

단계	문제 해결 과정
①	잘못 나타낸 이유를 설명했나요?
②	대분수로 바르게 나타냈나요?

43 자연수 $1=\frac{9}{9}$이므로 $1\frac{4}{9}=\frac{13}{9}$입니다.
따라서 $\frac{13}{9}$은 $\frac{1}{9}$이 13개인 수입니다.

44 $7\frac{2}{7}$에서 자연수 $7=\frac{49}{7}$이므로 $7\frac{2}{7}=\frac{51}{7}$입니다.

➡ ㉠=51

$\frac{34}{8}$에서 $\frac{32}{8}=4$이므로 $\frac{34}{8}=4\frac{2}{8}$입니다.

➡ ㉡=2

따라서 ㉠−㉡=51−2=49입니다.

45 수직선에서 오른쪽에 있는 수가 왼쪽에 있는 수보다 더 큽니다. 따라서 $\frac{11}{7}>1\frac{2}{7}$입니다.

46 $2\frac{4}{5}$에서 자연수 $2=\frac{10}{5}$이므로 $2\frac{4}{5}=\frac{14}{5}$입니다.

따라서 $\frac{14}{5}>\frac{11}{5}$이므로 $2\frac{4}{5}>\frac{11}{5}$입니다.

47 $1\frac{10}{11}=\frac{21}{11}$입니다.

$\frac{18}{11}<\frac{21}{11}<\frac{25}{11}$이므로 작은 분수부터 차례로 쓰면 $\frac{18}{11}$, $1\frac{10}{11}$, $\frac{25}{11}$입니다.

48 $\frac{11}{9}=1\frac{2}{9}$이고, $\frac{21}{9}=2\frac{3}{9}$이므로 $1\frac{2}{9}$보다 크고 $2\frac{3}{9}$보다 작은 대분수가 아닌 것은 ③, ④입니다.

49 $\frac{40}{7}$에서 $\frac{35}{7}=5$이므로 $\frac{40}{7}=5\frac{5}{7}$입니다.

$5\frac{5}{7}>5\frac{★}{7}$이므로 ★에는 5보다 작은 수인 1, 2, 3, 4가 들어갈 수 있습니다.

서술형
50

단계	문제 해결 과정
①	대분수를 가분수로 나타내었나요?
②	□ 안에 들어갈 수 있는 자연수를 모두 구했나요?

51 분모가 5일 때: $\frac{2}{5}$ ➡ 1개

분모가 7일 때: $\frac{2}{7}$, $\frac{5}{7}$ ➡ 2개

분모가 9일 때: $\frac{2}{9}$, $\frac{5}{9}$, $\frac{7}{9}$ ➡ 3개

따라서 만들 수 있는 진분수는 모두 1+2+3=6(개)입니다.

52 먼저 자연수 부분에 수를 놓고, 남은 두 수로 진분수를 만듭니다. ➡ $3\frac{7}{8}$, $7\frac{3}{8}$, $8\frac{3}{7}$

53 분모가 3인 가분수: $\frac{78}{3}$, $\frac{87}{3}$

분모가 7인 가분수: $\frac{38}{7}$, $\frac{83}{7}$

분모가 8인 가분수: $\frac{37}{8}$, $\frac{73}{8}$

따라서 만들 수 있는 가분수는 모두 6개입니다.

응용에서 최상위로

100~103쪽

1 75개 **1-1** 10살 **1-2** 2시간

2 $\frac{45}{7}$, $6\frac{3}{7}$ **2-1** $8\frac{2}{5}$, $\frac{42}{5}$ **2-2** $1\frac{3}{74}$, $\frac{77}{74}$

3 $\frac{2}{5}$ **3-1** $\frac{13}{7}$ **3-2** $2\frac{1}{5}$

4 1단계 예 처음 떨어뜨린 높이의 $\frac{4}{7}$입니다.

2단계 예 35 m의 $\frac{4}{7}$이므로 20 m입니다.

3단계 예 (공이 움직인 거리)
=(처음 떨어뜨린 높이)
+(첫 번째로 튀어 오른 높이)
=35+20=55(m) / 55 m

4-1 121 m

1 45의 $\frac{2}{5}$는 18이므로 사과는 18개이고, 18의 $\frac{2}{3}$는 12이므로 복숭아는 12개입니다. 따라서 배, 사과, 복숭아는 모두 45+18+12=75(개)입니다.

1-1 40의 $\frac{7}{8}$은 35이므로 어머니의 나이는 35세이고, 35의 $\frac{2}{7}$는 10이므로 소영이의 나이는 10살입니다.

1-2 하루는 24시간이고, 24의 $\frac{3}{4}$은 18이므로 아기가 자는 시간은 18시간입니다. 또 18의 $\frac{5}{9}$는 10이므로 유아가 자는 시간은 10시간이고, 10의 $\frac{4}{5}$는 8이므로 어린이가 자는 시간은 8시간입니다.
따라서 보통 유아가 어린이보다 하루에 10−8=2(시간) 더 자는 것으로 조사되었습니다.

2 가장 큰 수 7을 분모로, 가장 작은 두 자리 수 45를 분자로 하여 가분수를 만들면 $\frac{45}{7}$입니다.

$\frac{45}{7}$에서 $\frac{42}{7}=6$이므로 $\frac{45}{7}=6\frac{3}{7}$입니다.

2-1 자연수 부분을 가능한 크게 하여 가장 큰 대분수를 만들면 $8\frac{2}{5}$입니다.

$8\frac{2}{5}$에서 자연수 $8=\frac{40}{5}$이므로 $8\frac{2}{5}=\frac{42}{5}$입니다.

2-2 가장 작은 수 1을 자연수로 하고, 남은 세 수로 가장 작은 진분수를 만듭니다.
가장 작은 분수는 분모는 가능한 크게, 분자는 가능한 작게 해야 하므로 가장 작은 대분수는 $1\frac{3}{74}$입니다.

$1\frac{3}{74}$에서 자연수 $1=\frac{74}{74}$이므로 $1\frac{3}{74}=\frac{77}{74}$입니다.

3 진분수이므로 (분자)<(분모)이고, 합이 7인 분자와 분모는 다음과 같이 나올 수 있습니다.

분자	1	2	3
분모	6	5	4
차	5	3	1

이 중에서 차가 3인 경우는 분자가 2, 분모가 5인 경우이므로 조건을 만족하는 분수는 $\frac{2}{5}$입니다.

3-1 가분수이므로 (분자)=(분모)이거나 (분자)>(분모)이고, 합이 20인 분자와 분모는 다음과 같이 나올 수 있습니다.

분자	19	18	17	16	15	14	13	12	11	10
분모	1	2	3	4	5	6	7	8	9	10
차	18	16	14	12	10	8	6	4	2	0

이 중에서 차가 6인 경우는 분자가 13, 분모가 7인 경우이므로 조건을 만족하는 분수는 $\frac{13}{7}$입니다.

3-2 분모가 5인 대분수이므로 $■\frac{▲}{5}$ 꼴이 됩니다.

$\frac{8}{5}=1\frac{3}{5}$이므로 $1\frac{3}{5}<■\frac{▲}{5}<2\frac{2}{5}$에서 $■\frac{▲}{5}$는 $1\frac{4}{5}$ 또는 $2\frac{1}{5}$이 될 수 있습니다.

이 중에서 각 자리의 세 숫자를 더했을 때 8이 되는 수는 $2\frac{1}{5}$입니다.

4-1 첫 번째로 튀어 오른 공의 높이는 64 m의 $\frac{3}{8}$이므로 24 m이고, 두 번째로 튀어 오른 공의 높이는 24 m의 $\frac{3}{8}$이므로 9 m입니다.

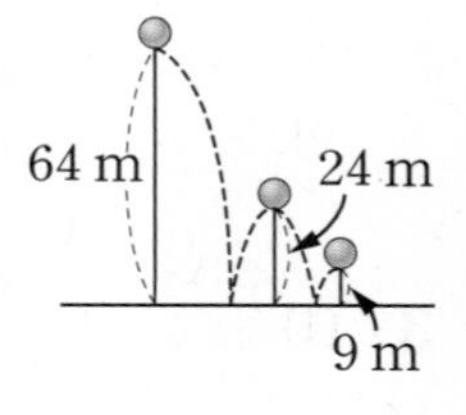

➡ (공이 움직인 거리)
=(첫 번째로 내려 온 높이)+(첫 번째로 튀어 오른 높이)
+(두 번째로 내려 온 높이)
+(두 번째로 튀어 오른 높이)
=64+24+24+9=121(m)

기출 단원 평가 Level ❶ 104~106쪽

1 $\frac{2}{6}$ **2** 3
3 (1) 4 (2) 10 **4** $\frac{3}{4}$, $\frac{7}{8}$
5 $\frac{9}{7}$ **6** $2\frac{3}{5}$
7 $\frac{12}{13}$ **8** (1) $5\frac{2}{9}$ (2) $\frac{58}{11}$
9 24 **10** $3\frac{3}{8}$
11 (1) 54 (2) 35 **12** (1) < (2) >
13 $1\frac{5}{7}$ **14** $\frac{20}{9}$, $\frac{13}{9}$
15 $\frac{5}{3}$, $\frac{7}{3}$, $\frac{9}{3}$, $\frac{7}{5}$, $\frac{9}{5}$, $\frac{9}{7}$
16 21명 **17** 1, 2
18 $\frac{6}{10}$
19 예 대분수는 자연수와 진분수로 이루어진 분수입니다. $\frac{7}{6}$은 진분수가 아니므로 $3\frac{7}{6}$은 대분수가 아닙니다.
20 철사

1 색칠한 부분은 6묶음 중에서 2묶음이므로 $\frac{2}{6}$입니다.

2 21을 7씩 묶으면 4묶음이 되고, 21은 4묶음 중 3묶음이므로 21은 28의 $\frac{3}{4}$입니다.

3 (1) 12 cm의 $\frac{1}{3}$은 12 cm를 3부분으로 나눈 것 중 1부분이므로 4 cm입니다.
(2) 12 cm의 $\frac{5}{6}$는 12 cm를 6부분으로 나눈 것 중 5부분이므로 10 cm입니다.

4 분자가 분모보다 작은 분수를 진분수라고 합니다.

5 숫자 눈금 한 칸 사이를 7등분 하였으므로 작은 눈금 한 칸은 $\frac{1}{7}$입니다. 따라서 ㉠은 작은 눈금 9칸이므로 가분수로 나타내면 $\frac{9}{7}$입니다.

6 2와 $\frac{3}{5}$은 $2\frac{3}{5}$이라고 나타냅니다.

7 분모가 13인 진분수의 분자는 13보다 작은 수이어야 합니다. 따라서 만들 수 있는 가장 큰 진분수는 $\frac{12}{13}$입니다.

8 (1) $\frac{47}{9}$에서 $\frac{45}{9}=5$이므로 $\frac{47}{9}=5\frac{2}{9}$입니다.
(2) $5\frac{3}{11}$에서 $5=\frac{55}{11}$이므로 $5\frac{3}{11}=\frac{58}{11}$입니다.

9 어떤 수의 $\frac{1}{4}$이 8이므로 어떤 수의 $\frac{3}{4}$은 8의 3배인 24입니다.

10 $\frac{1}{8}$이 27개인 수는 $\frac{27}{8}$입니다.
$\frac{27}{8}$에서 $\frac{24}{8}=3$이므로 $\frac{27}{8}=3\frac{3}{8}$입니다.

11 (1) □는 9씩 6묶음이므로 $9\times6=54$입니다.
(2) □의 $\frac{4}{5}$가 28이므로 □의 $\frac{1}{5}$은 $28\div4=7$입니다.
따라서 □는 7씩 5묶음이므로 $7\times5=35$입니다.

12 가분수나 대분수로 통일하여 크기를 비교합니다.
(1) $\frac{11}{9}=1\frac{2}{9}$이므로 $1\frac{2}{9}<1\frac{5}{9}$입니다.
(2) $3\frac{2}{5}=\frac{17}{5}$이므로 $\frac{17}{5}>\frac{16}{5}$입니다.

13 분모가 7이므로 $\frac{\square}{7}$에서 분모와 분자의 합이 19인 분수는 $\frac{12}{7}$입니다.
$\frac{12}{7}$에서 $\frac{7}{7}=1$이므로 $\frac{12}{7}=1\frac{5}{7}$입니다.

14 $1\frac{7}{9}$에서 $1=\frac{9}{9}$이므로 $1\frac{7}{9}=\frac{16}{9}$입니다.
따라서 $\frac{13}{9}<\frac{16}{9}<\frac{20}{9}$이므로 가장 큰 분수는 $\frac{20}{9}$이고 가장 작은 분수는 $\frac{13}{9}$입니다.

15 가분수는 분자가 분모와 같거나 분모보다 큰 분수입니다. 따라서 분모가 3인 가분수는 $\frac{5}{3}$, $\frac{7}{3}$, $\frac{9}{3}$, 분모가 5인 가분수는 $\frac{7}{5}$, $\frac{9}{5}$, 분모가 7인 가분수는 $\frac{9}{7}$입니다.

16 (두 반의 전체 학생 수)$=22+27=49$(명)
49의 $\frac{1}{7}$은 7이므로 49의 $\frac{3}{7}$은 $7\times3=21$(명)입니다.

17 가분수 $\frac{11}{8}$을 대분수로 나타내면 $\frac{11}{8}=1\frac{3}{8}$이므로 $1\frac{3}{8}$보다 작은 $1\frac{\square}{8}$는 $1\frac{1}{8}$, $1\frac{2}{8}$입니다.
따라서 □ 안에 들어갈 수 있는 자연수는 1, 2입니다.

18 남은 색종이는 $30-12=18$(장)입니다.
30을 3씩 묶으면 10묶음이 되고, 18은 10묶음 중의 6묶음이므로 남은 색종이는 처음 색종이의 $\frac{6}{10}$입니다.

서술형
19

평가 기준	배점(5점)
대분수가 어떤 분수인지 설명했나요?	2점
대분수가 아닌 이유를 바르게 설명했나요?	3점

서술형
20 예 사용한 철사의 길이: 72 m의 $\frac{1}{9}$은 8 m이므로 72 m의 $\frac{4}{9}$는 $8\times4=32$(m)입니다.
사용한 색 테이프의 길이: 36 m의 $\frac{1}{6}$은 6 m이므로 36 m의 $\frac{5}{6}$는 $6\times5=30$(m)입니다.
$32>30$이므로 철사와 색 테이프 중 더 많이 사용한 것은 철사입니다.

평가 기준	배점(5점)
사용한 철사와 색 테이프의 길이를 각각 구했나요?	3점
철사와 색 테이프 중 더 많이 사용한 것은 무엇인지 구했나요?	2점

기출 단원 평가 Level ❷ 107~109쪽

1 6
2 3, 12
3 (1) 5 (2) 2
4 도윤
5 $\frac{27}{9}$
6 ㉣
7 예 0 1 2(m)
8 5개
9 (1) 6 (2) 20
10 27 m
11 33
12 12
13 태우
14 3
15 $\frac{23}{9}$, $2\frac{5}{9}$
16 $\frac{11}{8}$
17 $\frac{23}{7}$ kg, $\frac{24}{7}$ kg
18 $3\frac{2}{5}$, $3\frac{4}{5}$, $3\frac{2}{4}$
19 4장
20 나, 다, 가

1 14장을 7묶음으로 똑같이 나눈 것 중의 3묶음이므로 6장입니다.

2 15의 $\frac{1}{5}$은 3입니다. $\frac{4}{5}$는 $\frac{1}{5}$의 4배이므로 15의 $\frac{4}{5}$는 3의 4배인 12입니다.

3 (1) 12를 똑같이 12로 나누면 5는 12의 $\frac{5}{12}$입니다.
(2) 16을 똑같이 2로 나누면 8은 16의 $\frac{1}{2}$입니다.

4 승우: 18의 $\frac{1}{3}$은 6이므로 $\frac{2}{3}$는 12입니다.
민아: 30의 $\frac{1}{5}$은 6이므로 $\frac{3}{5}$은 18입니다.
따라서 바르게 말한 사람은 도윤입니다.

5 자연수 1을 분모가 9인 분수로 나타내면 $\frac{9}{9}$이므로 자연수 3을 분모가 9인 분수로 나타내려면 분자는 9의 3배가 되어야 합니다. 따라서 $3=\frac{27}{9}$입니다.

6 21을 3씩 똑같이 묶으면 7묶음이 되고 15는 7묶음 중의 5묶음이므로 15는 21의 $\frac{5}{7}$입니다.
따라서 $\frac{5}{7}$를 수직선에 나타내면 ㉣입니다.

7 $\frac{9}{5}$는 $\frac{1}{5}$이 9개이므로 9칸을 색칠합니다.

8 분모가 6인 진분수는 $\frac{1}{6}$, $\frac{2}{6}$, $\frac{3}{6}$, $\frac{4}{6}$, $\frac{5}{6}$로 모두 5개입니다.

9 (1) 24시간의 $\frac{1}{4}$은 $24\div4=6$(시간)입니다.
(2) 24시간의 $\frac{1}{6}$은 $24\div6=4$(시간)이므로 $\frac{5}{6}$는 $4\times5=20$(시간)입니다.

10 어떤 끈의 $\frac{1}{3}$이 15 m이므로 전체 끈의 길이는 $15\times3=45$(m)입니다.
따라서 45 m의 $\frac{1}{5}$은 9 m이므로 $\frac{3}{5}$은 27 m입니다.

11 6이 ㉠의 $\frac{2}{7}$이므로 ㉠의 $\frac{1}{7}$은 $6\div2=3$입니다.
따라서 ㉠은 $3\times7=21$입니다.
15의 $\frac{1}{5}$은 3이므로 $\frac{4}{5}$는 $3\times4=12=$㉡입니다.
➡ $21+12=33$

12 $\frac{7}{3}=2\frac{1}{3}$이고 $\frac{17}{3}=5\frac{2}{3}$이므로 $\frac{7}{3}$보다 크고 $\frac{17}{3}$보다 작은 자연수는 3, 4, 5입니다.
➡ $3+4+5=12$

13 $\frac{13}{9}$에서 $\frac{9}{9}=1$이므로 $\frac{13}{9}=1\frac{4}{9}$입니다.
$1\frac{4}{9}<2\frac{1}{9}$이므로 태우가 떡을 더 많이 먹었습니다.

14 거꾸로 가분수를 대분수로 나타내면
$\frac{25}{11}$에서 $\frac{22}{11}=2$이므로 $\frac{25}{11}=2\frac{3}{11}$입니다.
따라서 □ 안에 알맞은 수는 3입니다.

15 가장 큰 숫자 9를 분모로, 가장 작은 두 자리 수 23을 분자로 하여 가분수를 만들면 $\frac{23}{9}$입니다.
$\frac{23}{9}$에서 $\frac{18}{9}=2$이므로 $\frac{23}{9}=2\frac{5}{9}$입니다.

16 분모와 분자의 합이 19이고 분모가 8인 가분수이므로 분자는 $19-8=11$입니다.

따라서 조건을 만족하는 분수는 $\frac{11}{8}$입니다.

17 $\frac{22}{7}<\frac{\square}{7}<3\frac{4}{7}$입니다. $3\frac{4}{7}=\frac{25}{7}$이므로 $22<\square<25$입니다.

따라서 □ 안에 들어갈 수 있는 수는 23, 24이므로 파란색 책가방의 무게는 $\frac{23}{7}$ kg 또는 $\frac{24}{7}$ kg입니다.

18 3보다 크고 4보다 작은 대분수이므로 자연수 부분이 3인 대분수를 만들어야 합니다.

나머지 수 2, 4, 5를 이용하여 만들 수 있는 진분수는 $\frac{2}{5}$, $\frac{4}{5}$, $\frac{2}{4}$이므로 $3\frac{2}{5}$, $3\frac{4}{5}$, $3\frac{2}{4}$입니다.

서술형
19 예 준우에게 준 딱지는 40장의 $\frac{1}{5}$이므로 8장입니다.

수호에게 준 딱지는 준우에게 주고 남은 $40-8=32$(장)의 $\frac{1}{8}$이므로 4장입니다.

평가 기준	배점(5점)
준우에게 준 딱지가 몇 장인지 구했나요?	2점
수호에게 준 딱지가 몇 장인지 구했나요?	3점

서술형
20 예 다 막대의 길이를 대분수로 나타내면 $\frac{15}{9}=1\frac{6}{9}$ (m)입니다.

세 분수의 크기를 비교하면 $1\frac{8}{9}>1\frac{6}{9}>1\frac{5}{9}$이므로 길이가 긴 것부터 순서대로 기호를 쓰면 나, 다, 가입니다.

평가 기준	배점(5점)
대분수 또는 가분수로 통일하여 세 분수의 크기를 비교했나요?	3점
길이가 긴 것부터 순서대로 기호를 썼나요?	2점

5 들이와 무게

들이와 무게는 측정 영역에서 학생들이 다루게 되는 핵심적인 속성입니다. 들이와 무게는 실생활과 직접적으로 연결되어 있기 때문에 들이와 무게의 측정 능력을 기르는 것은 실제 생활의 문제를 해결하는 데 필수적입니다. 따라서 들이와 무게를 지도할 때에는 다음과 같은 사항에 중점을 둡니다. 첫째, 측정의 필요성이 강조되어야 합니다. 둘째, 실제 측정 경험이 제공되어야 합니다. 셋째, 어림과 양감 형성에 초점을 두어야 합니다. 넷째, 실생활 및 타 교과와의 연계가 이루어져야 합니다. 이 단원은 초등학교에서 들이와 무게를 다루는 마지막 단원이므로 이러한 점을 강조하여 들이와 무게를 정확히 이해할 수 있도록 지도합니다.

1 들이 비교하기 112쪽

1 주전자 2 2배

1 모양과 크기가 같은 그릇에 옮겨 담은 물의 높이를 비교하면 주전자의 물을 옮겨 담은 쪽이 더 높으므로 주전자의 들이가 더 많습니다.

2 ㉮는 6컵, ㉯는 3컵이므로 ㉮ 그릇의 들이는 ㉯ 그릇의 들이의 2배입니다.

2 들이의 단위 113쪽

3 (1) 400 (2) 2, 500
4 (1) 3000 (2) 8300 (3) 7060 (4) 4, 300
5 현정

3 (1) 큰 눈금 한 칸의 크기는 100 mL이므로 400 mL입니다.
(2) 큰 눈금 한 칸의 크기는 1 L, 작은 눈금 한 칸의 크기는 100 mL이므로 2 L 500 mL입니다.

4 1 L=1000 mL임을 이용합니다.
(2) 8 L 300 mL=8 L+300 mL
=8000 mL+300 mL
=8300 mL

(3) 7 L 60 mL = 7 L + 60 mL
= 7000 mL + 60 mL
= 7060 mL

(4) 4300 mL = 4000 mL + 300 mL
= 4 L + 300 mL
= 4 L 300 mL

5 은서: 내 컵의 들이는 300 mL 정도 돼.
민수: 엄마가 주스를 1 L 사 오셨어.

3 들이를 어림하고 재어 보기 114쪽

6 500 mL

7 (1) mL (2) L (3) mL

8 2500 mL

6 주스병의 들이는 1 L인 우유갑의 절반 정도이므로 약 500 mL라고 어림할 수 있습니다.

8 1 L짜리 비커 2개가 가득 차 있고, 다른 한 비커는 500 mL가 차 있으므로 약 2 L 500 mL입니다.

4 들이의 합과 차 115쪽

9 3, 900

10 (1) 8, 700 (2) 7600, 7, 600
(3) 5, 400 (4) 3100, 3, 100

11 (1) 7, 100 (2) 3, 900

10 (2) 3500 mL + 4100 mL = 7600 mL
➡ 7600 mL = 7000 mL + 600 mL
= 7 L 600 mL

(4) 6300 mL − 3200 mL = 3100 mL
➡ 3100 mL = 3000 mL + 100 mL
= 3 L 100 mL

11 (1)

	L	mL
	1	
	2 L	500 mL
+	4 L	600 mL
	7 L	100 mL

(2)

	L	mL
	4	1000
	5 L	300 mL
−	1 L	400 mL
	3 L	900 mL

기본에서 응용으로 116~119쪽

1 물병 **2** ㉮, ㉰, ㉯

3 ㉯ **4** ㉱

5 4배

6 방법 1 예 물병에 물을 가득 채운 뒤 음료수병으로 옮겨 담아 봅니다.
방법 2 예 물병과 음료수병에 물을 가득 담은 뒤 종이컵에 옮겨 담아 봅니다.

7 ㉡

8 (1) < (2) = (3) >

9 ㉣

10 화요일 / 예 1 L 300 mL를 1300 mL로 단위를 바꾼 후 비교하면 화요일에 마신 물의 양이 가장 많습니다.

11 1 L

12 (1) 대접 (2) 주사기 (3) 세제 통

13 민정

14 (1) 14 L 200 mL (2) 5 L 900 mL

15 6800 mL **16** 2100 mL

17 예 (남은 식용유의 양)
=(처음 식용유의 양)−(사용한 식용유의 양)
= 2 L 500 mL − 900 mL
= 2500 mL − 900 mL = 1600 mL
= 1 L 600 mL / 1 L 600 mL

18 2 L 300 mL

19 (위에서부터) 600, 4

20 400

21 예 딸기 우유 3병을 삽니다.

22 600 mL **23** 5 L 100 mL

1 물병을 가득 채웠던 물이 꽃병을 가득 채우고도 흘러 넘쳤으므로 물병의 들이가 더 많습니다.

2 물의 높이가 높을수록 들이가 더 많습니다.

3 물을 부은 횟수가 적을수록 컵의 들이는 많습니다. 따라서 물을 부은 횟수가 가장 적은 ㉯ 컵의 들이가 가장 많습니다.

4 물을 부은 횟수가 많을수록 컵의 들이는 적습니다.
따라서 컵의 들이를 비교하면 ㉮<㉱<㉰<㉯입니다.

5 ㉮ 컵으로는 12번, ㉯ 컵으로는 3번을 부어야 하므로 ㉯ 컵의 들이는 ㉮ 컵의 들이의 12÷3=4(배)입니다.

서술형
6

단계	문제 해결 과정
①	한 가지 방법을 바르게 썼나요?
②	다른 한 가지 방법을 바르게 썼나요?

7 ㉠ 5000 mL=5 L
㉢ 8049 mL=8 L 49 mL

8 단위를 같게 하여 비교합니다.
(1) 6 L=6000 mL
➡ 6000 mL<7500 mL
(2) 4 L 50 mL=4050 mL
➡ 4050 mL=4050 mL
(3) 3 L 400 mL=3400 mL
➡ 3400 mL>3040 mL

9 ㉠ 컵의 들이는 200 mL입니다.
㉡ 약병의 들이는 80 mL입니다.
㉢ 어항의 들이는 5 L입니다.

서술형
10

단계	문제 해결 과정
①	물을 가장 많이 마신 날을 구했나요?
②	이유를 바르게 설명했나요?

11 약 500 mL씩 2통이므로 약 1 L입니다.

13 세 사람이 어림한 들이는 윤아: 800 mL, 민정: 900 mL, 진호: 1500 mL입니다.
1 L=1000 mL이므로 실제 들이와 어림한 들이의 차가 가장 작은 사람은 민정입니다.

14 (1)
```
   1
   9 L  500 mL
+  4 L  700 mL
---------------
  14 L  200 mL
```
(2)
```
  12    1000
  13 L  400 mL
-  7 L  500 mL
---------------
   5 L  900 mL
```

15 가장 많은 들이: 5 L 200 mL=5200 mL
가장 적은 들이: 1600 mL
➡ 5200 mL+1600 mL=6800 mL

16 ㉮에는 900 mL, ㉯에는 1 L 200 mL가 들어 있습니다.
900 mL+1 L 200 mL=900 mL+1200 mL
=2100 mL

서술형
17

단계	문제 해결 과정
①	문제에 알맞은 뺄셈식을 세웠나요?
②	L와 mL 단위의 관계를 알고, 남아 있는 식용유의 양을 구했나요?

18 (3명이 마신 우유의 양)=300×3=900(mL)
따라서 처음에 있던 우유는
1 L 400 mL+900 mL=2 L 300 mL입니다.

19
```
  7 L  300 mL
- 2 L   ㉠ mL
--------------
  ㉡ L  700 mL
```
mL끼리의 계산에서 300−㉠=700이므로
1000 mL를 받아내림하면 1300−㉠=700입니다.
따라서 ㉠=1300−700, ㉠=600입니다.
L끼리의 계산에서 7−1−2=4이므로 ㉡=4입니다.

20 1 L 300 mL−900 mL=400 mL

21 3000원으로 딸기 우유는 600×3=1800(mL), 즉 1 L 800 mL를 살 수 있고 바나나 우유는 1 L 300 mL를 살 수 있습니다.
1 L 800 mL>1 L 300 mL이므로 딸기 우유 3병을 사면 더 많은 양의 우유를 살 수 있습니다.

22 (두 수조에 들어 있는 물의 들이의 차)
=1 L 700 mL−500 mL=1 L 200 mL
따라서 옮겨야 하는 물의 양은 1 L 200 mL, 즉 1200 mL의 절반인 600 mL입니다.

23 (두 수조에 들어 있는 물의 들이의 차)
=7 L 500 mL−2 L 700 mL=4 L 800 mL
따라서 옮겨야 하는 물의 양은 4 L 800 mL의 절반인 2 L 400 mL입니다.
(가 수조에 있는 물의 양)
=7 L 500 mL−2 L 400 mL
=5 L 100 mL
(나 수조에 있는 물의 양)
=2 L 700 mL+2 L 400 mL
=5 L 100 mL

5 무게 비교하기 120쪽

1 ㉡, ㉠, ㉢

2 (1) 7개 (2) 5개 (3) 풀, 2

2 (3) 풀은 바둑돌 7개의 무게와 같고, 지우개는 바둑돌 5개의 무게와 같습니다.
따라서 풀이 지우개보다 바둑돌 7－5＝2(개)만큼 더 무겁습니다.

6 무게의 단위 121쪽

3 (1) 1100 (2) 1

4 (1) 1600 (2) 3070 (3) 4, 600 (4) 2, 50

5 (1) 650 (2) 2, 400

4 1 kg＝1000 g을 이용합니다.
(1) 1 kg 600 g＝1 kg＋600 g
＝1000 g＋600 g＝1600 g
(2) 3 kg 70 g＝3 kg＋70 g
＝3000 g＋70 g＝3070 g
(3) 4600 g＝4000 g＋600 g
＝4 kg＋600 g＝4 kg 600 g
(4) 2050 g＝2000 g＋50 g
＝2 kg＋50 g＝2 kg 50 g

5 (1) 큰 눈금 한 칸의 크기는 100 g, 작은 눈금 한 칸의 크기는 10 g이므로 650 g입니다.
(2) 큰 눈금 한 칸의 크기는 1 kg이고, 작은 눈금 한 칸의 크기는 100 g이므로 2 kg 400 g입니다.

7 무게를 어림하고 재어 보기 122쪽

6 (1) g (2) kg (3) kg **7** ㉢

8 (1) 텔레비전 (2) 치약 (3) 트럭

8 무게의 합과 차 123쪽

9 1, 800

10 (1) 8, 600 (2) 9, 100 (3) 2, 500 (4) 5, 900

11 (1) 4 kg 200 g (2) 현선, 600

10 (2)
$$\begin{array}{r} {}^{1}\qquad\quad \\ 5\text{ kg } 700\text{ g} \\ +\ 3\text{ kg } 400\text{ g} \\ \hline 9\text{ kg } 100\text{ g} \end{array}$$
(4)
$$\begin{array}{r} {}^{7}\quad {}^{1000}\quad \\ \cancel{8}\text{ kg } 600\text{ g} \\ -\ 2\text{ kg } 700\text{ g} \\ \hline 5\text{ kg } 900\text{ g} \end{array}$$

11 (2) 현선이의 밤 무게에서 민준이의 밤 무게를 빼면
2 kg 400 g－1 kg 800 g＝2400 g－1800 g
＝600 g
이므로 현선이가 600 g 더 많이 주웠습니다.

기본에서 응용으로 124~127쪽

24 고구마, 당근 **25** 현우 **26** 2배

27 연필, 가위 **28** 5550 g **29** ㉣, ㉡, ㉢, ㉠

30 항아리 **31** ①, ④

32 ㉡ / ㉡ 책가방의 무게는 2 kg입니다.

33 (1) kg에 ○표 (2) g에 ○표 (3) t에 ○표

34 ㉠ **35** 40배

36 (1) 19 kg 200 g (2) 4 kg 500 g

37 (1) < (2) < **38** 3, 600

39
$$\begin{array}{r} {}^{1}\qquad\quad \\ 4\text{ kg } 900\text{ g} \\ +\ 2\text{ kg } 500\text{ g} \\ \hline 7\text{ kg } 400\text{ g} \end{array}$$

40 6 kg 300 g **41** 7 kg 500 g

42 예 배추와 무의 무게를 더하면
3 kg 400 g＋2800 g＝3400 g＋2800 g
＝6200 g＝6 kg 200 g입니다. / 6 kg 200 g

43 2 kg 800 g **44** 3 kg 400 g

45 8 kg **46** 2 kg 100 g

47 210 g **48** 600 g **49** 150 g

24 고구마와 감자 중에는 고구마가 가볍고, 감자와 당근 중에는 당근이 가벼우므로 고구마와 당근의 무게를 저울을 사용하여 비교하면 됩니다.

25 500원짜리 동전 15개가 100원짜리 동전 15개보다 더 무거우므로 토마토 1개가 귤 1개보다 더 무겁습니다.

26 귤은 바둑돌 10개, 딸기는 바둑돌 5개의 무게와 같으므로 귤의 무게는 딸기의 무게의 $10 \div 5 = 2$(배)입니다.

27 연필 4자루, 지우개 2개, 가위 1개의 무게가 같습니다. 따라서 개수가 많은 연필이 가장 가볍고, 개수가 적은 가위가 가장 무겁습니다.

28 5 kg보다 550 g 더 무거운 것은 5 kg 550 g이므로 $5\text{ kg } 550\text{ g} = 5000\text{ g} + 550\text{ g} = 5550\text{ g}$입니다.

29 ㉡ $3\text{ kg } 200\text{ g} = 3200\text{ g}$
㉢ $3\text{ kg } 40\text{ g} = 3040\text{ g}$
➡ ㉣ > ㉡ > ㉢ > ㉠

30 항아리의 무게는 1800 g, 상자의 무게는 800 g이므로 항아리가 더 무겁습니다.

31 ① $7\text{ kg } 3\text{ g} = 7000\text{ g} + 3\text{ g} = 7003\text{ g}$
④ $7\text{ kg } 70\text{ g} = 7000\text{ g} + 70\text{ g} = 7070\text{ g}$

서술형
32

단계	문제 해결 과정
①	단위를 잘못 사용한 문장의 기호를 썼나요?
②	문장을 바르게 고쳤나요?

35 $2\text{ t} = 2000\text{ kg}$
$50 \times 40 = 2000$이므로 코끼리의 무게는 진호의 몸무게의 약 40배입니다.

36 (1)
$$\begin{array}{rrr} & \overset{1}{7}\text{ kg} & 500\text{ g} \\ + & 11\text{ kg} & 700\text{ g} \\ \hline & 19\text{ kg} & 200\text{ g} \end{array}$$
(2)
$$\begin{array}{rrr} & \overset{13}{\cancel{14}}\text{ kg} & \overset{1000}{100}\text{ g} \\ - & 9\text{ kg} & 600\text{ g} \\ \hline & 4\text{ kg} & 500\text{ g} \end{array}$$

37 (1) $2\text{ kg } 300\text{ g} + 5\text{ kg } 400\text{ g} = 7\text{ kg } 700\text{ g}$
➡ $7\text{ kg } 700\text{ g} < 8\text{ kg}$
(2) $8\text{ kg } 300\text{ g} - 3\text{ kg } 700\text{ g}$
$= 7\text{ kg } 1300\text{ g} - 3\text{ kg } 700\text{ g} = 4\text{ kg } 600\text{ g}$
➡ $4\text{ kg } 600\text{ g} < 5\text{ kg}$

38 $5\text{ kg } 200\text{ g} - 1\text{ kg } 600\text{ g} = 3\text{ kg } 600\text{ g}$

39 g 단위끼리의 계산에서 $900 + 500 = 1400$(g)이므로 1000 g을 1 kg으로 받아올림해야 하는데 받아올림을 하지 않았습니다.

40 가장 무거운 무게: $3\text{ kg } 500\text{ g} = 3500\text{ g}$
가장 가벼운 무게: 2800 g
➡ $3500\text{ g} + 2800\text{ g} = 6300\text{ g} = 6\text{ kg } 300\text{ g}$

41
$$\begin{array}{rrr} & \overset{38}{\cancel{39}}\text{ kg} & \overset{1000}{300}\text{ g} \\ - & 31\text{ kg} & 800\text{ g} \\ \hline & 7\text{ kg} & 500\text{ g} \end{array}$$

서술형
42

단계	문제 해결 과정
①	문제에 알맞은 덧셈식을 세웠나요?
②	kg과 g 단위 사이의 관계를 알고, 배추와 무의 무게의 합을 구했나요?

43 지호가 딴 딸기의 무게는 각각 1700 g과 1100 g입니다.
➡ $1700\text{ g} + 1100\text{ g} = 2800\text{ g} = 2\text{ kg } 800\text{ g}$

44 $7\text{ kg} - 3\text{ kg } 600\text{ g} = 6\text{ kg } 1000\text{ g} - 3\text{ kg } 600\text{ g}$
$= 3\text{ kg } 400\text{ g}$
따라서 3 kg 400 g을 더 담을 수 있습니다.

45 수호가 캔 감자의 무게를 □ kg이라 하면 진우가 캔 감자의 무게는 (□+4) kg입니다.
➡ □+□+4=20, □+□=16, 8+8=16이므로 □=8입니다.
따라서 수호가 캔 감자는 8 kg입니다.

46 음료수 2개의 무게는
$4\text{ kg } 750\text{ g} - 550\text{ g} = 4\text{ kg } 200\text{ g}$입니다.
$4\text{ kg } 200\text{ g} = 2\text{ kg } 100\text{ g} + 2\text{ kg } 100\text{ g}$이므로
음료수 1개의 무게는 2 kg 100 g입니다.

47 (고구마 1개의 무게)$= 140 \div 2 = 70$(g)
(무 1개의 무게)=(고구마 3개의 무게)
$= 70 \times 3 = 210$(g)

48 (귤 1개의 무게)$= 360 \div 3 = 120$(g)
(배 1개의 무게)=(귤 5개의 무게)
$= 120 \times 5 = 600$(g)

49 (풀 6개)=(가위 1개)=300 g이고
(풀 6개)=(지우개 2개)이므로 지우개 2개의 무게는 300 g입니다.
따라서 (지우개 1개의 무게)$= 300 \div 2 = 150$(g)입니다.

응용에서 최상위로

128~131쪽

1 예 1 L들이 물병에 물을 가득 채워 1번 붓고, 300 mL들이 컵에 물을 가득 채워 2번 붓습니다.

1-1 예 1 L들이 그릇에 물을 가득 채워 1번 붓고, 500 mL들이 그릇에 물을 가득 채워 1번 붓습니다. 그리고 200 mL들이 그릇에 물을 가득 채워 3번 붓습니다.

1-2 예 500 mL들이 그릇에 물을 가득 채우고, 200 mL들이 그릇으로 물을 가득 담아 2번 덜어 냅니다.

2 420 g　2-1 550 g　2-2 730 g

3 200 g　3-1 400 g　3-2 500 g

4 1단계 예 1 L 800 mL=1000 mL+800 mL
=1800 mL

2단계 예 18 L=18000 mL

3단계 예 한 되가 1800 mL이므로 되로 □번 부으면 1800×□(mL)입니다.
1800×□=18000에서 □=10입니다.

/ 10번

4-1 10개

1 1 L 600 mL=1 L+600 mL
=1 L+300 mL+300 mL

1-1 2 L 100 mL=1 L+500 mL+600 mL
=1 L+500 mL+200 mL+200 mL
+200 mL

1-2 500 mL−200 mL−200 mL=100 mL

2 (감자 3개의 무게)
=6 kg 720 g−4 kg 620 g=2 kg 100 g
(감자 6개의 무게)
=(감자 3개의 무게)+(감자 3개의 무게)
=2 kg 100 g+2 kg 100 g=4 kg 200 g
(빈 상자의 무게)
=(감자 6개를 담은 상자의 무게)−(감자 6개의 무게)
=4 kg 620 g−4 kg 200 g=420 g

2-1 (고구마 2개의 무게)
=5 kg 350 g−3 kg 750 g=1 kg 600 g
(고구마 4개의 무게)
=(고구마 2개의 무게)+(고구마 2개의 무게)
=1 kg 600 g+1 kg 600 g=3 kg 200 g
(빈 바구니의 무게)
=(고구마 4개를 담은 바구니의 무게)
−(고구마 4개의 무게)
=3 kg 750 g−3 kg 200 g=550 g

2-2 (사과 4개의 무게)
=8 kg 330 g−4 kg 530 g=3 kg 800 g
(사과 8개의 무게)
=(사과 4개의 무게)+(사과 4개의 무게)
=3 kg 800 g+3 kg 800 g=7 kg 600 g
(빈 상자의 무게)
=(사과 8개를 담은 상자의 무게)−(사과 8개의 무게)
=8 kg 330 g−7 kg 600 g=730 g

3 ㉮+400 g=㉯이므로 ㉯는 ㉮보다 400 g 더 무겁습니다. 따라서 ㉮는 100 g, ㉯는 500 g입니다.
또 ㉮+㉯=㉰+400 g이고,
㉮+㉯=100 g+500 g=600 g이므로
㉰=600 g−400 g=200 g입니다.

3-1 ㉮+300 g=㉯이므로 ㉯는 ㉮보다 300 g 더 무겁습니다. 따라서 ㉮는 200 g, ㉯는 500 g입니다.
또 ㉮+㉯=㉰+300 g이고,
㉮+㉯=200 g+500 g=700 g이므로
㉰=700 g−300 g=400 g입니다.

3-2 (사과)+200 g=(배)이므로
(사과)=200 g, (배)=400 g 또는
(사과)=300 g, (배)=500 g입니다.
(사과)+(배)=(바나나)+100 g이므로
(사과)=200 g, (배)=400 g이라면
(바나나)=600 g−100 g=500 g이고,
(사과)=300 g, (배)=500 g이라면
(바나나)=800 g−100 g=700 g이 됩니다.
따라서 바나나의 무게는 500 g입니다.

4-1 10냥짜리 금 □개의 무게는 375×□(g)입니다.
3 kg 750 g=3000 g+750 g=3750 g이므로
375×□=3750, □=10에서 10냥짜리 금 10개가 있으면 금 1관이 됩니다.

기출 단원 평가 Level ❶ 132~134쪽

1 3, 1, 2　2 3, 200　3 ③, ⑤

4 1 L 400 mL　5 1000배

6 (1) 1700　(2) 3, 50　(3) 2, 700　(4) 5020

7 ㉣　8 ㉠, ㉣

9 (1) 4 L 100 mL　(2) 1 L 700 mL

10 (1) >　(2) <

11 (1) 9 kg 100 g　(2) 3 kg 900 g

12 (위에서부터) 700, 5

13 현서　14 3 L 800 mL

15 1 L 500 mL　16 3 L 300 mL

17 600 g　18 1 L 400 mL

19 수조　20 42 kg 300 g

2 큰 눈금 한 칸은 1 kg을 나타내고 작은 눈금 한 칸은 100 g을 나타내므로 저울이 가리키는 눈금은 3 kg 200 g입니다.

3 ① t, ② g은 무게의 단위이고, ④ m는 길이의 단위입니다.

4 1 L짜리 비커는 가득 차 있고, 다른 한 비커는 400 mL가 차 있으므로 약 1 L 400 mL입니다.

5 1 L=1000 mL이므로 5 L는 5 mL의 1000배입니다.

6 1 L=1000 mL, 1 kg=1000 g임을 이용합니다.

7 ㉢ 5 kg 50 g=5050 g
㉣ 4 kg 600 g=4600 g
➡ ㉠<㉣<㉢<㉡
따라서 무게가 두 번째로 가벼운 것은 ㉣입니다.

8 시금치 1단은 g으로, 냉장고 1대는 kg으로 나타낼 수 있습니다.

9 (1)
```
   1
   2 L  800 mL
 + 1 L  300 mL
 -------------
   4 L  100 mL
```
(2)
```
   3    1000
   4 L  200 mL
 - 2 L  500 mL
 -------------
   1 L  700 mL
```

10 (1) 4 L 300 mL−1 L 100 mL=3 L 200 mL
➡ 3 L 200 mL>3 L
(2) 5 L 600 mL−4 L 800 mL
=5600 mL−4800 mL=800 mL
➡ 800 mL<1 L

11 (1)
```
    1
    2 kg  400 g
 +  6 kg  700 g
 --------------
    9 kg  100 g
```
(2)
```
    8     1000
    9 kg  300 g
 -  5 kg  400 g
 --------------
    3 kg  900 g
```

12
```
    1 L  ㉠ mL
 + ㉡ L  800 mL
 --------------
    7 L  500 mL
```
mL끼리의 계산에서 ㉠+800=500에서
700+800=1500이므로
㉠=700이고 1000 mL는 1 L로 받아올림합니다.
L끼리의 계산에서 1+1+㉡=7에서 ㉡=7−2,
㉡=5입니다.

13 선우: 들이가 많을수록 물을 붓는 횟수가 적어지므로 들이가 더 많은 컵은 ㉯ 컵입니다.
현서: ㉮ 컵으로 대야에는 14번, 주전자에는 7번을 부어야 가득 채워지므로 대야의 들이는 주전자의 들이의 14÷7=2(배)입니다.
주연: ㉮ 컵으로 대야에는 14번, 주전자에는 7번을 부어야 가득 채워지므로 주전자보다 대야에 물을 더 많이 담을 수 있습니다.

14 2 L 300 mL+1 L 500 mL=3 L 800 mL

15 (노란색 페인트의 양)=3 L 400 mL−1900 mL
=3400 mL−1900 mL
=1500 mL
=1 L 500 mL

16 1500 mL+1 L 800 mL
=1500 mL+1800 mL
=3300 mL=3 L 300 mL

17 우유 한 병의 무게가 500 g이므로 우유 5병의 무게는 500×5=2500(g)입니다.
따라서 빈 상자의 무게는
3 kg 100 g−2500 g=3100 g−2500 g
=600 g입니다.

18 3 L 900 mL − 1 L 100 mL = 2 L 800 mL
2 L 800 mL의 절반은 1 L 400 mL이므로 나 그릇에서 1 L 400 mL를 옮기면 각 그릇의 물의 양은 2 L 500 mL씩으로 같아집니다.

서술형
19 예 1 L 100 mL = 1100 mL입니다.
1830 mL > 1100 mL > 1000 mL이므로 들이가 가장 많은 것은 수조입니다.

평가 기준	배점(5점)
들이가 가장 많은 것을 구했나요?	2점
이유를 바르게 설명했나요?	3점

서술형
20 예 (상우가 딴 사과) = 20 kg 800 g + 700 g
= 21 kg 500 g이므로
(두 사람이 딴 사과) = 20 kg 800 g + 21 kg 500 g
= 42 kg 300 g입니다.

평가 기준	배점(5점)
상우가 딴 사과의 무게를 구했나요?	2점
두 사람이 딴 사과의 무게를 구했나요?	3점

기출 단원 평가 Level ❷ 135~137쪽

1 주스병 **2** 3, 200 **3** 지우개, 13
4 < **5** ㉰, ㉯, ㉮, ㉱
6 (1) kg (2) g (3) t **7** 26번
8 1300 mL **9** 민혁
10 주하 **11** ㉡
12
```
    4    1000
    5̸ L  200 mL
 −  2 L  500 mL
 ──────────────
    2 L  700 mL
```
13 (위에서부터) 350, 5
14 4 L 600 mL **15** 3500 g
16 6번 **17** 1500 mL **18** 500 g
19 예 200 mL들이 그릇에 물을 가득 채워 3번 붓고, 500 mL들이 그릇에 물을 가득 채워 1번 붓습니다.
20 800 g

1 주스병에 가득 채운 물을 물병에 옮겨 담았을 때 물병이 가득 채워지지 않았으므로 들이가 적은 것은 주스병입니다.

2 큰 눈금 한 칸의 크기는 1 L, 작은 눈금 한 칸의 크기는 100 mL입니다.

3 연필은 클립 37개, 지우개는 클립 50개의 무게와 같습니다. 따라서 지우개가 연필보다 클립 50 − 37 = 13(개)만큼 더 무겁습니다.

> **주의** '지우개가 13개만큼 더 무겁습니다.'는 바른 답이 아닙니다. 답을 쓸 때에는 반드시 기준이 되는 단위인 '클립 ~개만큼 더 무겁습니다.'라고 써야 합니다.

4 7 kg 250 g = 7 kg + 250 g
= 7000 g + 250 g = 7250 g
따라서 7250 g < 7320 g입니다.

5 물을 부은 횟수가 적을수록 들이가 많은 그릇이므로 ㉰ > ㉯ > ㉮ > ㉱입니다.

7 냄비의 들이는 주전자의 들이의 2배이므로 13번의 2배인 26번을 부어야 냄비에 물을 가득 채울 수 있습니다.

8 1 L 300 mL = 1 L + 300 mL
= 1000 mL + 300 mL = 1300 mL

9 민혁: 대야의 들이는 약 2 L입니다.

10 경준: 2300 g − 2 kg = 2 kg 300 g − 2 kg
= 300 g
주하: 2 kg − 1 kg 800 g = 2000 g − 1800 g
= 200 g
따라서 300 g > 200 g이므로 2 kg과 차가 더 작은 사람은 주하입니다.

11 ㉠ 4 L 700 mL + 5 L 800 mL = 10 L 500 mL
➡ 10 L 500 mL < 10 L 800 mL

12 mL 단위 계산에서 1 L = 1000 mL를 받아내림하였는데 L 단위 계산에서 받아내림을 하지 않고 계산했습니다.

13
```
    1 kg  ㉠ g
 + ㉡ kg 820 g
 ─────────────
    7 kg 170 g
```
g 단위 계산에서 ㉠ + 820 = 170에서 받아올림한 수를 생각하면 ㉠ + 820 = 1170입니다.
➡ ㉠ = 1170 − 820, ㉠ = 350
kg 단위 계산에서 1 + 1 + ㉡ = 7에서 2 + ㉡ = 7, ㉡ = 5입니다.

14 가장 많은 들이: 6500 mL
가장 적은 들이: 1 L 900 mL=1900 mL
➡ 6500 mL−1900 mL=4600 mL
=4 L 600 mL

15 8 kg−4500 g=8000 g−4500 g
=3500 g

16 (물통의 물의 들이)=600 mL+600 mL
=1200 mL
㉯컵으로 □번 덜어 낸다고 하면 덜어낸 물의 양은 200×□(mL)입니다.
200×□=1200에서 □=6입니다.

17 (소린이가 마신 우유의 양)
=2 L 300 mL−1 L 500 mL=800 mL
(민혁이가 마신 우유의 양)
=2 L−1 L 300 mL=700 mL
➡ 800 mL+700 mL=1500 mL

18 ㉮+300 g=㉯이므로 ㉯는 ㉮보다 300 g 더 무겁습니다. 따라서 ㉮는 300 g, ㉯는 600 g입니다.
㉮+㉯=㉰+400 g이고,
㉮+㉯=300 g+600 g=900 g이므로
㉰=900 g−400 g=500 g입니다.

서술형
19 예 1 L 100 mL
=600 mL+500 mL
=200 mL+200 mL+200 mL+500 mL

평가 기준	배점(5점)
물을 담을 수 있는 방법을 바르게 설명했나요?	5점

서술형
20 예 (고구마 1개의 무게)
=(고구마 7개를 담은 바구니의 무게)
−(고구마 6개를 담은 바구니의 무게)
=3600 g−3200 g=400 g
(고구마 6개의 무게)=400 g×6=2400 g
(빈 바구니의 무게)
=(고구마 6개를 담은 바구니의 무게)
−(고구마 6개의 무게)
=3200 g−2400 g=800 g

평가 기준	배점(5점)
고구마 1개의 무게를 구했나요?	2점
고구마 6개 또는 7개의 무게를 구했나요?	1점
빈 바구니의 무게를 구했나요?	2점

6 자료의 정리

우리가 쉽게 접하는 인터넷, 텔레비전, 신문 등의 매체는 하루도 빠짐없이 통계적 정보를 쏟아내고 있습니다. 일기 예보, 여론 조사, 물가 오름세, 취미, 건강 정보 등 광범위한 주제가 다양한 통계적 과정을 거쳐 우리에게 소개되고 있습니다. 따라서 통계를 바르게 이해하고 합리적으로 사용할 수 있는 힘을 기르는 것은 정보화 사회에 적응하기 위해 대단히 중요하며, 미래 사회를 대비하는 지혜이기도 합니다. 통계는 처리하는 절차나 방법에 따라 결과가 달라지기 때문에 통계의 비전문가라 해도 자료의 수집, 정리, 표현, 해석 등과 같은 통계의 전 과정을 이해하는 것은 합리적 의사 결정을 위해 매우 중요합니다. 따라서 이 단원은 자료 표현의 기본이 되는 표와 그림그래프를 통해 간단한 방법으로 통계의 전 과정을 경험할 수 있도록 합니다.

1 표 알아보기 140쪽

1 5명 **2** 학습 만화 **3** 3배

1 23−12−2−4=5(명)

3 학습 만화를 읽은 학생은 12명이고, 과학 잡지를 읽은 학생은 4명이므로 12÷4=3(배)입니다.

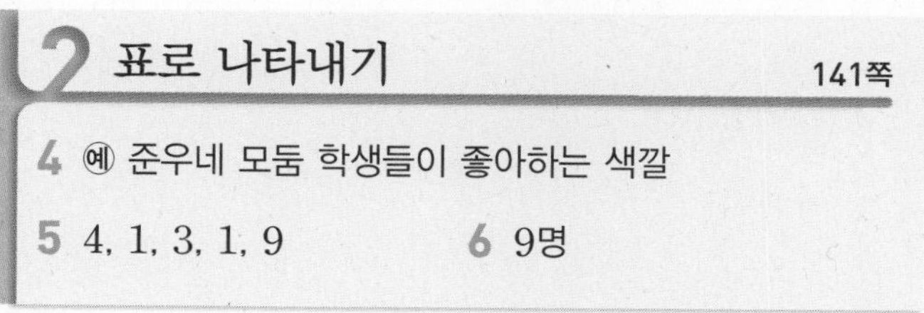

2 표로 나타내기 141쪽

4 예 준우네 모둠 학생들이 좋아하는 색깔

5 4, 1, 3, 1, 9 **6** 9명

5 색깔별로 수를 세어 봅니다.
빨강: 준우, 태형, 수일, 남희 ➡ 4명
보라: 영호 ➡ 1명
노랑: 민혜, 우빈, 나영 ➡ 3명
초록: 진표 ➡ 1명
따라서 모두 4+1+3+1=9(명)입니다.

3 그림그래프 알아보기 142쪽

! 표에 ○표 / 그림그래프에 ○표

7 10명, 1명 **8** 3동, 41명

7 그림 은 10명, 그림 은 1명을 나타냅니다.

8 큰 그림의 수가 많을수록 학생 수가 많으므로 큰 그림이 4개인 3동이 학생 수가 가장 많습니다. 또 그림의 수를 세어 보면 큰 그림 4개, 작은 그림 1개이므로 41명입니다.

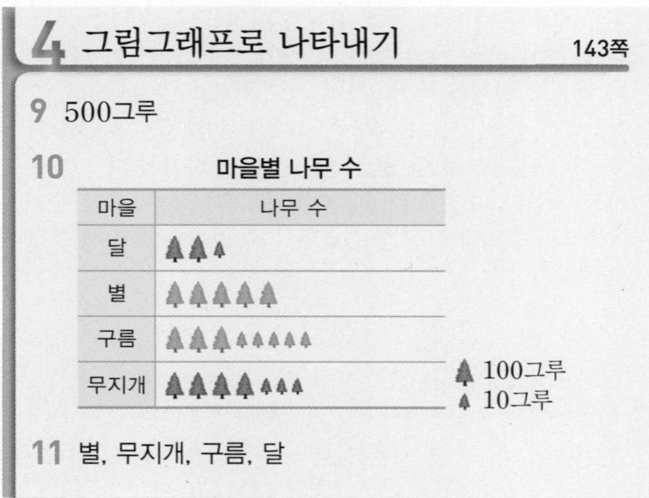

4 그림그래프로 나타내기 143쪽

9 500그루

10 마을별 나무 수

마을	나무 수
달	
별	
구름	
무지개	

100그루 10그루

11 별, 무지개, 구름, 달

9 $1490-210-350-430=500$(그루)

11 큰 그림의 수를 세어 큰 그림이 많은 마을부터 차례로 쓰면 별, 무지개, 구름, 달 마을입니다.

기본에서 응용으로 144~148쪽

1 (위에서부터) 122, 27

2 영화관, 놀이동산

3 257명

4 박물관

5 햄버거

6 정우네, 2

7 예 치킨 / 예 두 반의 학생 수를 더했을 때 수가 가장 큰 간식을 먹는 것이 좋습니다.
치킨: $7+10=17$(명), 떡볶이: $4+6=10$(명),
햄버거: $9+4=13$(명), 핫도그: $5+7=12$(명)
따라서 학생 수가 가장 많은 치킨을 먹는 것이 좋을 것 같습니다.

8 5, 12, 9, 6, 32

9 여름

10 표 / 예 표는 학생 수를 각각 세어 정확한 수로 나타내므로 자료보다 학생 수를 비교하기가 더 쉽습니다.

11 좋아하는 운동별 학생 수

운동	야구	농구	축구	피구	합계
남학생 수(명)	2	4	6	3	15
여학생 수(명)	4	3	5	2	14

12 2명

13 29명

14 축구

15 10회, 1회

16 일요일

17 예 각각의 자료의 수와 크기를 한눈에 비교하기 쉽습니다.

18 5월, 4월, 6월

19 73점

20 24자루

21 7권

22 예 2가지

23 듣기 좋았던 민요별 학생 수

민요	학생 수
밀양 아리랑	♪♪♪
쾌지나 칭칭 나네	♪♪♪♪
옹헤야	♪♪♪♪♪♪♪♪

♪ 10명 ♪ 1명

24 밀양 아리랑

25 100상자, 10상자

26 160상자, 320상자

27 마을별 포도 생산량

마을	생산량
다정	
기쁨	
보람	
사랑	
행복	

100 상자 10 상자

28 종류별 옷 판매량

옷	판매량
티셔츠	◎◎◎○○○○○○
바지	◎○○○○○○○○○○
점퍼	◎◎○○○○○○○○

◎10벌 ○1벌

29 종류별 옷 판매량

옷	판매량
티셔츠	◎◎◎△
바지	◎△○○○○
점퍼	◎◎△○○

◎10벌 △5벌 ○1벌

30 ㉔ 5번 그려야 하는 것을 1번으로 줄여서 더 편리합니다.

31 지점별 햄버거 판매량

지점	판매량
하늘	●●•••••
바다	●●●●••••
노을	●●●●
바람	●●●●•••

● 10개 • 1개

32 마을별 인터넷 사용 가구 수

마을	가구 수
가	■▪▪▪··
나	▪▪▪▪▪····
다	■········
라	■··

■ 100가구 ▪ 10가구 · 1가구

1 (조사한 여학생 수)$=19+42+34+27=122$(명)
(영화관에 가고 싶은 남학생 수)
$=135-38-45-25=27$(명)

2 여학생은 영화관이 42명으로 가장 많고, 남학생은 놀이동산이 45명으로 가장 많습니다.

3 여학생 수의 합계와 남학생 수의 합계를 더해 줍니다.
➡ $122+135=257$(명)

4 박물관: $38-19=19$(명),
영화관: $42-27=15$(명),
놀이동산: $45-34=11$(명),
한옥마을: $27-25=2$(명)
따라서 여학생 수와 남학생 수의 차이가 가장 많이 나는 장소는 박물관입니다.

5 $9>7>5>4$이므로 가장 많은 학생들이 먹고 싶은 간식은 햄버거입니다.

6 떡볶이를 먹고 싶은 학생이 윤이네 반은 4명, 정우네 반은 6명이므로 정우네 반 학생이 $6-4=2$(명) 더 많습니다.

서술형
7

단계	문제 해결 과정
①	어떤 간식을 먹으면 좋을지 썼나요?
②	이유를 바르게 설명했나요?

8 학생 수를 각각 세어 보면 봄 5명, 여름 12명, 가을 9명, 겨울 6명으로 모두 $5+12+9+6=32$(명)입니다.

9 $12>9>6>5$이므로 가장 많은 학생들이 좋아하는 계절은 여름입니다.

서술형
10

단계	문제 해결 과정
①	자료와 표 중 어느 것이 더 편리한지 썼나요?
②	이유를 바르게 설명했나요?

12 야구를 좋아하는 여학생은 4명, 야구를 좋아하는 남학생은 2명이므로 여학생이 남학생보다 $4-2=2$(명) 더 많습니다.

13 표에서 남학생 수의 합계와 여학생 수의 합계를 더합니다.
➡ $15+14=29$(명)

14 좋아하는 운동별로 남학생 수와 여학생 수를 더해 봅니다.
야구: $2+4=6$(명), 농구: $4+3=7$(명),
축구: $6+5=11$(명), 피구: $3+2=5$(명)
따라서 선우네 반 학생들이 가장 많이 좋아하는 운동은 축구입니다.

16 큰 그림이 가장 많은 요일은 일요일이므로 일요일에 줄넘기를 가장 많이 했습니다.

서술형
17

단계	문제 해결 과정
①	그림그래프가 표보다 좋은 점을 설명했나요?

18 큰 그림이 4월은 2개, 5월은 3개, 6월은 1개이므로 많은 점수를 받은 달부터 차례로 쓰면 5월, 4월, 6월입니다.

19 4월: 24점, 5월: 31점, 6월: 18점이므로
모두 $24+31+18=73$(점)입니다.

20 칭찬 점수가 20점보다 높은 달은 4월과 5월이므로
혜지는 연필 2타를 받았습니다.
1타는 12자루이므로 혜지가 받은 연필은 모두
$12\times2=24$(자루)입니다.

21 모은 동화책이 21권이므로 21의 $\frac{1}{3}$은 7입니다.
따라서 모은 과학책은 모두 7권입니다.

22 10명 그림과 1명 그림의 2가지로 나타내는 것이 좋습니다.

23 밀양 아리랑: 21명 ➡ 큰 그림 2개, 작은 그림 1개
쾌지나 칭칭 나네: 13명 ➡ 큰 그림 1개, 작은 그림 3개
옹헤야: 8명 ➡ 작은 그림 8개

24 큰 그림이 2개인 밀양 아리랑입니다.

25 행복 마을의 포도 생산량을 로 나타내었으므로 은 100상자, 은 10상자를 나타냅니다.

26 그림그래프에서 기쁨 마을은 큰 그림이 1개, 작은 그림이 6개이므로 100+60=160(상자)이고, 사랑 마을은 큰 그림이 3개, 작은 그림이 2개이므로 300+20=320(상자)입니다.

27 다정 마을은 400상자이므로 큰 그림 4개를 그리고, 보람 마을은 230상자이므로 큰 그림 2개, 작은 그림 3개를 그립니다.

30 **29**번은 단위를 3개로 한 것이고 **28**번은 단위를 2개로 한 것입니다. 단위를 3개로 하면 2개의 단위로 그릴 때보다 그림의 수가 줄어들어 더 편리합니다.

31 하늘 지점의 햄버거 판매량은 큰 그림 2개, 작은 그림 5개로 25개이므로 노을 지점의 햄버거 판매량은 25+15=40(개)입니다.
따라서 그래프의 빈 곳에 큰 그림 4개를 그립니다.

32 다 마을의 인터넷 사용 가구는 108가구이므로 나 마을은 108÷2=54(가구)입니다. 따라서 그래프의 빈 곳에 중간 그림 5개, 작은 그림 4개를 그립니다.

응용에서 최상위로

149~152쪽

1 246자루　1-1 234칸　1-2 5600원
2 서쪽, 140개　2-1 북쪽, 180가구
2-2 330상자

3 35, 35

1년 동안 읽은 책의 수

이름	책의 수
승준	
인영	
한상	

10권　1권

3-1 312, 312

신문사별 판매 부수

신문사	가	나	다
부수			

100부　10부　1부

3-2

가게별 인형 판매량

가게	판매량
웃음	◎◎○○○∘∘
재미	◎◎○○○○○○∘∘
해피	◎∘∘∘∘∘∘
미소	◎○○○∘

◎100개　○10개　∘1개

4 1단계 ㉮ 큰 그림이 가장 많은 제주도입니다.
2단계 ㉮ 관광객 수가 제주도의 513명보다 299명 더 적은 지역은 513−299=214(명)인 강원도입니다.
/ 강원도

4-1 동부

1 1반: 31명, 2반: 28명, 3반: 23명
따라서 3학년 학생은 모두 31+28+23=82(명)이므로 연필은 82×3=246(자루)를 준비해야 합니다.

1-1 1동: 32가구, 2동: 27가구, 3동: 17가구, 4동: 41가구
따라서 이 아파트의 가구 수는 모두 32+27+17+41=117(가구)이므로 주차 공간을 모두 117×2=234(칸)으로 만들어야 합니다.

1-2 가 슈퍼마켓: 50개, 라 슈퍼마켓: 43개
따라서 가 슈퍼마켓과 라 슈퍼마켓의 판매량이 50−43=7(개) 차이가 나므로 가 슈퍼마켓의 판매액이 라 슈퍼마켓의 판매액보다 7×800=5600(원) 더 많습니다.

2 서쪽: 410＋320＝730(개),
동쪽: 250＋340＝590(개)
따라서 인형 생산량은 도로의 서쪽이 동쪽보다 730－590＝140(개) 더 많습니다.

2-1 북쪽: 250＋420＝670(가구)
남쪽: 330＋160＝490(가구)
따라서 도로의 북쪽이 남쪽보다 670－490＝180(가구) 더 많습니다.

2-2 서쪽의 수확량은 400＋150＝550(상자)이고, 동쪽은 서쪽보다 100상자 더 많이 수확하였으므로 동쪽의 수확량은 550＋100＝650(상자)입니다.
나 마을의 수확량을 □상자라 하면 □＋320＝650이므로 □＝650－320＝330입니다.

다른 풀이
호수의 동쪽의 수확량이 서쪽보다 100상자 더 많으므로 큰 그림이 1개 더 많도록 나 마을의 그림을 채워 봅니다.

3 (인영이가 읽은 책의 수)＋(한상이가 읽은 책의 수)
＝93－23＝70(권)이고,
인영이와 한상이가 읽은 책의 수가 같으므로
(인영이가 읽은 책의 수)＝(한상이가 읽은 책의 수)
＝70÷2＝35(권)입니다.
승준: 23＝20＋3 ➡ 큰 그림 2개, 작은 그림 3개
인영, 한상: 35＝30＋5 ➡ 큰 그림 3개, 작은 그림 5개

3-1 (가 신문사의 판매 부수)＋(다 신문사의 판매 부수)
＝831－207＝624(부)이고,
312＋312＝624이므로
(가 신문사의 판매 부수)＝(다 신문사의 판매 부수)
＝312부입니다.
가, 다 신문사: 312＝300＋10＋2
➡ 큰 그림 3개, 중간 그림 1개, 작은 그림 2개
나 신문사: 207＝200＋7
➡ 큰 그림 2개, 작은 그림 7개

3-2 웃음 가게: 232개, 해피 가게: 106개
미소 가게의 판매량을 □개라 하면 재미 가게의 판매량은 (□＋□)개입니다.
따라서 232＋□＋□＋106＋□＝731,
□＋□＋□＝731－232－106＝393, □＝131
이므로 미소 가게의 판매량은 131개, 재미 가게의 판매량은 131×2＝262(개)입니다.

4-1 중부: 3군데, 동부: 4군데, 북부: 2군데,
서부: 4군데, 남부: 11군데
다섯 지역 중 야구부가 가장 적은 지역은 2군데인 북부 지역입니다.
따라서 윤수네 학교는 야구부가 2＋2＝4(군데) 있는 동부나 서부 지역에 있는데, 그중 한강의 윗부분에 위치한다고 하였으므로 동부 지역입니다.

기출 단원 평가 Level ❶ 153~155쪽

1 12, 8, 11, 9, 40 **2** 40명

3 좋아하는 계절별 학생 수

계절	학생 수
봄	◉ ○○
여름	○○○○○○○○
가을	◉ ○
겨울	○○○○○○○○○

◉ 10명 ○ 1명

4 봄, 가을, 겨울, 여름 **5** 31개
6 혜린 **7** 13개 **8** 7개
9 29명 **10** 13명 **11** 과학
12 100명, 10명, 1명

13 초등학교별 학생 수

학교	학생 수
가	◉ ◎◎◎◎◎ ○○○
나	◉◉ ◎◎◎ ○
다	◉ ◎◎◎ ○○○○○○○
라	◉◉ ◎

◉ 100 명 ◎ 10 명 ○ 1 명

14 나 초등학교 **15** 94명
16 22, 33, 16, 121 **17** 별 동네, 구름 동네
18 별 동네 **19** 5880원
20 예 박물관 입장객 수를 비교해 보면 2018년: 102명, 2019년: 230명, 2020년: 313명, 2021년: 400명으로 점점 늘어나고 있습니다.

1 각 계절별로 V표나 / 표를 하여 빠짐없이 세어 봅니다.

2 $12+8+11+9=40$(명)

3 봄: 큰 그림 1개, 작은 그림 2개,
여름: 작은 그림 8개,
가을: 큰 그림 1개, 작은 그림 1개,
겨울: 작은 그림 9개

4 큰 그림과 작은 그림의 수를 비교하여 많은 학생들이 좋아하는 계절을 차례로 쓰면 봄, 가을, 겨울, 여름입니다.

5 $100-26-15-28=31$(개)

7 은우가 딴 사과는 26개이고 26의 $\frac{1}{2}$은 13이므로 은우의 동생이 딴 사과는 13개입니다.

8 석진이가 딴 사과는 28개이고 $28\div4=7$이므로 필요한 봉지는 모두 7개입니다.

9 $109-32-18-30=29$(명)

10 수학을 좋아하는 남학생은 31명이고, 여학생은 18명입니다. ➡ $31-18=13$(명)

11 국어: $32+26=58$(명), 수학: $18+31=49$(명),
사회: $29+15=44$(명), 과학: $30+42=72$(명)
따라서 가장 많은 학생들이 좋아하는 과목은 과학입니다.

13 가 초등학교: $153=100+50+3$
➡ 큰 그림 1개, 중간 그림 5개, 작은 그림 3개
나 초등학교: $231=200+30+1$
➡ 큰 그림 2개, 중간 그림 3개, 작은 그림 1개
다 초등학교: $137=100+30+7$
➡ 큰 그림 1개, 중간 그림 3개, 작은 그림 7개
라 초등학교: $210=200+10$
➡ 큰 그림 2개, 중간 그림 1개

14 큰 그림이 2개인 나와 라 초등학교 중에서 중간 그림이 더 많은 나 초등학교의 학생 수가 가장 많습니다.

15 학생 수가 가장 많은 학교는 나 초등학교로 231명이고, 가장 적은 학교는 다 초등학교로 137명입니다.
➡ $231-137=94$(명)

17 재래시장 수가 30군데보다 적은 동네는 별 동네 22군데와 구름 동네 16군데입니다.

18 현재 재래 시장이 가장 적은 동네는 16군데인 구름 동네이므로 시장을 10군데 더 만들면 $16+10=26$(군데)가 됩니다.
➡ 달 동네: 50군데, 별 동네: 22군데,
해 동네: 33군데
따라서 구름 동네에 10군데를 더 만든 후에 재래시장이 가장 적은 동네는 별 동네가 됩니다.

서술형
19 예 모둠별로 모은 헌 책의 수를 모두 더하면
$25+17+13+29=84$(권)입니다.
헌 책 1권을 팔면 70원을 받으므로 헌 책을 모두 팔면
$84\times70=5880$(원)을 받을 수 있습니다.

평가 기준	배점(5점)
모둠별로 모은 헌 책의 수는 모두 몇 권인지 구했나요?	2점
책을 모두 팔면 얼마를 받을 수 있는지 구했나요?	3점

서술형
20

평가 기준	배점(5점)
연도별 입장객 수를 구했나요?	3점
입장객 수의 변화를 설명했나요?	2점

기출 단원 평가 Level ❷ 156~158 쪽

1 33명 **2** 9명

3 교통 수단별 학생 수

교통 수단	학생 수
도보	☺☺☺☺ ◦
자전거	☺☺ ◦◦◦
지하철	☺ ◦◦◦◦◦◦

☺ 10명 ◦ 1명

4 32명 **5** 20명 **6** 민태네, 5

7 19접시 **8** 보라, 파랑

9 7, 6, 3, 4, 10, 30

10 15명 **11** 파랑

12 16마리 **13** 정민, 준우네 집

14 정민이네 집 **15** 480개

16 233, 304, 930

과수원별 귤 생산량

과수원	생산량
가	◎◎○○○∘∘∘
나	◎○○○○○∘∘
다	◎◎◎∘∘∘∘
라	◎◎○○○○∘

◎ 100상자 ○ 10상자 ∘ 1상자

17 ㉢

18 152상자

19 21 kg

20 서쪽, 160명

2 펭귄을 좋아하는 학생은 36명이고, 기린을 좋아하는 학생은 27명이므로 $36-27=9$(명) 더 많습니다.

3 도보: 큰 그림 4개, 작은 그림 1개 → 41명
지하철: 큰 그림 1개, 작은 그림 6개 → 16명
➡ 자전거: $80-41-16=23$(명)이므로
큰 그림 2개, 작은 그림 3개를 그립니다.

4 $8+9+4+11=32$(명)

5 바이올린을 배우고 싶은 학생은 윤수네 반은 11명, 민태네 반은 9명입니다. ➡ $11+9=20$(명)

6 민태네 반에서 플루트를 배우고 싶은 학생은 $30-6-2-9=13$(명)입니다.
따라서 플루트를 배우고 싶은 학생은 민태네 반이 $13-8=5$(명) 더 많습니다.

7 팔린 스파게티는 36접시이고, 팔린 샌드위치는 17접시입니다.
따라서 팔린 스파게티와 샌드위치의 수의 차는 $36-17=19$(접시)입니다.

11 파랑을 좋아하는 학생이 10명으로 가장 많으므로 파랑 색종이를 준비하면 됩니다.

12 닭을 가장 많이 기르고 있는 집은 큰 그림이 가장 많은 정민이네 집으로 32마리이고, 가장 적게 기르고 있는 집은 큰 그림이 가장 적은 지아네 집으로 16마리입니다.
따라서 닭의 수의 차는 $32-16=16$(마리)입니다.

13 현수네 집: 23마리, 정민이네 집: 32마리,
지아네 집: 16마리, 준우네 집: 25마리
따라서 현수네 집보다 닭을 더 많이 기르고 있는 집은 정민, 준우네 집입니다.

14 지아네 집에서 기르고 있는 닭은 16마리이므로 $16\times2=32$(마리)를 기르고 있는 집은 정민이네 집입니다.

15 닭은 모두 $23+32+16+25=96$(마리)이므로 알은 모두 $96\times5=480$(개)입니다.

17 ㉠ 귤 생산량이 두 번째로 많은 과수원은 라 과수원입니다.
㉡ 가 과수원의 귤 생산량은 라 과수원보다 적습니다.

18 귤 생산량이 가장 많은 과수원은 다 과수원으로 304상자이고, 가장 적은 과수원은 나 과수원으로 152상자이므로 차는 $304-152=152$(상자)입니다.

서술형
19 ㉲ 라 목장의 생산량은 42 kg이고 42의 $\frac{1}{3}$은 14이므로 가 목장의 생산량은 14 kg입니다.
➡ (나 목장의 생산량)
$=130-14-53-42=21$(kg)

평가 기준	배점(5점)
가 목장의 생산량을 구했나요?	3점
나 목장의 생산량을 구했나요?	2점

서술형
20 ㉲ 희망 마을은 300명, 미래 마을은 240명이므로 서쪽의 신생아 수는 $300+240=540$(명)입니다. 보람 마을은 160명, 행복 마을은 220명이므로 동쪽의 신생아 수는 $160+220=380$(명)입니다.
따라서 도로의 서쪽이 $540-380=160$(명) 더 많습니다.

평가 기준	배점(5점)
서쪽과 동쪽 마을의 신생아 수를 각각 구했나요?	각 1점
서쪽과 동쪽 중 어느 쪽에 신생아 수가 얼마나 더 많은지 구했나요?	3점

$1+1=2$, $1+2=3$, $2+3=5$, $3+5=8$이므로 앞의 두 수를 더해서 다음 칸에 쓰는 규칙입니다.
따라서 $5+8=?$, $?=13$입니다.
$8+13=21$이므로 ?에 알맞은 수를 바르게 구했습니다.

응용탄탄북 정답과 풀이

1 곱셈

서술형 문제

2~5쪽

1 1440권	**2** 918	**3** 440개
4 1680원	**5** 재우, 10 m	**6** 292 cm
7 7상자	**8** 6882	

1 예 (3학년 전체 학생 수)$=22+26+23+25$
$=96$(명)
따라서 학생 모두에게 한 명당 15권씩 나누어 주므로 $96\times15=1440$(권)이 필요합니다.

단계	문제 해결 과정
①	3학년 전체 학생 수를 구했나요?
②	필요한 공책 수를 구했나요?

2 예 어떤 수를 □라 하여 잘못 계산한 식을 세우면
□$-6=147$이므로 □$=147+6=153$입니다.
따라서 바르게 계산하면 $153\times6=918$입니다.

단계	문제 해결 과정
①	어떤 수를 구했나요?
②	바르게 계산한 값을 구했나요?

3 예 (전체 사과의 수)$=32\times26=832$(개)
(나누어 준 사과의 수)$=14\times28=392$(개)
따라서 남는 사과는 $832-392=440$(개)입니다.

단계	문제 해결 과정
①	전체 사과의 수와 나누어 준 사과의 수를 각각 구했나요?
②	남는 사과의 수를 구했나요?

4 예 (선우가 낸 성금)$=500+60=560$(원)
(민호가 낸 성금)$=560\times4=2240$(원)
따라서 민호는 선우보다 $2240-560=1680$(원)을 더 냈습니다.

단계	문제 해결 과정
①	선우와 민호가 낸 성금은 각각 얼마인지 구했나요?
②	민호는 선우보다 얼마를 더 냈는지 구했나요?

5 예 (재우가 1분 동안 달린 거리)$=110\times3=330$(m)
(민하가 1분 동안 달린 거리)$=160\times2=320$(m)
따라서 1분 동안 재우가 민하보다
$330-320=10$(m) 더 많이 달렸습니다.

단계	문제 해결 과정
①	재우와 민하가 1분 동안 달린 거리를 각각 구했나요?
②	누가 몇 m를 더 많이 달렸는지 구했나요?

6 예 (색 테이프 14장의 길이의 합)$=32\times14$
$=448$(cm)
색 테이프 14장을 이어 붙이면 겹쳐진 부분은
$14-1=13$(군데)입니다.
(겹쳐진 부분의 길이의 합)$=12\times13=156$(cm)
따라서 이어 붙인 색 테이프의 전체 길이는
$448-156=292$(cm)입니다.

단계	문제 해결 과정
①	색 테이프 14장의 길이의 합과 겹쳐진 부분의 길이의 합을 각각 구했나요?
②	이어 붙인 색 테이프의 전체 길이를 구했나요?

7 예 (위인전의 수)$=24\times36=864$(권)
(과학책의 수)$=1704-864=840$(권)
과학책의 상자 수를 □상자라고 하면
$120\times$□$=840$이고, $120\times7=840$이므로
□$=7$입니다. 따라서 과학책은 7상자입니다.

단계	문제 해결 과정
①	위인전과 과학책의 수를 각각 구했나요?
②	과학책의 상자 수를 구했나요?

8 예 곱이 가장 큰 곱셈식을 만들려면 두 수의 십의 자리에는 각각 7과 9가 와야 합니다.
$74\times93=6882$, $73\times94=6862$이므로 가장 큰 곱은 6882입니다.

단계	문제 해결 과정
①	두 수의 십의 자리에 오는 숫자를 각각 구했나요?
②	가장 큰 곱은 얼마인지 구했나요?

다시 점검하는 기출 단원 평가 Level ❶

6~8쪽

1 (1) 369 (2) 2528	**2** ㉠
3 20	**4** (1) < (2) >
5 2760	**6** ㉢, ㉡, ㉣, ㉠
7 508개	**8** 1920분
9 $\begin{array}{r} 3 \\ \times\ 2\ 7 \\ \hline 2\ 1 \\ 6\ 0 \\ \hline 8\ 1 \end{array}$	**10** 2300원 **11** 3300 **12** 798개 **13** 7
14 3850원	**15** 1098쪽
16 1, 2, 3, 4, 5	**17** 3176킬로칼로리
18 6	**19** 1972 cm
20 3000개	

2 ㉠ $211 \times 4 = 844$ ㉡ $324 \times 2 = 648$
㉢ $222 \times 3 = 666$
➡ ㉠ > ㉢ > ㉡

3 $7 \times 3 = 21$에서 20을 십의 자리로 올림하여 쓴 것이므로 20을 나타냅니다.

4 (1) $375 \times 2 = 750$, $264 \times 3 = 792$
➡ $750 < 792$

(2) $698 \times 7 = 4886$, $823 \times 5 = 4115$
➡ $4886 > 4115$

5 가장 큰 수는 60이고, 가장 작은 수는 46입니다.
➡ $60 \times 46 = 2760$

6 ㉠ $2 \times 53 = 106$ ㉡ $4 \times 49 = 196$
㉢ $7 \times 31 = 217$ ㉣ $6 \times 24 = 144$
➡ ㉢>㉡>㉣>㉠

7 (4상자에 들어 있는 대추의 수)$=127 \times 4 = 508$(개)

8 1시간은 60분이므로 32시간은 $32 \times 60 = 1920$(분)입니다.

9 27에서 2는 20을 나타내므로 3×20에서 60이라고 써야 하는데 6이라고 써서 계산이 잘못 되었습니다.

10 (색연필 6자루의 값)$=450 \times 6 = 2700$(원)
➡ (거스름돈)$=5000 - 2700 = 2300$(원)

11 ㉠$=65 \times 30 = 1950$
㉡$=27 \times 50 = 1350$
➡ ㉠+㉡$=1950 + 1350 = 3300$

12 3주는 $7 \times 3 = 21$(일)입니다.
(3주 동안 접은 종이학의 수)$=38 \times 21 = 798$(개)

13 $5 \times 3 = 15$이므로 $\square \times 3 + 1$의 일의 자리 숫자는 2입니다. 따라서 $\square \times 3$의 일의 자리 숫자가 1이므로 $\square$ 안에 알맞은 수는 7입니다.

14 (사탕 9개의 값)$=350 \times 9 = 3150$(원)
(혁재가 내야 할 돈)$=3150 + 700 = 3850$(원)

15 (3월의 날수)+(4월의 날수)$=31 + 30 = 61$(일)
따라서 영주가 3월과 4월 두 달 동안 읽은 동화책의 쪽수는 $18 \times 61 = 1098$(쪽)입니다.

16 24를 20으로 어림하면 $20 \times 60 = 1200$이므로 $\square = 6$으로 어림할 수 있습니다.
$24 \times 60 = 1440$, $24 \times 50 = 1200$이므로 $\square$ 안에 알맞은 수는 1, 2, 3, 4, 5입니다.

17 (피자 4조각)$=262 \times 4 = 1048$(킬로칼로리)
(곶감 28개)$=76 \times 28 = 2128$(킬로칼로리)
➡ $1048 + 2128 = 3176$(킬로칼로리)

18 78을 더하기 전: $318 - 78 = 240$
어떤 수를 $\square$라고 하면 $\square \times 40 = 240$이고
$6 \times 40 = 240$이므로 $\square = 6$입니다.
따라서 어떤 수는 6입니다.

서술형
19 예 만들어야 할 종이꽃의 수는 $17 \times 4 = 68$(개)입니다.
따라서 필요한 색 테이프의 길이는
$29 \times 68 = 1972$(cm)입니다.

평가 기준	배점(5점)
만들어야 할 종이꽃의 수를 구했나요?	2점
필요한 색 테이프의 길이를 구했나요?	3점

서술형
20 예 농구공을 만드는 시간은 모두 $8 \times 5 = 40$(시간)입니다. 따라서 40시간 동안 만들 수 있는 농구공은 모두 $75 \times 40 = 3000$(개)입니다.

평가 기준	배점(5점)
농구공을 만드는 시간을 구했나요?	2점
만들 수 있는 농구공의 수를 구했나요?	3점

다시 점검하는 기출 단원 평가 Level ❷ 9~11쪽

1 321, 3, 963 2 153, 340, 493
3 > 4 (1) 36, 90 (2) 84, 40
5 ㉢, ㉡, ㉠ 6 5520 7 6, 0
8 672 cm 9 800마리 10 450문제
11 사과, 200개 12 2304켤레
13 5개 14 270 cm 15 1261
16 981 17 326권 18 5850원
19 초콜릿, 251개 20 14 cm

3 $7\times38=266$, $4\times52=208$ ➡ $266>208$

5 ㉠ $491\times5=2455$ ㉡ $687\times3=2061$
㉢ $502\times4=2008$
➡ ㉢<㉡<㉠

6 ㉠ 69 ㉡ 80 ➡ ㉠×㉡$=69\times80=5520$

7
```
    ㉠ 9
  × 7 0
 ---------
 4 8 3 ㉡
```
곱하는 수의 일의 자리 숫자가 0이므로 ㉡=0입니다.
㉠9×7=483이므로 ㉠×7=42입니다.
따라서 ㉠=6입니다.

8 정사각형의 네 변의 길이는 모두 같습니다.
따라서 네 변의 길이의 합은 $168\times4=672$(cm)입니다.

9 (조기 40두름)$=20\times40=800$(마리)

10 6월은 30일까지 있습니다. 수아는 하루에 15문제씩 30일 동안 문제를 풀었으므로 6월 한 달 동안 푼 문제는 모두 $15\times30=450$(문제)입니다.

11 (사과의 수)$=30\times40=1200$(개)
(배의 수)$=20\times50=1000$(개)
따라서 사과가 배보다 $1200-1000=200$(개) 더 많습니다.

12 하루는 24시간이므로 이틀 동안 만들 수 있는 운동화는 모두 $24\times2\times48=48\times48=2304$(켤레)입니다.

13 $41\times24=984$, $22\times45=990$
984<□<990의 □ 안에 들어갈 수 있는 자연수는 985, 986, 987, 988, 989로 모두 5개입니다.

14 삼각형 18개를 만드는 데 사용한 이쑤시개는 $3\times18=54$(개)입니다.
따라서 성주가 사용한 이쑤시개의 길이의 합은 $5\times54=270$(cm)입니다.

15 만들 수 있는 가장 큰 두 자리 수는 97이고, 가장 작은 두 자리 수는 13입니다.
따라서 두 수의 곱은 $97\times13=1261$입니다.

16 두 수의 곱에 1을 더하는 규칙입니다.
7◎9 ➡ $7\times9=63$, $63+1=64$
20◎4 ➡ $20\times4=80$, $80+1=81$
6◎12 ➡ $6\times12=72$, $72+1=73$
따라서 35◎28 ➡ $35\times28=980$, $980+1=981$입니다.

17 (동화책의 수)$=24\times36=864$(권)
(위인전의 수)$=45\times18=810$(권)
➡ (과학책의 수)$=2000-864-810=326$(권)

18 (어른의 입장료)$=350\times2+50=750$(원)
(어린이 6명의 입장료)$=350\times6=2100$(원)
(어른 5명의 입장료)$=750\times5=3750$(원)
(어린이 6명과 어른 5명의 입장료)$=2100+3750$
$=5850$(원)

서술형
19 예 사탕 수는 $13\times42=546$(개)보다 5개 많으므로 $546+5=551$(개)이고
초콜릿 수는 $16\times51=816$(개)보다 14개 적으므로 $816-14=802$(개)입니다.
따라서 초콜릿이 사탕보다 $802-551=251$(개) 더 많습니다.

평가 기준	배점(5점)
사탕과 초콜릿의 수를 각각 구했나요?	3점
어느 것이 몇 개 더 많은지 구했나요?	2점

서술형
20 예 (색 테이프 7장의 길이의 합)$=135\times7$
$=945$(cm)
(겹쳐진 부분의 길이의 합)$=945-861=84$(cm)
색 테이프 7장을 이어 붙이면 겹쳐진 부분은 $7-1=6$(군데)입니다.
겹쳐진 한 부분의 길이를 □cm라고 하면
□×6=84이고, $14\times6=84$이므로 □=14입니다.
따라서 색 테이프는 14 cm씩 겹치게 이어 붙였습니다.

평가 기준	배점(5점)
색 테이프 7장의 길이의 합을 구했나요?	2점
겹쳐진 한 부분의 길이를 구했나요?	3점

2 나눗셈

서술형 문제

12~15쪽

1 12개	**2** 3	**3** 2 m 57 cm
4 90 cm	**5** 몫: 3, 나머지: 1	
6 4명	**7** 54그루	**8** 294개
9 87		

1 예 사탕은 모두 $14\times6=84$(개) 있습니다.
따라서 일주일은 7일이므로 하루에 사탕을 $84\div7=12$(개)씩 먹을 수 있습니다.

단계	문제 해결 과정
①	사탕은 모두 몇 개인지 구했나요?
②	하루에 사탕을 몇 개씩 먹을 수 있는지 구했나요?

2 예 어떤 수를 □라고 하면 $□\div7=13\cdots6$입니다.
$7\times13=91$, $91+6=97$이므로 $□=97$입니다.
따라서 $97\div9=10\cdots7$이므로 몫과 나머지의 차는 $10-7=3$입니다.

단계	문제 해결 과정
①	어떤 수를 구했나요?
②	어떤 수를 9로 나누었을 때의 몫과 나머지의 차를 구했나요?

3 예 자르기 전의 통나무의 길이를 □cm라고 하면 $□\div9=28\cdots5$입니다.
$9\times28=252$, $252+5=257$이므로
자르기 전의 통나무의 길이는 257 cm=2 m 57 cm입니다.

단계	문제 해결 과정
①	자르기 전의 통나무의 길이를 구하는 식을 바르게 세웠나요?
②	자르기 전의 통나무의 길이는 몇 cm인지 구했나요?
③	자르기 전의 통나무의 길이는 몇 m 몇 cm인지 구했나요?

4 예 삼각형 한 개를 만드는 데 사용한 철사의 길이는 $810\div3=270$(cm)입니다.
따라서 삼각형은 세 변의 길이가 모두 같으므로 한 변의 길이는 $270\div3=90$(cm)입니다.

단계	문제 해결 과정
①	삼각형 한 개를 만드는 데 사용한 철사의 길이를 구했나요?
②	삼각형의 한 변의 길이를 구했나요?

5 예 몫이 가장 작게 되려면
(가장 작은 두 자리 수)÷(가장 큰 한 자리 수)를 만들면 됩니다.
따라서 $28\div9=3\cdots1$이므로 몫은 3이고 나머지는 1입니다.

단계	문제 해결 과정
①	몫이 가장 작게 되는 나눗셈식을 만들었나요?
②	만든 나눗셈의 몫과 나머지를 각각 구했나요?

6 예 $134\div6=22\cdots2$이므로 22팀이 되고 2명이 남습니다.
따라서 남는 선수 없이 모두 배구 연습을 하려면 적어도 $6-2=4$(명)의 선수가 더 있어야 합니다.

단계	문제 해결 과정
①	문제에 알맞은 나눗셈식을 세워 몫과 나머지를 구했나요?
②	적어도 몇 명의 선수가 더 있어야 하는지 구했나요?

7 예 (간격의 수)$=234\div9=26$(개)
➡ (도로의 한쪽에 필요한 나무의 수)
$=26+1=27$(그루)
따라서 도로의 양쪽에 필요한 나무의 수는
$27\times2=54$(그루)입니다.

단계	문제 해결 과정
①	간격의 수를 구하여 도로 한쪽에 필요한 나무의 수를 구했나요?
②	도로 양쪽에 필요한 나무의 수를 구했나요?

8 예 도화지의 긴 변을 4 cm씩 자르면
$84\div4=21$(장), 짧은 변을 3 cm씩 자르면
$42\div3=14$(장)을 만들 수 있습니다.
따라서 만들 수 있는 작은 직사각형은
$21\times14=294$(개)입니다.

단계	문제 해결 과정
①	긴 변과 짧은 변을 각각 몇 장으로 나눌 수 있는지 구했나요?
②	만들 수 있는 작은 직사각형의 수를 구했나요?

9 예 7로 나누었을 때 나머지가 3인 수를 찾아보면
$7\times10=70$ ➡ $70+3=73$,
$7\times11=77$ ➡ $77+3=80$,
$7\times12=84$ ➡ $84+3=87$,
$7\times13=91$ ➡ $91+3=94$, ... 입니다.
이 중 80보다 크고 90보다 작은 수는 87입니다.

단계	문제 해결 과정
①	7로 나누었을 때 나머지가 3인 수를 나열했나요?
②	조건에 맞는 수를 구했나요?

다시 점검하는 기출 단원 평가 Level ❶ 16~18쪽

1 40　　2 2, 20, 200
3 (위에서부터) 2, 5 / 6 / 1, 6 / 1, 5 / 1
4 (　) (○) (　)
5 100, 150, 247　　6 <
7 ㉣　　8
```
     1 3
  6) 8 2
     6
     2 2
     1 8
       4
```
9 ㉡
10 ㉠
11 40
12 준호
13 46개　　14 108 cm　　15 74개, 2개
16 17판　　17 12　　18 84개
19 13자　　20 2, 6

1 십 모형 8개를 2묶음으로 나누면 한 묶음에 십 모형이 4개씩이므로 $80\div2=40$입니다.

4 $72\div3=24$, $84\div6=14$, $92\div4=23$

5 $300\div3=100$, $450\div3=150$, $741\div3=247$

6 $51\div3=17$, $90\div5=18$ ➡ $17<18$

7 ㉠ $50\div3=16\cdots2$　㉡ $43\div4=10\cdots3$
㉢ $74\div5=14\cdots4$　㉣ $67\div6=11\cdots1$

8 22에는 6이 세 번 들어갈 수 있으므로 몫은 13입니다.

9 ㉠ $921\div8=115\cdots1$　㉡ $766\div7=109\cdots3$

10 나머지는 나누는 수보다 작아야 하므로 나머지로 5가 나오려면 나누는 수는 5보다 큰 수이어야 합니다.

11 (어떤 수)$\div6=13\cdots2$,
$6\times13=78$, $78+2=80$이므로 어떤 수는 80입니다.
➡ $80\div2=40$

12 석민: $560\div6=93\cdots2$　영미: $732\div8=91\cdots4$
준호: $792\div9=88$

13 $138\div3=46$(개)

14 $325\div3=108\cdots1$

15 $668\div9=74\cdots2$

16 $97\div6=16\cdots1$이므로 피자는 적어도
$16+1=17$(판) 필요합니다.

17 곱셈과 나눗셈의 관계를 이용하면
■$=90\div3=30$입니다.
$30\div5=6$이므로 ▲$=6$이고
$72\div6=12$이므로 ●$=12$입니다.

18 (바늘 7쌈)$=24\times7=168$(개)
어머니께 168개의 반을 드렸으므로 미나에게 남은 바늘도 168개의 반입니다.
➡ (남은 바늘의 수)$=168\div2=84$(개)

서술형
19 예 (일주일 동안 외운 한자 수)$=5\times7=35$(자)
(남은 한자 수)$=100-35=65$(자)
따라서 나머지는 5일 동안 하루에 $65\div5=13$(자)씩 외워야 합니다.

평가 기준	배점(5점)
일주일 동안 외우고 남은 한자 수를 구했나요?	2점
나머지는 5일 동안 하루에 몇 자씩 외워야 하는지 구했나요?	3점

서술형
20 예 □$=0$이면 $50\div4=12\cdots2$이므로 50보다 2 큰 수인 52와 52보다 4 큰 수인 56은 4로 나누어떨어집니다.
따라서 □ 안에 들어갈 수 있는 수는 2와 6입니다.

평가 기준	배점(5점)
□ 안에 들어갈 수 있는 수를 1개만 구한 경우	2점
□ 안에 들어갈 수 있는 수를 2개 모두 구한 경우	3점

다시 점검하는 기출 단원 평가 Level ❷ 19~21쪽

1 ㉢　　2 (선 잇기)
3 16, 1
확인 $5\times16=80$, $80+1=81$
4 >　　5
```
     1 3
  5) 6 6
     5
     1 6
     1 5
       1
```
6 123　　7 6
8 36명　　9 156
10 111

11 (위에서부터) 2, 3 / 3

12 48　　**13** 53개

14 15자루, 3자루　　**15** 2개

16 135　　**17** 3개　　**18** 78

19 몫: 17, 나머지: 6　　**20** 180 m

1 ㉠ $50\div5=10$ ㉡ $60\div3=20$
㉢ $80\div2=40$ ㉣ $90\div9=10$

2 $60\div5=12$, $66\div6=11$, $52\div4=13$

3

$$\begin{array}{r} 16 \\ 5\overline{)81} \\ \underline{5} \\ 31 \\ \underline{30} \\ 1 \end{array}$$

나누는 수와 몫의 곱에 나머지를 더하면 나누어지는 수가 되어야 합니다.

4 $720\div4=180$, $960\div6=160$
➡ $180>160$

5 십의 자리 계산에서 $66-50=16$인데 6만 내려 써서 계산이 틀렸습니다.

6 $745\div5=149$, $816\div3=272$
➡ $272-149=123$

7 나머지는 나누는 수보다 작습니다. 따라서 나누는 수가 7이므로 나올 수 있는 나머지 중에서 가장 큰 자연수는 6입니다.

8 사탕은 모두 $156+132=288$(개) 있습니다.
따라서 한 사람에게 8개씩 나누어 주면 $288\div8=36$이므로 36명에게 나누어 줄 수 있습니다.

9 ㉠$\div3=133$에서 $3\times133=$㉠이므로 ㉠$=399$입니다. $486\div2=243$이므로 ㉡$=243$입니다.
➡ ㉠$-$㉡$=399-243=156$

10 $4\times27=108$, $108+3=111$ ➡ $\square=111$

11

$$\begin{array}{r} 4\ 6 \\ ㉠\overline{)9\ ㉡} \\ \underline{8} \\ 1\ ㉢ \\ \underline{1\ 2} \\ 1 \end{array}$$

나누는 수는 4와 곱했을 때 한 자리 수이어야 하고 6과 곱했을 때 두 자리 수이어야 하므로 ㉠$=2$입니다.
나머지가 1이므로 ㉡$=$㉢$=3$입니다.

12 $287\div3=95\cdots2$이므로 ㉠$=95$, ㉡$=2$입니다.
$95\div2=47\cdots1$이므로 ㉢$=47$, ㉣$=1$입니다.
➡ ㉢$+$㉣$=47+1=48$

13 처음에 있던 귤의 수를 □개라고 하면
$\square\div6=8\cdots5$입니다. $6\times8=48$, $48+5=53$이므로 처음에 있던 귤은 모두 53개입니다.

14 연필 9타는 $12\times9=108$(자루)입니다.
$108\div7=15\cdots3$이므로 한 명에게 15자루씩 나누어 줄 수 있고 3자루가 남습니다.

15 $78\div5=15\cdots3$이므로 15봉지가 되고 3개가 남습니다. 따라서 $5-3=2$(개)가 더 있으면 16봉지에 모두 담을 수 있습니다.

16 $3\times13=39$, $3\times14=42$, $3\times15=45$, $3\times16=48$, $3\times17=51$이므로 3으로 나누어떨어지는 수 중에서 십의 자리 숫자가 4인 두 자리 수는 42, 45, 48입니다.
따라서 이 수들의 합은 $42+45+48=135$입니다.

17 $16\div8=2$, $56\div8=7$, $96\div8=12$이므로 □ 안에 들어갈 수 있는 수는 1, 5, 9입니다. 따라서 모두 3개입니다.

18 $70\div6=11\cdots4$이고 $6\times12=72$이므로 70보다 크고 80보다 작은 수 중에서 6으로 나누어떨어지는 수는 72, $72+6=78$입니다.
이 중에서 $72\div4=18$, $78\div4=19\cdots2$이므로 4로 나누면 나머지가 2인 수는 78입니다.
따라서 조건을 모두 만족하는 수는 78입니다.

서술형
19 예 어떤 수를 □라고 하면 $\square\div6=26\cdots3$입니다.
$6\times26=156$, $156+3=159$이므로 $\square=159$입니다. 따라서 바르게 계산하면 $159\div9=17\cdots6$이므로 몫은 17이고 나머지는 6입니다.

평가 기준	배점(5점)
어떤 수를 구했나요?	3점
바르게 계산했을 때의 몫과 나머지를 각각 구했나요?	2점

서술형
20 예 길 한쪽에 있는 가로등의 수는 $12\div2=6$(개)입니다. 길 한쪽에 가로등이 6개이면 가로등 사이의 간격은 $6-1=5$(군데)이므로 가로등과 가로등 사이의 거리는 $900\div5=180$(m)입니다.

평가 기준	배점(5점)
가로등 사이의 간격이 몇 군데인지 구했나요?	2점
가로등과 가로등 사이의 거리를 구했나요?	3점

3 원

서술형 문제

22~25쪽

1 22 cm	**2** 32 cm	**3** 30 cm
4 14 cm	**5** 25 cm	**6** 10개
7 30 cm	**8** 76 cm	

1 ㉮ 시계의 중심으로부터 초바늘의 긴 쪽의 길이가 13－2＝11(cm)이므로 원의 반지름은 11 cm입니다.
따라서 초바늘이 시계를 한 바퀴 돌면서 만들어지는 큰 원의 지름은 11×2＝22(cm)입니다.

단계	문제 해결 과정
①	초바늘의 긴 쪽의 길이를 구했나요?
②	큰 원의 지름을 구했나요?

2 ㉮ 지름을 비교해 보면
㉠ 12 cm, ㉡ 14 cm, ㉢ 20 cm, ㉣ 18 cm이므로 가장 큰 원은 ㉢이고 가장 작은 원은 ㉠입니다.
따라서 가장 큰 원과 가장 작은 원의 지름의 합은 20＋12＝32(cm)입니다.

단계	문제 해결 과정
①	가장 큰 원과 가장 작은 원을 각각 구했나요?
②	가장 큰 원과 가장 작은 원의 지름의 합을 구했나요?

3 ㉮ 작은 원의 반지름은 8÷2＝4(cm)입니다. 큰 원의 반지름을 □cm라고 하면 삼각형 ㄱㄴㄷ의 세 변의 길이의 합이 46 cm이므로
□＋□＋4＋4＋4＋4＝46, □＋□＋16＝46,
□＋□＝30입니다.
15＋15＝30이므로 □＝15입니다.
따라서 큰 원의 반지름이 15 cm이므로 큰 원의 지름은 15×2＝30(cm)입니다.

단계	문제 해결 과정
①	큰 원의 반지름을 구했나요?
②	큰 원의 지름을 구했나요?

4 ㉮ 작은 원의 반지름을 □cm라고 하면 큰 원의 반지름은 (□＋□) cm입니다.
□＋□＋□＋□＋□＋□＝42, □×6＝42,
□＝7
따라서 작은 원의 지름은 7×2＝14(cm)입니다.

단계	문제 해결 과정
①	작은 원의 반지름을 구했나요?
②	작은 원의 지름을 구했나요?

5 ㉮ 원의 반지름을 □cm라고 하면 직사각형의 가로는 원의 반지름의 3배이므로 □×3＝30, □＝10입니다.
따라서 (삼각형 ㄱㄴㄷ의 세 변의 길이의 합)
＝10＋5＋10＝25(cm)입니다.

단계	문제 해결 과정
①	원의 반지름을 구했나요?
②	삼각형 ㄱㄴㄷ의 세 변의 길이의 합을 구했나요?

6 ㉮ 원의 반지름은 10÷2＝5(cm)이고 그린 원의 개수를 □개라 하면 반지름의 수는 원의 수보다 1개 더 많은 (□＋1)개입니다.
선분 ㄱㄴ이 55 cm이므로 5×(□＋1)＝55입니다.
□＋1＝△라 하면 5×△＝55에서 △＝11입니다.
따라서 □＋1＝11에서 □＝10이므로 그린 원은 모두 10개입니다.

단계	문제 해결 과정
①	그린 원의 개수를 구하는 식을 나타냈나요?
②	그린 원의 개수를 구했나요?

7 ㉮ 큰 원의 지름은 직사각형의 세로와 같으므로
(큰 원의 반지름)＝12÷2＝6(cm)입니다.
지름이 12 cm인 큰 원이 2개이고 직사각형의 가로가 40 cm이므로 작은 원 2개의 지름의 합은
40－12－12＝16(cm)입니다.
따라서 (작은 원의 반지름)＝8÷2＝4(cm)이고
(선분 ㄱㄹ)＝4＋6＋6＋4＋4＋6
＝30(cm)입니다.

단계	문제 해결 과정
①	큰 원과 작은 원의 반지름을 각각 구했나요?
②	선분 ㄱㄹ의 길이를 구했나요?

8 ㉮ 원의 반지름을 □cm라고 하면
(선분 ㄴㄷ)＝□＋□－4＝36에서 □＋□＝40,
□＝20입니다.
따라서 (삼각형 ㄱㄴㄷ의 세 변의 길이의 합)
＝20＋36＋20＝76(cm)입니다.

단계	문제 해결 과정
①	원의 반지름을 구했나요?
②	삼각형 ㄱㄴㄷ의 세 변의 길이의 합을 구했나요?

다시 점검하는 기출 단원 평가 Level ❶ 26~28쪽

1 점 ㄴ	2 4 cm	3 선분 ㄱㄹ
4 ㉠	5 12 cm	6 4군데
7 ㉡, ㉢, ㉠	8 ㉡	9 16 cm
10 3 cm	11 12 cm	12 ④
13 56 cm	14 20 cm	15 2 cm
16 12 cm	17 4 cm	18 16 cm
19 8 cm	20 24 cm	

6 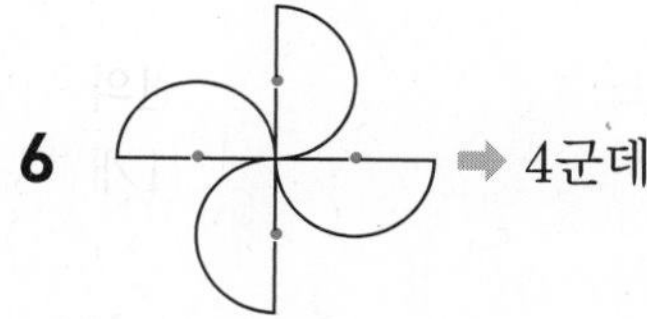 ➡ 4군데

7 각 원의 지름을 구해 보면
㉠ 12 cm ㉡ $5\times2=10$(cm) ㉢ 11 cm
➡ ㉡<㉢<㉠

8 반지름이 같으므로 원의 크기가 모두 같은 모양을 찾습니다.

9 원의 지름은 직사각형의 세로와 같으므로 8 cm입니다. 선분 ㄱㄴ은 원의 지름의 2배이므로 $8\times2=16$(cm)입니다.

10 큰 원의 지름은 작은 원의 반지름의 4배이므로 작은 원의 반지름은 $12\div4=3$(cm)입니다.

11 (작은 원의 반지름)$=10\div2=5$(cm)
(큰 원의 반지름)$=14\div2=7$(cm)
➡ (선분 ㄱㄴ)$=5+7=12$(cm)

12 원의 반지름은 같고 원의 중심을 옮겨 가며 그린 것입니다.

13 (원의 지름)=(직사각형의 가로)=7 cm
(직사각형의 세로)=(원의 지름)×3
$=7\times3=21$(cm)
(직사각형 ㄱㄴㄷㄹ의 네 변의 길이의 합)
$=7+21+7+21=56$(cm)

14 직사각형 ㄱㄴㄷㄹ의 가로는 원의 반지름의 4배, 지름의 2배입니다.
➡ $10\times2=20$(cm)

15 큰 원의 지름은 8 cm이고 작은 원의 지름은 $12-8=4$(cm)이므로 작은 원의 반지름은 $4\div2=2$(cm)입니다.

16 (선분 ㄱㄴ)=(선분 ㄴㄷ)=(선분 ㄷㄹ)=(선분 ㄹㄱ)
=(원의 반지름)$=48\div4=12$(cm)
따라서 선분 ㄱㄹ은 원의 반지름이므로 12 cm입니다.

17 (큰 원의 지름)$=64\div4=16$(cm)
(작은 원의 지름)$=16\div2=8$(cm)
(작은 원의 반지름)$=8\div2=4$(cm)

18 직사각형의 가로는 원의 반지름의 6배, 즉 원의 지름의 3배이므로 $2\times3=6$(cm)이고 직사각형의 세로는 원의 지름과 같으므로 2 cm입니다.
➡ (직사각형의 네 변의 길이의 합)$=6+2+6+2$
$=16$(cm)

서술형
19 예 삼각형 ㄱㄴㄷ의 세 변의 길이의 합은 원의 반지름의 6배입니다. 원의 반지름은 $24\div6=4$(cm)이므로 원의 지름은 $4\times2=8$(cm)입니다.

평가 기준	배점(5점)
삼각형 ㄱㄴㄷ의 세 변의 길이의 합은 원의 반지름의 몇 배인지 구했나요?	2점
원의 지름을 구했나요?	3점

서술형
20 예 굵은 선의 길이는 동전의 지름의 12배입니다.
(굵은 선의 길이)=(동전의 지름)×12
$=2\times12=24$(cm)

평가 기준	배점(5점)
굵은 선의 길이는 동전의 지름의 몇 배인지 구했나요?	2점
굵은 선의 길이를 구했나요?	3점

다시 점검하는 기출 단원 평가 Level ❷ 29~31쪽

1 ㉡, ㉢	2 선분 ㄱㄹ	3 12 cm
4 ㉠, ㉣, ㉡, ㉢		5 14 cm
6 20 cm	7 ㉠	8 18 cm
9 5군데	10 30 cm	11 4 cm
12 64 cm	13 4 cm	14 49 cm
15 3 cm	16 15 cm	17 20 cm
18 17 cm	19 96 cm	20 36개

2 원 위의 두 점을 이은 선분 중 가장 긴 선분은 원의 지름이므로 선분 ㄱㄹ입니다.

4 각 원의 지름은
㉠ $4 \times 2 = 8$(cm) ㉡ 6 cm
㉢ $2 \times 2 = 4$(cm) ㉣ 7 cm
$8 > 7 > 6 > 4$이므로 큰 원부터 차례로 쓰면 ㉠, ㉣, ㉡, ㉢입니다.

5 원의 지름은 정사각형의 한 변의 길이와 같으므로 14 cm입니다.

6 큰 원의 지름은 작은 원의 반지름의 4배이므로 $5 \times 4 = 20$(cm)입니다.

7 ㉡ 원의 중심은 다르고 반지름은 같습니다.
㉢ 원의 중심과 반지름이 모두 다릅니다.

8 선분 ㄱㄴ의 길이는 세 원의 지름을 합한 것과 같습니다. 세 원의 지름은 각각 4 cm, 6 cm, 8 cm이므로 선분 ㄱㄴ은 $4+6+8=18$(cm)입니다.

9 원의 중심은 모두 5군데이므로 컴퍼스의 침을 꽂아야 할 곳은 모두 5군데입니다.

10 선분 ㄴㄷ의 길이는 원의 반지름의 6배이므로 $5 \times 6 = 30$(cm)입니다.

11 가장 큰 원의 반지름은 $32 \div 2 = 16$(cm)이고 중간 원의 반지름은 $16 \div 2 = 8$(cm)입니다. 따라서 가장 작은 원의 반지름은 $8 \div 2 = 4$(cm)입니다.

12 정사각형의 한 변의 길이는 원의 반지름의 4배이므로 $4 \times 4 = 16$(cm)입니다. 따라서 정사각형의 네 변의 길이의 합은 $16 \times 4 = 64$(cm)입니다.

13 직사각형의 가로는 원의 지름의 2배이므로 직사각형의 네 변의 길이의 합은 원의 지름의 6배입니다. 따라서 원의 지름은 $24 \div 6 = 4$(cm)입니다.

14 선분 ㄱㄴ의 길이는 원의 반지름의 7배이므로
(선분 ㄱㄴ)$=7 \times 7 = 49$(cm)입니다.

15 직사각형의 가로는 원의 반지름의 6배이므로 원의 반지름은 $18 \div 6 = 3$(cm)입니다.

16 선분 ㄱㅁ의 길이는 정사각형의 한 변의 길이와 같고 작은 원의 반지름의 4배이므로 작은 원의 반지름은 $20 \div 4 = 5$(cm)입니다.
따라서 선분 ㄴㅁ의 길이는 작은 원의 반지름의 3배이므로 $5 \times 3 = 15$(cm)입니다.

17 큰 원의 지름은 작은 원의 반지름의 6배이므로 작은 원의 반지름은 $30 \div 6 = 5$(cm)입니다.
선분 ㄱㄷ의 길이는 작은 원의 반지름의 4배이므로 $5 \times 4 = 20$(cm)입니다.

18 (선분 ㄱㄴ)=(큰 원의 반지름)$=12 \div 2 = 6$(cm)
(선분 ㄱㄷ)=(작은 원의 반지름)$=8 \div 2 = 4$(cm)
(선분 ㄴㄷ)
=(큰 원의 반지름)+(작은 원의 반지름)-3
$=6+4-3=7$(cm)
(삼각형 ㄱㄴㄷ의 세 변의 길이의 합)
$=6+4+7=17$(cm)

서술형
19 예 직사각형의 가로는 원의 반지름의 6배이므로 $6 \times 6 = 36$(cm)이고 세로는 원의 반지름의 2배이므로 $6 \times 2 = 12$(cm)입니다.
따라서 직사각형의 네 변의 길이의 합은
$36+12+36+12=96$(cm)입니다.

평가 기준	배점(5점)
직사각형의 가로, 세로의 길이를 각각 구했나요?	3점
직사각형의 네 변의 길이의 합을 구했나요?	2점

서술형
20 예 삼각형의 세 변의 길이는 모두 같으므로 한 변의 길이를 □cm라고 하면 $\square \times 3 = 84$에서 $\square = 84 \div 3$, $\square = 28$입니다.
삼각형의 한 변의 길이는 순서대로
4 cm, $4 \times 2 = 8$(cm), $4 \times 3 = 12$(cm)
이므로 한 변이 28 cm인 삼각형을 △번째 그림의 삼각형이라고 하면 $4 \times \triangle = 28$, $\triangle = 7$입니다.
따라서 세 변의 길이의 합이 84 cm인 삼각형은 일곱 번째 그림의 삼각형이고, 일곱 번째 그림의 원은 모두 $1+2+3+4+5+6+7+8=36$(개)입니다.

평가 기준	배점(5점)
몇 번째 그림의 삼각형인지 구했나요?	2점
원은 모두 몇 개 그려야 할지 구했나요?	3점

4 분수

서술형 문제

32~35쪽

1 정훈	**2** 3	**3** 목요일
4 186	**5** 24	**6** $2\frac{7}{12}$
7 72 kg	**8** 32 kg	

1 ㉮ • 수민: 9 L의 $\frac{1}{3}$ ➡ 3 L

• 정훈: 8 L의 $\frac{1}{2}$ ➡ 4 L

• 미라: 10 L의 $\frac{1}{5}$ ➡ 2 L

따라서 물을 가장 많이 마신 사람은 정훈입니다.

단계	문제 해결 과정
①	수민, 정훈, 미라가 마신 물의 양을 각각 구했나요?
②	물을 가장 많이 마신 사람은 누구인지 구했나요?

2 ㉮ 자연수가 1이고 분모가 5인 대분수는

$1\frac{1}{5}$, $1\frac{2}{5}$, $1\frac{3}{5}$, $1\frac{4}{5}$로 4개이므로 ㉠=4입니다.

분모가 8인 진분수는 $\frac{1}{8}$, $\frac{2}{8}$, $\frac{3}{8}$, $\frac{4}{8}$, $\frac{5}{8}$, $\frac{6}{8}$, $\frac{7}{8}$로

7개이므로 ㉡=7입니다.

따라서 ㉠과 ㉡에 알맞은 수의 차는 7－4＝3입니다.

단계	문제 해결 과정
①	㉠과 ㉡에 알맞은 수를 각각 구했나요?
②	㉠과 ㉡에 알맞은 수의 차를 구했나요?

3 ㉮ $\frac{12}{7}=1\frac{5}{7}$, $\frac{16}{7}=2\frac{2}{7}$이므로

$\frac{16}{7}>2\frac{1}{7}>1\frac{6}{7}>\frac{12}{7}$입니다.

따라서 축구를 가장 오래 한 날은 목요일입니다.

단계	문제 해결 과정
①	분수의 크기를 바르게 비교했나요?
②	축구를 가장 오래 한 날은 무슨 요일인지 구했나요?

4 ㉮ $2\frac{14}{15}=\frac{44}{15}$, $3\frac{4}{15}=\frac{49}{15}$이므로

$\frac{44}{15}<\frac{\square}{15}<\frac{49}{15}$에서 □ 안에 들어갈 수 있는 수는

45, 46, 47, 48입니다.

따라서 45＋46＋47＋48＝186입니다.

단계	문제 해결 과정
①	□ 안에 들어갈 수 있는 수를 모두 구했나요?
②	□ 안에 들어갈 수 있는 수들의 합을 구했나요?

5 ㉮ 어떤 수의 $\frac{1}{9}$은 40÷5＝8이므로

어떤 수는 8×9＝72입니다.

따라서 72의 $\frac{1}{6}$은 12이므로

$\frac{2}{6}$는 12의 2배인 12×2＝24입니다.

단계	문제 해결 과정
①	어떤 수를 구했나요?
②	어떤 수의 $\frac{2}{6}$는 얼마인지 구했나요?

6 ㉮ 분자는 3씩 커지고, 분모는 1씩 커지는 규칙입니다.

11번째에 놓이는 분수의 분자는 1에 3이 10번 커지므로 1＋30＝31, 분모는 2＋10＝12입니다.

따라서 11번째에 놓이는 분수는 $\frac{31}{12}$이고,

대분수로 나타내면 $\frac{31}{12}=2\frac{7}{12}$입니다.

단계	문제 해결 과정
①	11번째에 놓이는 분수를 구했나요?
②	11번째에 놓이는 분수를 대분수로 나타냈나요?

7 ㉮ 민주네 가족이 캔 고구마의 $\frac{2}{9}$가 16 kg이므로

$\frac{1}{9}$은 16÷2＝8(kg)입니다.

따라서 민주네 가족이 캔 고구마는 8×9＝72(kg)입니다.

단계	문제 해결 과정
①	민주네 가족이 캔 고구마의 $\frac{1}{9}$은 몇 kg인지 구했나요?
②	민주네 가족이 캔 고구마는 몇 kg인지 구했나요?

8 ㉮ 할머니 댁에 보내 드리고 남은 고구마는

72－16＝56(kg)이므로 이웃에게 나누어 준 고구마는 56 kg의 $\frac{4}{7}$입니다.

56 kg의 $\frac{1}{7}$은 56÷7＝8(kg)이므로 56 kg의 $\frac{4}{7}$는

8×4＝32(kg)입니다.

단계	문제 해결 과정
①	할머니 댁에 보내 드리고 남은 고구마는 몇 kg인지 구했나요?
②	이웃에게 나누어 준 고구마는 몇 kg인지 구했나요?

다시 점검하는 기출 단원 평가 Level ❶ 36~38쪽

1 2개	2 7	3 ①
4 ⓒ	5 40	6 $3\frac{1}{6}$ 컵
7 4개	8 >	9 2
10 10	11 $\frac{3}{5}$	12 30개
13 고구마, 감자, 옥수수		14 6개
15 44	16 16명	17 $\frac{32}{5}$
18 3	19 3자루	20 8

1 분자가 분모보다 작은 분수를 진분수라고 합니다.
진분수는 $\frac{7}{8}$, $\frac{1}{5}$로 모두 2개입니다.

2 24는 56을 7로 나눈 것 중의 3이므로 □ 안에 알맞은 수는 7입니다.

3 분자가 분모와 같거나 분모보다 큰 분수를 가분수라고 합니다.

4 ㉠ 9 ㉡ 8 ㉢ 10

5 □의 $\frac{1}{5}$은 $24\div3=8$이므로 $\square=8\times5=40$입니다.

6 밀가루 2컵을 넣고 물 1컵과 $\frac{1}{6}$컵을 넣었으므로 대분수로 나타내면 $3\frac{1}{6}$컵입니다.

7 진분수는 분자가 분모보다 작은 분수입니다.
따라서 분모가 5인 진분수는 $\frac{1}{5}$, $\frac{2}{5}$, $\frac{3}{5}$, $\frac{4}{5}$로 모두 4개입니다.

8 12의 $\frac{1}{6}$은 2이므로 12의 $\frac{5}{6}$는 $2\times5=10$입니다.
38의 $\frac{1}{19}$은 2이므로 38의 $\frac{4}{19}$는 $2\times4=8$입니다.

9 8은 24를 똑같이 3으로 나눈 것 중의 1이므로 ㉠=3입니다.
40은 56을 똑같이 7로 나눈 것 중의 5이므로 ㉡=5입니다.
➡ ㉡−㉠=5−3=2

10 대분수는 자연수와 진분수로 이루어져 있으므로 □ 안에는 분모 5보다 작은 수가 들어가야 합니다.
따라서 □ 안에 들어갈 수 있는 수는 1, 2, 3, 4이므로 $1+2+3+4=10$입니다.

11 15를 3씩 묶으면 1묶음은 전체 묶음의 $\frac{1}{5}$입니다.
따라서 9개는 3묶음이므로 전체 묶음의 $\frac{3}{5}$입니다.

12 42의 $\frac{1}{7}$은 6이므로 42의 $\frac{2}{7}$는 $6\times2=12$(개)입니다. 따라서 썩지 않은 귤은 모두 $42-12=30$(개)입니다.

13 $\frac{20}{7}=2\frac{6}{7}$이므로 $3\frac{5}{7}>3\frac{2}{7}>\frac{20}{7}$입니다.
따라서 무거운 순서대로 이름을 쓰면 고구마, 감자, 옥수수입니다.

14 분모가 3일 때: $\frac{4}{3}$, $\frac{5}{3}$, $\frac{6}{3}$ ➡ 3개
분모가 4일 때: $\frac{5}{4}$, $\frac{6}{4}$ ➡ 2개
분모가 5일 때: $\frac{6}{5}$ ➡ 1개
따라서 만들 수 있는 가분수는 모두 $3+2+1=6$(개)입니다.

15 • $2\frac{3}{8}=\frac{19}{8}$이므로 $\frac{1}{8}$이 19개입니다. ➡ ㉠=19
• $3\frac{4}{7}=\frac{25}{7}$이므로 $\frac{1}{7}$이 25개입니다. ➡ ㉡=25
➡ ㉠+㉡=19+25=44

16 $2\frac{4}{6}=\frac{16}{6}$이므로 $\frac{1}{6}$씩 먹으면 모두 16명이 먹을 수 있습니다.

17 자연수 부분이 클수록 큰 분수이므로 가장 큰 대분수는 $6\frac{2}{5}$입니다. ➡ $6\frac{2}{5}=\frac{32}{5}$

18 $\frac{27}{8}=3\frac{3}{8}$이므로 $3\frac{\square}{8}<3\frac{3}{8}$에서 $\square<3$입니다.
따라서 □ 안에 들어갈 수 있는 수는 1, 2이므로 $1+2=3$입니다.

서술형
19 예 36의 $\frac{1}{6}$은 6이므로 민찬이가 가진 연필은 6자루입니다.

36의 $\frac{1}{4}$은 9이므로 정혜가 가진 연필은 9자루입니다. 따라서 정혜가 민찬이보다 연필을 $9-6=3$(자루) 더 가졌습니다.

평가 기준	배점(5점)
민찬이와 정혜가 가진 연필의 수를 각각 구했나요?	3점
정혜가 민찬이보다 연필을 몇 자루 더 가졌는지 구했나요?	2점

서술형
20 예 자연수가 1이고 분모가 6인 대분수는 $1\frac{1}{6}$, $1\frac{2}{6}$, $1\frac{3}{6}$, $1\frac{4}{6}$, $1\frac{5}{6}$로 5개이므로 ㉠=5입니다.

분모가 4인 진분수는 $\frac{1}{4}$, $\frac{2}{4}$, $\frac{3}{4}$으로 ㉡=3입니다.

따라서 ㉠과 ㉡의 합은 $5+3=8$입니다.

평가 기준	배점(5점)
㉠과 ㉡을 각각 구했나요?	3점
㉠과 ㉡의 합은 얼마인지 구했나요?	2점

다시 점검하는 기출 단원 평가 Level ❷ 39~41쪽

1 (1) 4 (2) 9
2 $2\frac{2}{11}$
3 ㉢
4 $3\frac{3}{5}$
5 ④
6 8 L
7 $\frac{1}{6}$, $\frac{2}{6}$, $\frac{3}{6}$, $\frac{4}{6}$, $\frac{5}{6}$
8 18개
9 도서관
10 9개
11 9
12 36명
13 2개
14 30
15 7봉지
16 $\frac{11}{3}$, $3\frac{2}{3}$
17 233
18 $4\frac{2}{6}$, $4\frac{2}{8}$, $4\frac{6}{8}$
19 15자루
20 2개

1 (1) 24는 42를 똑같이 7로 나눈 것 중의 4입니다.
(2) 30은 54를 똑같이 9로 나눈 것 중의 5입니다.

2 대분수의 자연수 부분이 클수록 큰 분수이고 자연수 부분이 같으면 분자의 크기를 비교합니다.

3 ㉠ 16 ㉡ 16 ㉢ 18

4 작은 눈금 한 칸은 큰 눈금 사이를 똑같이 5칸으로 나눈 것 중의 한 칸이므로 $\frac{1}{5}$입니다. ㉠은 3에서 $\frac{1}{5}$씩 3칸을 더 갔으므로 대분수로 나타내면 $3\frac{3}{5}$입니다.

5 ① $\frac{62}{9}=6\frac{8}{9}$ ② $4\frac{1}{7}=\frac{29}{7}$
③ $\frac{24}{7}=3\frac{3}{7}$ ⑤ $\frac{53}{11}=4\frac{9}{11}$

6 20의 $\frac{1}{5}$은 4이므로 20의 $\frac{2}{5}$는 $4\times2=8$입니다.

7 $\frac{\square}{6}$인 진분수이므로 □ 안에는 6보다 작은 수가 들어가야 합니다.

8 전체 구슬의 수가 54개이므로 노란색 구슬은 54개의 $\frac{3}{9}$입니다.
54의 $\frac{1}{9}$은 6이므로 54의 $\frac{3}{9}$은 $6\times3=18$입니다.

9 $\frac{14}{3}=4\frac{2}{3}$이므로 $4\frac{1}{3}<\frac{14}{3}$입니다. 따라서 병철이네 집에서 더 먼 곳은 도서관입니다.

10 30개의 $\frac{1}{10}$은 3개이므로 $\frac{7}{10}$은 $3\times7=21$(개)입니다. 따라서 채원이가 먹은 젤리는 $30-21=9$(개)입니다.

11 어떤 수의 $\frac{1}{6}$이 12이므로 어떤 수는 $12\times6=72$입니다. 따라서 어떤 수의 $\frac{1}{8}$은 72의 $\frac{1}{8}$이므로 $72\div8=9$입니다.

12 전체의 $\frac{4}{9}$가 16이므로 $\frac{1}{9}$은 $16\div4=4$이고 전체는 $4\times9=36$입니다. 따라서 희선이네 반 전체 학생 수는 36명입니다.

13 3보다 크고 4보다 작은 대분수이므로 자연수 부분이 3이고 분자와 분모의 합이 6인 진분수의 개수를 구합니다. 분자와 분모의 합이 6인 진분수는 $\frac{1}{5}$, $\frac{2}{4}$입니다.
따라서 자연수 부분이 3이고, 분자와 분모의 합이 6인 대분수는 $3\frac{1}{5}$, $3\frac{2}{4}$로 모두 2개입니다.

14 $\frac{46}{8}=5\frac{6}{8}$, $\frac{46}{5}=9\frac{1}{5}$이므로 $5\frac{6}{8}<\square<9\frac{1}{5}$에서 □ 안에 들어갈 수 있는 자연수는 6, 7, 8, 9입니다.
➡ $6+7+8+9=30$

15 $\frac{54}{7}=7\frac{5}{7}$이므로 $\frac{54}{7}$ kg은 7 kg과 $\frac{5}{7}$ kg이 됩니다. 따라서 딸기를 한 봉지에 1 kg씩 7봉지에 담을 수 있습니다.

16 합이 14이고 차가 8인 두 수를 찾습니다.

합이 14인 두 수	1	2	3	4	5	6	7
	13	12	11	10	9	8	7

가분수는 $\frac{11}{3}$이고, $\frac{11}{3}$을 대분수로 고치면 $\frac{11}{3}=3\frac{2}{3}$입니다.

17 만들 수 있는 가장 큰 대분수는 $76\frac{2}{3}$입니다.
$76\frac{2}{3}=\frac{230}{3}$이므로 가분수의 분자와 분모의 합은 $230+3=233$입니다.

18 한 자리 수인 짝수는 2, 4, 6, 8입니다. 4보다 크고 5보다 작은 대분수이므로 자연수 부분은 4입니다. 나머지 짝수 2, 6, 8을 이용하여 만들 수 있는 진분수는 $\frac{2}{6}$, $\frac{2}{8}$, $\frac{6}{8}$이므로 구하는 대분수는 $4\frac{2}{6}$, $4\frac{2}{8}$, $4\frac{6}{8}$입니다.

서술형
19 예 (준호에게 준 연필의 수)=36자루의 $\frac{1}{3}$ ➡ 12자루
(준호에게 주고 남은 연필의 수)=36−12=24(자루)
(윤아에게 준 연필의 수)=24자루의 $\frac{3}{8}$ ➡ 9자루
따라서 승혜에게 남은 연필은 24−9=15(자루)입니다.

평가 기준	배점(5점)
준호, 윤아에게 준 연필의 수를 각각 구했나요?	3점
승혜에게 남은 연필의 수를 구했나요?	2점

서술형
20 예 $2\frac{5}{12}=\frac{29}{12}$이고 $3\frac{1}{12}=\frac{37}{12}$이므로 ●에 들어 갈 수 있는 수는 30, 31, 32, 33, 34, 35, 36입니다.
$3\frac{7}{9}=\frac{34}{9}$이고 $4\frac{5}{9}=\frac{41}{9}$이므로 ■에 들어갈 수 있는 수는 35, 36, 37, 38, 39, 40입니다.
따라서 ●와 ■에 공통으로 들어갈 수 있는 수는 35, 36으로 모두 2개입니다.

평가 기준	배점(5점)
●와 ■에 들어갈 수 있는 수를 각각 구했나요?	3점
●와 ■에 공통으로 들어갈 수 있는 수는 모두 몇 개인지 구했나요?	2점

5 들이와 무게

서술형 문제

42~45쪽

1 약 4 L

2 설명 예 2 L 400 mL=2400 mL
1 L+500 mL+300 mL+300 mL+300 mL
=1000 mL+500 mL+900 mL
=2400 mL
1 L들이 그릇에 물을 가득 채워 1번 붓고, 500 mL들이 그릇에 물을 가득 채워 1번 붓고, 300 mL들이 그릇에 물을 가득 채워 3번 붓습니다.

3 1 L 450 mL **4** 4번

5 14 kg 800 g **6** 800 g

7 900 g **8** 10 kg 100 g

1 예 1 L들이 물통으로 3번 부은 물의 양은 3 L, 300 mL들이 컵으로 4번 부은 물의 양은 1200 mL(=1 L 200 mL)입니다.
두 물의 양을 더하면 4 L 200 mL이고 4 L 200 mL는 5 L보다 4 L에 더 가까우므로 대야의 들이는 약 4 L입니다.

단계	문제 해결 과정
①	물통으로 부은 물의 양과 컵으로 부은 물의 양을 각각 구했나요?
②	대야의 들이는 약 몇 L인지 구했나요?

2

단계	문제 해결 과정
①	물을 담을 수 있는 방법을 식으로 나타냈나요?
②	물을 담을 수 있는 방법을 설명했나요?

3 예 (㉯ 물통보다 ㉮ 물통에 더 들어 있는 물의 양)
=12 L 700 mL−9 L 800 mL
=2 L 900 mL
2 L 900 mL=1 L 450 mL+1 L 450 mL이므로 ㉮ 물통에서 ㉯ 물통으로 물을 1 L 450 mL만큼 옮기면 두 물통에 들어 있는 물의 양이 같아집니다.

단계	문제 해결 과정
①	㉯ 물통보다 ㉮ 물통에 더 들어 있는 물의 양을 구했나요?
②	㉮ 물통에서 ㉯ 물통으로 물을 몇 L 몇 mL만큼 옮기면 되는지 구했나요?

4 예 (주전자에 부은 물의 양)
$=400\text{ mL}+400\text{ mL}=800\text{ mL}$
(주전자에 들어 있는 물의 양)
$=2\text{ L }600\text{ mL}+800\text{ mL}=3400\text{ mL}$
(더 부어야 할 물의 양)$=5\text{ L}-3400\text{ mL}$
$=1600\text{ mL}$
1600 mL는 400 mL의 4배이므로 400 mL들이 컵으로 적어도 4번 더 부어야 합니다.

단계	문제 해결 과정
①	더 부어야 할 물의 양을 구했나요?
②	400 mL들이 컵으로 적어도 몇 번 더 부어야 하는지 구했나요?

5 예 (강준이의 몸무게)$=130\text{ kg}-86\text{ kg }700\text{ g}$
$=43\text{ kg }300\text{ g}$
(윤아의 몸무게)$=130\text{ kg}-79\text{ kg }250\text{ g}$
$=50\text{ kg }750\text{ g}$
(준호의 몸무게)$=86\text{ kg }700\text{ g}-50\text{ kg }750\text{ g}$
$=35\text{ kg }950\text{ g}$
따라서 가장 무거운 사람은 윤아이고 가장 가벼운 사람은 준호입니다.
➡ $50\text{ kg }750\text{ g}-35\text{ kg }950\text{ g}=14\text{ kg }800\text{ g}$

단계	문제 해결 과정
①	세 사람의 몸무게를 각각 구했나요?
②	가장 무거운 사람과 가장 가벼운 사람의 몸무게의 차를 구했나요?

6 예 8 kg$-$(한라봉 4개의 무게)$=4\text{ kg }800\text{ g}$
(한라봉 4개의 무게)$=8\text{ kg}-4\text{ kg }800\text{ g}$
$=3\text{ kg }200\text{ g}$
3 kg 200 g$=3200$ g에서 $800\times4=3200$이므로 한라봉 1개의 무게는 800 g이고, 한라봉 9개의 무게는 $800\times9=7200$(g) ➡ 7 kg 200 g입니다.
➡ (빈 바구니의 무게)$=8\text{ kg}-7\text{ kg }200\text{ g}=800\text{ g}$

단계	문제 해결 과정
①	한라봉 1개의 무게를 구했나요?
②	빈 바구니의 무게를 구했나요?

7 예 (풀 4개의 무게)$=$(가위 3개의 무게)
$=240\times3=720$(g)
$720\div4=180$이므로 풀 1개의 무게는 180 g입니다.
➡ (필통 1개의 무게)$=$(풀 5개의 무게)
$=180\times5=900$(g)

단계	문제 해결 과정
①	풀 1개의 무게를 구했나요?
②	필통 1개의 무게를 구했나요?

8 예 개의 무게를 □라고 하면 고양이의 무게는
□$-$5 kg 300 g입니다.
□$+$□$-$5 kg 300 g$=$14 kg 900 g
□$+$□$=$14 kg 900 g$+$5 kg 300 g
□$+$□$=$20 kg 200 g
10 kg 100 g$+$10 kg 100 g$=$20 kg 200 g이므로 □$=$10 kg 100 g입니다.
따라서 개의 무게는 10 kg 100 g입니다.

단계	문제 해결 과정
①	개의 무게를 구하는 식을 나타냈나요?
②	개의 무게를 구했나요?

다시 점검하는 기출 단원 평가 Level ❶ 46~48쪽

1 사인펜, 9개　2 ㉢　3 ㉯, ㉮, ㉰
4 (1) < (2) > (3) $=$　5 2
6 ㉢　7 오늘　8 ㉡, ㉢, ㉠, ㉣
9 9200 mL　10 (1) < (2) >
11 1 kg 30 g　12 ㉠
13 3 L 400 mL　14 2 L 800 mL
15 24 kg 100 g　16 7 L 200 mL
17 3 kg 100 g　18 1 kg 400 g
19 4번　20 750 g

1 색연필은 클립 24개, 사인펜은 클립 33개의 무게와 같습니다. 따라서 사인펜이 색연필보다 클립 $33-24=9$(개)만큼 더 무겁습니다.

2 양말은 1 kg보다 가볍습니다.

3 물을 부은 횟수가 많을수록 들이가 적은 그릇이므로 ㉯$<$㉮$<$㉰입니다.

4 (1) 5 L$=$5000 mL ➡ 5000 mL$<$6500 mL
(2) 3 L 70 mL$=$3070 mL
➡ 3700 mL$>$3070 mL
(3) 2 L 90 mL$=$2090 mL
➡ 2090 mL$=$2090 mL

5 1800 kg$+$200 kg$=$2000 kg$=$2 t

6 ㉠ 7030 mL=7 L 30 mL
㉡ 2000 mL=2 L

7 1L 40 mL=1040 mL이고 1040 mL<1200 mL 이므로 오늘 우유를 더 많이 마셨습니다.

8 ㉡ 8 kg 500 g=8500 g
㉢ 8 kg 50 g=8050 g
➡ ㉡>㉢>㉠>㉣

9 가장 많은 들이: 6 L 300 mL=6300 mL
가장 적은 들이: 2900 mL
➡ 6300 mL+2900 mL=9200 mL

10 (1) 4 kg 600 g+2 kg 800 g=7 kg 400 g
➡ 7 kg 400 g<8 kg
(2) 5 kg 900 g+3 kg 400 g=9 kg 300 g
➡ 9 kg 300 g>9 kg

11 가장 무거운 무게: 3 kg 100 g=3100 g
가장 가벼운 무게: 2070 g
➡ 3100 g−2070 g=1030 g=1 kg 30 g

12 ㉠ 3 L 600 mL+4 L 500 mL=8 L 100 mL
➡ ㉠ 8 L 100 mL<㉡ 8200 mL

13 1 L 600 mL+1 L 800 mL
=2 L 1400 mL=3 L 400 mL

14 (남아 있는 우유의 양)=3 L 600 mL−800 mL
=2 L 1600 mL−800 mL
=2 L 800 mL

15 9800 g=9 kg 800 g이므로
(책상과 의자의 무게)=14 kg 300 g+9 kg 800 g
=23 kg 1100 g
=24 kg 100 g

16 2500 mL+3 L+1 L 700 mL
=2500 mL+3000 mL+1700 mL
=7200 mL=7 L 200 mL

17 8 kg 700 g−3 kg 500 g−2 kg 100 g
=5 kg 200 g−2 kg 100 g
=3 kg 100 g

18 음료수 2개의 무게는
3 kg 250 g−450 g=2 kg 800 g입니다.
2 kg 800 g=1 kg 400 g+1 kg 400 g이므로 음료수 1개의 무게는 1 kg 400 g입니다.

서술형
19 예 (물통의 들이)
=800 mL+800 mL+800 mL=2400 mL
㉯ 그릇으로 □번 덜어 낸다고 하면 덜어 낸 물의 양은 (600×□) mL이므로 600×□=2400에서 □=4입니다.

평가 기준	배점(5점)
물통의 들이를 구했나요?	2점
그릇으로 몇 번 덜어 내야 하는지 구했나요?	3점

서술형
20 예 (귤 3개의 무게)=4 kg 350 g−3 kg 150 g
=1 kg 200 g
(귤 6개의 무게)=1 kg 200 g+1 kg 200 g
=2 kg 400 g
(빈 상자의 무게)=3 kg 150 g−2 kg 400 g
=750 g

평가 기준	배점(5점)
귤 6개의 무게를 구했나요?	3점
빈 상자의 무게를 구했나요?	2점

다시 점검하는 기출 단원 평가 Level ❷ 49~51쪽

1 (1) ㉡ (2) ㉣ (3) 2배 **2** ㉡
3 (1) 13 L 100 mL (2) 8 L 500 mL
4 1 L 510 mL **5** ②, ③
6 (1) < (2) > **7** 7 L 500 mL
8 2 L 400 mL **9** 10 kg 500 g
10 2 kg 300 g **11** 450, 3
12 2 L 900 mL **13** 4 L 200 mL
14 70 kg 300 g **15** 2 kg 180 g
16 200 g **17** 1 kg 100 g
18 10 kg 520 g **19** 2 L
20 140 g

1 (1) 물을 부은 횟수가 많을수록 컵의 들이는 적습니다. 들이가 적은 순서대로 쓰면 ㉡, ㉢, ㉠, ㉣입니다.
(2) 물을 부은 횟수가 가장 작은 ㉣ 컵의 들이가 가장 많습니다.

(3) ㉡ 컵으로는 8번, ㉣ 컵으로는 4번을 부어야 하므로 ㉣ 컵의 들이는 ㉡ 컵의 들이의 $8 \div 4 = 2$(배)입니다.

2 ㉠ 4 kg 500 g$=4500$ g ㉣ 5 kg 40 g$=5040$ g
➡ ㉡<㉢<㉠<㉣
따라서 무게가 가장 가벼운 것은 ㉡입니다.

3 (1)

	1	
	7 L	300 mL
+	5 L	800 mL
	13 L	100 mL

(2)

	12	1000
	~~13~~ L	200 mL
−	4 L	700 mL
	8 L	500 mL

4 가장 많은 들이: 3600 mL$=3$ L 600 mL
가장 적은 들이: 2 L 90 mL
➡ 3 L 600 mL-2 L 90 mL$=1$ L 510 mL

5 ② 45 kg 60 g$=45000$ g$+60$ g$=45060$ g
③ 9 kg 50 g$=9000$ g$+50$ g$=9050$ g

6 (1) 6 L 500 mL-2 L 900 mL$=3$ L 600 mL
➡ 3 L 600 mL<4 L
(2) 9 L 400 mL-3 L 700 mL$=5$ L 700 mL
➡ 5 L 700 mL>5 L

7 4 L 600 mL$+2$ L 900 mL$=7$ L 500 mL

8 6 L 200 mL-3 L 800 mL$=2$ L 400 mL

9 (동우가 산 고기의 무게)
$=4$ kg 700 g$+5$ kg 800 g$=10$ kg 500 g

10 2700 g$=2$ kg 700 g이므로
5 kg-2700 g$=5$ kg-2 kg 700 g
$=2$ kg 300 g

11 g 단위의 계산: $\square-700=750$에서 kg 단위에서 1000을 받아내림하면 $1000+\square-700=750$, $\square=750-300$, $\square=450$
kg 단위의 계산: $15-1-\square=11$, $\square=14-11$, $\square=3$

12 1300 mL$=1$ L 300 mL이므로
(노란색 물감의 양)$=4$ L 200 mL-1 L 300 mL
$=2$ L 900 mL

13 (재찬이가 마신 우유의 양)
$=1$ L 900 mL$+400$ mL$=2$ L 300 mL
(두 사람이 마신 우유의 양)
$=1$ L 900 mL$+2$ L 300 mL$=4$ L 200 mL

14 (아버지의 몸무게)
$=32$ kg 700 g$+32$ kg 700 g$+4$ kg 900 g
$=65$ kg 400 g$+4$ kg 900 g$=70$ kg 300 g

15 3 kg에서 170 g이 모자란 무게는
3 kg-170 g$=2$ kg 830 g입니다.
(책의 무게)$=2$ kg 830 g-650 g$=2$ kg 180 g

16 (구슬 7개의 무게)
$=$(빈 상자와 구슬 7개의 무게의 합)$-$(빈 상자의 무게)
$=3$ kg-1 kg 600 g$=1$ kg 400 g
구슬 7개의 무게가 1 kg 400 g$=1400$ g이므로
$200\times7=1400$에서 구슬 한 개의 무게는 200 g입니다.

17 1 kg 250 g$=1250$ g이므로 멜론 한 통의 무게를 $\square$라고 하면 3450 g$=\square+\square+1250$ g
$\square+\square=3450$ g-1250 g$=2200$ g
$1100+1100=2200$이므로 $\square=1100$ g입니다.
따라서 멜론 한 통의 무게는 1100 g$=1$ kg 100 g입니다.

18 (물통의 반만큼의 물의 무게)
$=6$ kg 340 g-2 kg 160 g
$=4$ kg 180 g
(물을 가득 채운 물통의 무게)
$=6$ kg 340 g$+4$ kg 180 g
$=10$ kg 520 g

서술형
19 예 (서우가 마신 주스의 양)$=250$ mL
(민하가 마신 주스의 양)$=250$ mL$+250$ mL
$=500$ mL
(재우가 마신 주스의 양)$=500$ mL$+500$ mL
$=1000$ mL
(처음에 있던 주스의 양)$=1000$ mL$+1000$ mL
$=2000$ mL$=2$ L

평가 기준	배점(5점)
서우, 민하, 재우가 마신 주스의 양을 각각 구했나요?	3점
처음에 있던 주스의 양을 구했나요?	2점

서술형
20 예 (귤 1개의 무게)
$=$(오렌지 1개$+$귤 1개$+$접시)$-$(오렌지 1개$+$접시)
$=1$ kg 410 g-830 g$=580$ g
(접시만의 무게)$=$(귤 1개$+$접시)$-$(귤 1개)
$=720$ g-580 g$=140$ g

평가 기준	배점(5점)
귤 1개의 무게를 구했나요?	2점
접시만의 무게를 구했나요?	3점

6 자료의 정리

서술형 문제 52~55쪽

1 8명 2 30명
3 바나나 맛 4 15갑
5 110마리 6 320개
7 320 kg 8 610 kg

1 예 버스를 이용하는 학생은 188－54－62－32＝40(명), 지하철을 이용하는 학생은 32명이므로 버스를 이용하는 학생은 지하철을 이용하는 학생보다 40－32＝8(명) 더 많습니다.

단계	문제 해결 과정
①	버스와 지하철을 이용하는 학생 수를 각각 구했나요?
②	버스를 이용하는 학생이 지하철을 이용하는 학생보다 몇 명 더 많은지 구했나요?

2 예 도보를 하는 학생과 지하철을 이용하는 학생 수가 같아지려면 지하철을 이용하는 학생 수가 30명 더 많아져야 합니다. 따라서 버스를 이용하는 학생 30명이 버스 대신에 지하철을 이용했습니다.

단계	문제 해결 과정
①	도보를 하는 학생과 지하철을 이용하는 학생 수의 차를 구했나요?
②	버스 대신에 지하철을 이용한 학생 수를 구했나요?

3 예 종류별 팔린 우유의 수는 멜론 맛이 26갑, 딸기 맛이 33갑, 초콜릿 맛이 34갑, 바나나 맛이 41갑입니다. 가장 많이 팔린 우유가 바나나 맛이므로 더 많이 준비해야 할 우유는 바나나 맛입니다.

단계	문제 해결 과정
①	가장 많이 팔린 우유를 구했나요?
②	더 많이 준비해야 할 우유를 구했나요?

4 예 가장 많이 팔린 우유는 바나나 맛이고 가장 적게 팔린 우유는 멜론 맛입니다.
따라서 두 우유의 수의 차는 41－26＝15(갑)입니다.

단계	문제 해결 과정
①	가장 많이 팔린 우유와 가장 적게 팔린 우유를 구했나요?
②	가장 많이 팔린 우유와 가장 적게 팔린 우유의 수의 차를 구했나요?

5 예 마을별 소의 수는 가 마을이 240마리, 나 마을이 350마리, 라 마을이 300마리입니다.
따라서 다 마을의 소의 수는
1000－240－350－300＝110(마리)입니다.

단계	문제 해결 과정
①	가, 나, 라 마을의 소의 수를 구했나요?
②	다 마을의 소의 수를 구했나요?

6 예 (가 마을)＋(라 마을)＝240＋300＝540(마리)
(나 마을)＋(다 마을)＝350＋110＝460(마리)
(소의 수의 차)＝540－460＝80(마리)
(소의 다리 수의 차)＝80×4＝320(개)

단계	문제 해결 과정
①	소의 수의 차를 구했나요?
②	소의 다리 수의 차를 구했나요?

7 예 (나와 다 마을의 배 수확량의 합)
＝1200－240－270＝690(kg)
다 마을의 배 수확량을 □kg이라 하면 나 마을의 배 수확량은 (□＋50)kg이므로 □＋□＋50＝690,
□＋□＝640, □＝320(kg)입니다.
따라서 다 마을의 배 수확량은 320 kg입니다.

단계	문제 해결 과정
①	나와 다 마을의 배 수확량의 합을 구했나요?
②	다 마을의 배 수확량을 구했나요?

8 예 나 마을의 배 수확량은 320＋50＝370(kg)이므로 도로의 위쪽 마을인 가와 나 마을의 배 수확량은 모두 240＋370＝610(kg)입니다.

단계	문제 해결 과정
①	나 마을의 배 수확량을 구했나요?
②	도로의 위쪽 마을의 배 수확량의 합을 구했나요?

다시 점검하는 기출 단원 평가 Level ❶ 56~58쪽

1 O형 2 3, 2, 4, 1, 10
3 AB형, 1명 4 표
5

병원별 환자 수

병원	환자 수
치과	(10명)(10명)(10명)(1명)(1명)(1명)(1명)
내과	(10명)(10명)
안과	(10명)(10명)(1명)(1명)
소아과	(10명)(10명)(10명)(1명)(1명)(1명)(1명)

(큰 그림) 10명 (작은 그림) 1명

6 내과 **7** 치과, 소아과

8 12명 **9** 가 가게, 나 가게

10 328개

11 마을별 가구 수

마을	가구 수
해	🏠🏠 ⌂⌂⌂⌂⌂⌂
달	🏠🏠 ⌂⌂⌂
별	🏠 ⌂⌂⌂⌂⌂⌂⌂
바람	🏠 ⌂⌂

🏠100가구 ⌂10가구

12 214 **13** 예 3가지

14 과수원별 사과 생산량

과수원	생산량
사랑	◉○○○○○ △△
초록	◉◉◉△△△△△△△△△
중앙	◉◉○ △△△△
풍년	◉◉○○ △△△△△

◉100상자 ○10상자 △ 1상자

15 초록 과수원 **16** 2층

17 127개 **18** 69권

19 12권 **20** 84자루

2 A형은 서윤, 기상, 유리, B형은 은정, 민수, O형은 수현, 창희, 재석, 태진, AB형은 종민입니다.

3 가장 적은 혈액형은 AB형이고 1명입니다.

6 그림그래프에서 큰 그림 수가 적은 병원은 내과와 안과이고 둘 중에 작은 그림 수가 더 적은 병원은 내과입니다.

7 그림그래프에서 큰 그림과 작은 그림의 수가 같은 병원은 치과와 소아과입니다.

8 안과 환자는 22명이고 소아과 환자는 34명입니다. 따라서 안과 환자는 소아과 환자보다 $34-22=12$(명) 더 적습니다.

9 큰 그림 수가 다 가게보다 적은 가게는 가 가게와 나 가게입니다.

10 라 가게에서 팔린 리본끈은 41 m입니다.
따라서 라 가게에서 팔린 리본끈으로 만들 수 있는 리본은 모두 $41\times8=328$(개)입니다.

11 (바람 마을의 가구 수)
$=780-260-230-170=120$(가구)

12 중앙 과수원의 사과 생산량은
$900-152-309-225=214$(상자)입니다.

13 과수원별 사과 생산량의 수가 세 자리 수이므로 그림을 3가지로 나타내는 것이 좋습니다.

14 100상자를 ◉, 10상자를 ○, 1상자를 △로 그려서 완성해 봅니다.

15 ◉ 그림이 3개인 초록 과수원입니다.

16 (1층 학생 수)$=31+32=63$(명)
(2층 학생 수)$=30+34=64$(명)
따라서 $63<64$이므로 2층 학생 수가 더 많습니다.

17 (학생 수)$=63+64=127$(명)
따라서 3D 입체 안경은 모두 127개가 필요합니다.

18 (수정)$=22$권, (승미)$=15$권,
(지호)$=22+2=24$(권), (병만)$=24\div3=8$(권)
➡ $22+15+24+8=69$(권)

서술형
19 예 (4일 동안 모은 빈병 수)
$=33+24+31+32=120$(개)
빈병 10개를 공책 1권으로 바꾸어 주므로 빈병 120개는 공책 12권으로 바꿀 수 있습니다.

평가 기준	배점(5점)
4일 동안 모은 빈병 수를 구했나요?	3점
몇 권의 공책으로 바꿀 수 있는지 구했나요?	2점

서술형
20 예 1점은 15명, 2점은 24명, 3점은 7명이므로
준비해야 하는 연필 수는 1점$=15$자루,
2점$=2\times24=48$(자루),
3점$=3\times7=21$(자루)입니다.
따라서 $15+48+21=84$(자루) 준비해야 합니다.

평가 기준	배점(5점)
점수별 학생 수를 각각 구했나요?	3점
준비해야 하는 연필은 모두 몇 자루인지 구했나요?	2점

다시 점검하는 기출 단원 평가 Level ❷ 59~61쪽

1 7, 9, 6, 2, 24　　**2** 3배

3 사과, 수박, 딸기, 포도

4 요일별 컴퓨터를 한 시간

요일	시간
월	◉◉◉◉◉
화	◉◉◉◉◉○
수	◉◉◉◉◉◉△△
목	◉◉◉◉○
금	◉◉◉◉◉△△

◉ 10분 ○ 5분 △ 1분

5 10분, 5분, 1분　　**6** 수요일

7 그림그래프　　**8** 예 2가지

9 음료수별 각설탕의 수

음료수	각설탕 수
가	□▫▫
나	□□
다	▫▫▫▫▫▫▫
라	□▫▫▫▫▫▫▫

□10개 ▫1개

10 나 음료수　　**11** 540개

12 ⓒ

13 360, 330, 420, 500, 1610

14 나, 가, 다, 라　　**15** 31개

16 요일별 푼 수학 문제 수

요일	문제 수
월	●●●•••••
화	●●••••
수	●●●●●●
목	●●●•

●10개 •1개

17 월요일　　**18** 450장

19 24통　　**20** 318마리

2 딸기를 좋아하는 학생은 6명, 포도를 좋아하는 학생은 2명이므로 딸기를 좋아하는 학생 수는 포도를 좋아하는 학생 수의 3배입니다.

3 $9>7>6>2$이므로 많은 학생들이 좋아하는 과일부터 순서대로 써 보면 사과, 수박, 딸기, 포도입니다.

6 큰 그림이 가장 많은 수요일에 컴퓨터를 가장 많이 했습니다.

7 그림그래프를 그리면 한눈에 비교가 잘 됩니다.

8 10개 그림과 1개 그림 2가지로 나타내는 것이 좋습니다.

11 나 음료수에 담긴 각설탕은 20개이므로 27개의 음료수에 담긴 각설탕은 $20\times27=540$(개)입니다.

12 큰 그림이 가장 많은 라 과수원의 사과 생산량이 가장 많습니다.

13 $360+330+420+500=1610$(상자)

15 $150-35-24-60=31$(개)

17 수학 문제를 많이 푼 날부터 순서대로 쓰면 수요일, 월요일, 목요일, 화요일이므로 두 번째로 많이 푼 날은 월요일입니다.

18 4일 동안 푼 수학 문제 수는 150개이므로 4일 동안 받은 칭찬 붙임딱지는 $150\times3=450$(장)입니다.

서술형
19 예 32의 $\frac{1}{2}$은 16이므로 월요일에 팔린 우유는 16통입니다.
➡ (화요일에 팔린 우유 수)$=96-16-24-32$
$=24$(통)

평가 기준	배점(5점)
월요일에 팔린 우유의 수를 구했나요?	3점
화요일에 팔린 우유의 수를 구했나요?	2점

서술형
20 예 상동 목장은 원동 목장보다 사료가 하루에 18 kg 더 필요하므로 상동 목장의 소는 원동 목장의 소보다 $18\div3=6$(마리) 더 많습니다.
원동 목장의 소가 312마리이므로 상동 목장의 소는 $312+6=318$(마리)입니다.

평가 기준	배점(5점)
상동 목장의 소는 원동 목장의 소보다 몇 마리 더 많은지 구했나요?	2점
상동 목장의 소는 몇 마리인지 구했나요?	3점

최상위를 위한
심화 학습 서비스 제공!

문제풀이 동영상 ⊕ 상위권 학습 자료
(QR 코드 스캔 혹은 디딤돌 홈페이지 참고)

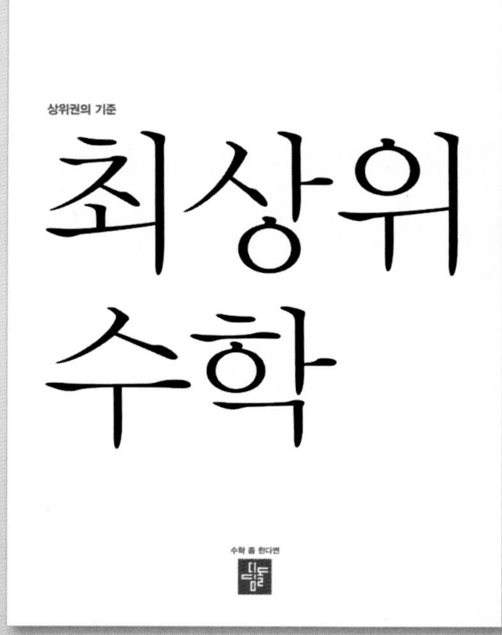

다음에는 뭐 풀지?

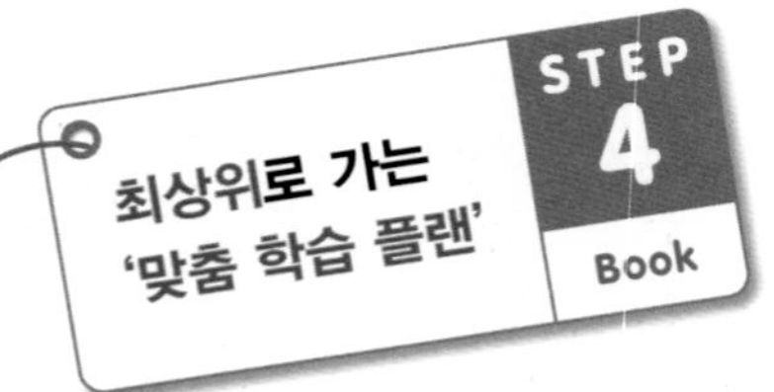

다음에 공부할 책을 고르기 어려우시다면, 현재 성취도를 먼저 체크해 보세요.
최상위로 가는 맞춤 학습 플랜만 있다면 내 실력에 꼭 맞는 교재를 선택할 수 있어요!
단계에 따라 내 실력을 진단해 보고, 다음 학습도 야무지게 준비해 봐요!

첫 번째, 단원평가의 맞힌 문제 수 또는 점수를 모두 더해 보세요.

단원		맞힌 문제 수 OR	점수 (문항당 5점)
1단원	1회		
	2회		
2단원	1회		
	2회		
3단원	1회		
	2회		
4단원	1회		
	2회		
5단원	1회		
	2회		
6단원	1회		
	2회		
합계			

※ 단원평가는 각 단원의 마지막 코너에 있는 20문항 문제지입니다.